Wilhelm Goldzieher, London. Library Services University College

Therapie der Augenkrankheiten für praktische Ärtze und Studierende

Wilhelm Goldzieher, London. Library Services University College

Therapie der Augenkrankheiten für praktische Ärzte und Studierende

ISBN/EAN: 9783743452596

Hergestellt in Europa, USA, Kanada, Australien, Japan

Cover: Foto ©berggeist007 / pixelio.de

Manufactured and distributed by brebook publishing software (www.brebook.com)

Wilhelm Goldzieher, London. Library Services University College

Therapie der Augenkrankheiten für praktische Ärtze und Studierende

THERAPIE

DER

AUGENKRANKHEITEN

FÜR

PRAKTISCHE ÄRZTE UND STUDIRENDE

VON

D^R· W. GOLDZIEHER,

UNIVERSITÄTSDOCENT UND AUGENARZT IN BUDAPEST.

STUTTGART.

VERLAG VON FERDINAND ENKE.

1881.

Druck von Gebrüder Kröner in Stuttgart.

Vorwort.

Das vorliegende Buch soll, wie schon der Titel desselben ausdrückt, ein wesentlich praktisches sein. Mir war es hauptsächlich darum zu thun, meinem Leserkreise die therapeutischen Gesetze, nach denen wir uns bei der Behandlung der Augenkrankheiten zu richten haben, in möglichster Deutlichkeit und Kürze zu entwickeln, und dieser Tendenz ist auch die Erörterung verschiedener theoretischer Fragen, wie dieselbe in manchen Capiteln nicht zu umgehen war, dienstbar gemacht worden. Demnach wird billigerweise niemand erwarten können, in diesem Buche den gesammten Stoff, der in der Ophthalmologie enthalten ist, vorzufinden. Niemals wird ein Lehrbuch ein derartiges Repertorium sein können, und selbst in den vielbändigen Handbüchern wird verhältnissmässig wenig völlig ausgeführt, das meiste nur angedeutet sein, und für den Leser nur in dem Falle existiren, als er die Absicht hat, die Literatur der Disciplin, wie sie in den zahlreichen Monographien und Einzelbeobachtungen niedergelegt ist, kritisch zu studiren. Aber aus der Unmasse der Daten wird man leicht jene herausragen sehen, welche unmittelbar und mit Nutzen für die Bedürfnisse der lebendigen Praxis verwerthet werden können, und dieselben, immer im Hinblick auf die Aufgaben des praktischen Arztes, zusammenzufassen und so verständlich als möglich vorzutragen, war so recht das Thema, welches mich beschäftigte.

In diesem Buche ist die Operationslehre, ferner die Lehre von den Accommodations- und Refractionsanomalien, sowie von den mit letzteren so innig zusammenhängenden Bewegungsanomalien des Auges nicht behandelt worden; dagegen habe ich die Absicht, im Falle meine Darstellungsweise die Zustimmung der Leser zu erringen das Glück haben sollte, die genannten Capitel in einem weiteren Bande demnächst vorzulegen.

Budapest, im Mai 1881.

Dr. Goldzieher.

Inhalt.

Krankheiten der Bindehaut.

Katarrhalische Erkrankungen.

(Conjunctivitis katarrhalis.)

Den Anblick der Lidbindehaut (Conjunctiva palpebrarum) verschafft man sich durch Umstülpen der Augenlider. Diese Manipulation erfordert beim unteren Lide gar keine Kunstfertigkeit: man legt einen Finger an den Lidrand, zieht die Haut sanft nach abwärts, und heisst den Kranken gleichzeitig nach oben sehen. Auf diese Weise wird die Bindehaut des unteren Lides gleichsam aufgerollt und sichtbar vom Bulbus bis zum Lidrande.

Das Umstülpen des oberen Lides muss dagegen gut eingeübt werden. Es geschieht am besten, indem man mit den Fingern einer Hand die laxe Haut zwischen dem Augenbrauen- und dem oberen Tarsusrande anspannt, gleichzeitig mit den Fingern (Zeigefinger und Daumen) der anderen Hand, die am Lidwimperrande angesetzt werden, den letzteren an den Wimpern stark nach abwärts und zugleich vom Bulbus abzieht, und dann um einen Finger der ersten Hand, welcher am oberen Tarsusrande einen Druck ausübt, schlägt. Man sieht dann die Conjunctiva palpebrae superioris von der Umschlagstelle bis zum Wimperrande; die obere Uebergangsfalte entzieht sich jedoch dem Blicke, und kann nur dann sichtbar werden, wenn wir das umgestülpte Lid noch einmal umstülpen — eine dem Kranken unangenehme und in den meisten Fällen auch unnöthige Operation.

Der dem praktischen Arzte so unentbehrliche Kunstgriff des Umstülpens der Augenlider ist bei einiger Uebung sehr leicht zu erlernen. Schwieriger wird er nur in jenen Fällen, wo in Folge längerer Entzündungsprocesse der Rand des oberen Lides verdickt ist, die Wimpern fehlen, oder die Lidspalte abnorm verengt ist. Hier muss das Umstülpen in einer anderen Weise vorgenommen werden, welche eigens eingeübt zu werden verdient. Obwohl nun Handgriffe nicht aus Beschreibungen erlernt werden können, möge dennoch folgendes als Anleitung zur Einübung dienen: man

verzichtet auf die bimanuelle Ausführung der Umstülpung, sondern greift
mit der rechten Hand — und zwar so, dass der Daumen nach unten, die
vier anderen Finger nach oben sehen — an das Auge, sucht mit dem
Daumen gewissermassen unter den Lidrand zu kommen und schlägt gleichzeitig mit den anderen Fingern das Lid um. Diese Procedur erscheint wohl
roh, sie kann aber vom Geübten so leicht durchgeführt werden, dass der
Kranke nicht mehr als von der bimanuellen Methode belästigt wird.

Die normale Bindehaut hat ein blasses Aussehen mit einem
Stich ins gelblich-rothe, fleischwasserfarbene; diese gelbliche Farbennuan-
cirung wird von dem unter der rosarothen Schleimhaut liegenden sehnenweissen Tarsus, in welchem die gelben Meibom'schen Drüsen enthalten
sind, bedingt. Auf der Oberfläche der Schleimhaut ziehen Gefässstämmchen,
die sich nach vorn — gegen den Lidrand zu — in zierlichen Aestchen zertheilen. Unter der Schleimhaut sieht man die Meibom'schen Drüsen
in parallelen Streifen senkrecht gegen den Lidrand ziehen. Die Uebergangsfalte ist immer um vieles lebhafter roth, weil der Tarsus mangelt; die Gefässe sind dicker und in unregelmässigeren Netzen angeordnet.

Die Conjunctiva bulbi muss im normalen Zustande weiss sein
— was von der Sehnenfarbe der Sclera herrührt, die durch die sehr
durchscheinende Schleimhaut schimmert — ohne auffällige Gefässinjection.

Dieses Aussehen der Bindehaut wird jedoch nicht sehr häufig angetroffen. Da die Augen zu den angestrengtesten Organen des Körpers gehören, und sehr viel von äusseren Schädlichkeiten betroffen werden, sind
hyperämische Zustände der Bindehaut sehr häufig. Die Hyperämie ist
dadurch charakterisirt, dass das oberflächliche Gefässnetz in grösserem oder
geringerem Maasse injicirt ist, und die Membran dadurch ein immer mehr
rothes Ansehen gewinnt, welches in extremen Fällen bis zur schwereren
Erkennbarkeit der Meibom'schen Drüsen führen kann.

In vielen Fällen wird die Hyperämie der Bindehaut überhaupt nicht
als Krankheit empfunden, oder die von ihr Betroffenen haben so geringe
Beschwerden, dass sie sich leicht an dieselben gewöhnen. Doch werden
diese Beschwerden häufig genug Gegenstand der Therapie, namentlich dann,
wenn durch Zunahme der Hyperämie die Schleimhaut in jenen Zustand der
Ernährungsstörung versetzt wird, den wir katarrhalisch nennen; wobei
wir es noch unentschieden lassen müssen, ob zur Erzeugung eines Katarrhs
ausser der quantitativ vermehrten Hyperämie noch die Einwirkung eines
bestimmten Infectionsstoffes erforderlich sei. Keinesfalls aber lässt sich eine
scharfe Grenze zwischen Hyperämie und Katarrh ziehen, bei der Conjunctiva
eben so wenig, wie bei anderen Sehleimhäuten, so dass wir, ohne den
Thatsachen Gewalt anzuthun, die Hyperämie als einen leichten Katarrh
ansehen, und ihre Therapie gemeinsam abhandeln können. Vor allem aber
müssen die vom Katarrh verursachten subjectiven Beschwerden sowohl
als auch die objectiven Merkmale des ersteren eingehend besprochen
werden.

Was die subjectiven Beschwerden betrifft, so ist geradezu für die in Rede stehende Krankheit charakteristisch, dass die Betroffenen über ein peinliches Gefühl klagen, wie es ein im Bindehautsacke befindlicher fremder Körper hervorbringt. Jedermann hat diese Sensation nach einem zufälligen Eindringen eines Fremdkörpers wohl schon einmal empfunden: man weiss daher, wie selbst ein anfänglich geringfügig erscheinendes Missbehagen sich später immer unerträglicher gestaltet, indem der bei jedem Lidschlage gleichsam von frischem empfundene Reiz sich zu dem früheren summirt, bis das Missbehagen sich zum Schmerze steigert. Interessant ist es, dass das Gefühl des fremden Körpers auch noch eine Weile nach der Entfernung desselben lebhaft nachempfunden wird. Dieses Gefühl, welches die Kranken mit der Empfindung vergleichen, die Sand im Auge hervorbringt, ist es, worüber namentlich in den Anfangsstadien des Katarrhs geklagt wird. Sodann ist es ein Beissen, Jucken, oder ein Gefühl von Brennen, welches die Kranken belästigt. Alle diese Sensationen vermehren sich oder treten auf beim Aufenthalte in unreiner Luft oder in warmen, stark erleuchteten Räumen, werden besonders lästig, wenn der Kranke eine andauernde Augenarbeit namentlich bei künstlicher Beleuchtung unternimmt; sie nehmen ab oder schwinden, wenn er sich in frischer Luft, im Freien, besonders bei trockener Kälte befindet.

Eigentliche Schmerzen, die sich nach dem Verlauf des Trigeminus verbreiten, oder heftige Lichtscheu dürfen bei der Conjunctivitis catarrhalis nicht vorhanden sein. Ihre Anwesenheit deutet immer auf eine Complication von Seite anderer Organe des Auges.

Die objectiven Merkmale des Katarrhs beruhen in erster Linie auf einer ausgeprägten, vermehrten Injection der Bindehaut. Diese kann so weit gesteigert sein, dass die Membran gleichmässig roth erscheint.

In stärkeren Graden tritt auch noch die Schwellung des Gewebes hinzu, welche sich entweder nur auf die halbmondförmige Falte und die Carunkel erstreckt, die wie ein Wulst und eine lebhaft fleischrothe Warze aus dem inneren Augenwinkel (Thränenbach) herausragen, oder nur die Uebergangsfalte, und endlich die ganze Conjunctiva umfasst. In dem letzteren Falle ist die Bindehaut gelockert, mässig gewulstet und kann, schief betrachtet, etwas rauh, ungefähr wie gut geschorener Sammt aussehen. Man spricht dann von einer Schwellung des Papillarkörpers, obgleich man in der Conjunctiva keine eigentlichen Papillen im streng anatomischen Sinne, sondern nur mikroskopische Furchungen und Einkerbungen der Schleimhaut kennt.

Wichtig ist es auch, die Conjunctiva bulbi gut zu besichtigen. Auch sie kann gehörig injicirt sein, doch wird die Injection niemals eine tiefere werden, und namentlich werden Injectionen tiefliegender, episcleraler (zwischen Conjunctiva und Sclera liegender) Gefässe nicht vorkommen. Wo sie vorkommen, muss immer die Complication gesucht werden.

Beim Katarrh haben wir es auch mit einer erhöhten und eigentlich ihrem Wesen nach veränderten Secretion zu thun. Für gewöhnlich secernirt die Conjunctiva nur eine wässerige Flüssigkeit, die in ihrer chemischen Zusammensetzung wahrscheinlich mit den Thränen identisch ist. Im katarrhalischen Zustande beobachten wir jedoch eine, wenn auch sparsame, aber immerhin auffällige Secretion von Schleim, nebst erhöhter Thränenabsonderung, welches Secret sich meistens in Folge des Lidschlages, der den Flüssigkeitsstrom immer den Thränenpunkten zutreibt, in den inneren Augenwinkeln absetzt, während des Schlafes aber, wo der Lidschlag mangelt, sich gleichmässig über die Lidränder verbreitet, daselbst an der Luft trocknet und so die Lider mit einander verklebt. Dieser in Krustenform an den Lidrändern haftende Schleim muss sich sehr leicht und ohne Substanzverluste der Haut zu hinterlassen, ablösen lassen. Ist dies nicht der Fall, oder werden bei seiner gewaltsamen Entfernung blutende Stellen sichtbar, so ist jedenfalls kein einfacher Katarrh, sondern höchst wahrscheinlich noch eine Liddrüsenentzündung vorhanden.

Der katarrhalische Schleim besteht mikroskopisch aus Eiterzellen, abgestossenen Conjunctivalepithelien, Protoplasmaklumpen aus den sich theilenden Eiter- (lymphoiden) Zellen, sodann Detritus.

Auf die erhöhte und abnorme Secretion lässt sich auch eine Kategorie von Klagen der Patienten zurückführen, welche auf einer eigenthümlichen Störung des Sehens beruhen. Wenn nämlich eine Schleimflocke gerade die Hornhaut passirt, werden die Lichtstrahlen unregelmässig gebrochen, oder zerstreut, ja es treten sogar in Folge der Beugung des Lichtes beim Durchgange durch die Zwischenräume der zelligen Elemente Interferenzphänomene ein. Demnach sehen die Kranken die Gegenstände verwischt und von einem farbigen Saume oder Hofe umgeben. Doch werden einige kräftige Lidschläge den Schleimklumpen von der Hornhaut entfernen, und die Sehstörung verschwindet. Manchmal aber klebt die Masse ziemlich fest an der Hornhaut und wird erst dann weichen, wenn nach längerem Blinzeln ein reichlicher Thränenstrom sie wegschwemmt. Aber immerhin ist es charakteristisch für diese Gattung von Sehstörungen, dass sie nur sehr kurze Zeit anhalten und dann spurlos verschwinden.

Bei chronischen Katarrhen pflegt eigenthümlicher Weise des Nachts während des Schlafes die abnorme Secretion ganz zu fehlen. Dafür stellt sich ein höchst lästiges Gefühl der Trockenheit und Schwere in den Augenlidern ein, welches die Kranken so beschreiben, als ob die Augenlider von Blei wären. Dies lässt sich so erklären, dass die Wände der seit längerer Zeit blutüberfüllten Gefässe bei mangelndem Lidschlag und erschlaffter Muskelthätigkeit gleichfalls erschlaffen und vorübergehend gelähmt werden, und es so zu einer förmlichen Stase kommt, die Zeit braucht, bis sie wieder ausgeglichen wird.

Therapie.

Wir haben bei der Schilderung der subjectiven und objectiven Symptome des Conjunctivalkatarrhs schon auf einzelne Complicationen hingewiesen, weil diese ganz erheblich die Therapie beeinflussen. Dies muss jetzt nachdrücklicher geschehen, denn so wie zum Katarrh sich andere Augenkrankheiten hinzugesellen, ebenso giebt es wohl keine acut entzündliche Erkrankung der äusseren und vorderen Gebilde des Auges, die nicht von Hyperämie und Katarrh der Bindehaut begleitet wären. Auch bildet bei gewissen functionellen Störungen des Sehorganes Hyperämie der Conjunctiva einen ständigen Begleiter. Es ist darum nothwendig, vor der Bestimmung einer Therapie sich über alle diese Verhältnisse orientiren zu können, weil jedes Versäumniss sich schwer rächen könnte.

Beim Conjunctivalkatarrh ist erfahrungsgemäss eine locale, und zwar eine reizende und adstringirende Behandlungsmethode von Nutzen. Augen aber, welche von Entzündungen der Hornhaut oder Iris oder anderer innerer Gebilde befallen sind, vertragen absolut eine derartige Behandlung nicht, ebenso würde in Fällen von functionellen Störungen des Sehorganes die topische Methode nur ein neuer Reiz sein, der sich zum alten hinzugesellen würde. Es ist darum vor jeder Therapie nothwendig, festzustellen:

1) Ob keine Refractions- oder Accommodationsanomalie vorhanden ist. Ist eine solche vorhanden, so muss man sich darüber klar werden, ob die Correction derselben genügen würde, um die Erscheinungen des Katarrhs aufhören zu machen. Als Richtschnur lässt sich das angeben, dass die genannten Anomalien eher Hyperämien, als secernirende Katarrhe erzeugen, und dass die Beschwerden, welche die Kranken angeben, nicht im Verhältniss zu stehen scheinen zu dem objectiven Befund, dem Aussehen der Schleimhaut.

2) Ob Entzündungen der Hornhaut, der Iris oder noch tiefer gelegener Organe vorliegen. Ueber diese wird später gesprochen werden. Für jetzt nur so viel, dass Ciliarinjection, Ciliarschmerzen, heftige Lichtscheu, sowie entzündliche und frische Hornhauttrübungen, verfärbte Iris, träge und unregelmässig verzogene Pupille entschieden jede die Conjunctiva reizende Behandlung contraindiciren und für sich die volle Aufmerksamkeit erfordern. Da man durch das Zuwarten beim Katarrh nichts verliert, so gehe man in solchen Fällen, wenn man mit der Diagnose etwa nicht im Reinen sein sollte, exspectativ und symptomatisch vor, da man auf diese Weise wenigstens keinen Schaden anrichten kann.

In den folgenden Capiteln wird man weitere, diesen Punkt betreffende Anweisungen vorfinden.

3) Man hat sich zu vergewissern, dass keine Liddrüsenentzündungen vorhanden sind. In diesem Falle würde eine topische Behandlung zwar

nicht nachtheilig sein, wäre aber eine unnöthige Verzögerung des richtigen Vorgehens.

4) Da bei Krankheiten der Thränenableitungsorgane begleitende Conjunctivalkatarrhe die Regel sind, so hat man die ersteren auszuschliessen. Die richtige Diagnose gelingt in vielen Fällen leicht, weil sehr häufig der Thränensack dabei afficirt ist, was sich theils durch eine Ectasie desselben (mässige Geschwulst unter dem Ligament. canthi internum), theils durch die Anwesenheit von Schleim oder Eiter in demselben zeigt, der in den Conjunctivalsack sich entleeren muss, wenn der Finger auf den Sack drückt, weil der Weg in die Nase durch die Strictur des Thränen-Nasenkanals versperrt ist. Man behandelt dann das Grundübel, der Katarrh bessert sich von selbst, oder unter gleichzeitiger Anwendung sehr schwacher Adstringentien.

Es kommen aber Fälle vor, in denen Stricturen im Thränen-Nasengange sich vorfinden, ohne dass sie sich durch besonders auffälliges Thränenträufeln oder sichtbare Thränensackaffectionen bemerkbar machen würden. Solche Katarrhe werden oft jahrelang behandelt, ohne Erfolg, ja sie verschlimmern sich häufig und bereiten dem Kranken die empfindlichsten Störungen, indem sie ihn zur anhaltenden Augenarbeit fast unfähig machen. Sie werden nur erkannt, wenn man probeweise eine dünne Bowman'sche Sonde einführt, was übrigens sowohl für den Arzt als auch für den Kranken eine unangenehme Procedur ist. Man kann sich häufig dadurch vor Irrthümern schützen, wenn man bedenkt, dass der eigentliche Conjunctivalkatarrh in der Regel doppelseitig vorkommt, während derlei consecutive Katarrhe einseitig sind.

5) Vor Verwechslung mit einer anderen Gruppe der Conjunctivalerkrankungen, den infectiösen, schützt der Augenschein.

Nach gehöriger Berücksichtigung der angeführten fünf Punkte kann man zur Therapie schreiten. Diese wird wesentlich davon abhängen, ob der vorliegende Fall mehr als Hyperämie betrachtet werden muss, oder ob auch katarrhalische Secretion stattfindet. Im ersten Falle geben wir Adstringentien, welche eingeträufelt werden, im zweiten Falle touchiren (ätzen) wir die erkrankte Schleimhaut.

Vor allem aber muss an dem Principe festgehalten werden, dass, insolange die Reizerscheinungen überwiegen, solange Lichtscheu, stärkere Injection der Conjunctiva bulbi, grosse Empfindlichkeit der Augen gegen Licht vorhanden ist, keinerlei local reizende Mittel angewendet werden dürfen. Man schadet, dies kann nicht oft genug betont werden, beim Katarrh viel weniger durch das Warten, als durch unzweckmässiges, irritirendes Eingreifen. In Fällen von grosser Empfindlichkeit der Augen sucht man diese zu mässigen, was am besten durch Application kühler Umschläge geschieht, die übrigens nicht fortwährend, sondern nur öfters im Tage angewendet zu werden brauchen.

Bei beträchtlicher Injection des Bulbus, oder wenn Schmerzen vorhanden sind, welche auf eine mögliche Complication von Seiten der Cornea oder Iris schliessen lassen, wird am besten Atropin eingeträufelt. Es genügen 1—2 Tropfen, um die Pupille zu erweitern, wobei gleichzeitig auch die narkotische Wirkung des Alkaloids zur Geltung kommt. Sehr empfindlichen Personen kann auch eine Stirnsalbe, in welcher Opium oder Extractum Belladonna enthalten ist, oder der Aufenthalt im dunkeln Zimmer angeordnet werden.

Sind keine Reizerscheinungen vorhanden, und ist die Secretion entweder nur minimal oder sehr selten, so werden Adstringentien angewendet. Sie werden am besten eingeträufelt, hie und da auch zu Umschlägen verordnet. Zu Einträuflungen eignen sich erfahrungsgemäss am besten Sulfas Zinci, Natron boracicum und die Borsäure, das Tannin und ein zusammengesetztes Collyrium, in welchem Zinksulfat, Campher und Safran die Hauptrolle spielen, und das seit lange her unter dem Namen des Collyr. adstringens luteum bekannt ist.

Das Zincum sulfuricum wird in einer viertel- bis halbpercentigen, nur selten stärkeren Lösung verordnet. Es hat seine Vortheile, statt des destillirten als Lösungsflüssigkeit ein aromatisches Wasser, z. B. Aqua naphae, oder Aqua foeniculi zu nehmen. Von der Borsäure wird eine 1—2 % Lösung genommen, ebenso vom Tannin, dem man dann noch ein schleimiges Mittel, z. B. Mucilag. semin. cydoniorum zusetzt. Man lässt in der Regel zweimal täglich, des Morgens und Abends, instilliren.

Ist bei vorhandenen Reizerscheinungen auch schon Schleimsecretion bemerkbar, der Katarrh also im acutesten Stadium, so sind adstringirende Umschläge von Nutzen. Hiezu werden verwendet das Collyr. adstringens luteum, das essigsaure Bleioxyd (Plumb. acet. basic. in einer ½ % Lösung) und das Tannin.

Ist bei mangelnden Reizerscheinungen Secretion vorhanden, so touchire man. Das souveräne Mittel ist der Lapis infernalis, den man auf die umgestülpte Conjunctiva palpebrarum mit einem Pinsel applicirt. (Rp. Nitr. arg. cryst. 1,0, Aq. dest. 100,0.) Man neutralisirt unmittelbar nach dem Bestreichen der Conjunctiva mit kochsalzhaltigem Wasser.

Das Cuprum sulfur. ist bei dem einfachen Conjunctivalkatarrh zu verwerfen.

In neuerer Zeit ist zum Touchiren der Conjunctiva von manchen Seiten der Alaunstift empfohlen worden. Ich habe aber keinen eclatanten Nutzen davon gesehen und ihn sehr bald mit den anderen Mitteln vertauscht.

Die Heilung des Conjunctivalkatarrhs wird entschieden gefördert, wenn sich der Kranke möglichst befreit von jeder Augenarbeit in frischer Luft aufhält.

Wenn die Secretion aufgehört hat, so pflegt die Schleimhaut noch durch längere Zeit hyperämisch zu sein, und es ist nothwendig, noch durch längere Zeit, auch wenn der Kranke sonst weiter keine nennenswerthen Beschwerden hat, Adstringentien einzuträufeln. Man verwendet hiezu keine starken Lösungen, sondern wechselt lieber von Zeit zu Zeit mit ihnen ab,

da die Bindehaut sich bald an ein Heilmittel gewöhnt und dieses dann
wirkungslos wird.

Unter den einfachen Conjunctivalkatarrhen, die mit starken Reizungs-
erscheinungen einhergehen, nimmt eine Form eine eigenthümliche Stellung
ein, welche man am besten mit dem Namen des epidemischen Katarrhs
belegt, und welche in der That epidemisch vorkommt und ihre ganz besondere
Berücksichtigung erfordert. Diese Form beginnt häufig mit einem leichten
Oedem der Lider, welches am anderen Tage bedeutend zugenommen haben
kann, so dass die Lider nur schwer geöffnet werden. Dabei wird die Conj. bulbi
bald chemotisch, der Bulbus bedeutend injicirt, der Limbus corneae etwas
erhaben, die Conjunctiva palpebr. bedeutend geschwollen, hie und da folli-
culäre Prominenzen zeigend, die untere Uebergangsfalte ebenfalls in hochgradiger Schwellung. Häufig sind auch Hämorrhagien der Conj. bulbi zu
finden, oder diese treten erst auf, wenn der Process im Rückgange ist.
Die Secretion ist eine ziemlich reichliche, sie ist dickflüssig, flockig-schleimig,
bald trocknend. Subjective Beschwerden sind bedeutend. Ich habe diese
Form am häufigsten im Frühjahr beobachtet.

Diese Form, deren Prognose eine günstige ist, pflegt in der Regel
an zwei Wochen zu dauern. Die Therapie kann nur eine exspectative
sein, denn wir haben kein Mittel, den Process zu coupiren, oder die Secretion aufzuheben. Höchstens können wir es zu verhindern trachten, dass
eine Cornealaffection hinzutritt (was in Form von Sichelgeschwüren des
Cornealrandes vorzukommen pflegt), indem wir dann Blutentziehungen in
der Schläfengegend und Atropineinträuflungen machen. Es ist jedoch
meine Ueberzeugung, dass Cornealcomplicationen in der überwiegenden
Zahl von Fällen Folge von localer Behandlung der Conjunctiva — in
welcher hochgradige Stase vorhanden sein muss, worauf die vielen Ecchymosen deuten, — sind, weshalb vor Touchirungen gewarnt wird.
Die Kranken empfinden Umschläge auf dem Auge als eine Wohlthat,
weil das Secret leichter abfliessen kann und an den Lidrändern nicht leicht
eintrocknet. Zu den Umschlägen kann man Tannin ($\frac{1}{2}$—1 % Lösung)
nehmen, oder, was ich in neuerer Zeit vorziehe, Borsäure in 3—4 % Lösung,
welche ein ausgezeichnetes und die Conjunctiva gar nicht reizendes Adstringens ist und hier noch als Desinficiens und antiseptisches Mittel die
besten Dienste leistet. Erst in den Ausgangsstadien, wo jede Reizung des
Bulbus schon vorüber ist, die Conjunctiva bulbi schon mässiger injicirt, die
Conj. palpebr. aber noch aufgelockert ist, touchire man mit einer $\frac{1}{2}$—1 %
Nitras argenti-Lösung, weil man dadurch die Bindehaut am schnellsten zur
Norm zurückführt. In diesem Stadium thut auch eine höchst leichte Be-
tupfung mit Cupr. sulf. die besten Dienste. Die Auswahl zwischen diesen
beiden Mitteln muss dem Tacte des Arztes überlassen bleiben, der häufig
erst nach einmaliger Anwendung eines dieser Mittel nach dem Erfolge das
richtige trifft.

Einigermassen verwandt mit diesen epidemischen Katarrhen, was das äussere Bild betrifft, sind jene Schwellungskatarrhe, welche bei den acuten Exanthemen vorzukommen pflegen. Diese Katarrhe dürfen nicht verwechselt werden mit den Veränderungen, welche Geschwüre der Cornea, die gerade auch bei diesen Exanthemen hie und da beobachtet werden, hervorbringen. Alle diese katarrhalischen Veränderungen der Bindehaut bei Scarlatina, Morbilli und Variola zeichnen sich durch den hohen Grad der Schwellung sowohl der Lider als der gesammten Conjunctiva, ferner durch die mit starker Injection des Bulbus einhergehenden Reizerscheinungen aus. Manchmal ist die Schwellung der Conj. bulb. so beträchtlich, dass sie die Cornea wallartig überragt (Chemosis). Die Secretion ist besonders in den späteren Stadien eine namhafte.

Am mildesten pflegt dieser Schwellungskatarrh in der Scarlatina zu verlaufen, beängstigender pflegt er in den Morbillen, wo er eine ziemlich frühe Complication ist, aufzutreten. Die Prognose ist jedoch eine günstige, und die Therapie erfordert nur die Reinhaltung des Conjunctivalsackes, was am besten durch permanente Umschläge (wie oben beim epidemischen Katarrh) geschieht. Man träufelt auch Atropin ein, um die Reizerscheinungen einigermassen zu mildern.

Die Blennorrhoe der Bindehaut.
(Conjunctivitis blennorrhoica.)

Sowie bei sehr stürmischen Entzündungserscheinungen der Conjunctiva, die immer auch die Lider in ihrer Gänze befallen und häufig auch Organe des eigentlichen Bulbus secundär in Mitleidenschaft ziehen, das abgesonderte Conjunctivalsecret vorwiegend eiterig wird, haben wir es mit Ophthalmoblennorrhoe zu thun, welche als eine der schwersten Krankheiten des Auges betrachtet werden muss. Ihre Gefahr besteht hauptsächlich darin, dass Cornealgeschwüre entstehen, welche zur Perforation dieser Membran und dadurch zu weiteren deletären Veränderungen des Bulbus führen. Doch ist glücklicher Weise der Ausgang in den meisten Fällen, was die Erhaltung des Auges und seiner Functionsfähigkeit anbelangt, ein günstiger, restitutio ad integrum, manchmal nur getrübt durch den Uebergang der Bindehaut in die chronisch-blennorrhoische Form, deren Besprechung wir mit den anderen contagiösen Augenkrankheiten zusammen vornehmen werden.

Klinisch lässt sich die Blennorrhoe in vier Stadien trennen, von denen jede ihre specielle Behandlung erfordert. Als das erste Stadium mag jener Zeitraum betrachtet werden, der sich von geschehener Infection bis zum Auftreten stürmischer Entzündungserscheinungen erstreckt: während desselben beherrscht die Hyperämie, später ein katarrhalischer Zustand der Schleimhaut das Terrain. Er dauert einige Tage, in anderen Fällen kürzere Zeit. Sodann folgt als zweites jenes Stadium, in welchem die Gewebsschwellung die Hauptrolle spielt: die Lider schwellen bedeutend an, die

Haut röthet sich, wird prall, ist nicht mehr in Falten aufhebbar; das obere Lid schwillt so beträchtlich an, dass es über das untere hängt, und die Lidspalte nur mit Mühe geöffnet werden kann. Die Conjunctiva bulbi wird geschwollen, dunkelroth, die Conjunctiva palpebrarum oedematös, bedeutend injicirt, erhebt sich wie ein Wall am Limbus corneae, den sie auch bedeckt, so dass manchmal nur der mittlere Theil der Cornea frei bleibt. Die Secretion ist in diesem Stadium keine eitrige, sondern es wird nur reichlich eine seröse, grünliche Flüssigkeit abgeschieden, in der Fetzen und Schleimklumpen schwimmen. Die Lider können ihrer Prallheit wegen nicht umgestülpt werden. — Die Schmerzen sind hochgradig.

Allmählig geht dieses Stadium in das dritte, das der Eiterung, über. Die Secretion wird rein purulent, überaus reichlich, den Conjunctivalsack fast immer erfüllend. Dabei nimmt die Schwellung einigermassen ab, die Gewebe verlieren ihre Rigidität, es zeigen sich an der Haut des oberen Lides wieder jene den oberen Tarsalrand andeutenden Falten. Die Umstülpung ist ermöglicht und zeigt die Conj. palpebr. beträchtlich gewuchert, papillär, zwischen den Furchen der Papillen und auch auf der Oberfläche ein grauer Belag vom anhaftenden Eiter. Die untere Uebergangsfalte springt in mehreren Parallelfurchen wallartig hervor. Zwischen chemotischer Augapfelbindehaut und Cornea ist Eiter. In diesem Stadium pflegen die so gefürchteten Cornealaffectionen aufzutreten. Sie sind theils Erosionen — das schon früher getrübte Epithel fällt ab, und die Hornhautoberfläche wird rauh und unregelmässig spiegelnd; theils entstehen Geschwüre am Rande unter der chemotischen Bindehaut, oder aber es bilden sich Abscesse, welche zerfallen, eine Geschwürsfläche hinterlassen, die sich immer mehr vertieft und endlich perforirt. Die inneren Gebilde der Augen, so weit sie der Untersuchung zugänglich sind, befinden sich im Stadium hochgradigster Hyperämie.

Nach erreichtem Höhepunkte des Processes, der sich häufig durch Zerstörung der so afficirten Hornhaut kennzeichnet, geht die Krankheit allmählig zurück. Die Schwellung der Lider lässt nach, die Chemose geht zurück, die Eiterung wird mässiger und hört ganz auf. Die Conjunctiva palpebr. behält noch längere Zeit ein granulirtes Ansehen, bis auch dieses der Norm weichen kann, — Viertes Stadium (Endstadium). Dies ist im wesentlichen das äussere Bild der Blennorrhoe, welches sich gleich bleibt, ob wir nun dieselbe an Erwachsenen oder am neugeborenen Kinde antreffen. Wir haben es in allen Lebensaltern mit dem gleichen Krankheitsprocesse bei mehr weniger stürmischem Verlaufe zu thun, und höchst wahrscheinlich ist auch die Aetiologie bei beiden die identische, indem der ursprüngliche Ansteckungsstoff ausschliesslich auf der Schleimhaut des Urogenitalapparates erzeugt wird.

Die Blennorrhoe der Conjunctiva ist entschieden eine der allergefährlichsten Krankheiten des Auges. Man hat sich indess gewöhnt zu sagen, dass sie in Folge der modernen Behandlungsmethoden viel von ihrem Schrecken, ihrer Gefährlichkeit eingebüsst habe. Dies ist, wenn man vollständig aufrichtig sein will, nur theilweise richtig. Es ist wahr, dass wir die meisten Blennorrhoeen jetzt prompt zur Heilung bringen können, vielleicht auch nur zur Heilung kommen sehen; sicher ist, dass wir bei schlechtem Verlaufe der Erkrankung viele von den schädlichen Folgen hintan halten und corrigiren können, aber eben so sicher ist es, dass es Blennorrhoeen von einer Bösartigkeit giebt, gegen die keinerlei Therapie aufkommt. Im allgemeinen steht es fest, dass die Blennorrhoe neugeborener Kinder rechtzeitig zur Behandlung gebracht mit grösserer Sicherheit geheilt werden kann, als die echte gonorrhoische Form der Erwachsenen, welche manchmal allen therapeutischen Versuchen trotzt, und unter unstillbarer Eiterproduction zum Zerfall des Auges führt. Augenärzte von der Erfahrung Arlt's fühlen sich daher geneigt, aus der grossen Gruppe der Blennorrhoeen eine eigene bösartige Form auszuscheiden, allerdings ohne näher anzugeben, welche pathologische Potenz in diesen Fällen den Zerfall der Gewebe in diesem furchtbaren Maasse beschleunigt.

Das therapeutische Princip bei der Behandlung der Blennorrhoeen, mögen sie welches Lebensalter immer befallen, besteht darin, den entzündlichen Ansturm zu mässigen, die Eiterung möglichst zu beschränken, die Folgen der Eiterungen für die Cornea hintanzuhalten, bei eingetretenen Affectionen der Hornhaut diese dem Sehacte so überaus wichtige Membran so weit als möglich zu erhalten, und nach abgelaufener Eiterung die während der Erkrankung aufgetretenen Veränderungen der Bindehaut zu beheben, und diese ad normam zurückzuführen. Dies wären in der natürlichen Reihenfolge alle jene Momente, gleichsam Acte, deren Berücksichtigung zur Aufgabe des Arztes gehört.

Bevor wir näher auf die einzelnen Acte eingehen, müssen wir noch einen Moment bei der Frage verweilen, ob es möglich ist, die Blennorrhoe zu coupiren, d. h. sie in jenem Stadium, in welchem sie sich äusserlich von einer Conjunctivalhyperämie nicht sehr unterscheidet, zu unterdrücken. Im allgemeinen wird sich diese Frage nicht gut beantworten lassen, da es ja jedermann freisteht — wenn z. B. bei Annahme einer geschehenen Verunreinigung der Conjunctiva z. B. mit Trippersecret die Blennorrhoe ausbleibt — später zu glauben, dass hier keine Infection stattgefunden habe. Was mich betrifft, so muss ich sagen, dass es mir nie gelang, sobald einmal bei unzweifelhafter Infection (z. B. am zweiten Auge bei bestehender Erkrankung des ersten Auges) die ersten Spuren eines Katarrhs vorhanden waren, den Ausbruch der Blennorrhoe zu verhüten. Uebrigens wird es von allen Seiten anempfohlen, bei nachgewiesenen oder supponirten Verunreinigungen des Conjunctivalsackes mit infectionsfähigem Eiter die Schleimhaut gründlich zu desinficiren, was durch Waschung etwa mit 4—5% Borsäure, sicherer durch Aetzung mit 2% Nitras argenti-Lösung geschieht.

Im ersten Stadium der Blennorrhoe, dem der acuten, prallen Schwellung der Lider und Conjunctiva, ist ausschliesslich ein antiphlogistisches Verfahren am Platze. In diesem Stadium ist die locale Behandlung der Schleimhaut (caustisches Verfahren) untersagt.

Die letztere wäre in erster Linie nutzlos. Den Infectionsstoff können wir nicht mehr zerstören, Secretion ist nicht in dem Maasse vorhanden, dass dagegen einzuschreiten wäre. Im Gegentheile zeigt die pralle, manchmal brettharte Anschwellung der Lider, dass die Circulation durch die massenhafte Anfüllung der Gewebe mit lymphoiden Elementen gehemmt ist. Ein neuer Reiz, wie die Aetzung es ist, würde nur noch hemmender auf die Circulation einwirken. Uebrigens sind zu dieser Zeit die Lider so unnachgiebig, dass eine Umstülpung nur schwer möglich ist, und applicirt man schon schorfbildende Mittel der Schleimhaut, so zeigt das feste Anhaften des Schorfes aufs deutlichste, dass aus den angeschoppten Gefässen die Saftströmung so träge vor sich geht, dass der Schorf nicht weggeschwemmt werden kann.

Zu den wirksamsten antiphlogistischen Mitteln gehört unstreitig das Eis, welches auch hier constant angewendet werden muss, sei es im Eisbeutel, sei es, dass Leinwandläppchen, die aber fortwährend gewechselt werden müssen, im Eise gekühlt aufgelegt werden. Die heftigen Schmerzen werden unter dem Gebrauche des Eises, welches ausnahmslos gut vertragen wird, sich mildern.

Bei erwachsenen Kranken werden noch mit Nutzen Blutentziehungen an der Schläfe vorgenommen werden. Bei Kindern müssen sie unterbleiben. Stellwag räth, und wo es angeht, ist dies auch das beste, die Blutentziehung in der Weise vorzunehmen, dass die äussere Lidcommissur durch einen Scheerenschlag gespalten werde. Die Blutung ist in diesem Falle eine sehr reichliche, ausgiebige, und man erreicht noch das damit, dass der Druck, welcher durch das hochgradig geschwollene Lid auf das Auge ausgeübt wird, ermässigt wird.

Um nun schon in jenem Stadium, wo das Secret noch kein eitriges und reichliches ist, den Bindehautsack zu reinigen, hat man verschiedene Vorschläge gemacht. Einige träufeln schwache Höllensteinlösungen ein, was aber aus den oben angeführten Gründen durchaus zu verwerfen ist. Auch die Ausspülung mit kaltem Wasser ist nicht anzurathen. Wasser ist kein indifferentes Mittel für thierische Gewebe, es verhält sich allen Zellen gegenüber direct mortificirend. Will man ein indifferentes Mittel wählen, so nehme man eine $\frac{1}{2}$—1% Kochsalzlösung, welche den Gewebssäften am nächsten kommt und nach zahlreichen physiologischen Versuchen vom lebenden Gewebe am besten vertragen wird.

Doch sind wir in der Lage, schon für dieses Stadium Flüssigkeiten anwenden zu können, welche einerseits als Ausspülungsmittel des Conjunctivalsackes anzuwenden sind, andererseits aber auch einer Indicatio causalis zu genügen scheinen. Dies sind die sogenannten antiseptischen Mittel, von denen aber, unseren bisherigen Erfahrungen gemäss, nur zwei sich für die Conjunctiva eignen. Es sind Natron benzoicum und Acidum boricum.

Carbolsäure wird von der Conjunctiva absolut nicht vertragen. Salicylsäure ist sehr schwer löslich und reizt ebenfalls. In neuester Zeit hat Sattler eine Combination von 1 Theil Salicylsäure, 3 Theilen Borsäure auf 100 Wasser empfohlen, in welcher Mischung sich die Salicylsäure sehr gut gelöst enthält. Aber diese Mischung ist unnöthig, weil 3—4 % Borsäure vom Auge ausgezeichnet vertragen wird, und alle Dienste leistet, die von ihm verlangt werden. Borsäure ist ferner ein vortreffliches Mittel, die Secretion der Bindehaut zu vermindern, und wir können es als ein Auswaschungsmittel des Conjunctivalsackes nur wärmstens empfehlen. Man wird diese Auswaschung mehrmals des Tages (nach Bedarf) vornehmen, am besten, indem mit einem Tropfgläschen bei möglichst auseinandergezogenen Lidern die Flüssigkeit eingeträufelt wird, so lang, als noch Schleimflocken oder Secrete ausgeschwemmt werden.

Von einigen Augenärzten*) wird zu demselben Zwecke auch Natron benzoicum angerühmt. Unsere Erfahrungen, die wir namentlich bei der Anwendung der Borsäure zum Spray bei der Cataractextraction gemacht, weisen uns auf die Borsäure hin, als ein Mittel, das von der Conjunctiva sehr gut vertragen wird.

Ist der Process so weit vorgeschritten, dass die Schwellung der Lider weniger prall ist, dass die Lider umgestülpt werden können — was sich äusserlich dadurch markirt, dass am oberen die dem convexen Ende des Tarsus entsprechende Falte der Haut sichtbar wird, — die Secretion ausgesprochen eiterig und profus ist, so muss, bei fortgesetztem Bestreben, den Conjunctivalsack immer möglichst frei von Eiter zu erhalten, zur topisch-caustischen Behandlung der Schleimhaut gegriffen werden.

In dieser Zeit sind Eisumschläge nicht mehr nothwendig, man ersetzt sie am besten durch Umschläge mit gekühlter Borsäure, welche so oft applicirt werden, dass das Läppchen immer feucht ist. Dadurch kleben die Lider nicht zu, das Secret vertrocknet nicht, und kann leicht abfliessen. Daneben soll mit Borsäure noch zeitweilig irrigirt werden.

Die Hauptsache aber in diesem Stadium bilden die Touchirungen mit Nitras argenti, das einzige hier überhaupt ernst zu nehmende Mittel. Viele verwenden das Silbernitrat — besonders in schwereren Fällen — als Stift, entweder pur, oder als Lapis mitigatus (zusammengeschmolzen mit Salpeter), meine Erfahrungen lehren mich jedoch, dass diess unnöthig ist, ja schädlich wirken kann. Eine 2 % Lösung ist durchaus genügend und leistet ausgezeichnetes. Diese Lösung wird auf die umgestülpten Lider mit dem Pinsel, und zwar so oft sanft aufgespült, bis die Oberfläche der Schleimhaut einen leicht graulichen, feinen Belag zeigt. Sodann wird der Ueberschuss mit Wasser oder ½ % Kochsalzlösung weggeschwemmt. Man muss sich bestreben, die Lider so gründlich umzustülpen, dass die

---

*) Nieden verwendet 4 % Lösung von Natron benzoicum mit ausgezeichnetem Erfolge bei Blennorrhoe und Diphtheritis.

Uebergangsfalte, welche enorm geschwollen und gewulstet ist, möglichst gut dem zu applicirenden Mittel frei liege. Das ist auch einer der Vortheile der Lapislösung vor dem Stifte, dass die Flüssigkeit leicht in alle Falten dringen kann. Eine zweimalige Touchirung des Tages ist bei der combinirten Borsäurebehandlung vollkommen ausreichend.

Diese Behandlung wird so lange fortgesetzt, als die Secretion fortdauert. Allmählig nimmt diese ab, und die Schleimhaut gewinnt das Aussehen, das die chronische entzündliche Gewebswucherung zu verleihen pflegt: Sie ist verdickt, locker, auf der Oberfläche rauh, wie mit Wärzchen besetzt — papilläre Wucherung. Man kann in diesem Stadium mit schwächeren, etwa 1% Lapislösungen ätzen, und wenn die Secretion vor der Gewebswucherung in den Hintergrund getreten ist, mit der Behandlung mit Cuprum sulfuricum (Stift oder Krystall) beginnen. Dies kann zuerst probatorisch geschehen, wobei die Aetzung möglichst milde vorgenommen wird. Sehr häufig tritt die Schleimhaut dann sehr rasch zur Norm zurück, oder, was einen anderen und unerwünschten Ausgang darstellt, die Conjunctiva verharrt im Zustande der chronischen Entzündung, wodurch dann jene Mischformen infectiöser Augenkrankheiten zu Stande kommen können, die man mit zur Gruppe der chronischen Blennorrhoeen, egyptischer Augenentzündung zu rechnen pflegt. Soviel aber ist sicher, dass dieser Ausgang bei richtiger und zweckmässiger Behandlung sehr selten ist, und besonders bei solchen Individuen zu beobachten ist, bei denen die Blennorrhoea acuta ohne Behandlung verlaufen ist.

In dieser Weise wäre sowohl das therapeutische Vorgehen, sowie der Verlauf einer Blennorhoe zu schildern, bei welcher keinerlei gefahrdrohende Complicationen von Seite der Cornea vorliegen. Diese bei jeder schwereren Blennorrhoe jedoch drohenden Betheiligungen der Cornea am krankhaften Process verlangen ihre besondere Berücksichtigung. Und zwar haben wir einen Zerfall der Hornhaut zu verhindern, der entweder in Folge von Geschwüren oder Abscessen eintreten kann.

Die Ursachen, warum der Hornhaut derartige Gefahren drohen, sind mannigfaltige. Es ist in erster Linie die Macerirung und Anätzung des Epithels und der Substanz durch den massenhaft producirten Eiter, und die Einwanderung desselben durch diese Substanzverluste in das Innere der Membran — was ja auch experimentell erwiesen ist. Dass eine derartige Durchdringung der Hornhautsubstanz, Anfüllung der Saftkanälchen, nicht ohne schwere Benachtheiligung der Ernährung der Hornhaut ablaufen kann, ist klar und vermag allein den so häufigen deletären Ausgang zu erklären. Wir brauchen dann gar nicht an der neurer Zeit so sehr in Aufnahme gekommenen Hypothese von den bacteriellen Entzündungserregern festzuhalten. Dazu kommt nun die ohnedies gestörte Ernährung der so sehr von dem Gefässgebiet der Conjunctiva abhängigen Cornea, welche den nekrotischen Zerfall mehr weniger ausgedehnter Partien der Membran zur Folge haben kann. Rechnet man noch den Druck hinzu, der einerseits von den so hoch-

gradig geschwollenen Lidern, andererseits von der chemotischen, die Hornhautperipherie überlagernden Augapfelbindehaut ausgeübt wird, so haben
wir hiemit eine Reihe aller jener Potenzen gegeben, welche zur Zerstörung
der vorderen Augapfelgebilde führen können.

Der Zerfall der Hornhaut kann durch zwei Formen initiirt werden:
a) durch meistens am Rande auftretende Ulcerationen (rand- oder
sichelförmige Geschwüre), oder b) durch Abscesse, welche im Centrum der
Membran sich bilden.

Die Aufgaben, welche der Arzt nun zu erfüllen hat, lassen sich in
folgendem präcisiren:

1) Die Ausbildung von Hornhautaffectionen möglichst
zu verhindern.

Dies geschieht durch gewissenhafte Reinigung des Conjunctivalsackes
vom Secret, wobei aber zur Vermeidung von mechanischen Erosionen jedes
gewaltthätige Verfahren vermieden werden muss. Ist die Geschwulst der
Lider (im Anschoppungsstadium) sehr beträchtlich, durch die entlastende
Blutentziehung und durch die Lidspaltenerweiterung. Bei hochgradiger
Chemose durch Scarificationen des Conjunctivalwalles. Atropineinträuflungen (0,05 auf 10,0), sind ebenfalls, zur Hintanhaltung von Irishyperämie,
anzuwenden.

2) Ist es zur Bildung von Abscessen oder Geschwüren
gekommen, den weitern Zerfall und den Durchbruch der
Membran zu verhüten. — Dabei gilt die Regel, dass diese Hornhautaffectionen nicht nur nicht die Touchirung der Conjunctiva contraindiciren,
sondern sie, weil ja die Eiterproduction sie verschuldete, geradezu dringend
fordern. Man wird also weiter touchiren. Wenn trotz des die Suppuration
bekämpfenden Vorgehens der Zerfall des Geschwüres — auch der Abscess
wird nach Zerfall seiner Decke ein Geschwür — weiter fortschreitet, so ist
darauf zu sehen, die Spannung der Cornea möglichst herabzusetzen, und im
Nothfall der gewaltsamen und plötzlichen Entleerung des Kammerwassers,
wie sie bei spontaner Perforation sein muss, wobei auch die Integrität des
Linsenkörpers gefährdet und die Iris prolabirt wird, das Praevenire zu
spielen.

Medicamentös soll die Spannung der Cornea, d. h. der auf ihr lastende
Druck a tergo, herabgesetzt werden durch Einträuflung von Escrinum
sulfur. (0,05 auf 10,0). Man hat also in einer Reihe von Fällen das
Atropin auszusetzen, sowie die Hornhaut durch Ulceration bereits verdünnt
ist, und es gegen das Myoticum einzutauschen, dessen Verwendbarkeit noch
an einer anderen Stelle auseinandergesetzt werden wird. So wie aber die
Hornhaut an der Geschwürsstelle beträchtlich verdünnt ist, was dadurch klar
wird, dass die hintersten Lamellen nach vorn gebaucht sind, ist das Escrin
keinesfalls allein mehr ausreichend, und die lege artis vorgenommene
Punctio corneae muss die Entleerung des Kammerwassers bewirken.
Die Punction muss so oft wiederholt werden, als es Noth thut.

3) Ist es aber zu Durchbruch und Irisprolaps gekommen, so ist darauf zu sehen, dass es nicht zur Ausbildung gewölbter Narben komme, und dass möglichst viel von der Corneasubstanz erhalten bleibe.

Das hiebei einzuschlagende Verfahren wird bei der Therapie der Cornealerkrankungen besprochen werden. Nur das eine möge bemerkt werden, dass kleine Prolapse, auch wenn sie kugelförmig sind, sich durch Narbencontraction häufig von selbst abflachen. Man wird das so warm empfohlene Eserin einträufeln, und wenn die Abflachung lange auf sich warten lässt — ehe man zum Messer greift — noch Betupfungen mit Tinctura opii simpl. versuchen.

Die Behandlung aller Folgezustände der Hornhautperforationen wird, so weit es im Rahmen dieses Buches zulässig ist, an verschiedenen Orten besprochen werden. Zum Schlusse muss noch des Schutzverbandes gedacht werden, durch welchen viele es verhüten wollen, dass Eiter aus einem erkrankten Auge in das zweite, noch normale gelange. Der Verband wird am besten so angelegt, dass ein mit Collodium gut bestrichenes Leinwandläppchen die ganze Orbitalgegend deckt, darauf wird noch Charpie gelegt, und das ganze dann mittelst einer Binde hermetisch befestigt.

Der Schutzverband erfordert eine sehr peinliche Ueberwachung des Kranken, ist demselben im höchsten Grade beschwerlich, da er ihn für längere Zeit des Gebrauches des gesunden Auges völlig beraubt. Er kann durch ein strenges Regime des Kranken entbehrlich gemacht, soll darum nur dann angelegt werden, wenn besondere individuelle Verhältnisse es für nothwendig erachten lassen.

Die chronisch - infectiösen Bindehautkrankheiten.
(Conjunctivitis granulosa, Ophthalmia egyptiaca, Trachoma.)

Vom praktischen Standpunkte können unter obiger Bezeichnung verschiedene Formen von Conjunctivalkrankheiten zusammengefasst werden, welche bei verschiedenen äusseren Merkmalen und wohl auch anatomischem Verhalten die gemeinsamen Attribute der besonderen Infectiösität ihrer Secrete, ihrer langen, echt chronischen Dauer, sowie — was uns als eine Hauptsache erscheint — ihrer Neigung, nur mit bindegewebig-narbiger Umgestaltung des von ihnen befallenen Bindehautgewebes abzulaufen, besitzen.

Diese letztere Eigenschaft, zu cirrhotischen Metamorphosen des Gewebes der Lider zu führen, welche wieder verschiedene Formveränderungen der letzteren bedingt, ist klinisch das einzig maassgebende Merkmal, das sie von allen übrigen Conjunctivalerkrankungen trennt. Die pathologische Anatomie ist leider noch nicht so weit, um mit zweifelloser Bestimmtheit zwischen den einzelnen Gliedern dieser Gruppe eine scharfe Grenzlinie ziehen zu können, es ist darum vom Standpunkte der Therapie nicht rathsam, den festen Boden, den uns der klinische Verlauf bietet, zu Gunsten von mehr oder weniger anatomisch begründeten Eintheilungen aufzugeben. Allerdings wird man nicht selten Gelegenheit haben, Fälle zu finden, die man als Arlt'sches Trachoma verum, andere wieder, die man als chronische Blennorrhoe und zu guter Letzt solche, die man als Trachoma mixtum bezeichnen kann. Man nimmt dann im ersten Falle das Vorhandensein der bekannten froschlaichartigen Granulationen — von mehreren für Neugebilde, von anderen wieder für Lymphfollikel gehalten — als das maassgebende an; im zweiten Falle finden wir eine Verdickung der Conjunctiva nebst papillärer Wucherung ihrer Oberfläche, und im Trachoma mixtum eine Combination beider Krankheitsformen. Diese unbestimmten und nicht einzureihenden Mischformen sind es aber, welche bei weitem die häufigsten sind, und bei jeder Epidemie von Ophthalmia egyptiaca kann man sich davon überzeugen, dass derselbe Infectionsstoff alle genannten Formen hervorbringt. So hatte ich Gelegenheit, eine derartige Epidemie zu sehen, welche für mich die Dignität eines pathologischen Experimentes besitzt: Im Budapester Blindeninstitute war von einem neu aufgenommenen Zöglinge, der durch Blennorrhoea neonatorum sein Augenlicht verloren, und eine echte chronische Blennorrhoe mitgebracht hatte, der Ansteckungsstoff verbreitet worden. Nahezu alle Zöglinge waren inficirt worden, und zeigten alle möglichen Formen. Noch heutigen Tages bewegt sich im Institute ein Zögling (erblindet an Atrophia nerv. optic.), der sein Trachoma verum (grössere, die Schleimhaut durchsetzende Granulationen), seit dieser Zeit herumträgt, welches aber vollständig indolent ist, und das Individuum in keiner Weise weiter belästigt.

Derlei Erfahrungen scheinen es festzustellen, dass, die pathologisch-anatomische Verschiedenheit der einzelnen Formen zugegeben, dieselben klinisch identisch sind, und von einem Gesichtspunkte betrachtet werden müssen, was auch »ex juvantibus« zutrifft, da die Therapie für sie alle so ziemlich dieselbe ist.

Wir haben alle Veranlassung anzunehmen, dass ein bestimmter, in der Schleimhaut der Genitalien ursprünglich keimender Infectionsstoff auf die Conjunctiva der Lider gebracht, dort zu Gewebswucherungen führt, bei denen »neben Hyperämie und Schwellung der Conjunctiva eigenthümliche Rauhigkeiten charakteristisch sind, welche sich am Tarsaltheile bald als angeschwollene Papillen, bald als diffuse fleischwarzenähnliche blutreiche Auswüchse, im Uebergangstheile aber als reihenweise an einander geordnete rundliche Körner darstellen, die bald der Conjunctiva gleichfarbig sind, und nur wenig hervortreten, bald aber über deren Oberfläche sich mächtig erheben und durch ihre Form und sulzähnliche Durchscheinbarkeit den Eiern des Fisch- und Froschlaiches sehr ähnlich werden«. (Stellwag.) Während nun die bisher beschriebenen Conjunctivalerkrankungen, der acute sowohl als der chronische Katarrh, ferner die Blennorrhoe mit einer

vollständigen restitutio in integrum heilen, ist dies bei der Gruppe der
chronisch-infectiösen Conjunctivalerkrankungen nicht der Fall. Wir besitzen
bisher kein Mittel, welches im Stande wäre, die in das Parenchym der
Conjunctiva (den Tarsus mit eingeschlossen) abgesetzten lymphoiden Producte und Gewebswucherungen zur Resorption zu bringen; der häufigste
Ausgang ist der, dass die genannten Einlagerungen in Bindegewebe verwandelt werden, schrumpfen, die zwischen ihnen befindlichen drüsigen
Organe zur Verödung bringen, und so ein Zustand erzeugt wird, der am
besten mit Cirrhose der Conjunctiva bezeichnet wird.

Die Therapie muss sich demnach darauf beschränken, diesen Ausgang
zu beschleunigen und dabei auf das nothwendigste Maass zu beschränken;
ferner alle jene Störungen, die daraus für die übrigen Gebilde des Augapfels erwachsen können, hintanzuhalten, und die Folgezustände zu beheben.

Während des ganzen Verlaufes muss auf die Cornea ein besonderes
Augenmerk gerichtet werden. Denn sie ist es, welche bei den einigermassen ausgeprägten Formen des Trachomes fast immer in Mitleidenschaft
gezogen wird. Es tritt nämlich in dem oberflächlichsten Stratum dieser
Membran (Epithel und Bowman'scher Haut) eine auf reichlicher Zellen-
bildung beruhende Trübung mit Neubildung von Gefässen auf,
deren Zusammenhang mit den Gefässen der Conjunctiva durch den Augenschein festzustellen ist. Dieser Zustand der Cornea heisst Pannus, und
er kann der Beginn von weiteren Veränderungen sein: Durchtränkung und
Erweichung der Hornhaut, Zunahme und Unregelmässigkeit ihrer Wölbung,
Entstehung unheilbarer Trübungen; in der pannösen Schichte können entzündliche Infiltrationen und Ulcerationen entstehen, welche Entzündungen
auch die Iris in Mitleidenschaft ziehen, und so den Beginn von weiteren
destructiven Processen des Auges darstellen.

Damit ist aber die Reihe der Complicationen dieser so vielgestaltigen
Krankheitsgruppe noch nicht erschöpft: Durch die narbige Umgestaltung
und Verkrümmung der Lider kann Verödung der Meybom'schen Drüsen,
Einwärtsdrehung des Lidrandes mit dem Bulbus zugekehrten Wimperhaaren
zu Stande kommen (Entropium), wodurch die bei jedem Lidschlag erfolgende
Reizung der Hornhaut eine perpetuirliche wird; in besonders schweren Fällen
tritt eine Schrumpfung auch des Uebergangstheiles der Conjunctiva ein, der
Conjunctivalsack hört allmählig auf, zu existiren, was immer zu jener Vertrocknung und Verhornung der Cornea führt, die man Xerosis nennt. Aus
alledem folgt ferner, dass die Dauer der Erkrankung eine ungemein langwierige, im Beginne gar nicht zu bestimmende ist. Recidiven sind unge-
wöhnlich häufig.

Die Zahl unserer Mittel gegen diese Krankheit ist verhältnissmässig
eine geringe, indessen muss die Sorgfalt der Behandlung das ersetzen,
was letzterer an Reichhaltigkeit abgeht. Es giebt vielleicht kein Uebel
des Sehorgans, bei dem der Kranke mehr auf die Geduld, den guten Willen
und die Aufmerksamkeit seines Arztes angewiesen wäre, als das Trachom.

Aber diese Sorgfalt belohnt sich auch dadurch, dass der Ausgang der Erkrankung in vielen Fällen einer Heilung nahe kommen kann, und auch in schwereren Fällen das Auge schliesslich doch in seiner Gebrauchsfähigkeit einigermassen erhalten wird.

Das noch heutigen Tags souveräne Mittel gegen die chronisch-infectiösen Augenkrankheiten ist das Cuprum sulfuricum. Wir verwenden es als Aetzmittel, in Form eines glatt geschliffenen Stäbchens oder Keiles.

Die Aetzwirkung des Cuprum sulfuricum reicht nicht tief, sie erstreckt sich vielmehr nur auf die alleroberflächlichsten Schichten der Schleimhaut, mit der es in Berührung kommt. Dagegen ist seine Wirkung viel intensiver als sogenanntes Reizmittel, denn es erzeugt ziemlich heftige, langandauernde Schmerzen, die mit einer Röthung der gesammten Augenoberfläche, sowie einer beträchtlichen Thränensecretion verknüpft sind.

Es scheint, dass der wohlthätige Einfluss des Kupfervitrioles beim Trachom auch mehr auf seine Reiz- als seine Aetzwirkung kommt. Denn die Erfolge, die das Nitras argenti, oder andere Adstringentia und Caustica ausüben, sind bei weitem nicht so eclatant und sicher, als die des Cuprums. Und in der That, kann es auch nur unsere Aufgabe sein, den Vorgang, den die Natur im Verlaufe der trachomatösen Infiltration befolgt, nachzuahmen und zu beschleunigen.

Die trachomatösen Einlagerungen, unter denen wir hier nicht allein die echten Trachomkörner, sondern auch die diffusen Lymphzellen-Anhäufungen in der ganzen Schleimhaut (inclusive Tarsus) und in den papillären Excrescenzen des Gefässstratums verstehen, heilen durch Bindegewebsmetamorphose und Schrumpfung. Diese Umwandlung in Bindegewebe wird durch die Reizwirkung des Cuprumstiftes beschleunigt, hiebei durch seine adstringirende Eigenschaft wahrscheinlich Verengerung der Gefässlumina bewirkt und die Auswanderung aus denselben erschwert — somit das Material zu neuerlichen Infiltrationen möglichst beseitigt —, ferner die immer etwas gesteigerte katarrhalische Secretion beschränkt. Ausserdem hat diese Methode unbestritten einen günstigen Einfluss auf die Rückbildung des Pannus und der Hornhauttrübungen.

So wenig, wie es sich bei der Application des Cuprum sulfuricumStiftes um augenblickliche Erfolge handeln kann, ebensowenig ist es nothwendig oder gestattet, ihn überall mit derselben Energie oder fortwährend anzuwenden, ohne Rücksicht auf das, wir möchten sagen, Allgemeinbefinden des Auges. Wenn es sich um besonders ausgeprägte Fälle handelt, mit stärkerer Secretion, bedeutender diffuser und körniger Infiltration, überhaupt in allen jenen Stadien, wo die Schwellung noch im Vordergrunde steht, mag man den Stift einigermassen fest der zu ätzenden Conjunctiva aufdrücken, und beim oberen Lide auch unter die Umschlagstelle bis zum Fornix gehen. Aber auch hier handelt es sich darum, im Verlaufe der Touchirungen in jedem einzelnen Falle festzustellen, wie viel das zu behandelnde Individuum verträgt. In dieser Beobachtungsgabe liegt oft das

Geheimniss zahlreicher überraschend schneller Heilungen verborgen. Dagegen darf die Touchirung nur eine höchst leichte und milde sein, wenn schon ausgebreitetere Vernarbungen in der Conjunctiva vorhanden sind, ihre Oberfläche glatt, beinahe sehnig ist, oder gar, wenn der Conjunctivalsack sich verkürzt zeigt, was eine Folge hochgradiger Schrumpfung des Conjunctivalgewebes ist. Diese Schrumpfung zeigt sich durch das Auftreten von senkrechten Falten der Conjunctiva des Uebergangtheiles an, wenn wir das untere Lid sachte nach abwärts ziehen und ektropioniren. In diesen Fällen genügt eine mässige Reizung mit dem Stifte, zu Zeiten vollständiges Aussetzen des Cuprums und Anwendung von Adstringentien, als Zinkkollyrien, Tannin, Alaun im Stifte.

Mit der topisch-caustischen Methode muss ferner gänzlich eingehalten werden, wenn stärkere Reizerscheinungen des Auges vorhanden sind. Dies drückt sich ganz genau durch Ciliarinjection aus. Sie wird eintreten, wenn nur einigermassen bedeutende Infiltrationen — entweder in der noch normalen Cornea oder im pannösen Gewebe — sich ausbilden. Würde man in diesen Fällen touchiren, so vermehrt man die Entzündung der Cornea, welche dann besonders gerne auf die Iris übergreift, und zu den Folgen der plastischen Iritis, hinteren Synechien, Veranlassung giebt. Treten also derlei frische Cornealprocesse ein, so sistirt man das Touchiren, träufelt Atropin ($^1/_2 °/_0$ Lösung) mehrmals im Tage ein und wartet, bis das Auge sich beruhigt hat, was durch das Nachlassen der Bulbusinjection sich deutlich manifestirt.

Was nun die Heilung des Pannus betrifft, so läuft diese mit dem Ablauf der Trachominfiltration gewöhnlich parallel und es bedarf gerade keiner anderen Mittel, ihn zum Schwinden zu bringen, als die planmässigen Cuprumtouchirungen. Dies gilt aber nur für die einfachen Fälle. Haben wir aber veraltetes Trachom vor uns, wo die Hornhaut derartig entzündlich infiltrirt, serös durchtränkt, und von Gefässen durchzogen ist, dass sie sogar ihre normale Wölbung gegen eine kugelige vertauscht hat, haben wir vielleicht Entropium, Trichiasis, Verengerungen der Lidspalte, so steht die Sache durchaus nicht so einfach. In diesen Fällen hilft ausgiebig nur das operative Einschreiten, das beispielsweise im letzteren Falle in einer nach Jäsche-Arlt angelegten Transplantation des Haarzwiebelbodens mit gleichzeitiger Erweiterung der Lidspalte durch Kanthoplastik besteht. Bei besonders hartnäckigen Fällen kommt man durch vorsichtiges Scarifieren der auf die Hornhaut übertretenden, zum Pannus sich verzweigenden Conjunctivalgefässe, das mehrere Male, in verschiedenen Sitzungen, wiederholt werden muss, aus; wo das nicht zum Ziele führt, wird man durch die Peritomie, d. h. die Abtragung eines Ringes oder eines Sectors der Conjunctiva in nächster Nähe des Limbus zum Ziele kommen. Bei abnorm gewölbter Cornea wird häufig auch eine Iridectomie am Platze sein, da diese Operation durch Entspannung des Auges jedenfalls eine bessere Ernährung der Cornea bedingt, wodurch auch die abnorme Wölbung sich ausgleichen kann. Die Iridectomie ist auch bei den Folgezuständen der Iritis, welche etwa zu Erhöhung des intraoculären Druckes geführt haben, nothwendig.

Zu den, in Frankreich noch manchmal geübten Inoculationen blennorrhoischen Eiters wird man sich, da die Erfahrungen hierüber noch sehr mangelhaft sind, nur in extremsten Fällen entschliessen. Man hat nämlich wahrgenommen, dass Hornhäute, welche mit einem sogenannten Pannus crassus behaftet sind, von den Gefahren, die eine acute Blennorrhoe für gesundes Cornealgewebe hat, nicht berührt werden. Und in der That ist es a priori wahrscheinlich, dass die gründlichere Ernährung der Cornea durch Vermittlung der pannösen Gefässe die Mortification der Gewebselemente durch die Anschoppung der Safträume mit Eiter und die corrosive Wirkung des letzteren nicht zur Ausbildung kommen lässt. Ja, es soll sogar nach Ablauf der künstlich erzeugten Blennorrhoe eine Aufhellung der Cornea stattgefunden haben.

Das Cuprum sulfuricum soll, wie aus allen vorgehenden Ausführungen zu entnehmen ist, vom Arzte selber angewendet werden. Nur in Ausnahmsfällen kann es zugestanden werden, dass es von den Kranken selbst oder deren Angehörigen, die aber dann gehörig eingeübt werden müssen, applicirt werde. Einen geringen Werth haben die Cuprumhaltigen Salben, die man in verschiedener Concentration den Kranken zur Einbringung in den Conjunctivalsack als Ersatz der Aetzung mit dem Stifte mitgeben kann.

Das Touchiren mit Nitras argenti in Lösung hat in der Therapie des Trachoms nur einen beschränkten Wirkungskreis. Am besten eignet es sich noch in jenen Formen, welche der Blennorrhoe am nächsten stehen, wo die Auflockerung und Schlaffheit der Conjunctiva sehr gross, und die Secretion eine reichliche ist. Es giebt Fälle, wo bedeutende zotten- und hahnenkammähnliche Excrescenzen sich unter den Touchirungen mit Lapis vollständig zurückbilden. Auch dort passt es, wo die lange mit dem Cuprumstifte behandelte Conjunctiva das letztere Mittel nicht mehr verträgt.

Man wird jedoch das Silber-, sowie das Kupfersalz vergebens anwenden in einigen Fällen, in denen die Conjunctiva eine Umwandlung in ein knorpelhartes Gewebe übergegangen ist, welches in mehreren Wülsten oder in härtlich sich anfühlenden Papillen oder Excrescenzen beim Umstülpen der Lider sich zeigt. Diese anatomisch noch nicht genau studirten Zustände — vielleicht gehören sie in die Reihe der Amyloidentartungen der Bindehaut — trotzen überhaupt einer jeden Therapie. Ob parenchymatöse Einspritzungen (etwa von Jod) nicht vortheilhaft wirken, darüber fehlen noch die Erfahrungen.

Die operative Behandlung der Trachominfiltration hat bisher ebenfalls keine günstigen Resultate ergeben. Im allgemeinen warnt man davor, zu energisch mit der Scheere vorzugehen, die man zur Abkappung von hartnäckigen Excrescenzen, Abtragung von Trachomkörnern benützen könnte. Man verschlimmert hiedurch nur die Sachlage, indem man auf

diese Weise neue, und noch schlimmere Narben setzt, als im Verlaufe der
spontanen Rückbildung kommen würden. Man wird also zur Scheere nur
in Ausnahmsfällen, und zwar dort greifen, wo die Excrescenzen besonders
mächtig sind, und die Touchirungen keinen Erfolg versprechen.

Man hat vereinzelt schon versucht, die echten Trachomgranulationen
dadurch zu zerstören, dass man sie mit einem scharfen Löffel auskratzt,
oder sie caustisch zerstört. Bisher aber sind die Erfahrungen noch nicht
reich genug, um diese Methoden an dieser Stelle empfehlen zu können.

Es ist selbstverständlich, dass in einer so schleppenden Krankheit,
wie das Trachom es ist, ausser den genannten noch zahlreiche andere
Methoden empfohlen wurden. Dass man aber immer wieder zum Cuprum
zurückkehrt, beweist es doch, dass die Aetzungen mit diesem Stoffe die
meisten Erfolg geben.

Erwähnung verdient hier noch jenes Vorgehen, wobei auf dem Wege
der Zerstäubung die Medicamente auf die Conjunctiva gebracht werden.
Man hat aber auch davon wenig Nutzen erfahren, ja sogar in Fällen von
Cornealaffectionen die Zerstäubungen schädlich gefunden. Man verwendete
hiezu unter anderem: Tannin 0,25, Glycerin 6,0, Natri boric. 2,0 auf Aq.
eamph. 30,0 (Agnew.)

Auch die Benützung von Kaltwasser-Curen, von Schwitz-Curen, denen
man in neuerer Zeit die Pilocarpininjectionen substituirte, wurde in Fällen
von chron. infectiösen Conjunctivitiden empfohlen. Sie werden hier nur
deshalb angeführt, weil man bei chronischen Krankheiten häufig solatii
causa mit dem Regime wechseln muss.

So trüb nun im Allgemeinen die Aussichten des Kranken sind, mit
einem in jeder Beziehung normal gewordenen Auge aus dem Leiden her-
vorzugehen, so muss dennoch gesagt werden, dass unter aufmerksamer und
vorsichtiger Behandlung das Auge wieder gebrauchsfähig gemacht werden
kann. Die schrecklichsten Fälle, in denen die Kranken wahrhaft ein Bild des
Jammers sind, sind oft jene, welche entweder gar nicht, oder nicht zweckmässig und consequent behandelt wurden. Dass die Kunst des Arztes in
den chronisch-infectiösen Conjunctivalkrankheiten das möglichste leisten
kann, zeigt klar folgender von mir beobachteter lehrreicher Fall, den ich
als Paradigma hier anführe:

B. S., 24 Jahre, Gouvernante, kommt im September 1875 in meine Behandlung. Die Pat. war früher immer gesund, hat in guten Verhältnissen gelebt,
und will nach längerem Umgange mit zwei notorisch augenkranken Mädchen die
ersten Spuren ihres Augenleidens bemerkt haben. (Die Namen dieser Mädchen,
Schwestern, sind ebenfalls in meinem Protokolle mit der Diagnose »Trachoma
verum« bezeichnet.) Ich finde am rechten Auge ausgeprägtes Trachoma verum,
starke Injection des Bulbus, Hornhauttrübung, beginnender Pannus. Am linken
Auge nur verdächtiger Schwellungskatarrh. Der Pannus rechterseits bildet sich
mehr aus, als die Pat. einige Zeit aus der Behandlung ausbleibt. Sie reist Ende
1875 mit Pannus und tüchtigen Granulationen in ihre Heimat ab. Im Februar 1880

stellt sie sich mir wieder vor. Vollkommen hergestellt, Hornhaut zeigt kaum eine Spur von Trübung, Conjunctiva normal, nur an der Umschlagstelle der oberen Lider einige feine, nur dem Eingeweihten erkennbare Narbenzüge. Sie war in ihrer Vaterstadt in der von mir angegebenen Weise weiter behandelt worden.

Solche Fälle beweisen, wie viel die Therapie in einem so schweren Leiden erzielen kann.

Croup der Conjunctiva.
(Conjunctivitis crouposa.)

Auf der Conjunctiva sieht man häufig, gepaart mit anderen Zeichen einer heftigen Entzündung, wahre croupöse Auflagerungen, d. h. membranartige Secrete, welche der Oberfläche der Schleimhaut fest anliegen, sich aber nicht schwer mit der Pincette abziehen oder abstreifen lassen. Die Schleimhaut ist leicht blutend, und das aussickernde Blut mischt sich sofort mit einem schleimigen, klebrigen Secret, welches rasch fadenziehend wird, und aus dessen rascher Gerinnung die genannten Membranen hervorgehen. Gewöhnlich ist dabei auch hochgradige Schwellung der Uebergangsfalte, sowie der Conjunctiva bulbi vorhanden; die letztere pflegt sehr stark injiziert zu sein, und trägt häufig die Spuren frischer Ecchymosen. Auch sind, was wir für sehr charakteristisch halten, häufig mehr oder weniger ausgebreitete, aber immer seichte Ulcerationen der Haut der Lider vorhanden, welche von einer dünnen Borke bedeckt sind. Hebt man letztere ab, so kommt es zu einer mässigen Blutung aus den Gefässen der offen liegenden Cutis.

Diese Form verdient eine eigene Betrachtung, und kann nicht in die Reihe der Katarrhe gebracht werden, sowohl aus Gründen der Therapie, als auch der Pathologie. Es kann nämlich durchaus nicht für ein gleichgiltiges oder zufälliges Ereigniss angesehen werden, wenn das Secret einer Conjunctivalentzündung ein rasch gerinnendes, ein fibrinöses ist. Wir beziehen uns hiebei, obwohl die beiden Processe durchaus nicht von einem Gesichtspunkte aus behandelt werden dürfen, auf Bilder, die wir bei der Untersuchung von Augen gewonnen haben, wo es zwischen Choroidea und abgelöster Netzhaut zu einem Erguss einer fibrinösen Masse gekommen war, welche eine bedeutende Erweiterung der Choroidealgefässe zeigten, in denen die Blutkörperchen im Centrum des Lumens zusammengedrängt waren, während die Peripherie von einer geronnenen Masse eingenommen war. Solche Bilder machen es wahrscheinlich, dass es bei fibrinösen Ausscheidungen schon im Inneren der Gefässe zu einer Störung der regelmässigen Blutmischung gekommen sein muss. Ist nun diese beim Croup durch eine autochthone Erkrankung der Gefässwände herbeigeführt, oder durch schädliche Potenzen von aussen bewirkt, jedenfalls bedarf dieser Process seiner klinischen Abgrenzung. Thatsache ist, dass der Croup sehr häufig epidemisch auftritt und durch Infection weiter verbreitet wird, ferner dass er am häufigsten an scrophulösen Kindern, sowie manchmal im Verlaufe von Scharlach und Masern vorkommt.

Vor Complicationen von Seite der Cornea hat man bei Croup weniger zu fürchten. Seltenes Ereigniss, wenn eine Cornealinfiltration hinzutritt, was übrigens auch Folge unzweckmässiger Behandlung sein kann.

Die Therapie ist eine rein antiphlogistische. Permanente Eisbehandlung ist ein sicheres Mittel.

Vor Touchirungen hat man sich zu hüten. Diese haben hier erfahrungsgemäss eine schädliche Wirkung, da sie, wie es scheint, den krankhaften Zustand der Gefässe noch steigern, was sich dadurch documentirt, dass nach jeder Touchirung eine ziemlich reichliche, blutig-schleimige Masse aus der Lidspalte quillt. Die Touchirung ist erst dann angezeigt, wenn das membranöse, sich auf die Oberfläche niederschlagende Secret endlich geschwunden und ein katarrhalisch-blennorrhoisches an seine Stelle getreten ist. Man charakterisirt diesen Ausgang in der Sprache der ophthalmologischen Lehrbücher seit Altersher mit den Worten, dass das croupöse Stadium in das blennorrhoische getreten sei, was eben mit dem Ablauf der eigenthümlichen Gefässerkrankung gleichbedeutend ist, indem dann nicht mehr Fibrin, sondern das gewöhnliche Secret der hyperämischen Conjunctiva ausgeschieden wird. Dann treten aber auch die Adstringentien, wie Zink, Natrium boracicum oder Acidum boricum in ihre Rechte, ja, bei erheblicher Secretion wird die Conjunctiva durch Touchirungen mit 1%iger Nitras argenti-Lösung zur Norm zurückgebracht werden.

Man hat von einer Seite vorgeschlagen (Sämisch), durch Einpulverungen von Chinin den Process zum rascheren Schwinden zu bringen. Da Chinin auf die Gefässe eine verengernde Wirkung ausübt, so mag dieser Vorschlag durch weitere Versuche noch geprüft werden.

Diphtheritis der Conjunctiva.
(Conjunctivitis diphtheritica.)

Die Diphtheritis ist eine gewöhnlich mit Fieber einhergehende Allgemeinerkrankung, die auch in der Conjunctiva das ihr in anderen Geweben eigenthümliche Verhalten zeigt: Infiltration entzündlicher und fibrinöser Producte in das Gewebe der Bindehaut, wodurch die Circulation in derselben unterbrochen und dergestalt Nekrose und Gewebszerfall herbeigeführt wird, welcher Gewebsverlust später nur durch Bildung von Narbenmassen ersetzt werden kann.

Die Diagnose der Diphtheritis ist demnach unschwer zu machen. Fieber, enorme Geschwulst, erhöhte Temperatur und Kälte der Lider, welche in den ersten Tagen kaum umzustülpen sind. Von einem Secret lässt sich hier nicht sprechen, dagegen quillt aus der Lidspalte ein Strom von heissen Thränen, in welchen Partikeln abgestossenen, nekrotischen Conjunctival-gewebes schwimmen. Bekommt man die Oberfläche der Lider zu Gesicht, so erscheinen diese glatt und das Aufhören der Circulation manifestirt sich durch zahlreiche Blutextravate. Die Conjunctiva bulbi ist ödematös und stark chemotisch.

Die Conjunctivaldiphtheritis muss als eine der gefährlichsten Augen-erkrankungen erklärt werden, und ihre Gefahr liegt darin, dass, ehe der Kreislauf in den betroffenen Gebilden wieder hergestellt ist, die ihrer Ernährung beraubte Cornea nekrotisch zerfällt.

Die Aufgabe der Therapie muss es nun sein, den Kreislauf in dem Lide wieder herzustellen, dadurch, dass so schnell als möglich die diphtheritischen Einlagerungen zur Entfernung gebracht werden. Dies wird keinesfalls durch directe Einwirkung von Aetzmitteln auf den diphtheritischen Belag erzielt werden können. Denn nicht dieser selbst ist das zu fürchtende, sondern die Strangulation der Gefässe, welche auch dadurch nicht behoben wird, wenn wir das Gewebe durch unser Eingreifen verschorfen. Und da die diphtheritische Masse nicht allein auf der Oberfläche, sondern in der Tiefe liegt, so wären wir ohnedies in der Application caustischer Mittel beschränkt, abgesehen davon, dass die durch die Diphtheritis erzeugten Substanzverluste in Folge einer solchen Behandlung nothwendiger Weise noch bei weitem grössere sein würden.

Im Gegentheile haben wir darauf zu sehen, dass wir im Lide einen Zustand von Hyperämie erzeugen, damit durch die eintretende Durch-tränkung der Gewebe die fremden Massen zur Abstossung gebracht werden.

Es ist ein guter therapeutischer Lehrsatz, der festgehalten zu werden verdient, dass man das erste — diphtheritische — Stadium in das zweite, das blennorrhoische, zu verwandeln habe.

Diesem Ziele kann durch ein einfaches Vorgehen nachgestrebt werden. Dieses besteht in der fortwährenden Anwendung von warmen Umschlägen auf das Auge. Durch dieselben werden die Schmerzen gewöhnlich ermässigt, und die Hyperämie, der Blutandrang in die Nähe der kranken Gebilde ver-mehrt. Und das ist es, was wir wünschen. Blutentziehungen haben keinen Zweck, wirken, was nach dem Obengesagten begreiflich ist, noch schädlich, ja es könnte sogar von den Stichstellen eine Infection mit dem diphtheri-tischen Gifte eintreten. Dasselbe gilt von der Lidspaltenerweiterung, die aber eher zu rechtfertigen wäre, als die Blutentziehung, weil sie den Druck der Lider auf die Cornea ermässigt.

In sehr vielen Lehrbüchern findet sich die Anwendung des Eises, also ein grade entgegengesetztes Verfahren, warm empfohlen. Ich will einräumen, dass die Kälte, überhaupt das antiphlogistische Verfahren am Platze ist, wenn es sich um circumscripte Diphtheritiden, die mit einer Schwellung und Hyperämie benachbarter freier Conjunctivaltheile einhergehen, handelt. Sonst spricht meine Erfahrung energisch für die Anwendung der Wärme, die sich als ein vorzügliches, die Spannung verminderndes, die Abstossung beförderndes Agens erweist. Ausser der localen Anwendung der Wärme ist noch mit Nutzen anzuwenden die öftere, aber wegen der Schmerzen schonend vorzunehmende Ausspülung des Conjunctivalsackes mit 4 %iger Borsäure behufs Reinigung desselben von nekrotischen Fetzen und möglichster Desinficirung. Einpuderungen des Conjunctivalsackes, oder gar directes Einreiben von Präcipitalsalben auf die Conjunctiva (wie dies einmal im Ernste vorgeschlagen wurde) sind nicht vorzunehmen, ferner sind Scarificationen der Schleimhaut als nutzlos und gefährlich zu verwerfen.

Die so gefährliche Betheiligung der Cornea am Processe tritt innerhalb der ersten 5—6 Tage, welche Dauer gewöhnlich das eigentliche diphtheritische Stadium besitzt, ein. Sie zeigt sich in Form von centraler, rasch zerfallender Infiltration. Obwohl ich noch keine Gelegenheit hatte, eine solche Hornhaut unter dem Mikroskop zu sehen, so schliesse ich doch aus dem Befunde, den mir zwei Augen eines an Morbillen mit Rachenulcerationen im Budapester Kinderspital verstorbenen Kindes, in denen beiderseits ein kreisrundes, bereits fistulöses Geschwür, genau der Hornhautmitte entsprechend, sich vorfand, boten, dass der Zerfall der Hornhaut nicht entzündlich-ulcerösen (d. h. auf Zellenthätigkeit beruhenden), sondern parasitären Ursprungs ist. Denn dort war die Umgebung der kreisrunden Geschwüre vollgepfropft mit Mikrokokken, die sich auch gegen die Peripherie, aber nicht sehr weit, verbreiteten. Die Therapie kann hier nur in der möglichsten Verhütung von Irisprolapsen bestehen, gegen welche wir, wenn die Geschwüre wie die Kegel central sitzen, Atropin, wenn aber etwa peripher, Eserin anwenden. Es fehlt mir jede Erfahrung, ob man dies Weiterschreiten des Zerfalles nicht wirksam durch die Anwendung des von Sattler neuerer Zeit so sehr gerühmten Glüheisens verhindern könnte. Ich muss gestehen, dass ich diese Methode des Versuches für werth halte.

Bei dem den ganzen Organismus betreffenden Charakter der Conjunctivaldiphtheritis hätte eigentlich die interne Behandlung derselben an die Spitze dieses Abschnittes gesetzt werden müssen. Sie folgt aber zuletzt, weil ihr Werth ein sehr zweifelhafter ist. Es ist zwar von keinem Geringeren als von v. Graefe die gründliche Mercurialisation des Körpers angerathen worden, entweder durch eine energische Schmiercur, oder durch innerliche Darreichung des Calomels. Wir werden uns aber bei den heute zum Durchbruch gekommenen Ansichten über die Natur der Diphtheritis hiezu nicht mehr entschliessen können. Auch sprechen die Erfahrungen Anderer entschieden gegen die Anwendung des Quecksilbers. Wenn schon interne behandelt werden muss, was wir für unnöthig halten, so eignen sich hierzu die Carbolsäure, das salicylsaure Natron, das Natron benzoicum entschieden besser, und ein Jeder wird, nach seinen Erfahrungen bei der allgemeinen Diphtheritis oder den infectiösen Allgemeinerkrankungen überhaupt, eines dieser Mittel wählen.

Ist die Conjunctivaldiphtheritis in das zweite, das sogenannte blennorrhoische Stadium getreten, so tritt die Therapie der Blennorrhoe, die anderen Ortes genugsam erörtert wurde, in Kraft. Dies steht als Regel: Man beginne lieber später als früher mit dem Aetzmittel.

Zum Schlusse sei bei der hochgradigen Gefährlichkeit des diphtheritischen Processes noch die dringende Nothwendigkeit betont, das zweite, diphtheritisfreie Auge nach früher besprochener Anweisung durch einen passenden Schutzverband vor der Infection zu schützen.

Zweites Capitel.

Die Erkrankungen der Cornea.

Es ist allgemein bekannt, dass auf dem Gebiete der Pathologie die Cornea und ihre Erkrankungszustände eine weit über die Schranken der Ophthalmologie hinausragende Wichtigkeit gewonnen haben, indem sie der klassische Boden wurde, auf welchem auf dem Wege des Experimentes maassgebende Studien über Beginn, Wesen und Ablauf der Entzündung gemacht wurden. Nachdem es festgestellt war, dass die Gefässwände, nicht allein für flüssige Massen, sondern auch für zellige Elemente durchgängig seien, da in der That nach einem den Geweben local applicirten Reize farblose Blutzellen massenhaft aus den Gefässen in die Gewebe wandern, lag es nahe, diese Vorgänge auf einem Terrain zu studiren, das wie die Hornhaut zum grössten Theile absolut gefässlos ist und dabei so leicht in entzündliche Zustände versetzt werden konnte. Trotzdem aber das Versuchsfeld nach jeder Richtung so zugänglich ist, so sind dennoch die erzielten Resultate in keiner Weise als übereinstimmend zu erklären. Während die einen, Cohnheim an der Spitze, behaupten, dass alle in der entzündeten Cornea vorkommenden Wanderelemente aus den Gefässen stammen und die fixen Gewebsbestandtheile der Membran eine lediglich passive Rolle spielen, d. h. im Verlaufe des Processes nur zerfallen, zu Grunde gehen können, sind andere mit Stricker der Ueberzeugung, dass allerdings zahlreiche farblose Blutzellen nach applicirtem Reize in die Hornhaut gelangen, dass aber das Schwergewicht der Vorgänge auf das Verhalten der freien Gewebselemente zu legen sei, welche in Folge der ihnen reichlich zu Theil gewordenen Durchtränkung mit Ernährungssaft in einen »hyperplastischen« Zustand gerathen, d. h. an Masse zunehmen, Fortsätze ausschicken, die sich dann abschnüren, und auf diese Weise Tochterzellen bilden. Aus diesen Zellen stamme dann ein Theil der festen Bestandtheile des Eiters, bilden sich die bindegewebigen Elemente, aus denen sich das auf entzündlicher Basis gewachsene neugebildete Gewebe constituirt.

Alle jene Beweise, welche für die Richtigkeit dieser Ansicht beigebracht wurden, haben nicht vermocht, Cohnheim, seine Schüler und Ge-
sinnungsgenossen zur Anerkennung derselben zu bewegen. Trotzdem aber
ist anzunehmen, dass die Zeit nicht fern ist, in welcher Einmüthigkeit
herrschen wird in der Ueberzeugung, dass auch andere Formelemente als
farblose Blutkörperchen die Fähigkeit besitzen, bei entzündlichen Vorgängen
zu hyperplasiren, ja man wird die Attribute des Lebens, welche man
bisher nur den eigentlichen Zellen zuerkannte, auch anderen protoplasma-
tischen Substanzen, wie den Kittsubstanzen oder intercellulärem Gewebe
zuertheilen müssen, wie dies in der letzteren Zeit Kassowitz in seinen
Studien über die Entwickelung des Knochengewebes so schön nachzuweisen
vermocht hat.

Uebrigens haben sich auch Erfahrungen Geltung verschafft, welche
wohl geeignet sind, beiden oben in gedrängtester Kürze skizzirten Theorien
in ihrer Anwendung auf die klinisch zu beobachtenden Formen der Entzündung im allgemeinen und der Hornhautentzündungen in specie einen Theil
des Bodens unter den Füssen wegzuziehen. Es hat sich nämlich gezeigt,
dass eine ganze Reihe von entzündlich eiterigen Vorgängen in der Hornhaut
ihre Entstehung infectiösen, septischen Materien verdanken, die auf irgend
eine Weise der Hornhaut einverleibt wurden: sei es, durch Impfung von
Aussen, nach irgend einer Verletzung; sei es durch Deponirung auf dem
Wege des Blutkreislaufes oder der Saftströmung bei allgemeiner Infection
des Körpers, wie sie bei den sogenannten acuten Infectionskrankheiten vorzukommen pflegt. In diesen Fällen tritt allerdings die Thätigkeit der Gewebselemente in den Hintergrund: hier handelt es sich um einen acuten,
stürmischen Zerfall derselben, verursacht durch parasitäre Massen, welche
theils mechanisch, theils auf dem Wege chemischer Zersetzung den Detritus
der von ihnen befallenen Gewebe herbeiführen.

Was nun die Eintheilung der Hornhautkrankheiten für die Bedürfnisse der Klinik anbelangt, so haben sich bis heute die Ergebnisse des
Experimentes, wie der pathologisch-anatomischen Befunde nicht ausreichend
gezeigt, dieselbe endgiltig zu liefern, und so begegnen wir solchen Krank-
heitsnamen, welche sich bald auf die Localität (ob die Entzündung in
den vorderen oder hinteren Schichten sitzt), bald auf die Aetiologie, bald
wieder nur auf äussere Merkmale beziehen. Sehr häufig wird in eine
und dieselbe Gruppe eine Reihe von Krankheitszuständen versetzt, auf
Grundlage von äusseren Merkmalen, welche aetiologisch verschiedenen Ursprunges sind, und auch daher therapeutisch nicht zusammen gehören. So
ist in die Gruppe der sogenannten Keratitis vasculosa der Pannus
trachomatosus zu setzen, so wie die auf scrophulöser Basis beruhende
Keratitis phlyctaenularis, welche beide in vollständig verschiedener
Weise behandelt werden müssen, während wieder die letztere, auch scrophulöse (herpetische, Stellwag) Bindehaut-Hornhautentzündung genannt,
von der parenchymatösen Keratitis sich äusserlich beträchtlich unter-

scheidet, und beide dennoch auf ein- und derselben Grundlage, der scrophulösen Diathese beruhen.

Aus diesen Beispielen geht hervor, dass bisher weder eine pathologisch-anatomische Eintheilung, noch eine auf die Aetiologie gegründete so
recht durchführbar ist, weshalb es gerathen ist, sich nach einer solchen
Gruppirung der Hornhautentzündungen umzusehen, welche in klinischer
Beziehung die meisten Vortheile bietet. Und eine solche Eintheilungsmethode
ergiebt sich von selbst, wenn wir den Ausgang der verschiedenen Cor-
nealerkankungen vor Augen halten.

Bei der Beurtheilung und Behandlung der Cornealaffectionen interessirt uns nichts so sehr, als die Frage nach dem endlichen Schicksale der
afficirten Hornhautpartie, also nach dem Ausgange. Denn wir haben es mit
einer Membran zu thun, welche, um ihre physiologische Aufgabe zu erfüllen, eine beinahe absolute Durchsichtigkeit und eine bestimmte
Krümmung besitzen muss. Aufhebung der Durchsichtigkeit in grösserem
oder geringerem Maasse, messbare Veränderungen der Krümmung werden in
entsprechendem Grade dazu beitragen, das Sehvermögen zu schwächen oder
das distincte, qualitative Sehen ganz unmöglich zu machen. Allerdings ist bezüglich der weiteren Folgen einer Hornhautentzündung noch diese möglich, dass
das Sehvermögen nicht durch die endlich eintretenden geweblichen Veränderungen der genannten Membran, sondern durch Fortpflanzung des entzündlichen Processes und seiner Folgezustände auf die mehr nach hinten
liegenden Gebilde des Augapfels leidet, und die Therapie wird dadurch eine
Erweiterung ihrer Aufgabe erfahren. Doch in allererster Linie handelt es sich
nur darum, ob unter den vorliegenden Verhältnissen die Structur der Hornhaut nothwendig bleibenden Sehaden nehmen muss, oder ob restitutio
in integrum stattfinden kann. Von diesem Gesichtspunkte aus angesehen,
lassen sich die Hornhautentzündungen in der That in zwei grosse Gruppen
sondern, für welche möglicherweise einstens auch die noch fehlende mikro-
anatomische Grundlage gefunden werden wird. In die erste Gruppe reihen
sich von selbst alle jene Affectionen ein, die zur Zerstörung der physiologischen Structur führen, wobei wir unter Zerstörung nicht allein den Substanzverlust, sondern auch jene unheilbaren Trübungen rechnen, welche
nicht direct durch Narbengewebe nach Ulceration entstanden sind, sondern
die Folge einer Umwandlung des durchsichtigen Gewebes in ein undurchsichtiges, auf dem Wege etwa der bindegewebigen Metamorphose darstellen.
in diese Gruppe gehören also alle Formen von Geschwüren und Abscessen,
seien sie nun durch katarrhalische, blennorrhoische oder diphtheritische Erkrankung der Conjunctiva bedingt, oder aber durch mycotische Infection,
welche letztere wahrscheinlich auch in der sogenannten Keratomalacie
die Ursache darstellt. Dahin gehören auch sämmtliche anfänglich auf der
Oberfläche der Hornhaut sich abspielenden Infiltrationsprocesse, die zu
Zellenwucherung, Bindegewebs- und Gefässneubildung im Epithel und der
Bowman'schen Membran führen, wie die scrophulöse Bindehaut-Hornhaut-

entzündung (phlyctänuläre Form), sowie die Vascularisation der Membran beim Pannus. Zuletzt wird noch eine Form der Keratitis hinzuzurechnen sein, welche sehr häufig zu Verschwärungen führt, und welche man Keratitis neuroparalytica wegen ihres ursächlichen Zusammenhanges mit der Trigeminusanästhesie nennt, ferner noch die Xerosis (Vertrocknung) der Hornhaut nach Schwund der Conjunctiva, wobei nach Feuer's Forschungen anzunehmen ist, dass die sogenannte Keratitis neuroparalytica ebenfalls eine Form der Xerose ist, was noch später des näheren auseinandergesetzt wird.

In die zweite Gruppe sind einzureihen: die superficiellen Keratitiden, wie die sogenannte Keratitis rheumatica, ferner die meisten in Folge von stumpfer Gewalt auftretenden traumatischen Hornhautentzündungen; die sogenannte streifige Keratitis, wie sie nach Cataractoperation so oft zu beobachten ist, dann die Keratitis scrophulosa, die man wegen des Sitzes der entzündlichen Trübungen auch parenchymatosa und profunda nennt, und welche in den meisten Fällen auch mit jenen Veränderungen an der descemetischen Membran, und der Iris einhergeht, die man unter dem alten Namen der Hydromeningitis zusammenzufassen sucht.

Gegen diese rein vom Standpunkte der Prognose aufgestellte Eintheilung wird man wohl einwenden können, dass in der ersten Gruppe auch günstige, d. h. der restitutio ad integrum nahekommende und in der zweiten Gruppe ungünstige Ausgänge zu beobachten sind. An der Berechtigung dieser Eintheilung ändern aber diese Beobachtungen nichts. So kann eine Hornhautnarbe bei einem Kinde in den ersten Lebensmonaten sich mit der Zeit in überraschender Weise aufhellen, ebenso wie eine Keratitis fasciculosa eine Trübung hinterlassen kann, die mit der Zeit sich vollständig oder nahezu verliert; aber in beiden Fällen ist früher eine Zerstörung, beziehungsweise in ihren Folgen identische Umwandlung der Hornhautsubstanz vor sich gegangen. Und wenn andererseits zu einer Keratitis rheumatica sich Eiterungen der Hornhaut hinzugesellen, so stellt das nach unserer Ansicht nichts anderes dar, als eine Complication zum ursprünglichen Processe, die aber nicht in dem Wesen desselben zu liegen pflegt.

Allgemeine Symptome der Hornhautentzündungen.

Bevor auf die Therapie der einzelnen Hornhautentzündungen eingegangen wird, müssen vor allem einzelne Symptome ihrem diagnostischen Werthe nach gewürdigt werden, wobei aber bemerkt werden muss, dass sie nicht nothwendigerweise sämmtlich bei einer bestimmten Keratitis vorhanden sein müssen. Diese Symptome sind

a) Die Trübung der Hornhaut. Sie kann eine mehr oder weniger ausgedehnte sein, je nach dem Grade des Processes, ihr Sitz kann peripher oder mehr central sein. Ihre Farbe ist grau, manchmal graugelblich und desto gesättigter gelb, je mehr die Eiterinfiltration überwiegt. Ihre Grenzen sind niemals scharf, sie gehen allmählig in das normale Gewebe über. Die Trübung kann so fein sein, dass sie nur durch optische Hilfsmittel erkannt werden kann: durch die sogenannte seitliche Beleuchtung, wobei sehr feine schleierähnliche Trübungen sich in eine Anzahl grauer, nach allen Richtungen sich kreuzenden Linien und Punkte auflösen lassen, was bei der combinirten Anwendung einer Lupe besonders deutlich wird; und durch die Durchleuchtung mit einem lichtschwachen (planen) Augenspiegel — durchfallende Beleuchtung —, wobei das schöne Pupillenroth durch eine Anzahl dunkler Flecke und Streifen ein namentlich bei Bewegung des Spiegels eigenthümlich verzerrtes, tanzendes Aussehen erhält.

Es ist nothwendig, die Trübung entzündlicher Natur, die doch auf einer frischen Infiltration der Hornhautsubstanz beruht, von einer alten Trübung und Narbe, die also das Resultat eines abgelaufenen Processes darstellt, zu unterscheiden. Dies hat in ausgebildeten Fällen keine Schwierigkeit. Die alte Narbe hat ein weisses, sehnerglänzendes Aussehen, die alte Trübung ist, wenn sie auch zart ist, doch homogen und mit der Lupe kaum in Streifen aufzulösen. Eine eiterige Infiltration der Hornhaut mit einer alten Trübung zu verwechseln, kann nur absolutem Ungeschick und Mangel an Beobachtungsgabe gelingen, um so mehr, als bei ihr noch andere Zeichen der Entzündung vorliegen.

Bei keiner Untersuchung der Durchsichtigkeit der Hornhaut darf übrigens die seitliche Beleuchtung unterlassen werden.

Den geringsten Grad der Trübung macht die Glanzverminderung der Hornhaut aus. Jede normale Hornhaut spiegelt und gibt, wie ein Convexspiegel verkleinerte Bilder feiner Gegenstände. Die Spiegelbilder haben ganz scharfe Contouren. Bei jeder Unebenheit der Oberfläche leidet die Schärfe der Spiegelbilder. Eine solche Unebenheit entsteht bei den Affectionen der oberflächlichsten Epithelschichten, wobei die periphersten Zellen wahrscheinlich gequollen, trüber sind, als normal. Fallen einzelne Zellgruppen aus, so sieht man diese Substanzverluste in Form von kleinsten Grübchen, und der Hornhautspiegel sieht dann wie gestichelt aus. Um dieses Symptom genau zu erkennen, stellt man die Kranken am besten einem Fenster gegenüber und betrachtet das Spiegelbild.

b) Es ist klar, dass die Behinderung des Ausmasses an Sehvermögen, über welches der Kranke von früher her verfügt, im Verhältniss zur Ausdehnung und Qualität der Trübung stehen muss. Ein Missverhältniss des Sehvermögens zum Grade der Trübung muss besonders berücksichtigt werden und lässt im allgemeinen auf tiefere Veränderungen schliessen.

c) Die Injection des Bulbus muss ebenfalls in Augenschein genommen werden. Wir unterscheiden eine Conjunctival- und eine Ciliarinjection. Bei der ersteren ist das Gefässnetz der Conjunctiva bulbi gefüllter; unter der anderen verstehen wir die Injection der Gefässe des subconjunctivalen Gewebes im Umkreise des Hornhautlimbus. An dieser Stelle treten die vorderen Ciliararterienzweige aus den Muskeln des Auges in die Sclera ein, um sich im Corpus ciliare zu vertheilen, beziehungsweise treten hier die Ciliarvenen aus. Die Injection dieses Gefässkranzes, die sich als rother Ring um die Hornhaut herum bemerkbar macht, ist ein untrügliches Symptom von entzündlichen Stauungen und Reizungszuständen im vorderen Abschnitte des Bulbus. Bei ausgeprägter Ciliarinjection finden wir das injicirte Gebiet oft charakteristisch bläulichroth. — Die Ciliarinjection kann eine vollständige sein, d. h. um die ganze Cornea herum gehen, oder nur partiell sein.

d) Die S c h m e r z e n sind von der Affection des Trigeminus abhängig, und nach seiner Verzweigung sich ausbreitend oder nur auf das Auge beschränkt; manchmal reflectorische Erscheinungen hervorrufend, als da sind: Lidkrampf, Lichtscheu, Thränenfluss.

e) In sehr vielen Fällen besteht bei Keratitis, namentlich bei ihren eiterigen Formen, E n t z ü n d u n g d e r R e g e n b o g e n h a u t. Es muss auf diese, zur Vermeidung schwerer Folgezustände, ein besonderes Augenmerk gerichtet werden, und wird davon an geeigneter Stelle noch die Rede sein.

f) E i t e r i n d e r v o r d e r e n K a m m e r kann nur dann übersehen werden, wenn nur sehr wenig vorhanden ist, wobei er als dünnes, niedriges Reifchen am Boden der Kammer sich vorfindet. Eine bedeutendere Quantität zu übersehen, sie mit einer eiterigen Infiltration der Hornhaut oder gar mit einer Trübung oder Narbe zu verwechseln, wird nicht leicht möglich sein. Die Untersuchung bei seitlicher Beleuchtung wird sofort alle Verhältnisse klarlegen.

Therapeutische Vorbemerkungen.

Bei der Behandlung der Hornhautkrankheiten sind uns gewisse, man könnte beinahe sagen fundamentale Behelfe und Heilmittel unentbehrlich, die hier, noch bevor die specielle Therapie der einzelnen Entzündungsformen zur Sprache kommt, abgehandelt werden müssen. Doch auch in vielen anderen Affectionen des Augapfels werden sie mit gleichem Nutzen angewendet, weshalb sie eine derartige besondere Besprechung verdienen, während wir uns später einfach nur auf sie beziehen wollen.

Von diesen therapeutischen Behelfen besprechen wir zunächst

a) den Druckverband.

Wir haben bereits Gelegenheit gehabt, an einem anderen Orte von dem S c h u t z v e r b a n d e zu sprechen. In dem Druckverbande besitzen wir ein Mittel, welches einerseits äussere Schädlichkeiten von dem Auge abzuhalten hat, andererseits aber dadurch, dass es den Bulbus immobilisirt, jenem so alltäglich erprobten chirurgischen Gesetze Genüge leistet, das gereizte Organ vor allen Erschütterungen, die die Bewegung mit sich bringt, zu bewahren. Was den ersten Punkt anbelangt, so ist unter den äusseren Schädlichkeiten, welche ein entzündetes Auge befallen können, der Einfall des Lichtes in dasselbe in der vordersten Reihe zu nennen. Je gereizter ein Auge ist, desto wohlthätiger wirkt erfahrungsgemäss die Abhaltung des Lichtes. Hiezu kommt noch, dass bei grosser Empfindlichkeit der Augen die Pupillen noch energischer gegen den Lichteinfall reagiren, also sich noch mehr contrahiren, als gewöhnlich. Da aber bei Entzündungszuständen der Cornea und der vorderen Gebilde des Auges im allgemeinen die Iris auf jeden Fall hyperämisch und demnach in Folge des vermehrten Blutgehaltes das Spiel der Pupille ein trägeres wird, so wirkt der Lichteinfall als ein neuer Motor mit, den Durchmesser der Pupille in den engsten Grenzen zu halten, und dergestalt eventuelle Exsudationen aus der Iris zu gefährlichen und in ihren Folgen für das Auge verhängnissvollen Complicationen zu gestalten. Die totale Absperrung des Lichtes jedoch, wie sie durch den wohlapplicirten Druckverband erfolgt, wirkt nicht allein subjectiv wohlthätig, es muss auch die Pupille in Folge der absoluten Dunkelheit das Bestreben haben, sich zu erweitern — durch die Erweiterung der Pupille muss aber auch der Blutgehalt der Iris abnehmen, es wirkt also der Druckverband demnach eminent antiphlogistisch, und zwar in derselben Weise, wie dies nachher beim Atropin auseinandergesetzt wird.

Sowohl diese antiphlogistische Wirkung des Druckverbandes, als auch die Immobilisirung der Augen werden aber nur in vollem Maasse dann zu erreichen sein, wenn nicht allein das erkrankte, sondern beide Augen in derselben Weise verbunden werden.

Da, wie die alltägliche Erfahrung lehrt, bei Bewegung des freien Auges sich das verbundene Auge unter dem Verbande einigermassen mitbewegt, ferner das Spiel der Pupille im verbundenen Auge synchronistisch durch die Thätigkeit der Pupille des freien inducirt wird, so müssen, wenn die wohlthätige Wirkung des Druckverbandes sich ganz entfalten soll, beide Augen verbunden werden. Dies wird in allen hochgradigen Entzündungen obligatorisch, ebenso da, wo weniger die Bekämpfung des entzündlichen Reizes, als eine totale Immobilisirung die Hauptsache ist. Letztere muss vorzüglich dann erzielt werden, wenn es sich um die Vereinigung von Corneal-Wundrändern (nach Operationen, Verletzungen) handelt.

Freilich stellt die Application des doppelten Druckverbandes an den Kranken, den sie zu totaler Ruhe verurtheilt, besondere Ansprüche. Man wird ihn daher in leichteren Fällen den Kranken nicht aufbürden können, und es bei der Anlegung des einfachen Verbandes sein Bewenden haben lassen. Ob er absolut nothwendig ist, muss in jedem einzelnen Falle wohl erwogen werden.

Der Druckverband muss sowohl gut angelegt werden, als auch gut liegen. Schleuderisch angelegte Verbände erfüllen ihren Zweck nicht, und wirken noch als neuer Reiz. Ebenso passt er nicht für ungeberdige Kranke, für Kinder, die ihn auf sich nicht dulden wollen. Ist dies festgestellt, so muss er abgenommen werden, um grösseren Schaden zu verhüten.

Ausser in der oben besprochenen Weise wollen Einige dem Druck-verbande noch die Wirkung zuschreiben, die Spannung des Auges zu erhöhen. So meint Leber*), dass der auf die Augäpfelwände ausgeübte Druck mittelst des Verbandes sich gewissermassen zum bestehenden inneren Drucke summire. Und man hat ihn auch factisch in Fällen angewendet, wo der Augendruck pathologisch herabgesetzt war. Dieser Anschauung widerspricht jedoch ganz energisch und mit Recht Schnabel**). Der Ver-band wirkt entspannend, wie man sich leicht zu überzeugen Gelegen-heit hat.

Zum Druckverbande benützt man entweder 3½ Meter lange und 3 Centi-meter breite Flanellstreifen oder bequemer solche Binden, die nur ein kleineres elliptisches Mittelstück von Flanell haben, an deren Enden entsprechend lange Bänder angenäht sind. Mit der ersteren, Rollbinde, macht man die bekannten Touren des Monoculus, resp. Binoculus; von der anderen braucht man zwei Stücke, da für jedes Auge eines berechnet ist. Vorher müssen die Augen noch mit weicher Leinwand bedeckt und darauf Verbandbaum-wolle oder weiche Charpie in passender Weise gelegt werden, so dass alle Vertiefungen zwischen Orbitalrand und Nase gut ausgepolstert werden. Der Grad des anzuwendenden Druckes wird in jedem einzelnen Falle bestimmt.

b) Die Blutentziehung.

Schon bei früheren Gelegenheiten wurde der Blutentziehung gedacht als eines wichtigen Behelfes, antiphlogistisch auf die entzündete Conjunctiva zu wirken. Wir haben bei diesen Gelegenheiten sowohl von Blutentziehungen durch Blutegel gesprochen, als auch von Scarificationen der geschwollenen, hyperämischen Conjunctiva. Ferner wurde der Lidspaltenerweiterung, die einfach darin besteht, dass mit einem energischen Schlage der in den Lid-winkel vorgeschobenen Scheere die Haut gespalten wird, gedacht.

Die Scarificationen kommen, weil sie nur einen sehr beschränkten Werth haben, hier nicht weiter in Betracht. Die Lidspaltenerweiterung kommt wohl hie und da auch bei Affectionen der Cornea in Anwendung, und zwar dort, wo wir mit sehr heftigem Lidkrampf und dadurch bedingter Retention von Schleim und Thränen im Conjunctivalsacke zu thun haben, welche wiederum ungünstig auf die Rückbildung des Hornhautleidens einwirkt. An dieser Stelle muss in erster Linie die Blutentziehung durch Blutegel oder den Heurteloup — sogenannter künstlicher Blutegel — besprochen werden. Wenn man die ersteren wählt, so wird es gut sein, nie weniger

---

*) Graefe-Saemisch, Augenheilk. II. Bd. p. 374.
**) Ophthalm. Mitth. Wien. med. Blätter 1880. Nr. 6—14.

als fünf anzusetzen; der Vortheil des Heurteloup, dessen genauere Beschreibung in den Büchern über Instrumentenlehre nachzusehen ist, besteht hauptsächlich darin, dass die Menge des zu entziehenden Blutes genau regulirt werden kann.

Die Blutentziehung wird mit grösstem Vortheil im Anfangsstadium acuter Hornhautentzündungen angewandt, wie in allen Fällen, wo eine hochgradige Hyperämie der Iris den Ausbruch einer plastischen Entzündung dieser Membran befürchten lässt, und auch in den ersten Stadien der bereits ausgebrochenen Regenbogenhautentzündung. Wir haben bei Gelegenheit der Besprechung des Druckverbandes die enorme Wichtigkeit betont, die für den Therapeuten darin liegt, die Pupille zur möglichsten Erweiterung zu bringen. Man kann sich sehr oft überzeugen, wie schnell in der Dunkelheit nach einer Blutentziehung und schon während derselben bei gleichzeitiger Anwendung des Atropins eine beträchtliche Erweiterung der Pupille, was auch gleichzeitig eine Entlastung der Iris bedeutet, erzielt wird, während ein einziges dieser Mittel, allein gebraucht, nutzlos bleiben würde. So manche schwere innere Augenentzündung ist auf diese Weise schon coupirt worden. Je früher die Blutentziehung angewendet wird, desto mehr lässt sich von ihr erwarten. Sind einmal schon plastische Exsudate am Pupillarrande gesetzt, so mag, wenn der Reizungszustand und die Ciliarinjection noch sehr beträchtlich sind, die Blutentziehung noch passiren, aber die günstigste Zeit ist bereits vorüber.

Contraindicirt ist die Blutentziehung zuvörderst: wo der allgemeine Körperzustand des Kranken sie verbietet (bei Kindern, Greisen, Marastischen u. s. w.); in vorgerückteren Stadien von Hornhaut-Regenbogenhautentzündung, namentlich dort, wo Ulcerationen der Hornhaut vorliegen; bei einigermassen festen und ausgebildeten Verlöthungen der Iris mit der Linse, weil sie hier nichts mehr zu leisten im Stande ist.

Der Platz, wo die Blutentziehung vorgenommen wird, ist die Schläfe. An der Stirne wäre sie nutzlos, an den Augenlidern wäre sie schädlich, ja verderblich, da man schon manchmal ein Ansaugen der Bulbuswand durch einen Egel beobachtet hat.

c) Das Atropin.

Das Atropin ist eines der am häufigsten angewendeten Mittel in der Behandlung der Augenkrankheiten.

Die augenfälligste Wirkung, die das Atropin (gewöhnlich als schwefelsaures Salz), in den Conjunctivalsack geträufelt, hervorbringt, ist die Erweiterung der Pupille und die unmittelbar daran sich schliessende Lähmung der Accommodation. Das Atropin dringt in das Auge direct durch Diffusion und ist eine Zeitlang in den Flüssigkeiten desselben nachzuweisen; es wirkt, indem es die nervösen End- und gangliösen Organe der inneren Gebilde des Auges unmittelbar afficirt, d. h. ohne Umweg vermittelst des Blutstroms durch das Centralorgan, was dadurch bewiesen wird, dass es auch bei ausgeschnittenen Bulbis die charakteristische Pupillenerweiterung hervorbringt. Offenbar wird die Pupillenerweiterung durch Lähmung des vom Oculomotorius versorgten Sphincter pupillae erzielt; doch erscheint diese Thatsache nicht ausreichend, um die maximale Pupillendilatation, wie man sie durch Atropin leicht erreichen kann, zu erklären. Denn bei totalen Lähmungen des Oculomotorius, in denen auch Iridoplegie und Accommodationsparalyse beobachtet wird, ist die Pupille nur mittelweit, und kann erst durch Atropininstillation zur maximalen Erweiterung gebracht werden. Man hilft sich, um über das Ueberraschende dieser Thatsache hinwegzukommen, mit der Erklärung, dass das Atropin einerseits den vom Oculomotorius versorgten Sphincter lähmt, andererseits den vom Sympathicus versorgten Dilatator pupillae reizt, so dass also gleichzeitig Lähmung und Reizung in demselben muskulösen Organe vorkommen, woraus denn die maximale Pupillenerweiterung resultirt. Ob nun diese Erklärung noch lange Bestand haben wird, namentlich seit man durch Hensen und Völkers*) weiss, dass die die Iris und das Corpus ciliare versorgenden (pupillenverengernde und Accommodation bewirkende) Fasern des Oculomotorius nicht aus demselben Centrum stammen als die die Augenmuskeln innervirenden — ist noch sehr fraglich.

Die Aufgaben, welche das Atropin zu erfüllen hat, sind mannigfaltige. Zunächst wirkt es local als Narcoticum. Davon kann man sich am besten überzeugen, wenn man es bei blossen Reizungszuständen, wo es also noch nicht zu entzündlichen Productionen gekommen ist, anwendet, wie z. B. im Reizstadium des Katarrhs, nach fremden Körpern im Conjunctivalsacke u. s. w. Namentlich im letzteren Falle, wo häufig Erosionen der Cornea vorhanden sind und die Schmerzen manchmal ganz beträchtlich werden, tritt nach Anwendung des Atropins eine wahre Euphorie auf.

Die Hauptrolle des Alcaloids besteht jedoch darin, die Iris zu entlasten, dadurch dass dieselbe sich gegen ihren Ciliarrand retrahirt. Auf diese Weise muss ein Quantum Blut aus dem Irisgewebe gedrängt und so eine bedeutende antiphlogistische Wirkung erzielt werden. Haben wir nun eine möglichst grosse Erweiterung der Pupille bewirkt und sind wir im Stande, sie dabei zu erhalten, so haben wir auch gleichzeitig verhindert, dass plastische Exsudate, die an dem Pupillarrande sich niederschlagen, sich im Pupillargebiete der Linsenkapsel festsetzen, wodurch sowohl für die Function als die Ernährungsverhältnisse des Auges sehr erhebliche Nachtheile aus dem Wege geräumt werden. Sind aber solche Verklebungen schon vorhanden, so können sie durch die Atropinanwendung auch reissen und der Pupillarrand wieder frei werden.

Das Atropin wird als neutrales schwefelsaures Salz gewöhnlich in Lösung angewendet. Die Formel, mit welcher man unter allen Fällen ausreicht, ist folgende:

---

*) Graefe's Archiv f. O. XXIV. Bd. 1. H.

Rp. Atropin. sulf. 0,05
Aq. dest. 10,0
M. D. S. Zum Einträufeln.

In neuerer Zeit hat man, um den Forderungen der Antisepsis Genüge zu leisten, statt des schwefelsauren Atropins, in dessen wässerigen Lösungen sich beim längeren Stehen Pilze bilden, salicylsaures und dann borsaures Atropin fabricirt und angewendet. Ich habe beide Präparate loben hören, über ihre Dauerhaftigkeit wird indess erst längere Erfahrung zu Gericht sitzen müssen. So viel aber ist sicher, dass auch pilzige Atropinlösung noch wirksam ist.

Wie oft das Atropin unter Tages in den Conjunctivalsack geträufelt wird, richtet sich nach der Beschaffenheit des vorliegenden Falles. Hat es uns blos als Narcoticum zu dienen, so ist die gewünschte Wirkung gewöhnlich mit der maximalen Erweiterung der Pupille eingetreten, welche schon durch Instillation von 2—3 Tropfen erreicht wird. Dann brauchen wir blos im Tage höchstens 1 Tropfen einzuträufeln, um die Erweiterung beizubehalten.

Oefters im Tage, dreimal und noch öfter zu atropinisiren, haben wir nur dann nothwendig, wenn die energischeste Wirkung, die Zerreissung von Synechien, herbeigeführt werden soll.

Manche Augen werden durch den lange fortgesetzten Atropingebrauch in einen eigenthümlichen katarrhalischen Zustand versetzt, welcher die sofortige Aussetzung dieses Mittels erheischt. Dieser Katarrh zeichnet sich durch das Auftreten von folliculären Gebilden auf der Conjunctiva, sowie manchmal durch ein begleitendes Ekzem der äusseren Lidhaut*) aus. Das Ekzem heilt durch Aussetzen des Atropins.

Es werden ferner Fälle berichtet, in welchen das Atropin überhaupt nicht vertragen wurde, wo also eine Idiosyncrasie gegen dieses Mittel vorliegt und schon nach sehr geringen Gaben förmliche Vergiftungserscheinungen auftreten. Diese Fälle sind äusserst selten**) und verschwinden gegen die Zahl jener, wo Atropin monatelang ohne nennenswerthe unangenehme Begleiterscheinungen benutzt werden kann.

---

*) Neuestens berichteten Donath in Baja und Schenkl in Prag von derlei Atropinekzemen. In dem Falle Schenkl's trat das Ekzem auch auf, als statt des Atropins ein anderes Mydriaticum, das Duboisin, angewendet wurde.

**) Unvergesslich bleibt mir ein Fall, wo eine an Iritis erkrankte »homöopathische« Doctorswittwe sich von vornherein gegen die Ordination von Atropin verwahrte, weil ihr die geringste Dosis dieses Mittels schon Vergiftungserscheinungen bewirke. In der That traten auch nach der Instillation eines Tropfens heftige Krämpfe und Hallucinationen auf. Das Mittel wurde nun scheinbar ausgesetzt, ein anderes Collyrium verordnet, in welchem aber (ohne Wissen der Kranken) Atropin enthalten war. Fünf Wochen lang wurde mit dem besten Erfolge eingeträufelt, ohne dass nur einmal eine unangenehme Erscheinung aufgetreten wäre.

Die Intoxicationserscheinungen bestehen, wenn sie geringgradig sind, nur in einem unangenehmen Kratzen und dem Gefühl von Trockenheit des Halses nebst Schwierigkeit im Schlucken. Manchmal tritt ein förm- liches Fieber auf, sogar mit Delirien, maniakalischen Anfällen; bei Kindern kommen manchmal Urinretentionen, verbunden mit anderweitigen Ernährungsstörungen, vor. Bei den schwersten Intoxicationen erfolgt nach dem Stadium der Excitation dann das der Depression, wo dann unter den Symptomen der Herzlähmung das lethale Ende eintreten kann.

Bei jeder, auch der minimalsten Intoxicationserscheinung muss der Verdacht auftauchen, dass das Atropin unvorsichtig angewendet wurde, das heisst: dass es nicht allein in den Conjunctivalsack, sondern in den Mund gelangt sei. Dies ist besonders bei Kindern zu besorgen, wenn das Mittel den Eltern zur Instillation mitgegeben wurde, und dieselben ungeschickt sind. Man verwendet darum in der Kinderpraxis mit Nutzen eine Atropin- Vaselinsalbe, bei der ähnliches nicht zu besorgen steht.

> Rp.   Atrop. sulf. 0,05
> solv. in paux. aq. d.
> tere cum Vaselin. pur. 10,0.
> M. f. ung.

Auch bei der grössten Vorsicht kann etwas vom Atropin aus dem Con- junctivalsack in den Rachen gelangen, wenn man die Thränenpunkte nicht vom Bulbus abzieht. Darauf möge besondere Sorgfalt verwendet werden.

Bei minimalen Vergiftungssymptomen lässt man starken schwarzen Kaffee als Gegenmittel verabreichen, auch mit demselben Getränke Gurge- lungen vornehmen. Bei ernsteren Symptomen ist es erfahrungsgemäss eine Morphiuminjection, welche ausgezeichnet wirkt. Gegen die schwersten Atropinvergiftungen hat sich jedoch in mehreren bisher bekannten Fällen das Pilocarpin, subcutan injicirt, rettend erwiesen. Man nimmt 0,02 Pilocarp. mur. auf eine volle Pravaz'sche Spritze und macht in kleinen Zeiträumen (10—15 Minuten) so lange Injectionen hinter einander, als die Atropinnarkose anhält *). Man hat in dem Auftreten von Schweiss auf der Haut ein un- trügliches Kennzeichen, dass die Macht des Atropins gebrochen ist, denn so lange der Organismus unter dieser steht, gelingt es dem Pilocarpin nicht, die Haut- und Speicheldrüsen zur Secretion anzuregen.

In der Reihe der Mydriatica unseres Arzneischatzes besassen wir bisher kein anderes Mittel, welches das Atropin ersetzen könnte. Wir be- sprechen darum weder die Wirkung des Hyoscyamins noch anderer Stoffe; dagegen müssen wir des neuestens aufgetauchten Duboisinum sulfuricum und des Homatropinum Erwähnung thun, welche berufen zu sein scheinen, sich mit dem Atropin in die Herrschaft zu theilen. Wie ich aus eigener Erfahrung bestätigen kann, wirkt schon eine $^1/_5$°/₀ige wässe- rige Lösung des Duboisin kräftig genug und wird von den Kranken vor-

---

*) Sigm. Purjesz, Centralbl. f. Augenh. Jahrg. 1879.

züglich vertragen. Weiteres darüber sowie über das Homatropin muss die Erfahrung lehren.

Auf eine höchst wichtige Contraindication des Atropins muss jedoch hier aufmerksam gemacht werden: Es darf nicht angewendet werden, wenn der intraoculare Druck sich dem tastenden Finger als vermehrt erweist. Ja sogar auch in jenen Fällen, wo nur ein Verdacht auf Spannungszunahme des Bulbus vorhanden ist, muss es vermieden werden, wie später im Capitel des Glaucoms noch näher auseinandergesetzt wird.

Specielle Therapie der Hornhautentzündungen.

A. Hornhautentzündungen, welche zur Zerstörung des Gewebes führen.

Die Hornhaut wird sehr häufig von Geschwürsbildungen befallen, welche aber unter einander, sowohl was ihren Ursprung, als ihren Verlauf anbelangt, bedeutend differiren.

Was den Verlauf betrifft, so ist ihnen allen gemeinsam nur der Gewebszerfall, der von der Oberfläche, dem Hornhautepithel her beginnt, sich seitlich und in die Tiefe auszubreiten trachtet, und ihre endliche Ausfüllung mit neugebildetem Gewebe, welches, wenn es sich auch in vielen Fällen aufzuhellen vermag, doch — wenigstens im erwachsenen Menschen — niemals die Structur des physiologischen Hornhautgewebes genau wiederholt. Differiren können sie aber zunächst in Bezug auf ihren Sitz, insoferne die einen an der Peripherie der Hornhaut, die anderen mehr im Centrum sitzen; in der Rapidität ihrer Ausbreitung, da manche keine Tendenz zeigen, um sich zu greifen, weder der Fläche noch der Tiefe nach, oder dies nur höchst langsam und in Ausnahmefällen thun; ferner darin, dass einige von ihnen zu stürmischer Production von Eiter in das Hornhautgewebe und in den Kammerraum führen, während bei anderen diese nur in Form von interstitiellen Infiltrationen bemerkbar wird.

Die gemeinsame Gefahr aller Hornhautgeschwüre liegt zunächst in der Zerstörung des Gewebes, sodann in den Folgezuständen, die aus der Reparation des Gewebszerfalles entspringen.

Katarrhalische Geschwüre.

Schon bei Gelegenheit der Besprechung des Conjunctivalkatarrhs wurden Geschwüre erwähnt, welche als Complication des Katarrhs die Hornhaut befallen und die unter allen Umständen die locale Behandlung des Bindehautleidens contraindiciren. Die katarrhalischen Geschwüre sind immer randständige, dem Limbusgebiete angehörige. Sie erscheinen oft als mohnkorngrosse, graue Infiltrationen am Hornhautrande; der Bulbus ist dann

lebhafter injicirt, und in dem Sector, in welchem sie sitzen, ist Ciliarinjection
zugegen. Wenn mehrere zu gleicher Zeit auftreten, stehen sie fast genau
symmetrisch, in so ferne, als die sie verbindende ideale Linie immer einen
Theil einer Kreislinie ausmacht, und dem Limbus parallel ist. Wenn sie confluiren, was oft geschieht, so nehmen sie dem zu Folge die Sichelform an,
welche geradezu charakteristisch für den katarrhalischen Ursprung dieser Geschwürsbildung ist. Diese kreisförmige Gestalt lässt aber auch einen beinahe
sicheren Rückschluss auf die Art und Weise machen, wie solche Geschwüre
zu Stande kommen können. Die Cornea ist nicht absolut gefässlos, ihr
Randtheil enthält feine aus den Conjunctivalgefässen stammende Capillaren,
welche in Form von Endschlingen die Hornhautperipherie umkreisen.
Jede Schlinge ist als ein Endgefäss für einen Cornealsector anzusehen, und
es ist gewiss, dass die Safträume der Hornhaut mit den Circumcapillar-
räumen des Randschlingennetzes in Communication stehen. Nun befinden
sich die miliaren Geschwürchen gerade an der Grenze des gefässhaltigen
und des gefässlosen Cornealtheiles, und wenn sie confluiren, werden sie
in Kreis- oder Sichelform parallel zum Hornhautrande stehen gerade so,
wie die ideale Grenzlinie der Randgefässe. Es ist also darum mehr als
wahrscheinlich, dass wir es hier mit einem Unwegsamwerden der Endschlingen durch entzündliche Anschoppung derselben zu thun haben, woraus sowohl die Infiltration, wie der nachfolgende Zerfall der betreffenden
Hornhautpartie sich erklären lässt. Es ist ferner charakteristisch für diese
aus den miliaren Geschwürchen confluirten Sichelgeschwüre, dass der tiefste
Theil des Geschwüres immer dem Limbus zugewendet ist, während der
seichte Rand dem Cornealcentrum zugekehrt ist. Diese Geschwüre haben
in der Regel nicht die Tendenz, sich in die Tiefe auszubreiten, wohl aber
schreiten sie in dem Territorium des Randschlingennetzes fort, umkreisen
demnach die Hornhaut. Es gehört zu der grössten Seltenheiten, wenn ein
solcher Process zur Perforation führt, und man hat dann immer anzunehmen, dass entweder unzweckmässige Behandlung oder die Complication
mit einem auf infectiöser Basis ruhenden Cornealleiden hinzugetreten ist.

Die Prognose dieser Geschwürsform ist daher eine günstige. Sie
heilen, indem sie eine scharfmarkirte Trübung hinterlassen, die aber mit
der Zeit unsichtbar werden kann, selten aber schadet, weil sie äusserst
peripherisch ist. Die Sichelgeschwüre hinterlassen eine gekrümmte Narbe,
die nur, im Falle sie sehr ausgedehnt ist, zu optischen Nachtheilen Veranlassung geben kann.

Da die geschilderten Hornhautgeschwüre eine Complication des acuten
Conjunctivalkatarrhs darstellen, so sollte man meinen, dass die Fortsetzung
der eingeschlagenen Therapie gegen das Conjunctivalleiden genügen würde,
die ersteren zum Verschwinden zu bringen. Indess ist dies durchaus nicht
der Fall. Man kann sich so oft überzeugen, dass katarrhalische Geschwüre
durch zu energisches und zu reizendes topisches Verfahren geradezu inducirt
werden, dass man aussprechen muss, dass ihr Auftreten die Anwendung

von Adstringentien oder Causticis geradezu verbietet. So hat man oft Gelegenheit zu sehen, dass miliare Geschwürchen nach Misshandlung des mit einem Katarrh behafteten Auges durch sogenannte kalte Umschläge, Sichelgeschwüre durch fortgesetztes Touchiren der Conjunctiva sich ausbilden, und dass das Auge sich sofort beruhigt, wenn man einfach jede Therapie aussetzt. Es ist also zweckmässig, das Auftreten eines miliaren Geschwürchens als ein Signal zu betrachten, zunächst alle adstringirenden Mittel auszusetzen. Ist der Reizzustand ein heftiger, klagt der Kranke über Schmerzen, Stechen im Auge, so ist die Anwendung des Atropins bis zur Pupillenerweiterung geboten.

Sind mehrere Geschwürchen vorhanden, und ist demzufolge der Reizzustand ein grösserer, die Bulbusinjection eine lebhaftere, so ist es nothwendig, ausser der Atropinisirung noch einen Druckverband anzulegen, um das Auge zu immobilisiren.

Hat sich ein Sichelgeschwür gebildet, welches noch im Stadium des Zerfalles — so gering dieser auch immer sein mag — begriffen ist, so ist öftere (2-, höchstens 3malige) Atropinisirung und Druckverband nothwendig. Im Stadium der Reparation jedoch, welches dadurch kenntlich ist, dass ein Gefässsaum vom Limbus gegen den Geschwürsrand zieht, kürzt man den Process wesentlich ab, und beschleunigt die Ausfüllung, wenn man warme Umschläge — am besten von aromatischen Kräutern (Camillenthee z. B.) auflegen lässt, welche so lange liegen, als es dem Kranken angenehm ist, die aber auf dem Auge nicht auskühlen dürfen, weil der fortwährende Wechsel der Temperatur auf das Auge nachtheilig und als neuer Reiz einwirkt.

Ist das Geschwür ausgefüllt, so muss die weitere Therapie sich nach dem Zustande der Conjunctiva richten.

Jene seltenen Fälle von Sichelgeschwüren, welche die Cornea umkreisen, zu Perforation und bedeutender Narbenbildung führen, können nicht mehr als reine katarrhalische Ulcera angesehen werden, sondern gehören in die Kategorie des Ulcus rodens, und sollten dort ihre Besprechung finden.

Eitergeschwüre und Abscesse.

Während beim katarrhalischen Geschwüre, wie wir sahen, der Gewebszerfall nur ein sehr mässiger, die Tiefe des Geschwüres darum eine unerhebliche ist, ferner Eiter niemals producirt wird, existirt eine Reihe von Cornealveränderungen, bei denen ausser dem manchmal stürmischen Zerfall des Gewebes noch eine verhältnissmässig beträchtliche Eiterung charakteristisch ist. Diese Processe trennen sich in eigentliche Geschwüre und Abscesse, je nachdem der Zerfall des Gewebes oberflächlich, d. h. an der Epitheldecke beginnt, und von da sowohl der Fläche als der Tiefe nach weiter greift; oder andererseits in den tieferen Schichten der Hornhaut beginnt, daselbst zu einer Eiterung führt, welche anfänglich sowohl nach

vorn durch das vordere Hornhautepithel als auch nach hinten durch die
Membrana Descemetii begrenzt ist, und wir demnach Eiteransammlung im
Gewebe haben, was ja eben beim Abscesse das wesentliche ausmacht.
Eine derartige Eiterung in der Hornhautsubstanz wird selbstverständlich
keine genau circumscripte sein: von dem eigentlichen Heerd werden sich
nach allen Richtungen, am häufigsten und intensivsten jedoch nach unten
Eiterinfiltrationen zwischen den Spalten der Grundsubstanz ausbreiten, von
denen man die nach unten sich ausbreitenden Onyx zu nennen pflegt.
Wenn die Zerstörung weiter greift, wird der Eiter endlich durchbrechen;
so wird aus dem Abscess nach Untergang der vorderen Decke ein Geschwür.
Nur selten geschieht es und dies nur in einer Reihe höchst insonter Corneal-
abscesse, dass die Decke des Abscesses nicht durchbrochen wird, sondern
die Substanzhöhle, die nach Resorption des Eiters zurückbleibt, bedeckt,
indem sie entsprechend einsinkt und eine Delle bildet.

Der in der Hornhaut producirte Eiter kann jedoch auch die Grenzen
dieser Membran überschreiten, in die vordere Kammer gelangen und sich
mit der darin befindlichen wässerigen Feuchtigkeit vermischen. Jedenfalls
werden die im Kammerwasser suspendirten Eiterzellen das erstere trüben,
da aber Eiter specifisch schwerer ist als destillirtes Wasser, sich zu Boden
senken, respective nach den Gesetzen der Schwere sich anordnen. Eine
solche bei aufrechter Kopfhaltung des Kranken am Boden der vorderen
Kammer angesammelte Eiterquantität heisst Hypopyum.

Das Hypopyum ist, obwohl bei den genannten Hornhautprocessen
immer die Iris mitbetheiligt und mitentzündet ist, grösstentheils von der
Hornhaut geliefert und nur zum kleinen Theile von der Iris. Der Beweis
dafür mag darin liegen, dass beim Milderwerden der Hornhauterkrankung
der Eiter in der vorderen Kammer auch weniger wird oder ganz schwindet,
während die Irisentzündung noch persistirt. Sein Zustandekommen zu
erklären, bietet gar keine Schwierigkeit, seit wir die Fähigkeit der Eiterzellen, sich fortzubewegen, kennen, und wir wissen, dass die Gewebs-
lücken der Hornhaut mit den Maschen des Ligamentum pectinatum
communiciren.

Auch über dem Spiegel des Hypopyums wird das Kammerwasser
selbstverständlich nicht krystallklar sein, wie in der Norm. Es wird suspendirte Eiterzellen enthalten, ferner sieht man häufig noch zarte wolkige
Trübungen und Flocken, welche in der vorderen Kammer sich vorfinden.
Diesen wolkigen Trübungen oder Flocken ist absolut kein besonderer dia-
gnostischer Werth beizulegen, weil sie immer entstehen, so oft fremde
Bestandtheile in die Kammer ragen. Es sind fibrinöse Gerinnungen, die
experimentell jederzeit hervorzurufen sind, so oft wir durch Entzündungen
und Wucherungsprocesse an den Wänden der vorderen Kammer eine
Immigration von lymphoiden Zellen in dieselbe anregen.

Das Geschwür sowohl, wie der Abscess werden naturgemäss zwei
Stadien durchzumachen haben: ein Stadium des progressiven Zerfalles, also

der Ausbreitung, und das Stadium der Ausfüllung des Substanzverlustes, also der Heilung, der »Reparation«. Wenn man will, mag man noch zwischen beide ein drittes einschieben: jenes, in dem der Geschwürsgrund sich reinigt, der Zerstörungsprocess nicht weiter greift und sich alles zur Heilung vorbereitet.

Das erste Stadium beginnt mit der Entblössung der Hornhaut vom Epithel. Der weitere Zerfall kann rapid nach der Richtung der hinteren Oberfläche der Hornhaut, in die Tiefe erfolgen, oder nur der Fläche nach, so dass nur die Geschwürsränder grau infiltrirt sind, welche sich immer weiter schieben. Der Grund des Geschwürs ist häufig ebenfalls eiterig infiltrirt, sehr oft aber sind nur die Ränder grau, der Grund aber scheint hell zu sein, was dann der Fall ist, wenn alles bis auf die hintersten Hornhautschichten zerstört ist, und diese, von denen die Descemetische Membran als structurlose Membran niemals von Eiter erfüllt sein kann, sich nach vorn, vom intraoculären Drucke gedrängt, vorzubauchen beginnen.

Die Zerstörung der Hornhaut kann so weiter gehen, bis endlich die Continuitätstrennung der hintersten Hornhautlamelle und damit eine plötzliche Eröffnung der vorderen Kammer erfolgt ist. Diese Continuitätstrennung ist einestheils eine Folge der Corrosion, anderntheils hilft dazu auch die Spannung, unter welcher die verdünnte Hornhautpartie steht. Jeder Theil der Bulbuswand, zu der die Hornhaut auch gehört, hat ihre bestimmte, ihrer Fläche entsprechende Quote vom intraoculären Druck zu tragen. Ist ein Theil der Wandung verdünnt, so ist für ihn der intraoculäre Druck relativ zu gross, d. h. schon der normale Druck wird ihn vorbauchen. Derartige Vorbauchungen der hintersten Hornhautschichten kommen bei Hornhautgeschwüren öfters vor, sie sind leicht kenntlich als fast wasserhelle Kuppen über dem grau infiltrirten Geschwürsrande und heissen Keratokele (Hornhautbruch). Sie müssen sehr gut gekannt sein, weil ihre Gegenwart zu hochwichtigen therapeutischen Maassnahmen Veranlassung giebt, von denen später die Rede sein wird.

Ist auch die hinterste Lamelle gerissen, so muss zunächst das Kammerwasser ausfliessen. Während es ausfliesst, müssen die hinteren Gebilde des Auges bis zur Durchbruchspforte nachrücken und an diese angepresst werden. Ist die Perforation nicht genau im Centrum, der Pupille gegenüber, so wird die Iris in das Loch hineingeschleudert, sie fällt vor und verschliesst als Pfropf die Oeffnung — Prolapsus iridis.

Oft ist die Zerschmelzung der Hornhaut in so grossem Maasse erfolgt, dass die gesammte Iris blos liegt. Auch kann, wenn das Geschwür gross ist und die Perforation stürmisch erfolgt, die Linse im Bogen herausgeschleudert werden.

Das zweite (respective das dritte) Stadium der Hornhautverschwärung, sei sie nun durch ein Ulcus oder einen Abscess eingeleitet, beginnt damit, dass das Fortschreiten der Ulceration sistirt ist. Von den Rändern derselben, welche an Partien grenzen, die noch ihr Epithel haben, beginnt eine

Neubildung von Epithelzellen, die sich immer weiter gegen die Geschwürs-
mitte vorschiebt. Gleichzeitig erhebt sich auch Gewebsneubildung aus dem
Geschwürsgrunde sowie aus den Rändern desselben, bis der Substanzverlust ausgefüllt ist. Das neugebildete Gewebe ist niemals ein physiologisches Hornhautgewebe.

Bildet den Geschwürsgrund die vorgefallene Iris, so geht sie in das
Ersatzgewebe ein, und es bilden sich dann gewisse Folgezustände aus, die
wir an geeigneter Stelle besprechen werden.

Bevor auf die speciellen Formen der eiterigen Hornhautentzündung
eingegangen wird, müssen jene Gesichtspunkte, von denen wir uns bei der
Therapie derselben leiten lassen, festgestellt werden.

Bei jedem Hornhautgeschwür ist erstens darauf zu sehen, das Fortschreiten des Processes zu sistiren, also dahin zu wirken, dass der Gewebszerfall weder der Fläche nach, noch in die Tiefe sich ausbreite; zweitens
die so häufig deletären Folgen unvermeidlicher Perforation nicht zur Ausbildung kommen zu lassen.

Unter den Factoren, welche den Gewebszerfall der Hornhaut begünstigen müssen, ist der Druck, unter dem die Hornhaut steht, sicherlich
ein sehr erheblicher. Es ist bereits gesagt worden, dass für eine verdünnte
Hornhautstelle der intraoculäre Druck relativ zu gross sein muss, was sich
ja dadurch zeigt, dass eine solche Stelle vorgebaucht ist. Dieser Druck
wird auf die ohnedies gestörte Ernährung nachtheilig wirken und den
Zerfall begünstigen müssen. Es ist darum eine Hauptaufgabe der Therapie,
die sofort nach der der Bekämpfung der Ursachen des Geschwürsprocesses
und der Vernichtung der »materia peccans« (z. B. blennorrhoisches Secret
u. s. w.) kommt, den Druck, unter dem die Cornea steht, zu
ermässigen.

Die Erfahrung lehrt, dass nach Ermässigung des Druckes in vielen
Fällen sofort eine Remission des Zerfalles eintritt, indem mit der erleich-
terten Ernährung der Hornhaut das kranke vom gesunden Gewebe sich
trennt, abstösst und Heilung eintritt.

Unter den Mitteln, die wir besitzen, die Spannung der Cornea zu
ermässigen, müssen hier vor allem folgende genannt werden:

1) Permanente warme Umschläge. Sie können zwar nicht bei jeder
Hornhautulceration angewendet werden, z. B. dort nicht, wo ein fortwährend er Druckverband indicirt ist; bei vielen aber haben sie eine ausgezeichnete Wirkung. Während sie die Abstossung des kranken Gewebes
befördern, scheinen sie, wie die Wärme dies an anderen Körperstellen auch
zu Wege bringt, das Gewebe zu erschlaffen und die Durchtränkung desselben mit Ernährungssaft zu befördern.

2) Das unzweifelhafteste und wirksamste Mittel stellt die Punction
der vorderen Kammer dar. Während die Schilderung der Ausführung dieses
Verfahrens der Operationslehre vorbehalten bleibt, muss jetzt folgendes
festgestellt werden. Die Punction hat zunächst den Zweck, das Kammer-

wasser zu entleeren. Durch die Entleerung des Kammerwassers wird gleichzeitig auch aller Eiter, der in der vorderen Kammer ist, mitentfernt, und demnach die schädliche Wirkung des Hypopyums, die dasselbe etwa durch den Contact des Eiters mit den Kammergebilden ausüben sollte, aufgehoben. Die Punction wird ferner den Druck auf die Cornea selbstverständlich bedeutend ermässigen, und gleichzeitig auch den gesammten intraoculären Druck durch die temporäre Eröffnung der Bulbuskapsel beträchtlich herabsetzen.

Die Eröffnung der vorderen Kammer wird vorgenommen entweder peripherisch in der Nähe des Limbus corneae an einer gesunden Stelle; oder durch einen Einschnitt in der Substanz der Hornhaut selbst, wobei man den Geschwürsgrund wählen kann. Was die erstere Methode betrifft, so wurde sie von einigen (Horner) gleichzeitig mit einer Ausschneidung eines Irisstückes verbunden. Eine Iridectomie setzt den intraoculären Druck dauernd herab; theoretisch ist diese Methode darum unanfechtbar. Leider hat aber die Ausschneidung aus einer hochgradig entzündeten, hyperämischen und morschen Iris ihr Missliches, und so muss diese Methode einer andern weichen, von der später noch die Rede sein wird, die zu den segensreichsten in der Ophthalmologie überhaupt gehört, der Schlitzung der Hornhaut im Geschwürsgrunde (Saemisch).

3) In neuerer Zeit sind wir in den Besitz eines Mittels gekommen, welches in der Augenheilkunde förmlich Epoche gemacht hat. Es ist das Eserinum sulfuricum, das Alcaloidsalz aus der schon längere Zeit bekannten Calabarbohne. Das Eserin ist wie das Calabar ein sehr wirksames Myoticum. Es verengt die Pupille ad maximum und erzeugt einen Krampf des Accommodationsmuskels. Doch wurde bald durch die Untersuchungen Laqueur's und Weber's u. a. auch gezeigt, dass Eserin im Stande sei, die Wirkungen des erhöhten intraoculären Druckes zeitweilig zu paralysiren, welche überraschende Entdeckung sofort auch in der Therapie des Glaucoms benutzt wurde. Die Ursachen dieser Wirkungsweise des Eserins seien hier ausser Acht gelassen. Bald aber wurde auf den Werth des Eserins von Weber und v. Wecker auch nach einer anderen Richtung hin aufmerksam gemacht, und zwar wurde dasselbe gewissermassen als Specificum bei der Behandlung der Cornealkrankheiten gepriesen. v. Wecker stellte die Behauptung auf, dass das Eserin ausser der Verminderung des Druckes im Augeninnern noch eine Verminderung der Bindehautabsonderung durch Zusammenziehen der Blutgefässe, demnach eine Beschränkung der Diapedesis erziele. Ausserdem legte man diesem Mittel noch eine desinficirende und antiseptische Wirkung bei.

Aus diesen Daten ersieht man, welche Rolle das Eserin bei der Behandlung der Hornhautaffectionen, in specie der Hornhautulcerationen zu spielen ausersehen war. Verminderung der Conjunctivalsecretion, Verhinderung der den Eiter ins Augeninnere liefernden Diapedesis, Entlastung der Cornea von dem auf ihr a tergo lastenden Drucke, dabei gleichzeitig Desinfection — eine Reihe von Vorzügen, in denen sich sowohl eine causale als auch symptomatische Heilkraft vereinigten. Doch hat die fortgesetzte, von allen praktischen Augenärzten geübte Beobachtung den Werth des Eserins bei der Behandlung der Cornealulcerationen bedeutend eingeschränkt, wobei aber noch genug übrig bleibt, um dasselbe zu einem höchst werthvollen Mittel zu machen.

Zunächst hat sich die secretionsvermindernde und desinficirende Eigenschaft des Eserins n i c h t bestätigt. Wenn sie existirt, so ist sie so gering, dass sie von der ganzen Reihe erprobter antiseptischer Mittel beträchtlich in den Schatten gestellt wird. Es ist auch jetzt, wenigstens in deutschen Publicationen, wenig mehr die Rede davon.

Unläugbar ist es, dass das Eserin den Druck im Augeninneren herabsetzt, und darum auch die Spannung der Cornea ermässigt. Ob das letztere deshalb geschieht, weil der intraoculäre Druck in toto herabgesetzt wird, oder aber, weil die ad maximum contrahirte und etwas nach hinten rückende Iris einen Theil des Glaskörperdruckes auf sich nimmt, und dergestalt die Entlastung der Hornhaut durchführt — wobei supponirt wird, dass der Druck in der vorderen Kammer ein anderer sein kann, als im Glaskörperraum — ist durchaus noch nicht entschieden. Genug, dass die Cornea entlastet wird.

Aus dem Gesagten würde nun die Aufgabe, die das Eserin bei Cornealgeschwüren zu erfüllen hat, ferner der Vorzug, den das E s e r i n vor dem A t r o p i n, welches bis zum Auftauchen des ersteren das souveräne Mittel bei allen in Rede stehenden Processen war, klar hervorgehen. Die Sache steht aber nicht so einfach. Das Eserin ist ein mächtiges M y o t i c u m, muss also unbedingt den entzündlichen Zustand, in dem die Iris bei Cornealgeschwüren sich zu befinden pflegt, durch Contraction der Pupille steigern. Dies ist an und für sich ein grosser Nachtheil, da aus der Entzündung der Iris sich Folgezustände ausbilden können, die in Zukunft das Auge erst recht gefährden können. Keinesfalls ist die Entlastung, welche das Eserin an der Cornea hervorbringt, so ausgiebig, wie die durch die Punction oder Keratomie (Hornhautschnitt) bewirkte, und die Erfahrung lehrt auch, dass in den schwersten Fällen die Punction in Verbindung mit dem Atropingebrauch sich als rettend erwiesen hat. Hiezu kommt noch, dass das Atropin als Narcoticum auf das Auge wirkt, während das Eserin einen häufig sehr unangenehmen Stirn-Kopfschmerz hervorbringt, was bei den Schmerzen, die die Kranken bei Entzündungen der Hornhaut und Iris zu haben pflegen, bedeutend ins Gewicht fällt.

Die eigentliche Aufgabe, die das Eserin zu erfüllen hat, beginnt jedoch erst dann, wenn die Hornhaut an einer Stelle so weit verdünnt ist, dass die Gefahr des Durchbruches imminent ist. Die Erfahrung lehrt, dass die frühzeitige Anwendung des Eserins die Cornea nicht davor bewahrt, in diesen Zustand zu gerathen. Wird das Eserin in diesem

Falle energisch angewendet, so erreichen wir zunächst die maximale Verengerung der Pupille, und können dadurch eventuell den Vorfall der Iris vermeiden, indem wir gewissermassen mechanisch diese Membran von der Geschwürs-Durchbruchspforte abziehen, eventuell bei eben erfolgtem Durchbruche sie heraus, d. h. nach innen zerren, wodurch wir die Verlöthung der Iris mit der Cornea und damit die daraus hervorgehenden Folgezustände (z. B. Staphyloma corneae) hintertreiben. Dies steht namentlich da, wo die Durchbruchsstelle peripherisch sitzt; dagegen dürfte bei centralem Sitze des Geschwürs das Atropin bei weitem vorzuziehen sein, weil wir durch Erweiterung der Pupille hier dasselbe erreichen, wie dort durch Verengerung — nämlich Entfernung des Pupillarrandes vom Perforationsrande

Das Eserin wird am besten in einer halbpercentigen wässerigen Lösung in den Conjunctivalsack geträufelt.

Rp. Eser. sulf. 0,05
Aq. dest. 10,0
M. D. S. Zum Einträufeln.

Nach Einträuflung von 2—3 Tropfen dieser Lösung wird die Pupille schon nach ungefähr 10 Minuten verengt, und das Maximum der Wirkung ist nach circa einer halben Stunde erreicht.

Wir gehen jetzt zu den einzelnen Formen der Eitergeschwüre in der Hornhaut über. Unter den zahlreichen Ulcerationen der Hornhaut müssen die praktisch wichtigsten herausgehoben und gesondert besprochen werden.

Blennorrhoische Geschwüre.

Die blennorrhoischen Geschwüre gehen in der Regel aus einem Zerfalle der eiterig infiltrirten Hornhaut hervor; sie stellen demnach in ihren ersten Stadien eigentlich Abscesse dar. Ihr Sitz ist entweder in der Nähe des Corneallimbus, also ein randständiger, oder aber ein centraler. In beiden Fällen bilden sich an den angegebenen Partien gelbe Infiltrationen aus, welche sich ausbreiten, mit einander verschmelzen, an der Oberfäche entblösst werden und dann als Geschwüre ihren weiteren Lauf nehmen. Die übrige Hornhaut ist immer mitbetheiligt, sie wird trübe und glanzlos.

Geschwüre, die am Limbus corneae sich ausbilden, greifen oftmals kreisförmig weiter, so dass der ganze centrale Antheil der Membran gewissermassen sequestrirt wird.

Centrale Geschwüre pflegen oft rapid sich auszubreiten und durch ihre Perforation, da dann das Linsensystem bloss liegt und auch nicht durch vorfallende Iris geschützt wird, die weitgehendsten Veränderungen des inneren Auges zu initiiren.

Die Erfahrung lehrt, dass blennorrhoische Geschwüre um so günstiger verlaufen, je rascher es gelingt, den Process auf der Conjunctiva zum

Stillstand zu bringen. Es wird darum, wie schon im Capitel der Blennorrhoea conjunctivae ausgeführt, die Therapie der Blennorrhoe nicht nur
keinen Stillstand, sondern eine Erweiterung erfahren.

Vor allem handelt es sich darum, nachdem selbstverständlich in der
oben angeführten Weise für die Reinhaltung des Conjunctivalsackes, für
die locale Behandlung der Conjunctiva gesorgt wurde, den Druck auf die
Cornea von Seite der geschwollenen Lider, sowie von der wallartig die
Cornealperipherie bedeckenden ödematösen Conjunctiva bulbi (Chemosis conj.)
zu mässigen. Dies geschieht in schweren Fällen durch die ausgiebige Erweiterung der Lidspalte, durch eine Scarificirung der chemotischen Conjunctiva. Immer aber bleibt es eine Hauptsache, den Conjunctivalsack rein
zu erhalten, und permanente Umschläge mit Borwasser werden hiebei eine
günstige Wirkung erzielen können.

Auf die Ausbreitung des Geschwüres in die Tiefe muss sehr sorgfältig geachtet werden. Denn wenn die hintere Geschwürswand sich, vom
intraoculären Druck gedrängt, nach vorne bauchen sollte, so muss, wenn
das Geschwür ein nur einigermassen grösseres Terrain einnimmt, zur
Punction der Hornhaut geschritten werden, wodurch man in sehr vielen
Fällen den weiteren Zerfall der Membran beschränken kann.

Was früher vom Atropin und Eserin gesagt wurde, gilt in erster
Reihe für die Behandlung der blennorrhoischen Geschwüre.

Es würde beinahe als unnöthig scheinen, an dieser Stelle noch zu
erwähnen, dass bei blennorrhoischen Geschwürsprocessen der Druckverband, der sonst bei allen Geschwüren die besten Dienste leistet,
absolut zu verwerfen ist, wenn es nicht noch Augenkliniken gäbe, in denen
derselbe applicirt wird. Der Druckverband ist mit der allerersten Indication
bei der Behandlung eiternder Geschwüre, nämlich der Aufgabe, dem Secret
freien Abfluss zu verschaffen, im entschiedensten Widerspruch. Ebenso
wird die Anwendung der Kälte, die sonst bei Blennorrhoe sehr wohlthuend
wirkt, in Fällen von Cornealulcerationen nicht vertragen.

Ulcus corneae mycoticum.
(Hypopyum keratitis, Ulcus corneae serpens Saemisch.)

Die Berechtigung, eine Gattung von Geschwüren der Hornhaut, welche
einen eigenthümlichen progressiven Verlauf über die Hornhautoberfläche
und gleichzeitig in die Tiefe nehmen und ausnahmslos mit Eiteransammlung
in der vorderen Kammer (Hypopyum) einhergehen, mit dem Namen des
mycotischen Geschwüres zu belegen, ist unzweifelhaft gegeben durch die
Aetiologie dieser Erkrankung, ihren ganz eigenthümlichen Verlauf, ferner
durch eine ganze Reihe von Ergebnissen experimenteller Studien an Thieraugen. Es handelt sich hier um Geschwüre, deren Entstehung schon eine
Infection vermuthen lässt: In einer grossen Reihe dieser Fälle liegt eine
Blennorrhoe des Thränensackes vor, fast ebenso häufig sind Verletzungen

vorhergegangen, welche zu geringfügigen Erosionen des Hornhautepithels
führten, die in ihrer Art jedenfalls als unreine Quetsch- oder Risswunden
anzusehen sind, und die Pforten darstellen, durch die der Infectionsstoff in
das Gewebe der Hornhaut gedrungen ist. Nach S a e m i s c h sind unter
den beobachteten Geschwüren dieser Art bei 40 % Verletzungen und bei
32 % Blennorrhoe des Thränensackes nachgewiesen worden.

Schon wenn wir diese beiden hauptsächlichsten ätiologischen Momente
des Ulcus corneae serpens genauer ins Auge fassen, so erhalten wir hinlängliche Anhaltspunkte für die infectiöse Natur dieser Krankheit. In der
Dacryocysto-Blennorrhoe handelt es sich um ein schleimig-eiteriges Secret des
Thränensackes, der bereits seit langer Zeit afficirt ist, und welches Secret
sich durch die engen Thränenröhrchen weder vollständig in den Conjunctivalsack, noch wegen der immer gleichzeitig bestehenden Strictur des
Thränen-Nasenganges in die Nasenhöhle entleeren kann. Solche Secrete
sind gewöhnlich in einem zersetzten, putriden Zustande, was sich in vielen
Fällen durch einen höchst widerwärtigen Geruch, den solche Kranke verbreiten, verräth. Oefters ist auch ein chronischer Nasenkatarrh vorhanden,
also eine chronische Entzündung an einer Stelle, die gleichsam als Filter
der Inspirationsluft dient, an welchem sicherlich eine Menge von fäulniss-
erregenden Partikeln und Stoffen ständig haften bleiben. Die Flüssigkeits-
schicht, welche im Conjunctivalsacke sich immer befindet, steht in fort-
währendem Contacte mit diesem gestauten Secrete, und der chronische
Bindehautkatarrh, der in solchen Fällen sehr oft vorhanden ist, beweist,
dass die betreffenden Augen in einem permanenten Reizungszustande sich
befinden. Dass dann eine geringfügige Verletzung, vielleicht nur ein mikroskopischer Substanzverlust im Epithel genügt, um die Entzündungserreger
in die Hornhaut eindringen zu lassen, ist leicht zu verstehen.

Was nun das andere ätiologische Moment, die Hornhautverletzung,
anbelangt, so gewährt dieses ebenfalls einen höchst merkwürdigen Einblick in
das Wesen der Krankheit. Die Verletzung selbst ist nämlich immer eine sehr
geringfügige, höchstens eine Epithelabschilferung zu nennen, aber sie wird,
und darin stimmen alle Beobachter überein, auf eine eigenthümliche Art
beigebracht. Die Kranken geben an, dass es die Spitzen von Aehren, Baum-
zweigchen u. dgl. sind, die ihnen gegen das Auge geschnellt sind, überhaupt also Verletzungen, die in irgend einer Weise zu der Beschäftigung
des Kranken im Felde oder im Walde u. s. w. in Beziehung stehen. Warum
gerade durch solche, so geringfügige Traumen perniciöse Uebertragungen
von phlogogenen Stoffen in die Hornhaut stattfinden sollen, auf diesen
Umstand wirft eine hochwichtige Beobachtung von L e b e r ein erklärendes
Licht, der den gewöhnlichen Schimmelpilz (Aspergillus glaucus) in einer
derart erkrankten Hornhaut fand, ihn züchtete und durch seine Ueber-
impfung auf Thieraugen constant Hypopyum-Keratitis erzeugen konnte.
Dass Getreide und die anderen genannten pflanzlichen Bestandtheile leicht
Pilze oder in der Luft suspendirte Fäulnisserreger tragen können, ist klar,

sonst wäre nicht zu erklären, warum gerade diese Art der Verletzung ein
so eigenthümliches Krankheitsbild hervorbringen sollte, wo doch Verletzungen durch fremde Körper (Metallsplitter u. dgl.) so oft auf der Klinik beobachtet werden, es bei der Remotion derselben häufig zu ganz beträchtlichen
Abkratzungen der Hornhautoberfläche kommt, die aber alle vorzüglich
heilen und fast niemals zu einer nennenswerthen Entzündung der Hornhaut Veranlassung geben.

Wenn der eben citirte Fall Leber's den innigen Zusammenhang
einer Aspergillus glaucus-Wucherung im Hornhautgewebe mit Hypopyum-
Keratitis darthat, — welcher Fall übrigens trotz seines im höchsten
Grade beweisenden Charakters noch ganz isolirt steht —, so lehrten ferner
die Versuche mit Einimpfung von faulen Massen in die Hornhaut, dass
eine solche Impfung fast constant von einer Ausbildung eiterigen Hornhaut-
zerfalls mit Hypopyum gefolgt war. Es sind dies Versuche, die namentlich
von Eberth, Frisch, ferner von Leber und seinem Schüler Stromeyer
angestellt wurden. Besonders Frisch hat es schön nachzuweisen verstanden, wie die Coccobacterien sowohl in der todten als lebendigen
Cornea ihre Vegetation in den Saftlücken zwischen den Fasereicmenten
ausdehnen.

Therapeutisch vom höchsten Interesse ist jene Angabe Frisch's,
wonach eine durch Impfung erzeugte Hypopyumkeratitis heilen kann, wenn
die Ernährung der Hornhaut reichlicher geworden, und unter bessere Bedingungen gestellt wird, das ist bei Neubildung von Gefässen vom
Rande her in das Geschwür hinein.

Wenn wir nun von der Skizzirung der Ergebnisse des Experimentes
am Thiere, welche deshalb hier erwähnt werden mussten, weil sie innig
und unmittelbar mit den Thatsachen und Aufgaben der Klinik zusammenhängen, auf das Ulcus mycoticum corneae, von Saemisch Ulcus serpens,
von früheren Hypopyumkeratitis genannt, zurückkehren, so muss nun der
klinische Verlauf desselben besprochen werden:

Die ersten Anfänge des Geschwürs sind in den meisten Fällen in der
Hornhautmitte zu finden in Form einer Epithelabschürfung. Später trübt
sich diese Stelle und wir haben ein oberflächliches Geschwür. Was nun
für das Ulcus corneae serpens charakteristisch ist, ist die Ausbreitung eines
Geschwürrandes gegen die Peripherie. Dieser Rand ist immer getrübt, graulich infiltrirt, er zerfällt, hinterlässt einen mehr durchscheinenden Substanzverlust, der abermals von dem infiltrirten Rande begrenzt ist. Dieses Fortkriechen des Geschwürrandes gegen die gesunden Hornhautpartien ist es
eben, was für diese Geschwürsform charakteristisch ist, und zugleich, was
sie so gefährlich macht, indem fast unaufhaltsam gesundes Hornhautgewebe
ergriffen wird. Gleichzeitig gehen vom infiltrirten Geschwürstheile Trübungen in das Parenchym der Hornhaut hinein. Später erst gewinnen die
tieferen Hornhautpartien das Aussehen, als wären sie eiterig infiltrirt,
und dann tritt auch das Hypopyum auf, welches allmählig an Masse

zunimmt und mehr als die Hälfte des vorderen Kammerraumes einnehmen kann.

. Das subjective Befinden des Kranken ist wechselnd. Schmerzen sind
wohl, so lange das Geschwür noch sehr oberflächlich ist, immer vorhanden;
erst wenn die Oberfläche zerstört ist und der eiterige Zerfall das Parenchym
ergriffen hat, sind manchmal keine Schmerzen mehr vorhanden. Doch
treten diese sicher wieder auf, wenn in den späteren Stadien des Uebels
die tieferen Gebilde des Auges, Iris und Ciliarkörper ergriffen sind.

Was den Ausgang anbelangt, so werden, wenn dem Uebel nicht
Einhalt geschehen kann, die weitgehendsten Zerstörungen der Hornhaut,
Perforation, Vorfall der Iris und die daraus entstehenden Folgezustände die
Regel sein; aber auch in günstigeren Fällen bleiben Hornhautnarben zurück,
die deshalb sehr störend sind, weil sie c e n t r a l sitzen und Verwachsungen
mit der Iris eingegangen sind.

Die Zeit ist noch nicht lange vorüber, in der wir gegen das mycotische Geschwür der Hornhaut vollständig machtlos waren. Dank dem
therapeutischen Vorgehen, das von S a e m i s c h in Bonn herrührt, sind wir
in der Lage, dieses schreckliche Uebel zu bekämpfen. Das S a e m i s c h'sche
Vorgehen ist ein operatives, basirt auf einer Entleerung der vorderen Kammer und gründlichen Entspannung der Cornea, gerade in ihrem am meisten
afficirten Theile.

Man wird selbstverständlich nicht in allem Anfange zum Messer
greifen. Namentlich im allerersten Beginne, wo eigentlich nur ein Epithel-
verlust vorhanden ist, muss man versuchen, durch Immobilisirung der
Augen mittelst des Druckverbandes, bei Anwendung des Atropins, das Auge
zur Heilung zu bringen. Wir werden auch bei unbedeutendem Ansehen
der Cornealaffection die Prognose behutsam stellen, wenn wir eine Thränensackblennorrhoe vorfinden, oder wenn der Kranke eine bestimmte Aussage
von einer stattgehabten Verletzung macht. Selbstverständlich muss bei vor-
handener Thränensackblennorrhoe der Thränensack fleissig gereinigt werden,
was nicht gründlich gelingt, wenn wir nicht ein Thränenröhrchen spalten
und öfters den Sack durch Druck entleeren. Dabei kann noch 2%ige
Borsäurelösung in den Conjunctivalsack geträufelt werden. Wie aber das
Geschwür tiefer zu greifen beginnt, namentlich wenn sich jener infiltrirte
Rand zeigt, der sich unter gleichzeitigem Zerfall der Hornhaut über die
Fläche ausbreitet, ist dieses Verfahren allein nicht mehr ausreichend. Man
muss trachten, die Abstossung des kranken Gewebes zu befördern, was am
besten durch fortwährende Application von warmen Umschlägen geschieht.
Dabei wird die Borsäure und das Atropin in der bisherigen Weise weiter
benützt. Die Erfahrung hat gezeigt, dass Betupfungen des Geschwüres mit
starken (5 %) Carbolsäurelösungen von der Hornhaut nicht vertragen
werden, weshalb es gerathen ist, sich von dieser Manipulation fernzuhalten.
Man wird sich aber nicht lange mit dieser nicht operativen Methode aufhalten, wenn es sich herausstellt, dass der Process einen progressiven Cha-

rakter besitzt, und dass dabei die Bildung eines Hypopyums Fortschritte macht. Man wird die progressive Tendenz des Geschwürs durch peinliche Beobachtung der infiltrirten, zerfallenden Ränder feststellen und controliren müssen. Ist sie entschieden, so tritt die operative Behandlung in den Vordergrund.

Bei der operativen Behandlung handelt es sich, wie nicht oft genug betont werden kann, um die Entlastung der Hornhaut. Dass diese im Stande ist, die Ernährung der Hornhaut zu heben, ist eine Sache der klinischen Erfahrung, und dass besser ernährte Hornhäute im Stande sind, geschwürigen Processen eher Widerstand zu leisten, respective einen besseren Heiltrieb besitzen, lehren sowohl Beobachtungen, welche den Verlauf von Geschwüren an der pannösen Cornea betreffen, als auch das Experiment, wonach die mycotische Impf-Keratitis heilen kann, sobald Gefässe vom Limbus her sich auszubilden beginnen. Wir haben gegenwärtig noch keine allgemein acceptirte Methode — von einem sehr werthvollen Vorschlage dieser Art wird später Erwähnung gethan werden — die Entzündungserreger im Hornhautgewebe direct zu vernichten, es muss daher die Entlastung der Hornhaut durch Eröffnung der Kammer als das einzige uns zu Gebote stehende verlässliche Mittel gegen die mycotische Keratitis betrachtet werden.

Nach dem von den meisten Augenärzten acceptirten Vorgehen Saemisch's wird eine Spaltung des Geschwürsgrundes in seiner ganzen Breite angelegt, welche auch dann noch zur Abkürzung des Processes am Platze ist, wenn das Geschwür schon den grössten Theil der Hornhaut ergriffen hat.

Die Spaltung wird mit dem Graefe'schen Staarmesser vorgenommen, indem nach vorhergehender Fixirung des Augapfels das Messer wo möglich in einen noch gesunden Hornhaut-Randtheil eingestochen wird, und ungefähr durch die Halbirungslinie des Geschwürs bis abermals in gesundes Gewebe geführt wird. Es geschieht demnach eine Eröffnung der Kammer in einer Wundlinie, quer durch das Geschwür.

Man beobachtet sofort, dass nach der Eröffnung mit dem herausgeflossenen Kammerwasser auch das Hypopyum, welches sich als ein klumpiges Gerinnsel darstellt, herausbefördert wurde. Es ist also gleichzeitig mit der Entlastung der Hornhaut eine Reinigung der Kammer vom Eiter vorgenommen worden.

Die Spaltung der Hornhaut hat in den meisten Fällen eine unmittelbare wohlthätige Wirkung. Denn der Schmerz, welcher die Kranken seit Tagen quälte, ist nahezu verschwunden. Aber auch der geschwürige Process beginnt sich rückzubilden. Dies zeigt sich in dem Aufhören des Hypopyums, in dem Sistirtsein des Zerfalles vom Geschwürsrande her.

Saemisch empfiehlt, die Cornealwunde noch für einige Zeit offen zu halten, dadurch, dass die Wundränder von Zeit zu Zeit mit einem stumpfen Instrumente (am besten ein Weber'sches Thränensack-Messerchen) gelüftet werden, und das Kammerwasser auf diese Weise öfters zu entleeren. Dies empfiehlt sich in den Fällen, wo die progressive Tendenz des Geschwürs noch nicht aufgehört hat und das Hypopyum sich immer wieder erneuert. Nach meinen Erfahrungen ist dies aber selten mehr nöthig.

Ist dem Fortschreiten des Geschwüres Einhalt geboten, so beginnt die Reinigung des Geschwürgrundes und die Ausfüllung desselben mit Narbenmasse. Man befördert diesen Process, wenn er träge vor sich gehen sollte, durch fortwährende Application warmer Umschläge, wodurch die Neubildung von Gefässen in der Gegend des Substanzverlust befördert wird, sonst ist der sorgfältige Druckverband völlig ausreichend.

Sind Hornhautdurchbrüche mit Irisprolaps erfolgt, so werden diese nach später zu erörternden Grundsätzen behandelt.

Bezüglich der Anwendung des Eserins, welches von mancher Seite als ein unentbehrliches Mittel bei der Behandlung des mycotischen Hornhautgeschwüres gepriesen wurde, kann ich auf Grundlage eigener und fremder Erfahrungen nur das wiederholen, was an anderer Stelle schon gesagt wurde. Es bietet in vielen Fällen gegen das Atropin keine Vortheile, sondern sehr oft Nachtheile. Ich bin darum im allgemeinen bei der Atropininstillation verblieben.

Doch wurde in neuerer Zeit von höchst bewährter Seite auf ein Mittel aufmerksam gemacht, welches bisher nur wenig in der Ophthalmotherapie verwendet wurde, aber berufen scheint, einmal auf diesem Gebiete eine bedeutende Rolle zu spielen. Es ist das Glüheisen*), über dessen Wirkung wir auf Grundlage der Angaben Sattler's (Ber. über die XII. Vers. der ophth. Gesellsch. 1879, S. 143) folgendes anführen können:

Oberflächliche Aetzungen der Hornhaut mit dem Glüheisen werden von Thieraugen sehr gut vertragen. Der Schorf stösst sich ab und es bleibt eine durchsichtige Stelle zurück. Auch die Patienten vertragen Betupfungen mit dem Ferrum candens ausgezeichnet; es wirkt fast schmerzlos. Man kann eine in einen Kork gesteckte Stricknadel oder ein kleines kolbenartiges Instrument verwenden, welches an der Spirituslampe glühend gemacht wird. Sattler behauptet, dass die Aetzung den Verlauf des Hornhautgeschwüres entschieden abkürzt. Ausgezeichnet und sicher war aber die Wirkung des Ferrum candens beim sogenannten

Ulcus rodens,

welches darin besteht, dass ein am Rande der Hornhaut entstehendes Geschwür unter heftigen Schmerzen sich der Fläche nach unaufhaltsam ausbreitet. Hypopyum kommt bei dieser Geschwürsform niemals vor, Iritis

---

*) Die Priorität dieses Verfahrens gebührt unzweifelhaft Dr. Martinache in St. Francisco (Annales d'ocul. LXXX. Bd. S. 21).

nicht immer. Die Ausbreitung des Geschwüres über die ganze Hornhautoberfläche geschieht derart, dass ein infiltrirter Geschwürsrand sich allmählig
vorwärts schiebt. Die blosgelegte Hornhaut vernarbt oberflächlich und
wird also für die Zwecke des Sehactes unbrauchbar. Sattler hat durch
directe Anbrennung des sich verschiebenden Randes rasche Heilung
erzielt.

Diese Vorschläge müssen selbstverständlich erst geprüft werden, ehe
sie allgemein verwerthbar sind. Hiebei wird aber das eine zu bedenken
sein, dass Verschorfungen am Limbus corneae unangenehme Folgen haben
können, weil, wie wir aus Thierversuchen (Schoeler) wissen, Anbrennun-
gen in dieser Gegend leicht Glaucom zur Folge haben.

Unter den Affectionen, welche die Cornea befallen, verdienen die
Abscesse, wie sie bei Variola vorkommen, hier eine besondere Besprechung. Nach Beobachtungen, welche Hans Adler an dem reichen
Materiale verschiedener Wiener Spitäler bei einer der letzten Blattern-Epide-
mien machte, kommt eine wirkliche variolöse Pustel auf der Cornea nicht
vor. Cornealaffectionen erscheinen gewöhnlich erst nach Ablauf der Blattern-
eruption und sind sehr vielgestaltig, da die verschiedensten Formen von
oberflächlichen Entzündungen, Geschwüren mit progressivem Charakter und
Hypopyum, ferner auch Abscesse vorkommen. Wenn auch die Abscesse
der Hornhaut unter sämmtlichen Folge-Augenkrankheiten nur einen geringen
Bruchtheil (3—5%) ausmachen sollen, so muss doch gesagt werden, dass
dieses Verhältniss im Vergleich zur grossen Zahl jener Personen, die in
Folge von Blattern erblindet sind, zu klein erscheint. Möglich, dass bei
Blatternepidemien in Gegenden, wo Pflege und ärztliche Hilfe nicht in
ausreichendem Maasse vorhanden ist, auch anfänglich unbedeutende Augenaffectionen mit der Zeit perniciös werden. So finde ich im hiesigen Blinden-
institut einen recht grossen Theil der Zöglinge in Folge von Blattern erblindet,
und bei den meisten dieser Kategorie weist das centrale Leucom darauf
hin, dass hier früher ein Abscess vorhanden war.

Was nun die Ursache dieser centralen Abscesse ist, darüber
können wir nur Vermuthungen — allerdings sehr gegründete — haben.
Wir glauben nicht irre zu gehen, wenn wir sowohl sie als auch jene
centralen Abscesse, wie sie bei anderen schweren acuten Exanthemen
(Masern, Scharlach) hie und da vorkommen, als mycotische Metastasen betrachten. Hierin bestärkt uns die directe anatomische Untersuchung
zweier Augen, wo der Abscess beiderseits zu einer genau centralen Perforation geführt hatte und eine massenhafte Mikrokokkenwucherung im
Bereich der gesammten infiltrirten Stelle bei nahezu völliger Intactheit der
übrigen Hornhautpartien sich vorfand. Ob diese Mikrokokken früher im
Blute vorhanden waren und sich gerade deshalb im Centrum der Hornhaut

festsetzen und den Zerfall dieser Partie hervorbringen, weil hier gewissermassen ein Kreuzungspunkt für die Ernährungswege der Cornea gegeben ist, wo sie stauen müssen — oder ob sie von aussen eingewandert sind und nur deshalb im Centrum der Hornhaut sich ansammeln, weil dieses als der exponirteste Punkt am ehesten oberflächliche Substanzverluste acquirirt, durch welche dann die septischen Elemente ihren Einzug halten, muss noch unentschieden gelassen werden.

Die Therapie bei allen centralen Abscessen, mögen sie nun in Folge der Blattern oder anderer acuter Exantheme und Allgemeinerkrankungen (Typhus) entstehen, wird es in erster Linie als eine Hauptaufgabe betrachten müssen, die Ausbreitung des Zerfalls zu verhindern. Man darf in diesem therapeutischen Bestreben sich durch keine andere Rücksicht irre machen lassen und unter diesen ist es namentlich das Bedrohtsein des Lebens des Patienten durch das schwere Allgemeinleiden, welches den Arzt häufig abhält, sich mit der Augenkrankheit abzugeben. Je machtloser wir manchmal in Bezug auf das Grundleiden sind und je öfter die Kranken ohne uns gesunden, desto eifriger und gewissenhafter müssen wir jene therapeutischen Aufgaben erfüllen, denen wir wirklich gewachsen sind. Wie oft mag es schon vorgekommen sein, dass ein Patient sich von schweren Blattern wider Vermuthen erholt und eine unheilbare Läsion des Sehorganes aus dem Krankenbette mitnimmt, die vielleicht hätte abgewendet werden können?

Ein sicheres Mittel, die septischen Stoffe in der Hornhaut zu vernichten, besitzen wir derzeit noch nicht und die Wirkung des Glüheisens ist noch nicht hinlänglich studirt. Alle die Stoffe, welche als unfehlbare Bacterientödter ihren Ruf haben, wie die Carbolsäure, lädiren die Hornhaut zu stark, so dass sie in den nothwendigen Concentrationen hier absolut nicht verwendbar sind. Wir sind darum abermals nur auf die Entspannung der Hornhaut auf chirurgischem Wege, durch die Punction der vorderen Kammer angewiesen, und hiebei muss man sich nach jenen Grundsätzen richten, die schon früher erörtert wurden.

Aus dem Verhalten in jedem speciellen Falle wird es sich herausstellen, wie weit wir vom Atropin oder Eserin, vom Druckverbande, warmen oder antiseptischen Ueberschlägen — alles nach früher erörterten Principien — Gebrauch zu machen haben.

Neuroparalytische Hornhautverschwärung.
(Keratitis neuroparalytica, Ker. xerotica.)

Bald unter heftigen entzündlichen Erscheinungen, bald vollständig indolent entwickelt sich auf Hornhäuten, welche durch Paralyse des Trigeminus ihre Sensibilität eingebüsst haben, eine Verschwärung, die bis zur Zerstörung der Membran gehen kann. Diese Verschwärung erfolgt manchmal nach Entwickelung eines Abscesses mit Hypopyum; oder sie beginnt mit oberflächlichen Exfoliationen, aus denen sich später Geschwüre entwickeln. Der ganze Process geht gewöhnlich sehr rasch vor sich.

Es wird heutzutage fast allgemein angenommen, dass die Keratitis neuroparalytica nicht so sehr der gestörten Zellenernährung der Hornhaut in Folge der unterbrochenen Nervenleitung*) zuzuschreiben ist, als jenem Umstande, dass wegen der mangelnden Sensibilität der Membran von aussen auf sie gelangende Reize (fremde Körper u. s. w.) nicht durch die zweckmässige Reflexaction abgewehrt werden und demnach die Cornea allen schädlichen äusseren Einflüssen offen steht. Hiezu kommt noch ein wichtiger Umstand, auf den in letzter Zeit F e u e r besonders aufmerksam gemacht hat, dass in Folge des selteneren Lidschlages die Oberfläche der Cornea weniger von Thränen befeuchtet wird und demzufolge der Verdunstung ausgesetzt ist. Demnach wäre der Vorgang als eine Xerosis aufzufassen und würde die Verschwärung so viel als die Abstossung der nekrotischen Theile bedeuten.

Die Behandlung kann darum, neben der Besorgung des Grundleidens, der Trigeminusanästhesie, in nichts anderem bestehen, als die Hornhaut vor äusseren Schädlichkeiten möglichst zu schützen. Dies geschieht am besten durch den D r u c k v e r b a n d, sodann durch die fleissige Reinigung des Conjunctivalsackes von darin angesammeltem Schleim oder fremden Körpern, Einträuflung von schwachen Borsäurelösungen.

Ich habe in Budapest einen Fall gesehen, in dem ein Fachcollege zur Bekämpfung eines schweren Leidens dieser Art die Lider durch Naht vereinigte, welche Operation auch den gewünschten Erfolg hatte.

Dieselben Grundsätze müssen uns in jenen Fällen leiten, wo die Hornhaut in eiterigem Zerfall begriffen war im Verlaufe schwerer fieberhafter, das Bewusstsein aufhebender Krankheiten, wie Typhus, Meningitis, Encephalitis u. s. w. Bei an Encephalitis leidenden Kindern kommt diese K e r a t o m a l a c i e häufiger vor und ist ein Zeichen des nahen lethalen Ausganges.

Keratoconjunctivitis phlyctaenulosa.
(Phlyctänuläre Augenentzündung, Conjunctivitis lymphatica A r l t.)

Vom rein klinischen Standpunkte empfiehlt es sich, eine Krankheit, welche unverkennbar die Tendenz zeigt, auf die Cornea überzugreifen, auch wenn der Sitz des ursprünglichen Krankheitsheerdes nicht streng genommen das Cornealgebiet war, im Vereine mit den übrigen Cornealaffectionen zu betrachten. Ohnehin ist der Haupttheil der Therapie auf die Bekämpfung des localen Hornhautleidens gerichtet.

---

*) Man dachte hiebei an jene histologischen Befunde, deren Richtigkeit übrigens auch nicht von allen zugestanden wird, dass Nervenfäden in die Hornhautzellen direct einmünden.

Eine Trennung der hier in einer gemeinsamen Gruppe abgehandelten Krankheitsform in eine Conjunctivitis und eine Keratitis phlyctaenulosa ist deshalb unzweckmässig, weil sich eine solche Scheidung nicht einmal auf dem Papier, geschweige denn im Leben durchführen lässt; auch die Benennung Conjunctivitis lymphatica (Arlt), so trefflich sie auch ist, wenn man das ätiologische und streng anatomische Moment in Betracht zieht (weil die Heerde in die vorderste Cornealschicht, Conj. corneae, gesetzt werden), hat nur einen theoretischen Werth, weil die in erster Linie zu berücksichtigende Cornealcomplication sich nicht an die histologischen Grenzen kehrt und die Cornea doch functionell als ganzes betrachtet werden muss.

Gemeinsam allen jenen Augenaffectionen, welche in diese Gruppe gehören, ist nebst ihrer Abhängigkeit von der sogenannten scrophulösen (lympathischen) Diathese die Tendenz zur Bildung von kleinen Bläschen (Phlyctänen) und Knötchen am Limbus corneae und der angrenzenden Conjunctiva bulbi oder auf der Cornea selbst, welche mit oder ohne Geschwürsbildung, die aber in der Regel eine seichte bleibt, und mit Bildung von auf der Cornealoberfläche verlaufenden Gefässen ablaufen und, woferne der Heerd auf der Cornea war, eine mehr oder weniger dichte Trübung hinterlassen. Charakteristisch ist ferner, dass in den meisten dieser Fälle heftige Lichtscheu verbunden mit Lidkrampf und Thränensecretion vorhanden ist, während die Conjunctiva palpebrarum trotz hochgradiger Injection und Schwellung doch nur höchst selten eine eigentliche katarrhalische Secretion giebt. Ausserdem ist allen gemeinsam die Neigung zur häufigen Recidive, wie das ja aus der scrophulösen Grundlage erklärlich ist. Und bei diesen Recidiven hat man Gelegenheit, die nahe Verwandtschaft aller Formen dieser Gruppe zu studiren, wie sie häufig nach einander an demselben Individuum zur Beobachtung kommen.

Die Krankheit befällt, wie die meisten auf scrophulöser Basis beruhenden, hauptsächlich die Kinderjahre, und stellt überhaupt eine der häufigsten Erkrankungen des kindlichen Alters vor.

Obwohl, wie bereits angedeutet, die einzelnen Formen sich häufig mit einander compliciren, so dass eine strenge Scheidung weder theoretisch noch praktisch vom Vortheile ist, so müssen dennoch folgende Haupttypen zum besseren Verständnisse festgestellt und genau gekannt werden.

1) Die allereinfachste Form repräsentirt gewissermassen jene, wobei es nur zur Bildung von höchstens sandkorngrossen, miliaren Bläschen oder Unebenheiten am Limbus corneae oder auf der Cornea kommt. Also noch kein eigentliches Bläschen (Phlyctaene) oder Knoten. Dabei sind Lichtscheu nebst ihren Begleitern, dem Lidkrampf und dem Thränenfluss, sicher vorhanden. Die Conjunctiva bulbi ist stark injicirt, häufig fallen die miliaren Rauhigkeiten nur dann auf, wenn man schief auf das Auge blickt, wobei dann der kranke Limbus wie mit feinem Streusand übersät aussieht. Wenn diese Form heilt, kommt es selbstver-

ständlich zu keinen Trübungen, doch ist ein Uebergreifen auf die Hornhaut, die Bildung von grösseren Bläschen auf derselben sehr häufig.

2) Den schärfsten phlyctänulären Typus zeigt jene Form, wo es zur Bildung von eigentlichen Bläschen (1—2 mm im Durchmesser) am Limbus corneae oder auf der Cornea selbst kommt. Ein solches Bläschen wird immer eine Conjunctivalinjection nach sich ziehen, welche aber, wenn es in der Nähe des Limbus sitzt, nur eine partielle, d. h. auf die nächste Umgebung beschränkte sein kann. Die Reizerscheinungen können hier auch manchmal fehlen. Das Bläschen heilt, indem entweder sein Inhalt resorbirt wird, oder die Decke zerfällt, worauf dann ein flaches Geschwür entsteht, welches sich unter Betheiligung von Gefässen, die sich in dasselbe hinein-ziehen, ausfüllt, nicht ohne eine Trübung zu hinterlassen. Oftmals schreitet die Bläschenbildung auf der Cornealfläche weiter, so dass ein Bläschen an das andere sich reiht; jeder neuen Eruption folgen die Gefässe nach, wir erhalten dann die eigenthümliche Figur des Gefässbändchens (Keratitis fasciculosa). Nach der Heilung bleibt an Stelle des Gefässbändchens eine bandartige, manchmal winkelig (je nach dem früheren Fortschreiten des Processes) gebogene Trübung zurück.

3) Befindet sich im Bläschen kein wasserheller Inhalt, sondern ein mehr eiterähnlicher, so haben wir eine Pustel vor uns. Eine solche kann sich zu einem, wenn auch mässigen Abscesse vergrössern, welcher sogar zur Bildung eines Hypopyums Veranlassung geben kann. Solche Hypopyum-Abscesse sind jedoch, was hier gleich bemerkt werden muss, in der Mehr-zahl der Fälle durchaus nicht so bösartig, wie die früher besprochenen. Es giebt aber, wenn auch nur in einer Minderzahl von Fällen, Pusteln, welche gleich eitrigen Infiltrationen zerfallen, und sogar zu Hornhautper-forationen und ihren Folgen führen können, eine Abart, die man unter dem Namen der malignen Conjunctivalphlyctänen abgrenzen kann. Derartige Pusteln können mehrere auf einer Cornea sitzen.

In die obige Kategorie gehören auch von Rechtswegen jene aus Pusteln hervorgegangenen Geschwüre, welche wegen ihrer geringen Tendenz, sich von den vorderen Schichten der Hornhaut in die Tiefe auszubreiten, sondern in der Weise zu heilen, dass die infiltrirten Partien einfach resorbirt werden, den Namen der Resorptionsgeschwüre bekommen haben. Es sind in-dolente, ohne viel Reizung verlaufende Geschwüre, bei denen auch die Heilung sehr träge erfolgt. Der Heiltrieb scheint hier so schwach zu sein, dass die Heilung nicht durch Ausfüllung des Substanzverlustes vom Ge-schwürsgrunde her, sondern durch Ueberhäutung desselben vom Epithelrande geschieht, wodurch dann sogenannte spiegelnde Dellen entstehen, oder Fa-cetten, Abschliffe der Hornhaut, überhaupt nur schwache Trübungen, die aber beim Sehact um so störender einwirken, sich ausbilden.

Was die Therapie der Keratoconjunctivitis phlyctaenulosa anbelangt, so muss vor allem der Zusammenhang dieser Augenkrankheit mit der Scrophulose in Betracht gezogen werden. Dieser Zusammenhang ist in vielen Fällen ein so auffälliger, dass er dem ersten Blicke, ja dem Laien sich offenbart. Der ganze Gesichtstypus, die welke Haut, der gesunkene Ernährungszustand, Rhachitis, Drüsenanschwellungen, kurz alle jene Merkmale, welche der Arzt bei dem scrophulösen Kinde ausgeprägt findet, sind in solchen Fällen vorzufinden. Dagegen giebt es Fälle genug, in denen ausser einer zarten Haut, einer gewissen Neigung zu Erkältungen, überhaupt einer geringen Widerstandskraft des kindlichen Organismus nichts vorhanden ist, was zum Begriffe der Scrophulose gehört. Es lässt sich aber durch die Beobachtung feststellen, dass häufig die ganze Kette von scrophulösen Symptomen, die ein Kind befallen kann, durch eine Keratoconjunctivitis phlyctaenulosa eingeleitet wird, und dass sich während der heftigen Reizerscheinungen, unter denen das Kind leidet, Zeichen der allgemeinen Scrophulose ausbilden. Wir werden dieses Zusammenhanges noch später gedenken müssen; es muss aber schon jetzt gesagt werden, dass der Augenarzt durch sorgfältige locale Behandlung und möglichst schleunige Heilung der Phlyctaenulosa eine Scrophulose in ihren Anfängen und Keimen unterdrücken kann.

Die Behandlungsmethoden der Scrophulose, einer Allgemeinerkrankung, zu erörtern, kann nicht Aufgabe dieses Buches sein. Man wird sich hiebei in seinem therapeutischen Vorgehen von der Qualität der scrophulösen Einzelsymptome, also nicht ausschliesslich vom Zustande der Augen allein beeinflussen lassen. Was aber die Heilung der scrophulösen Augenkrankheit anbelangt, so ist es sicher, dass man mit einem Minimum von internen Arzneimitteln auskommt, und eine nüchterne Beobachtung festgestellt hat, dass ausser der localen Behandlung des Augenübels nur eine entsprechende Regulirung der Lebens- und Ernährungsweise des Kranken, ferner eine Pflege der Haut durch den Gebrauch von Bädern erforderlich ist. Ich scheue mich nicht zu sagen, dass ich mich nur in den seltensten Fällen veranlasst sehe, zu den gebräuchlichen Eisen- oder Jodmitteln zu greifen, und ich bisher Ursache hatte, mit dieser meiner Methode vollständig zufrieden zu sein.

Das erste, wonach der Arzt sich in diesen Fällen zu erkundigen hat, ist die Ernährungsweise des Patienten. Es stellt sich über Befragen heraus, dass dieselbe häufig genug eine unzweckmässige ist. Bei Kindern der Armen, in deren Tellern kräftige Fleischkost so selten anzutreffen ist, darf uns das nicht Wunder nehmen; aber selbst Kinder aus wohlhabenden Häusern, die ihr Beefsteak und Huhn nach Belieben im Topfe haben, erhalten statt der Fleischkost, die sie verschmähen, süsse oder fette Mehlspeisen, Zuckerwerk, Gemüse, Obst u. dgl. Das muss abgestellt und hauptsächlich das als Gesetz betont werden, dass die Patienten nur zu gewissen bestimmten Tageszeiten ihre Nahrung zu sich zu nehmen haben, eine Nahrung, die eine animalische sein soll, und die den Umständen entsprechend geregelt werden muss.

Was die Bäder anbelangt, so ist deren Nutzen nicht zu verkennen,

In vielen Fällen tritt ein in der That zauberhafter Erfolg ein, wenn tägliche Vollbäder (22—24 °) mit nachfolgender Frottirung der Haut verabreicht werden. In meinem derzeitigen Wirkungskreise habe ich ein Mittel acceptirt, welches seit sehr langer Zeit in unserer Stadt beinahe ein Volksmittel geworden ist, und das ich als Abkochung dem Bade zusetzen lasse. Es sind das die Folia Juglandis (Wallnussblätter), welche pharmacologisch in die Classe der Amaro-adstringentien gehören, und sonst auch als treffliches Mittel gegen Serophulose gerühmt werden. Von diesen lasse ich eine Handvoll für ein Bad abkochen.

In ebensolcher Weise wird von anderen der Gebrauch der Laugenbäder (Kreuznacher Mutterlauge) und unserer vortrefflicher Ofner Bittersalze benützt und gelobt.

Die locale Behandlung muss zuerst eine symptomatische sein, die sich gegen die begleitenden Reizerscheinungen richtet; oftmals kann sie keine andere sein, denn die localen Veränderungen z. B. bei der miliaren Form sind so unbedeutend, dass die Aufmerksamkeit sich eben nur auf die ersteren richten muss.

Diese Reizerscheinungen sind die Lichtscheu, der Lidkrampf und der Thränenfluss, lauter Reflexsymptome, welche durch die Affection der Trigeminusenden in der Cornea hervorgebracht sind. Die Erfahrung lehrt, dass die Anwendung des Atropins alle diese Erscheinungen mässigt, ja aufhebt. Es ist dies wahrscheinlich die Folge der narkotisirenden Wirkung des Alkaloids auf die Nervenenden, und man kann feststellen, dass mit dem Eintritt der Pupillenerweiterung, d. h. der vollen Atropinwirkung, auch der Lidkrampf aufhört. Niemals besteht Pupillenerweiterung während des Lidkrampfes, trotz der fortwährenden Einträufelungen des Atropins, welche gewöhnlich vorgenommen werden. Dass das Atropin hier so schwer seine Wirkung entfaltet, ist einfach darin zu suchen, dass es wegen des heftigen Thränenflusses einfach aus dem Auge geschwemmt wird, abgesehen davon, dass, wenn dessen Einträufelung den Angehörigen des Kranken überlassen wird, diese durch den Lidkrampf verhindert werden, die Tropfen ordentlich zu appliciren. Man giebt daher, namentlich wenn man die Kranken nicht selbst täglich sehen kann, mit Vortheil das Atropin in Salbenform und wählt das Vaselin als Constituens.

Rp. Atrop. sulf. 0,05
Solv. in paux. aq. dest.
Vaselin. pur. 5,0.
Mfung. S. Einmal tgl. linsengross ins Auge zu streichen.

Das Vaselin haftet im Conjunctivalsacke, wird durch die Thränen nicht ausgeschwemmt, und man vermeidet auch, dass bei ungeschickter Application Atropin in den Mund des Kranken gelangt. Ich kann aus eigener Erfahrung bestätigen, dass man mit der Atropin-Vaselinsalbe entschieden den ganzen Verlauf der Krankheit abkürzt.

Ein ausgezeichnetes Mittel gegen den Lidkrampf stellen die kalten Tauchungen vor. Es wird der Kopf des Kindes in ein Gefäss mit kaltem Wasser brusque untergetaucht, eine Procedur, mit der sich trotz ihrer scheinbaren Grausamkeit sowohl Eltern als Kinder schnell befreunden. Die Kinder verlangen später wohl selbst darnach.

Lidkrampf und Thränenfluss werden in der Regel von Excoriationen des Gesichtes begleitet. Die heissen Thränen, welche zeitweilig dem Auge des Kindes entströmen, bähen die Haut, und diese wird noch dazu wund gerieben durch die Neigung der Kranken, ihr Gesicht an Decken, die Kleider der Wärterin u. s. w. zu pressen. Gegen solche Excoriationen geht man am besten vor, wenn man sie mit 2 % Lapislösung einmal täglich touchirt. Oftmals ist das allein ausreichend, den Lidkrampf zu heben, da dieser häufig durch den Schmerz bedingt wird, den die Ragaden an den Lidmuskeln beim Oeffnen des Lides verursachen.

Gegen die begleitenden Ekzeme des Kopfes und des Gesichtes verordnet man eine Salbe, bestehend aus gleichen Theilen Unguentum Diachyli albi und Oleum olivarum. Indessen ist es im Interesse der Reinlichkeit gut, nicht zu viel Salben auf das Gesicht schmieren zu lassen, sowie man auch überhaupt in der Behandlung der Phlyctaenulosa Umschläge vermeiden soll, weil diese von den unruhigen Kindern nicht geduldet werden, und nur mehr ut aliquid fecisse videatur angewandt werden. Stirnsalben (mit Extract. Bellad.) vermeide ich aus Reinlichkeitsrücksichten gerne, alle ihre wohlthätigen Wirkungen können viel sicherer durch die Application des Atropins in den Conjunctivalsack erzielt werden.

Die sorgfältige Berücksichtigung der Reizerscheinungen ist deshalb geboten, weil die localen Veränderungen an der Cornea und der Conjunctiva bulbi entschieden schneller heilen, sobald die Reizerscheinungen nachgelassen haben.

Was die Cornealaffectionen anbelangt, so gelten folgende Gesetze:

1) So lange noch besondere Reizerscheinungen und Ciliarinjection bestehen, wenn die Eruptionen der Hornhaut noch progressiv oder im Zerfallen begriffen sind, so lange die Geschwürchen noch nicht entschieden dem Ausfüllen nahe sind, was sich unter anderem durch das Hineinziehen von neuen Gefässen in den Geschwürsgrund verräth, wenn wir es mit einer malignen Phlyctaenulosa zu thun haben (Neigung der Pustel zum Zerfall und Fortschreiten in die Tiefe), überhaupt in Fällen, wo namhaftere Cornealinfiltration vorhanden ist, darf die oben geschilderte symptomatische Behandlungsmethode nicht verlassen werden. Diese muss auch in allen zweifelhaften Fällen beibehalten werden.

2) Bei Nachlass der acuten Entzündungs- und Reizerscheinungen muss die Resorption der krankhaften Producte in der Cornea befördert werden. Das mächtigste Resorbens ist erfahrungsgemäss das Quecksilber, welches auch hier seine Anwendung findet und in zweien seiner Präparate, dem Calomel und dem rothen »geschlemmten« Präcipitat, die

ausgedehnteste Anwendung findet. Beide wirken nicht etwa als Reizmittel
— höchstens da, wo sie unzweckmässig angewendet werden — sondern
als Resorbentia. Sie können auch durch kein anderes Reizmittel, sei es
chemischer, sei es mechanischer Natur, ersetzt werden.

Das Calomel, nur als feinstes Pulver mittels eines Pinsels ins
Auge zu stäuben, wird in der Thränenschichte des Conjunctivalsackes
allmählig aufgelöst, und dann aufgesaugt. In neuerer Zeit hat Schläffke
darauf aufmerksam gemacht, dass bei gleichzeitigem innerlichen Gebrauch
von Jodkalium heftige Entzündungserscheinungen und Anätzungen auf der
Conjunctiva entstehen, dadurch dass sich in der jodhaltigen Thränenflüssigkeit Quecksilberjodid und Quecksilberjodür bilden, weshalb überhaupt während des Gebrauches des Calomels Jodpräparate innerlich am besten ausgesetzt werden.

Nach den auf den meisten Kliniken üblichen Vorschriften wird das
rothe Quecksilberpräcipitat (Hydrarg. praec. rubrum via humida prae-
parata) in Salbenform (Vaselin, Coldcream, Ung. simpl. oder Ung. amyli
cum glycer. als Constituens) in der Mischung 1 : 20 verwendet (Pagenstecher'sche Salbe). In dieser Concentration wirkt es einigermassen
stark, es muss daher um Schaden su verhüten, in seinem Gebrauche sehr
vorsichtig verfahren werden. Giebt man es aber 0,10 auf 5,0 (1 : 50) so
kann es den Kranken ganz gut in die Hand gegeben werden, und ist noch
vollständig wirksam. ·

Es ist unmöglich, durch eine Regel festzustellen, wann Calomel, wann
die Pagenstecher'sche Salbe, das rothe Präcipitat, anzuwenden ist. Dies
muss in jedem einzelnen Falle neu probirt werden. Ich habe gefunden,
dass bei starker Secretion der Conjunctiva die Salbe ausgezeichnete Dienste
leistet.

Jedenfalls müssen die genannten Mittel noch lange fort benützt
werden, wenn das Auge auch scheinbar zur Ruhe gekommen ist. Man
verhütet dadurch Recidiven, und bringt auch die zurückgebliebenen Trübungen leichter zur Resorption. Ganz verlieren sich umfangreichere Trübungen wohl nie, wenn sie auch so zart werden, dass man sie nur mit
Hilfe der seitlichen Beleuchtung nachweisen kann.

Bedeutendere Zerstörungen der Cornea müssen nach den oben erörterten Grundsätzen behandelt werden.

Keratitis pannosa.

(Pannus.)

So wie man der Existenz von Gefässen in der normaliter absolut
gefässlosen Cornea gewahr wird, hat man sich sofort über die Herkunft
dieser Gefässe, sowie über die Ursache der Gefässneubildung Gewissheit zu
verschaffen. Unerlässlich hiebei ist die Untersuchung mit der seitlichen Beleuchtung, welche sofort die Frage nach dem Sitze der Gefässe entscheidet.

Diese können tief, d. h. im Parenchym der Hornhaut, oder oberflächlich sitzen.

Nach Erledigung dieser Frage muss festgestellt werden, woher die Gefässe stammen. Tief liegende, d. h. in der Substantia propria verlaufende Gefässe bilden sich oft bei parenchymatösen Processen der Hornhaut; bei Narbenbildungen derselben und Verwachsung mit der Iris stammt oft eine solche Gefässverzweigung aus der Iris oder aus hinter ihr liegenden Schwartengebilden. Dieser letztere Umstand deutet immer auf schwere, oder unheilbare Veränderungen im Inneren des Auges.

Wenn die Gefässe oberflächlich sind, so stammen sie immer aus den oberen Gefässen der Conjunctiva bulbi, was schon der Augenschein lehrt, da man die ersteren direct in die letzteren verfolgen kann. Die Ursachen einer solchen oberflächlichen Gefässneubildung in der Hornhaut können folgende sein:

a) Die Keratoconjunctivitis phlyctaenulosa. Wir haben bereits von der Neigung der Phlyctänen, zu vascularisiren, ja förmliche Gefässbändchen zu bilden, gesprochen. Die Therapie richtet sich nach dem allgemeinen Zustande des kranken Auges.

b) Geschwüre der Hornhaut. Wenn diese heilen, werden sie vom Rande her vascularisirt. Die auftretende Vascularisation ist immer ein Symptom beginnender Heilung, d. h. Vernarbung.

c) Fremde Körper, welche sich längere Zeit in der Hornhaut aufhalten, erregen eine Gefässneubildung, die vom benachbarten Limbus bis in ihre Umgebung streicht. Als solche corpora aliena, welche sehr lange ohne Beschwerden ertragen werden, zeichnen sich namentlich aus Steinsplitter (bei Steinarbeitern), ferner Insectenflügel. Letztere namentlich graben sich mit ihren scharfen Rändern ein, bilden sich einen Falz, und wenn sie herausgehoben werden, hinterlassen sie einen förmlichen Abdruck.

d) Eine der wichtigsten Ursachen der oberflächlichen Gefässneubildung ist die chronisch-infectiöse Bindehauterkrankung, das Trachom. Im Verlaufe dieser Erkrankung entsteht eine auf die oberflächlichen Schichten beschränkte Entzündung der Cornea, welche mit Gefässneubildung einhergeht, und in deren Verlaufe sich die ganze Cornea mit Gefässramificationen überziehen kann (von alters her Pannus genannt). Diese vascularisirende Cornealentzündung entsteht gewöhnlich am oberen Limbus und schiebt sich von da weiter nach abwärts. Es ist kaum anzunehmen, dass dieses Cornealleiden eine Folge des Druckes oder der Reibung, die die Granulationen auf der Cornea mechanisch hervorbringen, ist. Denn häufig trifft man knorpelharte Excrescenzen der Conjunctiva palpebrarum, ohne dass es zu Pannus kommt. Man muss vielmehr den Pannus als Fortsetzung des chronisch-entzündlicher Leidens der Lidbindehaut auf die mit ihr zusammenhängende vorderste Cornealschichte deuten.

Wenn der Pannus längere Zeit besteht, so bilden sich weitere Veränderungen aus. Zunächst können auf der pannösen Schichte Ulcerationen entstehen, welche mitunter den Weg aller Cornealulcerationen bis zur Perforation gehen. Sodann bleibt die Gefässneubildung nicht auf die vorderen Schichten beschränkt, sondern geht in die Tiefe der Hornhaut, wo sich weite Gefässräume, ja blutgefüllte Lacunen ausbilden. Dies kann wieder nicht ohne Einfluss auf das Gefüge der Membran bleiben; diese wird in der That nachgiebiger, weicher, und wird mit der Zeit gewölbter als normal. Hiezu braucht man nicht erst anzunehmen, dass der intraoculäre Druck grösser wird: der normale intraoculäre Druck muss bereits welche nachgiebigere Partie der Bulbuswand immer ausbauchen — eine Thatsache, auf welche wir noch bei verschiedenen Gelegenheiten zurückzukommen haben.

Ausser dem eben geschilderten Pannus, der als eine Fortleitung des trachomatösen Leidens auf die Cornea zu deuten ist, bringt das Trachom noch auf eine andere Weise einen Pannus zu Stande, der mit mehr Recht als der erste ein traumatischer genannt zu werden verdient: jenen nämlich, den der nach einwärts, d. i. gegen den Bulbus gekrempte Lidrand, oder nur einwärts wachsende Wimperhaare erzeugen. Sowohl das Entropium als auch Trichiasis sind Folgekrankheiten des Trachoms, und beide erzeugen Trübungen, Schwielen, ja Geschwürsbildungen der Hornhaut mit Pannus.

Aus alle dem Gesagten geht hervor, dass die Therapie der Keratitis pannosa mit der genauen Untersuchung der Lider, deren Ränder und des Conjunctivaltractes anheben muss. Erst wenn die Ursache der Gefässneubildung festgestellt ist, wird die richtige Therapie eingeschlagen werden können.

Das Princip der Behandlung des Pannus trachomatosus ist bereits bei der Besprechung des Trachomes entwickelt worden. Die Hauptsache ist: keinerlei Aetzung oder topisch-reizende Behandlung während des acuten Anfangsstadiums des Pannus, oder zur Zeit, wenn sich Geschwürsbildung der Cornea hinzugesellt hat. Zu der Zeit sei das Verfahren ein exspectatives, symptomatisches, bestehend in Atropineinträuflungen, Application kalter Umschläge, wenn sie vertragen werden; bei starker Ciliarinjection (im Falle keine Geschwüre vorhanden sind), Blutentziehungen.

Ist das Reizstadium vorüber, so wird die trachomatöse Conjunctiva behandelt, was auf die Rückbildung des Pannus alleinigen Einfluss nimmt.

Bei veraltetem Pannus, wo es bereits zu schwieligen, sehnigen Hornhauttrübungen gekommen ist, reicht man mit der Cuprum-Behandlung nicht aus. Solche Fälle sind schwer heilbar; aber geduldige, lange Zeit hintereinander fortgesetzte Scarificirung der Conjunctivalwurzeln der pannösen Gefässe vermögen oft ganz verzweifelte Fälle bedeutend zu bessern.

Weder zur Peritomie (Ausschneidung eines Conjunctivalringes um den Hornhautlimbus), noch weniger zur Inoculation der Blennorrhoe hat sich bisher die Mehrzahl der praktischen Augenärzte entscheiden können.

Dagegen muss unter allen Umständen der Zustand der inneren Gebilde des Auges genau beobachtet werden. Bei dem so schleppenden Cornealleiden pflanzt sich die Entzündung sehr häufig auf die Iris fort, es entstehen hintere Synechien und die ganze Kette weiterer Veränderungen in den Ernährungsverhältnissen des Auges. Dies berücksichtigend wird ferner auch die Spannung des Augapfels häufig geprüft werden müssen, damit eine Erhöhung derselben durch die Entlastung des Augapfels mittelst einer Iridectomie wirksam bekämpft werde.

Blasenbildungen auf der Hornhaut.
(Keratitis herpetica vera. Keratitis bullosa.)

Obwohl nicht streng in diesen Abschnitt gehörig, muss dennoch von Blasenbildungen gesprochen werden, welche die Cornea manchmal befallen. Es versteht sich von selbst, dass diese mit den Phlyctänen der Hornhaut nichts gemein haben.

Diese Bläschen können entweder kleine, wasserhelle Gebilde sein, welche auf der Oberfläche der Cornea unter sehr heftigen Schmerzen entstehen, einige Zeit bleiben, dann platzen und spurlos vergehen können, oder schwappende Blasen, welche ein grösseres Terrain der Hornhaut einnehmen.

Was die ersten betrifft, so treten sie bald ohne bekannte Ursache auf, bald mit einem Herpes labialis im Verlaufe einer fieberhaften Erkrankung. Obwohl sie recidiviren können, so heilen sie doch, ohne weitere Spuren zu hinterlassen. Gefährlicher ist schon jene Form, welche eine Theilerscheinung des Herpes zoster ophthalmicus vorstellt, weil nach dieser schon erhebliche Trübungen zurückbleiben können. Ueber die Pathologie dieser Affection sind wir bis heute noch im Unklaren.

Uebrigens scheint es, dass die beim Herpes zoster ophthalmicus vorkommende bläschenförmige Cornealaffection in perniciöse Cornealeiterungen übergehen können, welche weitgehende Zerstörungen dieser Membran erzeugen. Solche Fälle habe ich, leider erst in den letzten Stadien, unter den Kranken des Rochusspitals in Budapest ein paar Mal zu sehen Gelegenheit gehabt. Die Kranken gehörten der untersten Gesellschaftsschichten an.

Die Therapie der Blasenbildungen der Cornea ist eine rein symptomatische, gegen die Schmerzen gerichtete, welche man durch Morphiuminjection bekämpft. Man behauptet, Heilung rasch eintreten gesehen zu haben, wenn man die Bläschen durch Einstäuben grob gepulverten Calomels zum Platzen gebracht und dann einen Druckverband angelegt hatte.

Dies wird wohl beim Herpes zoster corneae nicht anwendbar sein. Die Therapie wird eine gegen die Nervenkrankheit gerichtete sein, das augenärztliche Vorgehen von dem jeweiligen Zustande der Cornea abhängen, indem bei den perniciösen Fällen nach dem bei Hornhautgeschwüren üblichen Verfahren vorgegangen wird.

Empfohlen werden noch beim Herpes zoster warme Umschläge (mit aromatischen Species) auf das Auge, innerlich grössere Dosen von Chinin (bis zu einem Gramm pro die); ferner der constante Strom, letzterer aber erst nach der Abtrocknung der Herpesbläschen.

Was die grossen, schwappenden Blasen der Hornhaut (Keratitis bullosa) betrifft, so gehören sie zu den selteneren Erkrankungen des Auges. Sie deuten immer auf tiefe Veränderungen im Augeninnern; entweder auf bereits abgelaufene Glaucome, oder sind sie Vorboten eines im Ausbruche begriffenen. Diese ihre nahe Beziehung zu den Drucksteigerungen des Augapfels giebt der Vermuthung Raum, dass es sich um Stauung der Lymph-flüssigkeiten im Parenchyme der Cornea handeln könnte.

Ihre Behandlung ist eine chirurgische. Es wird ihre vordere (wahr-scheinlich nur aus der Epithelialschichte bestehende) Wand abgetragen, und so wie der glaucomatöse Zusammenhang ersichtlich geworden, die Iridectomie ausgeführt.

B. Hornhautentzündungen, bei denen Restitutio ad integrum zu erwarten steht.

Keratitis superficialis.

Wir verstehen unter der oberflächlichen Hornhautentzündung jene Form, bei welcher vorwiegend nur die Epithelschichte betheiligt ist, ohne dass Neubildung von Gefässen oder Verdickung der Bowman'schen Membran und Umbildung derselben in eine Schichte zelliger Elemente Statt hätte. Die Entzündung charakterisirt sich nur durch eine hauchartige, feine Trübung des Epithels mit Ausfall mehrerer Epithelinseln, so dass die Oberfläche der Membran nicht mehr regelmässig spiegelt, sondern ein ge-stipptes Aussehen hat. Namentlich bei seitlicher Beleuchtung ist dies gut zu sehen, und da findet man, dass zarte, feine, schleierähnliche Trübungen auch unter dem Epithele sich vorfinden und in einzelnen höchst zarten Linien sich unmerkbar ins Parenchym verlieren.

Dabei sind die Reizerscheinungen gewöhnlich sehr heftig. Neben der ausgeprägten totalen Ciliarinjection sind heftige Schmerzen im Ver-breitungsgebiete der Ciliarnerven vorhanden, die Regenbogenhaut ist immer hyperämisch und betheiligt sich häufig an der Entzündung.

Solche Keratitiden haben verschiedene Ursachen. Häufig ist eine Verletzung zu beschuldigen, insoferne als fremde Körper (Eisensplitter, Steinsplitter oder oberflächlich liegende Kohlen- und Staubpartikel), wenn sie entweder längere Zeit mit der Cornea in Berührung waren oder mit roher Hand entfernt wurden, als derartige Entzündungserreger wirkten. Auch die stumpfe Gewalt (Schlag auf das Auge u. s. w.) bringt ähnliche Krankheitsbilder hervor. Bei diesen namentlich leidet die Sehschärfe sehr beträchtlich und gar nicht im Verhältnisse zu den mit freiem Auge sichtbaren Veränderungen. Erst wenn man mit dem Augenspiegel eine solche Cornea betrachtet, sieht man, dass ausser der oberflächlichen Trübung noch eigenthümliche dunkle Linien und Flecke im Parenchym vorhanden sind, welche bei Bewegungen des Spiegels und Kopfes ihre Form und ihren Ort zu wechseln scheinen: ein Phänomen, welches sicher auf mikroskopische Faltungen der Membran hindeutet, die einen unregelmässigen Astigmatismus und demzufolge die Sehstörung bedingen.

Eine weitere Veranlassung zur Keratitis superficialis geben oberflächliche Risswunden der Cornea, wie sie durch Anstreifen eines scharfen Gegenstandes (z. B. eines Fingernagels) hervorgebracht werden. Eigentlich kann man hier nur von Einkerbungen oder Abschürfungen sprechen, denn man hat sehr häufig die grösste Mühe, dieselben mit seitlicher Beleuchtung erkennen zu können. Die objectiven Zeichen der Entzündung, wie die Trübung der Hornhaut, sind in diesen Fällen sehr gering, dagegen sind sehr namhafte Reizerscheinungen vorhanden. So pflegt die Ciliarinjection eine beträchtliche zu sein, die Pupille ad maximum contrahirt; die Schmerzen sind häufig peinigend, Thränenfluss, Lichtscheu und Lidkrampf mangeln nicht. Ueberhaupt sind Verletzungen und Affectionen der Hornhaut in den oberflächlichsten (Epithel-) Schichten mit grösseren Schmerzen und quälenderen Reflexerscheinungen verknüpft, als die der tieferen Schichten, so dass man annehmen muss, dass die Nervenenden im Epithel ein grösseres Maass der Irritabilität besitzen als die Verzweigungen im Parenchym. Man kann sich hievon bei der Entfernung der fremden Körper aus der Hornhaut mit der Nadel überzeugen, wo die heftigsten Schmerzäusserungen erfolgen, so lange das Instrument im Epithele arbeitet, hingegen keine Reaction mehr beobachtet wird, wenn die Nadel in tieferen Lagen sich befindet.

Die obgenannten Einritzungen des Epithels können feinste, linienartige Narben hinterlassen, welche zu Recidiven der Schmerzanfälle in gewissen Intervallen Veranlassung geben.

Eine Form der Keratitis, welche vom klinischen Standpunkte aus aufrechterhalten werden muss, ist die Keratitis rheumatica, auf welche die Schilderung der superficiellen Keratitis besonders passt und welche nach den reichen Erfahrungen v. Arlt's vorzugsweise bei älteren Leuten, nie bei Kindern beobachtet wird. Wir sind nicht in der Lage, die Refrigeration, Erkältung, als ätiologisches Moment in Abrede stellen zu können; sicherlich wird häufig mit dieser Annahme Missbrauch getrieben, dennoch aber ist sie in einer grossen Reihe von Fällen nicht von der Hand zu weisen. Ob bei den sogenannten rheumatischen Krankheiten überhaupt nicht auch miasmatische oder infectiöse Potenzen als Krankheitsursachen zu beschuldigen sind, wie man dies ex juvantibus (Salicylsäure) zu folgern geneigt ist, muss bei dem jetzigen Stande unserer Kenntnisse unentschieden bleiben; bei der Keratitis rheumatica muss dies jedenfalls für

jene selteneren Formen angenommen werden, wo aus den superficiellen
entzündlichen Hornhauttrübungen sich ein Geschwür oder ein Abscess entwickelt.

Die Therapie bei sämmtlichen oberflächlichen Keratitiden wird nach
folgenden Grundsätzen verfahren müssen:

Die Reizerscheinungen müssen zunächst gemildert werden. Dies wird,
wo sie besonders heftig sind, am besten durch subcutane Morphiuminjection
besorgt. Das Aufstreichen von opiumhaltigen Salben auf die Stirne kann
man getrost unterlassen. Doch wird auch die subcutane Injection nicht
unbedingt erforderlich sein, wenn man frühzeitig und energisch atropinisirt,
bis die Pupille sich ad maximum erweitert. Die Vortheile der Atropin-
behandlung sind bereits im allgemeinen besprochen. Die Augen müssen
durch einen Druckverband immobilisirt werden, es wird also am besten
sein, die Kranken im Bette zu lassen. Falls die Ciliarinjection im Beginne
schon eine bedeutendere ist, soll jedenfalls eine Blutentziehung vorgenommen
werden, um einer Iritis vorzubeugen.

Die Immobilisirung der Augen soll ferner unnachsichtlich gefordert
werden in allen Fällen von oberflächlichen Abschürfungen des Epithels,
sobald namhaftere Reizerscheinungen vorhanden sind. Denn abgesehen
davon, dass Substanzverluste unter dem Verbande sehr rasch sich ausfüllen und heilen, werden jene oben erwähnten recidivirenden Schmerzanfälle auf diese Weise am ehesten beseitigt.

Keratitis parenchymatosa.

Man spricht von einer parenchymatösen Hornhautentzündung,
wenn bei unversehrtem oder nur leicht gesticheltem Epithel die entzündlichen Veränderungen der Hornhaut in den tieferen Hornhautschichten
zu beobachten sind. Diese entzündlichen Veränderungen müssen sich aber
ausnahmslos als entzündliche Trübungen darstellen, unter welchen
solche verstanden sind, die weder als Eiteranhäufungen, noch etwa als eine
Folge bindegewebiger Umwandlung von Cornealsubstanz oder als narbige
Ausfüllung ulceröser Substanzverluste zu betrachten sind, sondern als eine
zellige Infiltration der Saftlücken und Räume zwischen den Hornhautfibrillen und Schichten angesehen werden müssen.

Eine wichtige, wohl festzuhaltende Thatsache ist es, dass solche Infiltrationen niemals zur Eiterung führen. Obwohl nun vieles dafür spricht,
dass diese parenchymatösen Infiltrate eher als Folgezustände gewisser allgemeiner dyskrasischer Processe anzusehen sind und in Bezug auf ihre
pathologische Bedeutung vielleicht mit der Anschoppung von Lymphdrüsen, wie sie bei denselben Krankheitserscheinungen vorkommt, gleich-
werthig sind, so kann man doch klinisch gegen die Aufstellung einer
eigenen Entzündungsgruppe nichts einwenden, weil diese Infiltrate immer
mit Reizerscheinungen im Auge einhergehen, ja sehr häufig eine Theil-

erscheinung schwerer entzündlicher Störungen im Inneren des Auges vorstellen.

Das Bild, das solche Hornhäute darbieten, und wie man es nur mit Hilfe der seitlichen Beleuchtung gut zur Anschauung bringen kann, ist das einer diffusen Trübung in der Substantia propria, welche sich jedoch in kleinere, partielle, wölkchenartige Opacitäten auflösen lässt, die in verschiedenen Schichten liegen. Ausserdem sieht man kleine, miliare Knötchen, sodann feine graue, in verschiedenen Schichten liegende und verschieden laufende Striche, welche der Membran das Ansehen verleihen, als ob wir es mit Schlieren in ihrem Inneren zu thun hätten. Ferner ist die Rückwand der Hornhaut, die Membrana Descemetii, oft mit feinen grauen oder pigmentirten Stäubchen bestreut, in welchem Falle dann tiefere Veränderungen im Auge, wie sie später besprochen werden, niemals fehlen.

In einer so afficirten Hornhaut zeigen sich endlich auch Blutgefässe, gewöhnlich in den tieferen Schichten, welche sich in die Trübungen hinein verlieren und ihr Theil dazu beitragen, die Transparenz der Membran zu verringern.

Bei der Behandlung dieser Fälle muss auch der Umstand in erster Linie berücksichtigt werden, dass die Keratitis parenchymatosa fast immer nur eine Theilerscheinung tieferer Augenleiden ist. Und zwar sind es Entzündungen der Regenbogenhaut, sowie des gesammten Choroidealtractes, welche vorliegen können. Die Entzündungen der Regenbogenhaut führen zu Trübungen des Kammerwassers durch Präcipitate von der Iris her, und diese sind es, welche an der hinteren Cornealwand als punktförmige Beschläge zu finden sind. Man kann sich übrigens durch die seitliche Beleuchtung leicht vor Irrthümern schützen, die man begehen könnte, indem man derartige Descemetialbeschläge mit punktförmigen Trübungen im Hornhautparenchym und zwar in dessen hinteren Schichten verwechselt (Keratitis punctata).

Die Aetiologie dieser tiefen Hornhautinfiltration, sowie der mit ihnen eng verknüpften iridochorioidealen schleichenden Entzündungen ist in der Regel in allgemeinen Dyskrasien zu suchen, und zwar sind es die Scrophulose, sowie die ererbte Syphilis, welche an den Patienten, die gewöhnlich jüngere Individuen sind, sehr häufig beobachtet werden. Dieses Zusammentreffer ist ein so häufiges, dass nach dem Vorgange Arlt's die in Rede stehende Keratitis »Keratitis scrophulosa« genannt wird, sowie dieser grosse Kliniker noch von einer Keratitis syphilitica spricht, deren äussere Merkmale sich jedoch in keiner Weise von denen der erstgenannten unterscheiden.

Es ist kein blosser Zufall, dass an dem ganzen Habitus, der Gesichtsbildung der Kranken gewisse gemeinsame, auf den ersten Blick auffallende Eigenthümlichkeiten bemerkbar sind, wie wir sie, ohne dass wir dies in strenge wissenschaftliche Formeln fassen könnten, eben als Merkmale der scrophulösen Diathese auffassen. Unter diesen Merkmalen hat eine Defor-

mität der Schneidezähne — plumpe schaufel- oder meisselförmige Gestalt,
senkrechte Einriffung derselben bei grosser Distanz zwischen ihnen — unter
dem Namen der Hutchinson'schen Zähne eine gewisse Berühmtheit
gewonnen.

Wie nahe übrigens angeborene Syphilis und unter dem Namen der
Scrophulose zusammengefasste Ernährungsstörungen miteinander verwandt
sind, wird jeder beschäftigte Arzt in seinem Kreise zu beobachten Gelegenheit haben. Folgender Fall diene als Beispiel:

In einer mir wohlbekannten Familie war das Familienoberhaupt
erwiesenermassen an manifester Syphilis leidend. Die Mutter ist vollständig
gesund. Der erste Sohn — gegenwärtig 9 Jahre — litt an papulösen Gebilden ad anum, die nur nach Sublimathädern verschwanden, das im Alter
darauf folgende Mädchen wurde von mir an Keratitis parenchymatosa behandelt, das dritte Mädchen leidet sehr häufig an Phlyctänen am Limbus
corneae, am vierten Kinde ist bis heute ausser einer besonderen Blässe der
Haut nichts zu bemerken. Alle Kinder zeichnen sich durch eine besondere
Zartheit und Blässe der Haut bei sonstiger Wohlgestalt des Körpers und
der Gesichtsbildung aus. Nur bei dem zweiten Kinde sind Hutchinson'sche
Zähne ausgebildet.

Höchst wichtig erscheint die Angabe Förster's, dass diese Form
der Keratitis in einer sehr häufigen Beziehung zu Gelenkaffectionen
und chronischer Periostitis steht. Förster spricht es als seine
Ansicht aus, dass möglicherweise an der Cornea derselbe Process vorgehe,
wie an dem chemisch naheverwandten Knorpelgewebe. — Das Gelenkleiden
— von den Kranken als Rheumatismus bezeichnet — befällt insbesondere
das Knie, wie überhaupt die grossen Gelenke, und ist für gewöhnlich nicht
mit Fieber complicirt.

In Förster's Fällen, wo diese Keratitis mit chronischen Periostitiden
(der Tibia) complicirt war, war jedoch die Möglichkeit des Vorhandenseins
hereditärer Syphilis nicht abzuweisen.

Was die Prognose der Keratitis parenchymatosa anbelangt, ist dieselbe in Betreff der Wiederherstellung der Cornea günstig zu nennen. Der
Verlauf ist jedoch, wie es bei den ätiologischen Momenten der Erkrankung
nicht anders sein kann, ein äusserst schleppender und zu Recidiven geneigter.
Die Trübungen der Hornhaut verschwinden in der Regel durch Resorption
und im Falle es gelingt, die iridochorioideale Entzündung zu beheben, kehrt
das Auge zu seiner vollständigen Gebrauchsfähigkeit zurück.

In Bezug auf die Ausgleichung der Hornhauttrübung nimmt jene
Form der parenchymatösen Keratitis eine Ausnahmestellung ein, welche
man Kat' exochen centrales parenchymatöses Hornhautinfiltrat
nennt. Dieses sich durch seinen circumscripten Sitz im Hornhautcentrum
auszeichnende Infiltrat ist immer mit schweren chorioidealen Entzündungen
verknüpft und weicht nur langsam; häufig bleiben einzelne Trübungen
zurück, indem die aus lymphoiden Zellen bestehenden Infiltrate sich höchst

wahrscheinlich entweder zu fibrillärem Bindegewebe umgestalten oder
aber bei längerem Bestehen durch mechanischen Druck auf die auseinander-
gedrängten Fibrillenbündel deren Ernährung stören und so zu Verfettungen
der Fibrillen und zu anderweitigen regressiven Metamorphosen Veranlassung geben.

Man belegt derartige unheilbare Trübungen mit dem Namen der
Sclerosen, indem man sich vorstellt, dass im Hornhautgewebe durch
den entzündlichen Process eine histologische Umwandlung der durchsichtigen Hornhautfibrillen in undurchsichtiges Scleralgewebe stattgefunden hat.
Streng genommen ist dies jedoch weder hier bei den centralen Sclerosen,
noch bei jenen peripherischen der Fall, welche im Verlaufe der Episcleritis sich ausbilden (s. viertes Capitel). In der letzteren, später zu besprechenden Krankheit der Sclera entstehen von den flachen, entzündlichen
Knoten der Sclera aus Verfärbungen der Corneaperipherie, welche sich
zungen- oder sectorenförmig gegen die Corneamitte vorschieben und nach
Ablauf des Processes als bläulich-weisse, in die häufig gleichfalls verfärbte
Sclera übergehende undurchsichtige Flecke für immer zurückbleiben.

Die mikroskopische Untersuchung zeigt jedoch keine andere Veränderung der Hornhautsubstanz als Atrophie und Verdünnung. Es ist sicher,
dass durch den episcleritischen Process die Ernährung der dem Entzündungs-
heerde zunächstliegenden Cornealpartien leiden muss und zwar schon durch
die Strangulirung der Cornealrandgefässe, worauf dann in Folge der Ernährungsstörung eine moleculare Trübung der Hornhautfibrillen erfolgt,
welche letztere späterhin zusammen mit der erkrankten Scleralpartie in einfache Atrophie übergehen.

Bei der centralen Sclerose, die also nicht auf eine Episcleral- oder
Scleralerkrankung zurückzuführen ist, zeigt das Mikroskop, dass die unheilbaren Trübungen den Grund haben, dass die in den interfibrillaren Lücken
befindlichen Zelleninfiltrationen ständig werden und, was sehr wichtig ist,
dass die sie durchsetzenden neugebildeten Gefässe sich durch Ausbildung
dicker, bindegewebig-faseriger Wandungen stabilisirten. Wie sehr also auch
die Ausbildung von Gefässen in parenchymatösen Heerden von Nutzen ist,
wegen der Möglichkeit der Abfuhr der zelligen Infiltration und wir dies
auch, wie später auseinandergesetzt wird, therapeutisch verwerthen und
befördern, so liegt andererseits auch in dem zu langen Bestehen der Gefässe die Gefahr der bindegewebigen Umwandlung der lymphoiden
Infiltration.

Dass die unheilbaren Trübungen ausser in der Ausbildung von
stationären Gefässen noch in der Verfettung und Verkalkung der Hornhautfibrillen ihre Ursache haben können, braucht hier nur angedeutet zu
werden.

Aus alle dem Gesagten werden sich die therapeutischen Aufgaben
bei den parenchymatösen Hornhautentzündungen beinahe von selbst ergeben:

Vor allem muss das Grundübel gesucht und behandelt werden. Ist dasselbe Syphilis oder Scrophulose, so muss gegen diese Dyskrasien so vorgegangen werden, wie es der Status im speciellen Falle erfordert. An dieser Stelle brauchen betreffs der Behandlung des Allgemeinleidens keine besonderen Vorschriften gegeben zu werden, und jeder mag aus seinen Jod-, Quecksilber- und Eisenmitteln, sowie aus den gebräuchlichsten Roborantien die passenden auswählen.

Was die specielle Behandlung der Augen betrifft, so muss mit besonderem Nachdrucke betont werden, dass die entzündlich-parenchymatösen Trübungen absolut keinerlei Reizmittel vertragen. Jedes Reizmittel, jedes in das Auge gestäubte Pulver oder jede eingestrichene Salbe würde zu einer Verschlimmerung führen, da dies die Entzündung der vorderen Gebilde des Augapfels nur steigern würde.

In dieser mehr weniger ausgeprägten Complication (sie kann einmal nur ein mässiger Reizzutand der Iris mit sehr geringer Ciliarinjection, ein andermal eine heftige, zu Synechien und Glaskörperopacitäten führende Iridochorioiditis sein) liegt eine Hauptgefahr der Krankheit. Sie erfordert die Hauptaufmerksamkeit des Arztes, die sich vornehmlich auf die Behinderung der Entstehung von Verwachsungen der Iris mit der Linse richten müssen. Zu diesem Zwecke müssen wir in ausgiebiger Weise vom Atropin Gebrauch machen.

Die Behandlung schwerer Iridochorioiditisformen fällt zusammen mit der Behandlung der zu Grunde liegenden Dyskrasie, bedarf also keiner besonderen Besprechung.

Jene Form der Keratitis parenchymatosa, welche nach Förster mit Gelenkaffectionen und chronischen Periostitiden complicirt ist, erfordert nach den Beobachtungen dieses Klinikers die Anwendung des Jodkaliums. Wenigstens schwindet das Gelenkleiden unter Gebrauch desselben in 4 bis 6 Wochen.

Die Erfahrung hat gelehrt, dass Augen mit parenchymatöser Keratitis in ausgezeichneter Weise die feuchte Wärme vertragen und dass dieselbe einen beschleunigenden Einfluss auf die Resorption der Trübungen ausübt. Die Wärme befördert die Neubildung von Gefässen in den Infiltrationsheerden und scheint aus denselben eine seröse Exsudation in die Saftlücken anzuregen, durch welche wahrscheinlich die darin befindlichen lymphoiden Zellen weggeschwemmt werden. Conventionell verwendet man feuchtwarme Ueberschläge auf das ergriffene Auge, mehrere Stunden im Tage fortgesetzt, und nimmt zu den Ueberschlägen das Infus von Chamomilla, um auch von der erregenden Wirkung des Aromaticums zu profitiren.

Bei der schleppenden, überaus chronischen Natur des Uebels muss man, namentlich in den späteren Stadien desselben, auf die Eventualität eines operativen Eingriffes gefasst sein. Diese Eventualität tritt ein, wenn durch den iritischen Process ausgedehntere Pupillarverwachsungen sich ausgebildet haben, welche den Bestand oder die Function des Organes gefährden. Darüber kann jedoch nur bei Gelegenheit der Iriserkrankungen gesprochen werden.

Bevor dieses Capitel geschlossen wird, muss noch einer Form der parenchymatösen Keratitis gedacht werden, welche im Verlaufe des Heilungsprocesses nach Cataractextractionen vorzukommen pflegt. Es ist dies die sogenannte Streifen-Keratitis (Keratitis striata), charakterisirt durch grauliche, streifenförmige Trübungen im Hornhautparenchyme, welche Trübungen vom Wundrande ausgehen und in meridionaler Richtung sich verlieren. Diese Keratitisform heilt vollständig und spurlos, auch ohne besonderes Vorgehen, unter dem Verbande. Interessant ist die Ansicht Ad. Alt's über die Entstehung dieser Form. Er hält sie für eine Infiltration jener Kanäle, in welchen die Stämmchen der Nerven ziehen, die sich in der Hornhaut vertheilen.

Drittes Capitel.

Folgezustände der Hornhautkrankheiten.

1. Hornhauttrübungen.
(Maculae, Opacitates corneae.)

Wenn wir von jenen Trübungen gegenwärtig absehen, welche als Begleiterscheinung entzündlicher Hornhautprocesse zu betrachten sind und die man demgemäss entzündliche Trübungen nennen kann, wie sie uns in den vorigen Abschnitten genügend beschäftigt haben, so haben wir jene Opacitäten jetzt zu behandeln, welche als Ueberbleibsel oder Folgezustände früherer Processe die dioptrische Leistungsfähigkeit der Cornea in grösserem oder geringerem Maasse beschränken.

Histologisch sind die Hornhauttrübungen theils als Narben, theils als Producte regressiver Gewebsmetamorphose (Verkalkung, Verfettung, Colloidbildung) im Hornhautgewebe anzusehen. Es liegt in den seltensten Fällen in unserer Macht, sie wegzuschaffen, wohl aber tritt immer die Aufgabe an uns heran, die durch sie bedingten schädlichen Folgen für den Sehact möglichst zu beseitigen. Wir haben uns zunächst über folgende Punkte Klarheit zu verschaffen:

a) Die Ausdehnung der Trübung. Hiebei ist zu bemerken, dass die blosse Ocularinspection allein nicht genügt, diese Ausdehnung zu beurtheilen. Oftmals besitzt eine dickere Trübung verwaschene Ränder und geht dem freien Auge unmerkbar in anscheinend normale Hornhautsubstanz über. Man darf daher die Untersuchung mit seitlicher Beleuchtung nie verabsäumen.

b) Der Sitz. Die Trübung kann peripher, d. h. näher dem Hornhautrande, oder central, näher dem Pupillargebiete liegen. Je peripherer die Trübung ist, desto weniger kann sie unter übrigens gleichen Umständen schaden, je mehr sie die Pupille verdeckt, desto störender wird sie in Bezug auf den Einfall der Lichtstrahlen wirken.

c) Die Transparenz. Es giebt vollständig undurchsichtige Trübungen, manchmal von weisser Sehnenfarbe (Leucoma corneae), dann auch Hornhautflecken von einer so bedeutenden Transparenz, dass sie nur bei focaler Beleuchtung auffallen. Ausserdem existiren noch zahlreiche Zwischenstufen. Es ist klar, dass bei geringer Ausdehnung eine völlig undurchsichtige Trübung für die Function des Auges günstiger ist, als eine durchscheinende. Denn jene blendet zwar einen Theil des durch die Pupille fallenden Lichtkegels völlig ab und schwächt dadurch allerdings die Lichtintensität der Retinalbilder einigermassen, ohne jedoch der Schärfe derselben, die sich nach der Schärfe der Bildcontouren richtet, bedeutenden Eintrag zu thun; diese aber bedingt unregelmässige Lichtbrechung, Zerstreuung der Lichtstrahlen und macht daher das Retinalbild verwaschen, wodurch eine erhebliche Sehstörung bedingt wird.

d) Das Verhältniss der Trübung zu den hinter ihr liegenden Gebilden des Auges. Es giebt Hornhautnarben, welche mit der Iris verwachsen sind. (Leucoma v. Cicatrix adhaerens, vordere Synechie.) Eine Irisverwachsung kann eine breite oder eine zipfelförmige sein. In jedem einzelnen Falle muss festgestellt werden, in wie weit das Spiel der Pupille durch die Iriseinheilung beeinträchtigt ist.

e) Die Krümmung der Hornhaut im allgemeinen und der Narbe im besonderen. Durch die Ausbildung einer Narbe kann die Hornhaut nicht allein in ihrer Durchsichtigkeit, sondern auch in der Regelmässigkeit ihrer Wölbung beeinträchtigt sein. Unregelmässigkeiten der Wölbung bedingen jedoch erhebliche Sehstörungen und zwar durch Astigmatismus. Besonders stark gewölbte Hornhautnarben nennt man Staphylomata corneae, welche später eigens besprochen werden.

Unter den Hornhauttrübungen giebt es einige, welche vermöge ihres Aussehens und ihrer Entstehung eine gesonderte Erwähnung verdienen. So muss der Greisenbogen (Gerontoxon) hier genannt werden, eine Erscheinung, die zu den senilen Veränderungen des Auges gehört.

Der Gerontoxon ist ein grauer Ring in der Cornealperipherie, parallel mit dem Limbus laufend, welcher Ring seine Entstehung jedenfalls einer Art von seniler Involution verdankt. Histologisch muss der Greisenbogen als Verfettung von Cornealgewebselementen angesehen werden, und es ist möglich, dass eine im Greisenalter sonst auch zu beobachtende Gefässwanderkrankung hiezu den Anstoss gegeben hat, da die genannte Veränderung sich an der Stelle ausbildet, wo das Randschlingengefässnetz sich gegen das Cornealgewebe abgrenzt.

Das Gerontoxon wird niemals Gegenstand der Therapie.

Im höchsten Grade interessant ist jedoch eine Form der Trübung, welche ihrer äusseren Gestalt wegen bandförmige Hornhauttrübung genannt wird, und deren genaue Kenntniss besonders v. Graefe zu danken ist. Sie stellt in den ausgebildetsten Fällen eine quere graue oder weisse Trübung vor, welche die Hornhaut, und zwar deren mittlere Schichten, im horizontalen Meridian durchsetzt, und nach einigen Forschern durch die Einlagerung von Kalkpartikeln, in einem von mir genau untersuchten Falle durch Einlagerung von Colloidklumpen in das Hornhautgewebe entstanden ist. Die bandförmige Trübung muss als das Resultat einer eigenthümlichen, bisher noch nicht genügend erklärten Ernährungsstörung der Hornhaut aufgefasst werden, was dadurch bewiesen wird, dass diese Form nur bei solchen Augen vorkommt, welche entweder an Glaucom oder an chronischen Aderhautentzündungen leiden.

Was nun das therapeutische Einschreiten gegen die Hornhauttrübungen anbelangt, so wird dasselbe entweder beabsichtigen, die Opacitäten aufzuhellen, beziehungsweise wegzuschaffen, oder aber die durch sie veranlassten optischen Störungen möglichst zu beseitigen. Auf die Aufhellung der Hornhauttrübungen können wir nur in sehr wenigen und eng begrenzten Fällen irgend einen Einfluss ausüben. Wir sind nicht in der Lage, irgendwie dickere Narben der Hornhaut in durchsichtiges Gewebe umzugestalten, wenn wir auch anerkennen müssen, dass die Natur manchmal und in specie bei sehr jungen Kindern ganz unglaubliche Aufhellungen zu Stande bringt. Unser Hauptaugenmerk muss darauf gerichtet sein, mit dem Ablauf der Hornhautentzündung (Geschwüre, Pannus u. s. w.) die Reparation der Hornhautsubstanz auf medicamentösem Wege zu befördern, wobei sehr zarte Trübungen wohl verschwinden, dickere Trübungen transparenter werden und zwischen die Fibrillen eingelagerte Zellenhaufen entweder resorbirt oder weggeschafft werden können. Man verwendet hiezu theils Reizmittel, theils Resorbentia, wie Quecksilber und Jod. Unter den Reizmitteln ist vornehmlich die Opiumtinctur, theils rein, theils verdünnt, mit welcher die getrübte Stelle betupft wird, wobei aber bemerkt werden muss, dass das Opium um so mehr wirkt, in je jüngerem Stadium sich die Trübung befindet. Es scheint auch, dass das Opium die raschere Heilung und Epithelüberkleidung von Substanzverlusten bewirkt. In neuerer Zeit wurde die Einträuflung von Terpenthin warm empfohlen:

Rp. Olei therebint.
Olei oliv. aa 5,0.
Tägl. einmal einzuträufeln.

Unter den Resorbentien leisten wieder die Quecksilberpräcipitate und das Calomel gute Dienste. Namentlich werden zarte Trübungen, wie sie z. B. nach Hornhautphlyctänen zurückzubleiben pflegen, durch sie zur Aufhellung gebracht. Man verwendet sie in Form der bekannten gelben Salbe; das Calomel als Einstäubung. Man muss sich darauf gefasst machen, diese

Mittel sehr lange zu gebrauchen, übrigens versteht es sich von selbst, dass weder Reizmittel noch Resorbentia benützt werden dürfen, so lange das Auge noch in einem entzündlichen Zustande verharrt.

In einigen Fällen von diffuser Trübung (nach Pannus) hat mir eine Jodkalilösung, wie mir schien, gute Dienste geleistet. Ich liess sie 1—2mal täglich einträufeln.

> Rp. Kali jodat.
> 　　　Natri bicarb. $\overline{aa}$ 1,0.
> 　　　Aq. dest. 50,0.
> 　　　Tinct. jodin. gtts. III.
> 　　　(Kämmerer'sche Lösung.)

Was nun die directe operative Behandlung der Hornhauttrübungen anbelangt, so wird dieselbe nur in höchst seltenen Fällen etwas leisten können. Es steht wohl in unserer Macht, die Trübungen abzutragen, aber wir können es nicht verhindern, dass der von uns erzeugte Substanzverlust sich gerade so mit weniger durchsichtigem Ersatzgewebe fülle, als dies bei einem ulcerösen Substanzverlust durch die Narbenbildung der Fall war. Die Abtragung der Trübungen hat nur dann einen Sinn, wenn diese durch Einlagerung von fremden Substanzen bedingt waren, wie dies z. B. von Kalk nach Kalkverbrennung des Auges oder durch Incrustation von unlöslichen Bleialbuminaten in Folge von unzweckmässigem Gebrauche von Acetas plumbi-Collyrien bei Cornealulcerationen vorkommen kann. Hier müsste man sich früher durch die genaueste Untersuchung bei seitlicher Beleuchtung davon überzeugen, dass die incrustirten Partikeln in den vordersten Schichten, unter dem Epithel liegen, ehe man mit einiger Aussicht auf Erfolg die Entfernung derselben vornehmen könnte.

Die alltägliche Beobachtung lehrt, dass Individuen, deren Hornhäute vollständig in ein opakes Narbengewebe verwandelt sind, dennoch durch dieselben hindurch ein, wenn auch geringes Ausmaass von quantitativer Lichtempfindung besitzen. Als Arzt des Budapester Blindeninstitutes bin ich in der Lage, eine grössere Anzahl solcher Personen unter meiner Beobachtung zu haben, und habe oft mein Erstaunen darüber nicht unterdrücken können, wie häufig selbst durch dicke Staphylome noch so viel gesehen wird, dass solchen Unglücklichen noch eine Selbstführung ermöglicht ist. Haben narbig verbildete Hornhäute noch eine Stelle, an der das Narbengewebe sehr durchscheinend ist, so ist durch dieses hindurch das Sehen selbstverständlich um sehr vieles besser. Diese Thatsache hat einige hervorragende Operateure auf französischem Boden (v. Wecker u. a.) ermuthigt, durch künstlich construirte Trepane Lamellen aus der getrübten Hornhautsubstanz oder deren Ersatzgewebe auszulösen, um auf diese Weise durchscheinendere Stellen zu schaffen. Ueber diese Methoden jedoch, sowie über die Versuche von Transplantationen thierischer oder menschlicher Hornhäute sind theils die Acten noch nicht geschlossen, indem noch nicht genügende

Erfahrungen darüber gesammelt sind, theils die bisherigen Resultate wenig
ermuthigend. Jedenfalls bleibt die Lösung dieser für die Chirurgie so
dringenden Aufgaben der Arbeit der nächsten Zukunft vorbehalten; bei den
bisherigen, so ungenügenden Erfolgen wird man sich hüten, an Personen,
für welche das quantitative Sehvermögen ein grosser Schatz ist, irgend
welche Operationen vorzunehmen, durch welche dieses irgendwie gefährdet
werden könnte.

Am einfachsten gestaltet sich die Aufgabe der Therapie, die optischen
Folgen einer Hornhauttrübung auf operativem Wege zu paralysiren, wenn
diese so central liegt, dass sie den Lichtstrahlen den Weg durch die Pupille
(schon bei mittlerer Weite derselben) versperrt. In diesem Falle wird man
durch eine Iridectomie, die nach den Regeln der Operationslehre auszuführen ist und zwar an einer Stelle, die von der Lage der Trübung abhängt,
eine neue, günstiger gelegene Pupille schaffen. Vor der Operation muss man
sich aber erst überzeugen, ob die Iridectomie optischen Erfolg haben kann,
indem man durch Atropin die Pupille erweitert, wobei dieselbe nachher den
äussersten Rand der Trübung überragt, und dann untersucht, ob das Sehvermögen nun, wo kein Hinderniss für den Einfall der Lichtstrahlen mehr
obwaltet, verbessert ist. Von dieser Probe muss die Ausführung der Operation
abhängig gemacht werden, weil sehr häufig von der dichteren, centralen Trübung
aus zarte, feine Wölkchen in die Hornhautsubstanz übergehen, welche durch
Diffusion das Sehvermögen auch nach gelungener Operation stören könnten.
Ja, eine unzweckmässig ausgeführte Operation oder angelegte künstliche
Pupille würde eher schaden als nützen, insofern als vor dem Eingriffe eine
auf das Licht reagirende Pupille vorhanden war, wodurch die Diffusion
des Lichtes dennoch einigermassen eine Correction erhielt, was nach Anlegung eines Coloboms natürlich wegfallen muss. Man bessert in Fällen,
die sich für die Operation nicht eignen, den Zustand durch Verordnung
von dunkeln Gläsern oder durch stenopäische Apparate, das heisst,
Diaphragmen, von verschiedener Form und Weite, je nach dem Bedarf des
Leidenden.

Man hat es namentlich v. Wecker zu verdanken, wenn in der
neuesten Zeit sich eine einfache Operationsmethode einbürgerte, die darauf
zielt, Leucome der Hornhaut durch Tättowirung zu färben. Es hat dies
zunächst ein grosses cosmetisches Interesse, da die Tättowirung in wirklich
gelungener Weise den peinlichen Eindruck beseitigen kann, den Augen mit
weissen Hornhautflecken auf den Beschauer ausüben. Die Operation ist
sehr einfach. Wir benützen dazu ein kleines Spatel (Daviel'scher Löffel),
ferner ein Instrument, bestehend aus einem Griffe, in dessen Ende eine
Anzahl von feinen Nadeln eingefügt sind. Die Nadelspitzen liegen nicht
alle in einer horizontalen Ebene, sondern da ein Theil der Nadeln kürzer
ist, in einer zur Axe des Instrumentes mehr geneigten. Als Färbemittel
wird chinesische Touche verwendet, die mit Wasser verrieben, ziemlich
dick mit dem Spatel auf das Leucom aufgetragen wird, worauf dann mit

dem Nadelinstrument durch die Touche hindurch eine grössere Anzahl von
Stichen ausgeübt wird. Das Auge wird vorher mit Lidhalter und Pincette
fixirt. Man kann die Tättowirung nicht in einer Sitzung vollenden, sondern
man wiederholt die Procedur an verschiedenen Tagen so oft, bis der äussere
Effect erzielt ist.

Es muss hier ausdrücklich betont werden, dass zur Tättowirung
sich nur Augen eignen, welche weder in einem Reizzustande begriffen sind,
noch Ursache geben zu glauben, dass die Trübung derzeit noch nicht
stationär ist.

Durch die Tättowirung ist man auch in der Lage, den optischen
Störungen abzuhelfen, welche durchscheinende Maculae ausüben, indem man
sie durch die Färbung undurchsichtig macht. Bevor man aber zu diesem
Verfahren greift, muss jedenfalls erst das Verhältniss der getrübten zur
normalen Hornhautsubstanz genau festgestellt werden.

2. Die Hornhautstaphylome.
(Staphylomata corneae.)

Da das Auge ein mit wässeriger Flüssigkeit prall gefüllter kugeliger
Körper ist, in den durch die Triebkraft des Herzens noch überdies Blut
eingepresst wird, so herrscht in dem Inneren des Auges ein gewisser Druck,
den man intraoculären Druck nennt, und der sich in der Spannung
der Bulbuskapsel äussert. Jeder Flächenantheil der letzteren wird daher
die auf ihn entfallende Quote des intraoculären Druckes tragen müssen.
Wenn nun ein Theil der Bulbusoberfläche die normale Widerstandsfähigkeit
verliert und nachgiebiger wird, so wird dieser Theil durch den intraoculären
Druck vorgebaucht werden müssen und zwar so weit, als es die Gewebs-
verhältnisse des vorgebauchten Stückes gestatten, d. h. bis das Gleich-
gewicht zwischen Ausdehnbarkeit des Kapselantheiles und dem intraoculären
Drucke wieder hergestellt ist.

Zum Zustandekommen irgend einer Vorbauchung der Bulbusoberfläche
ist daher durchaus kein vermehrter, wohl aber mindestens der
normale Binnenaugendruck erforderlich, d. h. die Vorbauchung tritt
nicht ein, wenn derselbe unter die Norm gesunken ist.

Den einfachsten Fall, der zur Demonstration dieser Verhältnisse herbei-
gezogen werden kann, hat man in der Keratokele. Wird durch irgend
einen geschwürigen Process genügend viel von den vorderen Hornhautlamellen zerstört, so wird die verdünnte Hornhaut über das Niveau der
noch unverdünnten hinüber vorgebaucht, und in so grösserem Maasse, als
die Verdünnung infolge der fortdauernden Ulceration noch zunimmt. Dabei
war während des Krankheitsverlaufes von keinerlei Zunahme des intraoculären Druckes die Rede. Punktirt man nun die vordere Kammer, wonach
der Binnendruck gleich nachlassen muss, so tritt die Keratokele sofort zurück.

Wir haben in den vorigen Abschnitten alle jene Krankheitsformen kennen gelernt, welche zur Hervorwölbung der Cornea führen können. Es sind ausser den geschwürigen Processen noch jene Entzündungen, die zur Erweichung und Durchtränkung der Membran führen, und längere Zeit bestehend, endlich die normwidrigen Ausbauchungen derselben zur Folge haben. Dies sind alle Formen von ausgebreiteter Gefässneubildung in der Hornhaut, wie der Pannus trachomatosus und der Pannus scrophulosus bei der Kerato-Conjunctivitis phlyctaenularis.

Ausser diesen giebt es noch theils angeborene, theils frühzeitig acquirirte Zustände, wobei die Hornhaut bei vollständiger Durchsichtigkeit und ohne Entzündungserscheinungen in manchmal enormer Weise ausgedehnt wird (Keratoglobus, Keratoconus). Auch hier haben wir uns eine vielleicht angeborene, ererbte, vielleicht auf scrophulöser Diathese beruhende abnorme Weichheit der Cornea zu denken, wofür zahlreiche Thatsachen zu sprechen scheinen.

Alle diese abnormen Vorwölbungen der Hornhaut, seien sie nun totale oder partielle, undurchsichtige oder durchsichtige, könnte man klinisch unter dem Namen der Hornhautstaphylome zusammenfassen, wenn man auch pathologisch-anatomisch nur jene Hervorwölbungen Staphylome nennt, welche aus Narbengewebe bestehen, zu dessen Aufbau auch die Iris ihren Theil beigetragen hat. Demzufolge geht das echte Staphyloma corneae aus der Hornhautperforation hervor, mag diese aus welcher Ursache immer entstanden sein. Der klinische Weg ist der, dass im Momente der Perforation einer Hornhautpartie die hinter derselben gelegenen Augengebilde nach vorne rücken, in die Pforte des Substanzverlustes. Dabei ereignet es sich zumeist, dass die Iris vorfällt, und die Oeffnung stopft, mit der Zeit mit dem von den Perforationsrändern entstehenden neugebildeten Gewebe verwächst, und so die Basis abgiebt, auf welcher das sich allmählig zum Staphylome ausbauchende Narbengewebe aufgebaut wird. Jedes Narbenstaphylom ist demnach histologisch aus Gewebsbestandtheilen zusammengesetzt, die theils von der Cornea, respective von deren Resten, theils von der Iris stammen, und die sich unter dem Mikroskope ohne viel Schwierigkeit von einander unterscheiden lassen. Wir finden demnach ein dem Hornhautepithele sehr ähnliches, in den meisten Fällen aber viel massigeres Staphylomepithel, ferner Bindegewebsfibrillen, in welche die Fasern des Irisstromas eingewachsen sind, zahlreiches Pigment und gewöhnlich viele Gefässe. Im Kleinen wird dieser Befund mehr weniger bei jeder vorderen Synechie (Verwachsung der Iris mit der Cornea) angetroffen und das Staphylom stellt auch nichts anderes vor, als eine ectatisch gewordene vordere Synechie. (Cicatrix corneae ectatica cum synechia anteriore.)

Da die pathologische Anatomie der staphylomatösen Bulbi nicht in den Rahmen dieses Buches gehört, so konnte von ihr nur so viel mitgetheilt werden, als zur Auseinandersetzung der therapeutischen Grundsätze unumgänglich nothwendig ist. Aus dem Gesagten folgt, dass die Therapie

des Hornhautstaphylomes sehon bei der Behandlung jener Processe beginnen
muss, welche eine Hornhautperforation herbeiführen können, oder aber,
wenn wir jene anderen abnormen Hervorwölbungen der Cornea ins Auge
fassen, zur Erweichung und übergrossen Nachgiebigkeit derselben führen.
Also : möglichste Vermeidung der Perforation durch Entspannung des Bulbus,
nöthigen Falles auf operativem Wege, alles nach Grundsätzen, die am geeigneten Orte auseinandergesetzt wurden.

    Ist ein Irisprolaps einmal entstanden, so muss derselbe, im Falle er
grössere Dimensionen angenommen hat, nach den Regeln der Operationslehre abgekappt werden.   Kleinere Irisprolapse, auch solche, die in der
ersten Zeit sich blasig auszubauchen beginnen, flachen sich durch Contraction des Narbengewebes von selbst ab.   Betupfungen mit Opiumtinctur,
Einträuflungen von Eserin werden hiebei als sehr wohlthätig gerühmt,
wogegen ich denselben günstigen Ausgang auch ohne jede weitere Behandlung häufig genug eintreten sah.

    Das therapeutische Vorgehen gegen bereits fertige Staphylome wird
von dem Umstande beeinflusst, ob dieselben partielle oder totale sind,
d. h. nur einen beschränkten Theil oder die ganze Ausdehnung des Horn-
hautareals einnehmen.   Im ersten Falle kann man noch immer versuchen,
durch gründliche Entspannung des Bulbus das Staphylom zur Rückbildung
zu bringen.   Dies gelingt manchmal durch Anlegung einer Iridectomie —
durch welche Operation bekanntlich der intraoculäre Druck dauernd herabgesetzt wird, mit nachfolgender Anlegung eines Druckverbandes, der ebenfalls zu den spannungherabsetzenden Mitteln gehört.   Die Iridectomie wird
ohnedies sehr häufig aus optischen Gründen unumgänglich nothwendig.
Wenn dies nicht gelingen sollte, oder wenn von vornherein die Dicke der
Staphylomwand eine Rückbildung nicht erwarten lässt, so muss zur Abtragung geschritten werden, welche derart vorgenommen wird, dass nach
Spaltung der Staphylombasis mit dem Staarmesser entweder das ganze
Gebilde mit der Scheere abgetragen oder nur ein entsprechender Antheil
excidirt wird, worauf man das Auge der Heilung unter dem Druckverbande
überantwortet.

    Staphylome können häufig so beträchtlich wachsen, dass sie über
den Lidrand hinausragen, und sogar den Lidschluss hindern können.   Während
ihres Wachsthums pflegt der intraoculäre Druck bedeutend zuzunehmen,
es entsteht ein glaucomatöser Zustand, woran höchst wahrscheinlich die
Zerrung der mit der Narbe verwachsenen Iris und die auf die Chorioidea
übergehende zur Atrophie führende chronische Entzündung die Schuld
tragen.   Solche Bulbi pflegen sich auch nach allen Durchmessern zu vergrössern und verlieren dabei auch den Rest des quantitativen Sehvermögens.
Man wird darum häufig vor die Frage gestellt sein, ob ein solcher Bulbus,
der mitunter eine permanente Gefahr für das zweite Auge bildet, nicht
besser durch Enucleation zu entfernen ist, oder ob es noch gestattet
ist, entweder aus cosmetischen Gründen, oder um einen besseren Stumpf

zur Application eines künstlichen Bulbus zu erhalten, die Abtragung des ganzen staphylomatösen Theiles vorzunehmen, die nach den Regeln der Operationslehre ausgeübt wird. In solchen Fällen muss aber immer die Sorge um das zweite bessere Auge im Vordergrunde stehen, und die Enucleation jeder Methode vorgezogen werden, welche nur im entferntesten den Ausbruch einer sympathischen Entzündung zur Folge haben könnte.

Was nun das Staphyloma pellucidum, die vollständig durchsichtigen, abnormen Hervorwölbungen der Hornhaut anbelangt, den Keratoconus, Keratoglobus, Zustände, welche ohne jede entzündliche Complication sich entwickelt haben, und theils angeboren und ererbt, theils frühzeitig acquirirt sind, so wird man zunächst untersuchen müssen, ob man das Sehvermögen, welches infolge der abnormen Wölbung der Cornea und des daraus folgenden unregelmässigen Astigmatismus beträchtlich herabgesetzt ist, durch optische Hilfsmittel, wie Cylindergläser u. s. w. bessern könne. Wenn derartige Versuche nicht zum Ziele führen, und das Sehvermögen so schlecht ist, dass eine Correction dringend nothwendig ist, so kann man ein solches Verfahren einschlagen, durch welches die Cornea abgeflacht wird. Eine Methode, die noch am meisten verspricht, und seither nur wenig modificirt wurde, ist von v. Graefe angegeben worden. Sie besteht darin, dass man in der Gegend der grössten Hervorwölbung der Cornea einen Substanzverlust anlegt (am besten mit dem Beer'schen Staarmesser, indem man eine Lamelle abträgt), und die Wundfläche entweder sofort oder erst am anderen Tage nach der Operation mit dem Lapisstifte ätzt. Man legt dergestalt ein Geschwür an, welches vernarbt und durch die Narbencontraction die Hornhaut einigermassen abflacht. Andere schneiden aus der Hornhaut ein elliptisches Stückchen aus, um dieselbe Wirkung zu erzielen.

3. Das Pterygium.

Das Pterygium (Flügelfell) ist eine dreieckige Conjunctivalduplicatur, deren Spitze auf der Corneafläche sich befindet, welche Duplicatur die Tendenz hat, in meridionaler Richtung mit Beibehaltung ihrer Form gegen das Cornealcentrum zu wachsen. Um sich die Entstehung des Pterygiums zu vergegenwärtigen, denke man in geringer Entfernung vom Limbus corneae die Conjunctiva bulbi mit einer Pincette im Zipfel aufgehoben, ein wenig nach vorn gezerrt und dann auf die Cornea umgelegt. Hier wachse die Spitze des Zipfels an. Dass das Pterygium keine Conjunctivalwucherung, sondern eine Duplicatur ist, beweisen die mikroskopischen Befunde, die aber an ganzen Bulbis und nicht an abgetragenen Stücken eines Flügelfelles zu machen sind. Man sieht da deutlich die Umschlagstelle der Conjunctiva mit ihrer Epithelialbekleidung.

Der feinere pathologische Vorgang bei der Entstehung dieses Uebels ist noch ziemlich dunkel. So viel aber ist gewiss, dass das Pterygium einen

Art Vernarbungsvorgang bei randständigen Cornealgeschwüren, wie sie beim chronischen Katarrhe öfters vorkommen, darstellt. Darauf deuten jene Ueberheilungen von Conjunctiva auf Cornea, welche nach Verbrennungen, Anätzungen und Verschwärungen der Cornealoberfläche sich bilden, und die Form des Pterygiums einigermassen nachahmen (Pseudopterygium). Es scheint, dass in den Vernarbungsvorgang der Randtheil der Conjunctiva mit eingeht, und dann langsam mehr und mehr nach vorwärts gezogen wird. Möglich, dass individuelle Anlage (gewulsteter Limbus, Pinguecula u. dgl.) hiebei mit im Spiele ist.

Das Pterygium sitzt meistens auf der inneren Seite, es kann dicker oder zarter sein, und an seiner Spitze noch ein Geschwürchen tragen.

Man entfernt es aus kosmetischen und optischen Gründen, letzteres deshalb, weil es durch Verdeckung der Cornea bis ins Pupillargebiet das Sehen hindert. Ausserdem kann es noch das Auge in seinen Bewegungen beeinträchtigen.

Die Entfernung des Pterygiums muss derart vorgenommen werden, dass aus dem so entstehenden Substanzverluste kein Narbengewebe nachwächst; es wird darum nicht einfach abgetragen, sondern transplantirt und die Ränder des Substanzverlustes durch Naht vereinigt. Das genauere darüber enthält die Operationslehre.

Viertes Capitel.

A. Erkrankungen der Sclera.

Scleritis (Episcleritis), Entzündung der Lederhaut.

Den Typus der Entzündung der Lederhaut repräsentirt ein entzündlicher Knoten, der sich zwischen Corneallimbus und Bulbusäquator, doch weit häufiger dem Limbus näher entwickelt. Mikroskopische Befunde über diese Erkrankung stehen uns noch nicht zu Gebote: demnach ist es noch nicht ausgemacht, ob dieselbe schon ursprünglich in der Sclera beginnt, und dann erst auf die Episclera — das Bindegewebe zwischen Conjunctiva bulbi und Sclera — übergeht, oder ob die Infiltration dieses submucösen Bindegewebes als das primäre, der Uebergang in die Sclera und weiter auf die tiefer liegenden Gebilde als das secundäre zu betrachten ist. Der klinischen Erscheinungsweise nach drängt sich zunächst die Hyperämie, dann die Anschwellung (Heerd oder Knotenbildung) der Episclera in den Vordergrund. Unter einer stark injicirten Conjunctiva scheint die violette Farbe

der entzündlichen Geschwulst durch, so wie die tieferen, bedeutend injicirten Episcleralgefässe, die sich in sie verlieren. Der Knoten erhält sich
längere Zeit, ist auf Druck sehr empfindlich, sonst wenig schmerzhaft;
manchmal klagt jedoch der Kranke über nächtliche Schmerzanfälle, die sich
typisch wiederholen. Mit der Zeit wird der Knoten flacher, die Injection verliert sich, und es bleibt schliesslich nur ein bräunlich verfärbter, offenbar
eine gewisse Atrophie der Sclera andeutender Fleck zurück, ohne dass am
Bulbus sonst weitere Veränderungen vor sich gegangen wären.

Wenn dies die typische, wenn auch nur selten rein vorkommende
Form der Scleritis ist (wie überhaupt die Scleritis zu den selteneren Augenkrankheiten gehört), so verlaufen andere Fälle durchaus nicht, ohne weitere
Complicationen zu erzeugen. An den Entzündungsheerd in der Sclera schliesst
sich bei starker ciliarer Injection eine Trübung der Cornea, welche zungenförmig in die Substanz ragt; oft entsteht ein neuer scleritischer Heerd, wenn
der erste schon im Schwinden begriffen war, und der Process sistirt erst, wenn
er seinen Rundgang um die ganze Cornea herum gemacht hat. Noch bedenklicher wird die Sache, wenn die Entzündung auf den Uvealtractus übergeht und sich eine schleichende Iritis mit Trübung des Kammerwassers und
Präcipitaten auf der Descemetischen Membran, ferner Chorioiditis entwickelt.

Wir haben schon bei einer anderen Gelegenheit von den Sclerosen
der Cornea gesprochen, welche sich bei der Scleritis aus jenen obener-
wähnten zungenförmigen Randtrübungen der Cornea bilden. Während nun
bei diesen sogenannten Sclerosirungen das Hornhautcentrum gewöhnlich
durchsichtig bleibt, kann sich nun zusammen mit der complicirenden
Iridochorioiditis noch eine echte parenchymatöse Keratitis in dem bisher
freien Centraltheil der Hornhaut ausbilden; in solchen Fällen sind factisch
alle Gebilde des Augapfels in einem schleichenden Entzündungszustande
begriffen, das Auge ist weicher als normal, ja matsch anzufühlen.

Der Ausgang der reinen Scleritis ist gewöhnlich mehr weniger ausgeprägte Atrophie des ergriffenen Scleraltheiles, ihr Verlauf ein chronischer
und desto schleppender, je zahlreicher und schwerer die Complicationen
sich ausbilden. Im allgemeinen ist jedoch, was die Erhaltung des Sehvermögens anbelangt, die Prognose keine ungünstige zu nennen. In den
schwersten Fällen werden die atrophischen Scleralpartien vom intraoculären
Drucke vorgebaucht (Scleralstaphylome), und alle jene später zu besprechenden
Folgen der chronischen Iridochorioiditis beobachtet.

Die Therapie der Episcleritis bildet bisher einen der dunklen Punkte
in der Ophthalmotherapie. Wir sind bis heute nicht in der Lage, durch
irgend ein bestimmtes Verfahren dem Entzündungsprocesse der Sclera, der
Ausbildung von Recidiven, dem Uebergreifen auf den Uvealtractus Einhalt
thun zu können. Das Verfahren war ein negatives insoferne, als es sich
darauf beschränken musste, Schädlichkeiten vom entzündeten Auge abzuhalten, resp. locale Reizmittel oder reizende Resorbentia strengstens zu vermeiden. Nur gegen die complicirende Iritis hatte man in den Atropinein-

träuflungen ein Mittel, die hinteren Synechien (Verklebungen zwischen Iris
und Linse) wo möglich nicht aufkommen zu lassen. Sonstige zeitweilig
aufgetauchte Behandlungsmethoden, wie die Scarificirung der scleralen
Knoten, oder die Massage derselben (sanftes Drücken und Reiben mit dem
Augenlide) haben sich keinerlei besondere Anerkennung zu erringen ge-
wusst. Die übrige Behandlung war eine rein symptomatische insoferne,
als man mit den üblichen Narcoticis gegen die Ciliarschmerzen einschritt,
und im Falle von Hornhautaffectionen warme aromatische Umschläge appli-
cirte, und ferner im Falle, als Dyscrasien, wie Syphilis, Scrophulose angenommen werden konnten, gegen dieselben in geeigneter Weise zu Felde
zog und besonders Jodkali dagegen anempfahl.

Es scheint jedoch, dass wir in der neueren Zeit in der Behandlung
der Scleritis einen wichtigen Fortschritt zu verzeichnen haben. Zunächst
wurde im Pilocarpin ein Mittel bekannt, welches in überraschender Weise
den so schleppenden Verlauf der Erkrankung abzukürzen vermag. Nach
den Versicherungen v. Wecker's sollen subcutane Injectionen einer ein-
percentigen Lösung von Pilocarp. sulf. (5—7 Tropfen tgl. des Morgens injicirt)
nach 8—10 Wiederholungen einen Knoten zum Verschwinden bringen.

Noch wichtiger ist der Hinweis auf den Zusammenhang der Scleritis mit dem Rheumatismus, wie er namentlich auf dem Heidelberger
Ophthalmologencongresse von 1879 in besonders präciser Weise von Meyer
in Paris zum Ausdruck gebracht wurde. Dieser Kliniker versichert, durch
die Anwendung von Salicylsäure den Process bedeutend abzukürzen und
zu heilen. Dieses Mittel leistet gleichzeitig als Antineuralgicum bei Ciliar-
neurose treffliche Dienste (2 Gramm pro dosi).

Ich hatte zufällig Gelegenheit, sofort nach Bekanntwerden der citirten
Heidelberger Verhandlungen einen ganz frischen Fall von Scleritis zur Behandlung
zu bekommen, bei dem der entzündliche Knoten, ferner die Cililarschmerzen, die
regelmässig des Nachts sich einstellten und unerträglich wurden, besonders ausgeprägt waren. Nachdem ich mich überzeugt hatte, dass die Massage wegen
der heftigen Schmerzen, welche der Druck auf den Knoten verursachte, undurch-
führbar war und vom Kranken vernommen hatte, dass er Jahre lang an Rheu-
matismen gelitten, liess ich 3 Gramm Natr. salicyl. pro die nehmen und konnte
eine complete Heilung in 14 Tagen constatiren.

In einem früheren Falle war bei einer ca. 28jährigen Frau eine heftige
Scleritis diffusa auf dem linken Auge aufgetreten, gleichzeitig mit completer
Facialislähmung der rechten Seite. Es wurde symptomatisch vorgegangen.
Die Krankheit dauerte über ein Jahr und endigte mit Hornhautsclerosen und zahlreichen hinteren Synechien. Nach ungefähr einem Jahre trat eine Recidive der
Scleritis ein mit Iritis und Keratitis parenchymatosa, welche die ganze Hornhaut
einnahm. Auf der Membrana Descem. waren dicke Niederschläge. Ich machte
subcutane Injectionen von Solut. hydrarg. natri chlor. von 1 auf 100, sah schon
nach den ersten Injectionen den Process rückgängig werden und konnte nach
der 14. Einspritzung Heilung constatiren. Seither (4 Jahre) ist keine Recidive
mehr eingetreten.

Fremde Körper im Conjunctivalsacke, auf der Cornea, Verletzungen der vorderen Gebilde des Bulbus u. s. w.

In den Conjunctivalsack gerathen fremde Körper allerlei Art, wo sie sich an irgend einer Stelle festsetzen können. Der von ihnen erzeugte, jedermann bekannte Reiz, der sich bis zu den Erscheinungen eines heftigen Katarrhs, zu Entzündungen der Cornea steigern kann, wird gewöhnlich, im Falle sie nicht etwa durch Aetzwirkungen, durch eine von ihnen vermittelte septische Infection, durch zu langes Verweilen im Conjunctivalsacke schwerere Veränderungen herbeiführten, durch die Entfernung gründlich beseitigt. Folgende Thatsachen mögen hier noch Erwähnung finden:

1) Kleine Partikel, die ins Auge fliegen, können in der unteren Uebergangsfalte sich verbergen oder durch die halbmondförmige Falte verdeckt werden. Gelangen sie auf die Conjunctiva des oberen Lides, so bleiben sie in einer seichten Furche parallel dem Lidrande liegen.

2) In der oberen Uebergangsfalte verbergen sich auch manchmal grössere fremde Körper, wie Halme, Holzstücke u. dgl., welche unentdeckt dort längere Zeit verweilen und das Bild eines Schwellungskatarrhs vortäuschen. Dieser heilt durch einfache Extraction des Eindringlings.

3) Auf die Cornea gelangen gleichfalls fremde Körper, die entweder auf der Oberfläche liegen bleiben oder in die Substanz eindringen. Liegen sie locker, so können sie mit einem spitzig zusammengebogenen Stück Papier, einem Taschentuchzipfel u. s. w. entfernt werden. Keilen sie sich ein, so müssen sie mit einem Discissions- oder nadelförmigen Instrumente removirt werden. Höchst interessant ist es, dass sich gewisse fremde Körper, und zwar solche, welche nur schwer sich chemisch zersetzen, sehr leicht direct in Hornhautsubstanz einbetten können, ohne durch längere Zeit merkliche Unbequemlichkeit zu erzeugen; freilich arrivirt dies nur Menschen aus den niederen Ständen, welche nur wenig auf sich achten. Es sind dies Steinstücke und sehr oft harte Insektenflügel. Die ersteren lassen, entfernt, eine förmliche Nische zurück, die letzteren einen vollständigen Abdruck. Sie erzeugen eine Gefässneubildung, die aber nach der Remotion ohne weiteres zurückgeht.

Aus dem Gesagten folgt, dass bei jedem beginnenden oder schon entwickelten Katarrh, namentlich bei einem einseitigen, eine genaue Inspection der vorderen Gebilde des Bulbus und des Conjunctivalsackes auf fremde Körper nicht verabsäumt werden darf.

Zerreissungen oder sonstige Verletzungen der Conjunctiva bulbi mit scharfen Instrumenten werden nach allgemein giltigen chirurgischen Grundsätzen behandelt.

Die grösste Aufmerksamkeit erfordern die Fälle von Anätzungen mit chemischen Potenzen, von Verbrennungen, Verbrühungen u. dgl.

Was die chemischen Anätzungen betrifft, unter denen die mit Schwefelsäure und ungelöschtem Kalk am häufigsten sind, so bewirken sie einen Zerfall jener Corneal- und Conjunctivalpartien, mit denen sie in Berührung kommen, worauf dann nicht allein ausgedehnte und unheilbare Cornealtrübungen, sondern auch narbige Verbildung der Lider und Verwachsung der inneren Lidfläche mit dem Augapfel erfolgen können. Solche Verwachsungen, Symblepharon anterius genannt (zum Unterschiede vom S. posterius, welches nichts anderes ist, als die Verkürzung der Uebergangsfalte durch trachomatöse Narbencontraction), hindern den Bulbus beträchtlich in seinen Bewegungen und können nur schwer auf operativem Wege behoben werden.

Die Therapie wird sich im Beginne damit beschäftigen müssen, die chemischen Potenzen unschädlich zu machen. Dies geschieht bei Schwefelsäure-Anätzungen am besten durch schleunige Auswaschung des Conjunctivalsackes mit Wasser; bei Kalkverbrennungen darf jedoch kein Wasser angewendet werden, hier muss man sich auf die möglichst schnelle mechanische Entfernung des Kalkes aus dem Conjunctivalsacke beschränken.

Die Prognose ist in solchen Fällen immer eine trübe, ebenso bei ausgedehnten Verbrühungen des Auges mit heissem Wasser.

Zum Schlusse muss noch eines sehr lehrreichen Falles Erwähnung gethan werden, den ich während meiner Assistentenzeit auf der Heidelberger Universitätsklinik beobachtete:

Ein Mann wurde gerade während der klinischen Unterrichtsstunde auf die Klinik gebracht, dem, während er mit geschmolzenem Blei zu thun hatte, durch Platzen einer Luftblase das flüssige Metall ins Gesicht und in die Augen gespritzt war. Das Gesicht zeigte einige Brandwunden, die Lider waren krampfhaft geschlossen, der Verletzte vor Schmerz halb ohnmächtig. Die Untersuchung der Augen musste in der Narkose vorgenommen werden. Zu unserem Erstaunen wurden beide Bulbi fast intact vorgefunden, ihre Oberfläche war jedoch mit feinen Bleihäutchen-Fetzen bedeckt, die man mit der Pincette leicht entfernen konnte. Der Mann wurde nach mehrtägiger Eisbeutelapplication geheilt entlassen.

Dieses Factum lässt sich nur so erklären, dass das Blei im Momente des Eindringens die capilläre Thränenschichte des Auges sofort in Dampfform verwandelte und dieser Dampf dem Auge als Schutz gegen die Hitzeeinwirkung diente.

B. Erkrankungen der Iris.

Iritis, Regenbogenhautentzündung.

In den vorigen Abschnitten dieses Buches hatten wir schon öfter Gelegenheit, der Entzündung der Regenbogenhaut — Iritis — als einer Complication anderer Augenerkrankungen, in specie der Hornhautentzündung, Erwähnung zu thun. Sie kommt jedoch und zwar sehr häufig idiopathisch vor, ferner als Complication von Entzündungen der inneren Gefässhaut des Auges, des Uvealtractus (Chorioidea, corpus ciliare Iris), dessen integrirenden Bestandtheil sie bildet. Wir bezeichnen demnach, je nachdem, ob die Iris allein oder in Verbindung mit der Cornea, dem Corpus ciliare oder der Chorioidea erkrankt ist, die betreffende Krankheit mit dem Namen der Iritis, Kerato-Iritis, Iridocyclitis, und Iridochoroiditis.

Diese Diagnosennamen bezeichnen in treffender Weise die anatomische Ausbreitung der Entzündung, sie sagen aber nichts aus über die Aetiologie derselben. Diese ist aber in der Lehre und Behandlung der Iritis deshalb von einschneidendster Wichtigkeit, weil, wie die klinische Beobachtung lehrt, die überwiegendste Anzahl der Regenbogenhautentzündungen, sofern sie nicht in Folge von Verletzungen oder zum Theil als Complication von Hornhautentzündungen aufgetreten sind, ihre Entstehung theils der Syphilis, theils anderen innerlichen Krankheitsursachen verdanken, von denen wir vorläufig nur den Rheumatismus nennen. Es wird demnach, und es muss auf diesen Punkt später noch genauer eingegangen werden, einer jeden Therapie die genaue Feststellung der Aetiologie vorausgehen.

Bei der Iritis wie bei jeder Entzündung betrachtet man die Hyperämie als das erste Stadium und fasst dieselbe nur dann als selbstständige Krankheit auf, wenn das wesentlichste Kennzeichen der Entzündung, die mit der Blutzellen-Immigration zusammenhängende Gewebswucherung, resp. Secretion nicht eintritt. Solche transitorische Hyperämien zeigen sich bei den verschiedensten Reizungszuständen des Auges, wie wir sie z. B. am häufigsten nach dem Eindringen fremder Körper in den Conjunctivalsack zu beobachten Gelegenheit haben.

Eines der ersten und Hauptsymptome der Iris-Hyperämie wird nebst der Enge der Pupille deren Trägheit und Schwerbeweglichkeit sein. Für gewöhnlich muss die Pupille mit einer gewissen Promptheit und Energie sich in der Beschattung erweitern und in der Belichtung contrahiren. Die Erweiterung der Pupille, welche selten, auch nicht in der Dunkelheit eine maximale ist, muss jedenfalls auf Einträuflung eines der wirksamen Mydriatica (gewöhnlich Atropin oder auch Duboisin) erfolgen. Sei es nun, dass die

Hyperämie als Reiz wirkt, der reflectorisch die maximale Contraction des
Sphincter pupillae erzielt, sei es, dass wegen der Ueberfüllung des reichen
und dichten Capillarnetzes im Pupillargebiete der Iris die dilatirenden Fasern
ihre Aufgabe nicht mehr vollständig zu leisten vermögen, jedenfalls ist die
Enge und Trägheit der Pupille sehr auffallend, namentlich im Vergleich
zum andern, gesunden Auge, was sich auch in der erst spät und häufig
unvollkommen erfolgenden Dilatation nach Einträuflung von Mydriaticis
kundgiebt.

Als eine weitere Folge der Hyperämie der Iris ist die Modification ihrer
Färbung zu betrachten. Bekanntlich hängt die scheinbare Farbe der Iris
von der Quantität und Vertheilung des in ihrem Stroma enthaltenen Pigmentes ab. Mischt sich nun noch ein Plus von Dunkelroth bei, so wird
dadurch das Aussehen der Regenbogenhaut beträchtlich modificirt, sie wird
manchmal schmutzig-grünlich, bräunlich oder gelblich, je nach dem ursprünglichen Aussehen.

Was nun die eigentliche Iritis anbelangt, so wird zu den eben geschilderten Symptomen der Hyperämie, der Schwerbeweglichkeit der Pupille und
der Verfärbung noch die Zellenauswanderung aus den Gefässen, respective
die Gewebswucherung hinzutreten. Dabei ist zu bemerken, dass der Com-
plex der iritischen Veränderungen sich bald stürmisch, in acutester
Weise bemerkbar macht, bald jedoch sich von Anfang an als schleichendes chronisches, manchmal fast ohne besondere Schmerzempfindungen
sich fortspinnendes Leiden charakterisirt. Es ist die Exsudation, welche
nun die Hauptrolle unter den objectiv wahrnehmbaren Zeichen der Iritis
spielt. Und zwar werden sich die exsudirten Gewebselemente einerseits dem
Kammerwasser beimischen, wodurch eine Trübung desselben, in manchen
Fällen eine Präcipitation auf die hintere Hornhautfläche entsteht, andererseits Niederschläge am freien Pupillarrande zu Stande kommen, welche diesen
und die vordere Linsenfläche zur Verklebung bringen. In diesem Falle
verliert der Pupillarrand seine regelmässige Kreisform; er wird verzogen,
bekömmt vorspringende Winkel, je nach der Zahl und der Configuration der
Verlöthungen, welche hintere Synechien (im Gegensatze zu den vorderen Synechien, Verlöthungen der Iris mit der Cornea) genannt werden.
Um diese hinteren Synechien, die manchmal, und besonders im Beginne, aus
der blossen Inspection nur geahnt werden können, mit Sicherheit zu demon-
striren, träufelt man ein Mydriaticum ein. Der dilatirenden Wirkung desselben
werden vorerst nur jene Pupillarpartien nachgeben können, welche noch
frei sind. Auf diese Weise gewinnt die erweiterte Pupille ein zackiges
Aussehen, mit gegen die Pupille einspringenden Winkeln, welche eben die
angelötheten Irisstücke sind. In der Folge werden durch den vom Mydriaticum ausgeübten Zug dünne Synechien von der Linse losgerissen, und man
entdeckt dann bei seitlicher Beleuchtung deren Spuren als pigmentirte Ex-
sudatklümpchen, welche auf der vorderen Kapselfläche liegen geblieben sind.

Eine eigentliche Entzündung der Iris wird nicht bestehen, ohne dass auch die in ihrer Bedeutung bereits gewürdigte Ciliarinjection vorhanden wäre.

Verfärbung der Irisoberfläche, Verlöthungen des Pupillarrandes und Ciliarinjection sind die drei Hauptsymptome, welche bei jeder Iritis wiederkehren. Diesen Zeichen können sich noch andere zugesellen, oder es kann eins oder das andere der Symptome in geringerem Grade vorhanden sein, obwohl es ganz eigentlich nie fehlt. Nach den complicirenden Symptomen hat man auch anatomisch mehrere Formen der Iritis zu unterscheiden gesucht, indem man jene Formen, in welchen man die drei geschilderten Symptome rein und ausgeprägt vor sich hat, plastische Iritis nennt, während man eine Iritis, bei welcher auch Eiter producirt wird, mit dem Namen einer purulenten Regenbogenhautentzündung belegt. Ausser diesen beiden unterscheidet man noch eine seröse Form, in welcher die exsudative Thätigkeit des Entzündungsprocesses sich in einer serösen, allerdings mit zahlreichen, auf die Descemetische Membran sich präcipitirenden Formelementen gemischten Ausscheidung kundgiebt.

Was die eiterige Iritis anbelangt, so wird sich selbstverständlich der ergossene Eiter, mag er nun aus den Blutgefässen oder aus den Parenchymelementen der Iris stammen, dem Kammerwasser beimischen und in demselben, dem Gesetze der Schwere entsprechend, auf den Boden der vorderen Kammer niedersinken. Wir haben dann ein Hypopyum vor uns, mit dem wir uns im Capitel der Cornealulcerationen bereits eingehend beschäftigt haben.

Auch die eiterige Iritis geht, ebenso wie die rein plastische, mit Synechienbildung einher. Beide Processe sind eben nicht etwa qualitativ von einander unterschieden, es ist nur in Folge gewisser Einflüsse zur Iritis Suppuration hinzugekommen. Und mit Wahrscheinlichkeit lässt sich sagen, dass diese Einflüsse von ausserhalb der Iris stammende und zwar vermuthlich Infectionskeime sind, denn die eiterige Iritis wird fast nur in Fällen beobachtet, in welchen sie entweder mit einem ulcerös-eiterigen Hornhautprocesse complicirt ist, oder wo Verletzungen des Bulbus vorlagen, und in letzter Linie in Verbindung mit allgemeinen Infectionskrankheiten, als da sind Puerperalprocesse, Pyämie, ulceröse Endokarditis, in deren Verlauf auch sonst Eiterungen an anderen Stellen des Körpers zu Stande kommen.

Ausser der Production von Eiter haben wir oft Gelegenheit, circumscripte Hyperplasien des Irisgewebes zu beobachten, welche über die Oberfläche desselben hinausragen. Eine Form dieser in einer entzündeten Iris auftretenden Hyperplasien wird mit dem Namen Irisgumma bezeichnet, mit denen wir uns später noch ausführlicher zu beschäftigen haben werden.

In Betreff der Iritis serosa wäre noch zu bemerken, dass es heute mehr als wahrscheinlich ist, dass wir in ihr nicht so sehr eine eigentliche Iriserkrankung, als eine Theilerscheinung einer Allgemeinerkrankung des Bulbus vor uns haben. Dies beweist schon ein häufig hiebei zu beobachtendes Symptom: die Erhöhung des intraoculären Druckes, ferner, dass

sie als Complication zu parenchymatösen Keratitiden tritt, und wie einige
anatomische Befunde zeigen, nicht ohne Betheiligung des gesammten Aderhauttractus verläuft. Bei ihr sind die iritisch-plastischen Symptome am
wenigsten ausgeprägt. Charakteristisch ist es, dass die Pupille, dem glaucomatösen Habitus des Krankheitsbildes entsprechend, manchmal erweitert
und starr ist, obwohl auch hier die Synechien nicht fehlen. Diese sind jedoch
sehr klein, der Pupillarrand sieht häufig wie fein gezähnt aus, die Pupille
erweitert sich allerdings auf Atropininstillation, aber bei jedem Stande der
Pupille entwickeln sich diese kleinen, sehr zerreisslichen Synechien, so dass
man nach einer Atropinerweiterung auf der Linsenkapsel den vorigen Stand
des Pupillarrandes durch Präcipitate markirt sieht.

Eines der wesentlichsten Symptome der Iritis serosa ist die Trübung
des Kammerwassers, welche durch die Anwesenheit von zahlreichen, aus
der Iris stammenden Formelementen bedingt ist. Eigenthümlich ist es,
dass diese sich nicht, wie beim Hypopyum, auf den Boden der Kammer
niedersenken, sondern die Wände der vorderen Kammer, also hauptsächlich
die Descemetische Membran beschlagen. Dies Verhalten kann nur, da wir
es hier und dort mit suspendirten Zellen zu thun haben, daher rühren,
dass wir im ersten Falle ausser der Eiterproduction noch eine von gerinnen-
dem Fibrin haben, das die Eiterzellen in sich schliesst und dann als Klumpen
niederdrückt, was bei der Iritis serosa nicht der Fall ist. Diese punktförmigen Beschläge der hinteren Cornealwand, im Gesammtbilde früher auch
K e r a t i t i s p u n c t a t a (Hydromeningitis) genannt, sind bereits im Capitel
der Keratitis parenchymatosa genügend gewürdigt worden.

Wenn wir uns nun von der Besprechung der objectiven Merkmale
der Iritis zur A e t i o l o g i e derselben wenden, so ist es vor allem die
S y p h i l i s, welche als die bei weitem häufigste unter den Grundursachen
hier an erster Stelle genannt werden muss. Wie M a u t h n e r*) in einem
sehr lehrreichen Aufsatze sagt, ist die Abhängigkeit der Iritis von der
Syphilis so gross, dass es die Pflicht des Arztes ist, in jedem Falle von
Iritis z u n ä c h s t an Syphilis zu denken, auch wenn keinerlei objective,
auf Lues deutende Zeichen vorhanden sein sollten. Die I r i t i s s y p h i l i t i c a
kann in jedem Stadium der constitutionellen Syphilis auftreten, und obwohl
sie fast immer nur ein Auge ergreift, so ist es doch eine gewöhnliche
Erscheinung, dass das zweite Auge bald nachher ebenfalls erkrankt.

Eigene objective Merkmale, welche die syphilitische Iritis vor den
Regenbogenhautentzündungen anderer Provenienz besonders auszeichneten,
giebt es nicht, so wenig, wie bisher an irgend einer der letzteren bestimmte,
ihr nur allein zukommende Merkmale gefunden worden wären. Anders steht
freilich die Sache, wenn sich zu der auf syphilitischer Basis erwachsenen
Iritis noch kleine, knötchenförmige Neubildungen hinzugesellen, welche die
histologische Structur und pathologische Dignität von G u m m i g e s c h w ü l s t e n

---

*) Z e i s s l, Lehrb. der Syphilis, II. Aufl. S. 262.

besitzen (Iritis gummosa). Diese Gummen sitzen mit Vorliebe in der Nähe des Pupillarrandes, im Sphinctergebiete, haben eine gelbliche Farbe, erheben sich nur selten bedeutend über das Irisniveau und lassen fast mit Sicherheit auf Syphilis schliessen. Uebrigens wird es, so lange die Iristuberculose nicht genauer bekannt war, wohl manchen Tuberkelknoten gegeben haben, der als Gumma angesehen und behandelt wurde, namentlich in solchen Fällen, wo die Knoten rasch wucherten und sogar die Kammer erfüllten.

Im allgemeinen enden diese Gummen, welche unter den heftigsten Schmerzen und sehr bedeutenden Reizerscheinungen sich einführen, mit Atrophie der Irispartie, in welcher sie sitzen. Sie können aber auch bedeutend wuchern (höchst seltener Ausgang), oder käsig zerfallen, oder aber ulceriren. Jedenfalls zeichnet sich die sie begleitende Iritis durch eine besondere Neigung zu plastischen Exsudaten und Synechienbildung aus.

In einem von mir in Heidelberg beobachteten Falle von Iritis syphilitica*) entstand in der Nähe des Ciliarrandes ein — wahrscheinlich aus einem Gumma hervorgegangener — Abscess, der sich unter unseren Augen in die Kammer entleerte. Aus den Rändern des zurückbleibenden Kraters entwickelte sich üppig ein schwammiges, weisses Granulationsgewebe, welches nach und nach die Kammer in ihrer oberen Hälfte ausfüllte und nach hinten und unten die Linse berührte. Aus diesem Granulationsgewebe bildete sich durch allmählige Schrumpfung ein weisser, sehnenglänzender Strang, der die ehemalige Abscessstelle mit der Linse verband.

Bei der Unbestimmtheit, welche bis heute noch über das Wesen des Rheumatismus herrscht, darf es uns nicht Wunder nehmen, wenn viele Fragen, welche den Zusammenhang dieser Krankheit mit den Entzündungen der Iris betreffen, noch unerledigt sind. Während viele, namentlich unter den deutschen Aerzten, von einer rheumatischen Iritis als von einer solchen sprechen, welche unter dem Einfluss einer Erkältung aufgetreten ist, lehren zahlreiche, in England, Frankreich und neuestens auch in Deutschland gemachte, als unzweifelhaft anzusehende Beobachtungen, dass es Iritiden giebt, welche als Theilerscheinung allgemeiner rheumatischer Körperaffectionen, wie chronischer Gelenkentzündungen**), auftreten. Freilich lichtet sich auch das Dunkel, welches diesen Theil der Pathologie bisher verhüllte, allmählig durch die Annahme, dass der Rheumatismus eine Infectionskrankheit sei, also nicht durch irgendwelche schädliche Witterungseinflüsse und raschen Temperaturwechsel, sondern durch Einwanderung von bestimmten organischen Krankheitskeimen in den Körper entstanden.

---

*) Ueber Implantationen in die vordere Augenkammer, Arch. f. exper. Pathol. und Pharm., Jahrg. 1874, S. 387.
**) S. unter anderem Förster, Handbuch der ges. Augenh. VII. 1. S. 156. Ferner: Bericht über die XII. Ophthalmologen-Versamml. S. 129 ff. in Zehender's Monatsbl. XVIII. Jahrg.

Was den Charakter der rheumatischen Iritis anbelangt, wird dieselbe von Einigen mehr als eine rein seröse Form, von Anderen (Wecker) als eine solche, die mit episcleralen Entzündungen complicirt ist, betrachtet. Wecker stellt die Anwesenheit einer leichten Episcleritis geradezu als pathognomonisch für den rheumatischen Ursprung einer Iritis hin.

Von sehr gewissenhaften Forschern wird die Existenz einer rheumatischen Dyscrasie, welche in Folge einer virulenten Gonorrhoe*) sich entwickelt hat, behauptet, und wie es scheint, auch bewiesen (Tripperrheumatismus). Demnach wäre die Iritis gonorrhoica auch nur eine Form der rheumatischen Iritis, wenigstens wird von sehr erfahrenen Klinikern angegeben, dass die erstere niemals auftritt, ohne dass Gelenkerkrankungen vorhergegangen wären. Unbestimmt lauten übrigens auch hier die Angaben über die Art und Weise ihres Auftretens; während Manche sie nur als gewöhnliche plastische Iritis gesehen haben, schildern sie Andere als seröse oder als eigenthümliche Mischform von seröser und plastischer Iritis. Aus diesen mit einander nicht übereinstimmenden Angaben geht wenigstens das eine hervor, dass für die auf gonorrhoisch-rheumatischer Basis erwachsene Iritis keine anatomisch bestimmte Form charakteristisch ist.

Erwähnt muss noch werden, dass auch im Verlauf der Variola Regenbogenhautentzündungen auftreten können, jetzt abgesehen von der Betheiligung der Iris bei ulcerösen Hornhautprocessen. Die Iritis ex variola tritt am häufigsten in der Reconvalescenz auf, gleichgültig ob die Blatternerkrankung eine schwere oder milde Form war, und ist gewöhnlich eine einfach plastische. Doch sind auch schon seröse und eiterige Formen — letztere einmal bei Varicella — gesehen worden.

Zum Schlusse mögen noch die subjectiven Symptome der Iritis hier Erwähnung finden. Zu diesen gehören vor allem die Sehmerzen, welche in einem grossen Theil der acuten Fälle, wie bei plastischen und eiterigen Formen, sehr heftig sein können, während z. B. die seröse Iritis ebenso wie chronische Iritiden manchmal ohne besondere Schmerzen zu verlaufen pflegen. Die Schmerzen haben den Charakter der Neuralgie, strahlen nach der anatomischen Verbreitung des Trigeminus aus und haben häufig einen exquisit periodischen Typus.

Die Herabsetzung des Sehvermögens, welche in der Regel bei jeder Iritis vorkommt, beruht auf der Trübung der optischen Medien des Auges. In geringerem Grade ist es schon die Trübung des Kammerwassers, wie in den rein serösen Formen, bei denen das Sehen unter einer ent-

---

*) Neisser (Centralbl. f. med. Wiss. 1879, Nr. 28) hat im blennorrhoischen Secrete eine Mikrokokkusform entdeckt, welche neuerlichst auch von Bókay und Finkelstein (Pest. med.-chir. Presse 1880, Nr. 25) gesehen wurde. Nach B. und F. sind die Kokken der Ophthalmoblennorrhoe und.Gonorrhoe identisch. Einige Impfungen von Züchtungsflüssigkeit auf die menschliche Harnröhrenschleimhaut ergaben positive Resultate.

sprechenden Verschleierung leidet; selbstverständlich ist die Herabsetzung des Sehvermögens grösser, wenn Eiter in der Kammer ist. Dann sind es die iritischen Exsudate, welche sich an die Oberfläche der vorderen Kapsel ansetzen, und zuletzt noch die Trübungen, die sich entweder in Folge der gestörten Ernährung des Auges oder aber wegen der Betheiligung der Chorioidea am Entzündungsprocesse im Glaskörper ausbilden, welche das Sehen erheblich stören können.

Andere subjective Symptome, wie Thränenfluss, Lichtscheu u. dgl. verbinden sich mit der Iritis gleichwie mit allen anderen Reizungszuständen des Auges.

Therapie der Iritis.

Eine der ersten Aufgaben, die dem Arzte bei der Behandlung der acuten Iritis zufallen werden, bildet die Bekämpfung der heftigen, häufig ganz unerträglichen Ciliarschmerzen. Und in der That wird ein gegen die letzteren gerichtetes therapeutisches Vorgehen nicht allein eine symptomatische Bedeutung haben, denn nach einem von jedem Kliniker acceptirten Ausspruche v. Graefe's sind die Schmerzen ein fortgesetzter Anreiz zu weiteren entzündlichen Insulten. Es wird sich also darum handeln, dem Kranken möglichst Ruhe zu verschaffen, und dies erzielen wir in erster Linie durch ausgiebige, der Individualität des Kranken quantitativ angepasste Morphiuminjectionen, und wenn diese allein nicht ausreichen, durch gleichzeitige innerliche Gaben von Chloralhydrat, welches mindestens 3 Gramm für den Tag, gelöst in Wasser mit Syrup. cortic. aurant., verabreicht wird.

Unter den Mitteln, die wir zur Bekämpfung der Schmerzen besitzen, ist noch in erster Linie das Atropin zu nennen, welches auch überhaupt, aus Gründen, die bereits an früherer Stelle des weiteren auseinandergesetzt waren, bei der Behandlung der Iritis unentbehrlich ist. Denn ausser seiner narkotischen besitzt das Atropin noch seine pupillendilatirende Wirkung, welche einerseits eine Verringerung der Blutmasse in der Iris — also eine eminent antiphlogistische Leistung — erzielt, andererseits die Organisirung der iritisch-plastischen Exsudationen am Pupillarrande verhindert.

Die Entlastung der Iris von Blut kann im Falle, als man es noch mit einer frischen Iritis, mit heftigen Reizerscheinungen und Ciliarinjection zu thun hat, auf dem Wege der Blutentziehung erzielt werden. Soll man hier irgend einen Effect erzielen, so darf man nicht zu wenig Blutegel nehmen. Sechs, acht und dem Allgemeinbefinden des Kranken entsprechend noch mehr Blutegel auf die Schläfe gesetzt, während dieser Procedur energische Einträufelungen von Atropin haben sehr oft eine unmittelbare wohlthätige Einwirkung auf den Zustand des Auges. Je älter die Iritis, je fester bereits die Synechien, desto weniger lässt sich von der Blutentziehung erwarten.

Es versteht sich nach dem auf S. 33 Gesagten von selbst, dass namentlich in frühen Stadien der Iritis die Abhaltung des Lichtes vom Auge, und in jedem Stadium die Enthaltung von jedweder Augenarbeit eine conditio sine qua non ist.

Die Hauptaufgabe einer jeden Therapie bei Iritis besteht nach der Bekämpfung der Schmerzen darin, die Ausbildung der plastischen Entzündungsproducte möglichst zu verhindern, mit einem Worte, Verklebungen zwischen Linse und Iris nicht zu Stande kommen zu lassen, schlimmsten Falls auf ein Minimum zu reduciren. Dient diesem therapeutischen Zwecke schon das Atropin, welches denn auch energisch eingeträufelt werden muss (jedoch nicht über ein gewisses Maass!), indem es durch die Erweiterung der Pupille, durch den ständigen Zug, den es auf die dilatirenden Radiärfasern ausübt, den Pupillarrand vom Linsen-Pupillengebiete abzuziehen sucht und dadurch sowohl Synechien zum Reissen bringen kann, als auch die Exsudation an eine periphere Stelle der Linsenoberfläche verlegt, so wird dieser Zweck doch erst ganz zu erreichen sein, wenn man, die Aetiologie der Iritis berücksichtigend, die Indicatio causalis zu erfüllen sucht. Da, wie bereits gesagt, die Syphilis eine der Hauptursachen der Iritis ist, so wird häufig vom Quecksilber Gebrauch gemacht werden müssen.

Bei ausgesprochen syphilitischer Iritis wird das Quecksilber entweder als graue Salbe zur Einreibung benützt oder in Form von Calomel und Sublimat innerlich genommen. In leichten Fällen (bei Iritis simpl. non-syphilitica) kann die graue Salbe in kleinen Quantitäten (bohnengross) an der Stirne eingerieben werden.

Was die Frictionskur*) betrifft, so werden hiefür als tägliche Dosis 1—2 Gramm, je nach der Individualität des Falles verwendet. Man lässt je eine Dosis täglich durch 6 Tage verreiben, wählt hiezu den Abend, ehe der Kranke ins Bett steigt, und lässt denselben am 7. Tage pausiren und ein Bad nehmen. Dabei muss strengste Sorgfalt auf die Reinhaltung der Mundschleimhaut verwendet werden: öftere Ausspülung des Mundes mit Kali chlorie., häufige Reinigungen der Zähne verhindern den Ausbruch der Stomatitis mercurialis und der Salivation, welche zur Erreichung des Erfolges durchaus nicht von Nöthen ist.

Das Calomel wird nur angewendet, wenn man rasch zu mercurialisiren die Absicht hat, also wenn bei bedrohlichen syphilitischen Erscheinungen an anderen Körperstellen Iritis vorhanden ist, oder wenn eventuell eine den Fortbestand des Auges gefährdende Wucherung aus dem

---

*) Die Reihenfolge der Inunctionen kann nach Zeissl folgende sein: 1) innere Fläche der Oberarme, 2) innere Fläche der Oberschenkel, 3) innere Fläche der Vorderarme, 4) innere Fläche der Unterschenkel, 5) an beiden Lenden, 6) am Rücken. Die Einreibungen nehme der Kranke selbst vor, nur bei grosser Schwäche oder Ungeschicklichkeit desselben wird eine zweite Person hiezu verwendet, deren Hand aber mit einem Lederhandschuh versehen sein muss.

Irisstroma (z. B. aus Gummen oder bei starker parenchymatöser Iritis) sich
entwickelt. Man giebt es nach folgender Formel:

> Rp. Calomel.   0,25 (bis 0,8)
>   Opii pur.   0,05 (bis 0,10)
>   Sacch. alb. 4,0
> Mfp. div. in dos. XII. S. 3mal tgl. 1 Pulver zu nehmen.

Das Sublimat wird entweder innerlich in Pillenform oder subcutan
als Einspritzung gegeben.

Die Pillen werden folgendermassen verordnet:

> Rp. Mur. hydrarg. corros. 0,10
>   Solv. in paux. aeth. sulf.
>   adde:
>   Pulv. amyl. pur. q. s. ut f. pill. Nr. XXX
>   2—3mal täglich (aber nicht nüchtern) 1 Pille zu nehmen.

Bei Colikschmerzen können die Pillen mit Opium verabreicht werden.

Sehr zweckmässig sind in schweren Fällen Injectionen einer Corrosiv-
Kochsalzlösung von 1 auf 100, welche unter die Rückenhaut zu machen sind.

Auch in Fällen, in denen sich Syphilis durchaus nicht nachweisen
lässt, wird das Quecksilber mit grösstem Nutzen verwendet, namentlich
dort, wo die Iritis chronisch geworden ist und ohne stürmische oder
ganz ohne Reizerscheinungen verlaufend sich nur in fortwährenden Syne-
chienbildungen und plastischen Producten im Pupillargebiete zeigt. In solchen
Fällen, welche an die Geduld des Arztes und des Patienten die grössten
Anforderungen stellen, sollen, wenn die Quecksilberbehandlung ohne Erfolg
bleibt, oder der Kranke sich sonst hiefür geeignet zeigt, methodische Schwitzkuren, am besten durch subcutane Injectionen von Pilocarpin. muriaticum
vorgenommen werden. Es ist sicher, dass mit dem Pilocarpin in zahlreichen chronischen Fällen ein überraschender Erfolg erzielt wurde.

In der neuesten Zeit hat man, des rheumatischen Ursprunges (im
Sinne der modernen Infectionstheorie) der Iritis eingedenk, das salicylsaure Natron anempfohlen und nach den Versicherungen trefflicher
Kliniker mit bestem Erfolge benützt. Das Natron salicylicum bietet auch
diesen grossen Vortheil, dass es gleichzeitig als Antineuralgicum wirkt
und demnach den günstigsten Einfluss namentlich bei typisch wiederkehren-
den Ciliarschmerzen ausübt, was ich aus meiner Erfahrung gleichfalls bestätigen kann. Es muss aber festgehalten werden, dass dieses Mittel in
kleinen Dosen ganz wirkungslos ist und weniger als 2 Gramm pro die nicht
gegeben werden können.

Lange, ehe man von der günstigen Wirkung der Salicylsäure bei der
Iritis Kenntniss hatte, wusste man bereits, dass es Fälle von plastischer,
häufig mit enormen Schmerzen einhergehender Iritis gab, bei welchen jede
Behandlungsmethode nutzlos blieb, bis dann endlich rasche Heilung durch
die Anwendung des Chinin eintrat. Darauf muss an dieser Stelle auf-

merksam gemacht werden, weil man häufig genug bei dem so schleppenden Verlaufe mancher Iritiden in die Lage kommt, in der eingeschlagenen Therapie einen Wechsel eintreten zu lassen.

Operative Vorgehen beschränken sich in der Therapie der Regenbogenhautentzündungen auf die Fälle, in denen die Entfernung des Eiters aus der Kammer durch die Punction bei eiteriger Kerato-Iritis nothwendig wird; ferner auf die Punction der Kammer mit einer Lanzennadel, um das Kammerwasser abzulassen, was bei heftigen, nicht zu besänftigenden Ciliarschmerzen bezüglich der Schmerzstillung häufig ausgezeichnete Dienste leistet. Vor eingreifenderen Operationen muss man sich jedoch hüten, da jeder operative Eingriff in die entzündete Iris als neuer Reiz wirkt, demnach wird die Iridectomie erst bei der Behandlung der Folgezustände der Iritis am Platze sein. Anders steht aber die Sache in jenen Entzündungsformen der Iritis serosa, in welchen die manifesten Entzündungssymptome von Seite der Iritis in den Hintergrund gedrängt werden von dem Symptome des erhöhten intraoculären Druckes, welches auf einen glaucomatösen Zustand des Bulbus deutet und unter Umständen ein operatives Einschreiten erheischt*), und zwar die Ausführung der Iridectomie, wie bei anderen Fällen von Glaucom. Bei nicht erhöhtem Drucke — und die Constatirung der Druckverhältnisse darf nie und nimmer verabsäumt werden — richtet sich die Behandlung der Iritis serosa nach dem Grundleiden oder der Hauptcomplication, wie es sich aus unseren früheren Darstellungen ergiebt. —

Nach Ablauf der manifesten Entzündungssymptome bei welcher Iritisform immer darf mit der Behandlung nicht nachgelassen werden. Wie lange man das Atropin oder sein Ersatzmittel (Duboisin, Homatropin) noch anwendet, hängt von der Anwesenheit und dem Charakter der Synechien ab. Nicht zu breite und massive Synechien können durch die fortgesetzte Atropininstillation zum Reissen gebracht werden, namentlich bei dünnen, fadenförmig sich ausziehenden Synechien muss dieses Ziel angestrebt werden. Erwähnenswerth ist der Vorschlag, in solchen Fällen Eserin und Atropin abwechselnd zu instilliren, um durch den raschen Wechsel der Pupillencontraction die Zerreissung der Synechien zu beschleunigen.

In den letzten Stadien der Iritis, namentlich wo früher Mercurialkuren angewendet wurden, ist der energische Gebrauch des Jodkaliums indicirt.

---

*) In solchen Fällen von Iritis serosa hat, wofern die Atropinanwendung wegen des erhöhten Druckes unthunlich erscheint, die Anwendung des Eserin. sulf. ihre Berechtigung.

Fünftes Capitel.

Folgezustände der Iritis, Iridocyclitis, Iridochorioiditis, Ophthalmia sympathica.

Einer der häufigsten Folgezustände der Iritis ist, wie aus dem Vorigen hervorgeht, die hintere Synechie. Diese kann einen mehr oder weniger grossen Antheil der Pupillenperipherie umfassen; genau wird sich die Breite der Synechie erst nach der Atropinisirung feststellen lassen.

Der momentane Schaden, den eine schmale hintere Synechie als Rest abgelaufener Iritis dem Auge bringt, kann im Allgemeinen ein sehr geringer sein. Wenn sonst das Pupillengebiet nur rein, d. h. frei von Producten früherer Exsudationen ist, so wird das Sehen nicht gestört sein, und auch die mit dem Spiel der Pupille vergesellschaftete Accommodation nicht im mindesten leiden. Aber trotzdem involvirt das Vorhandensein der Synechie eine zukünftige Gefahr für das betroffene Auge, die darin besteht, dass eine angeheftete Iris unaufhörlichen Zerrungen durch das fortwährende Spiel der Pupille ausgesetzt ist, und demnach auch ein Reiz gegeben ist, der zu Recidiven der Iritis disponirt.

Die Gefahr muss sich in dem Maasse steigern, als die Synechien zahlreicher oder, was auf dasselbe hinauskömmt, breiter sind, d. h. einen grösseren Theil der Pupillarperipherie einnehmen.

Und in der That giebt es auch chronisch verlaufende, fast ohne ' Reizerscheinungen einhergehende Iritiden, deren hauptsächliches pathologisches Merkmal eben in fortgesetzter Synechienbildung besteht, und die man in ihrer Wesenheit eigentlich als recidivirende Iritiden aufzufassen hat, indem man annimmt, dass jede bereits gebildete Synechie den Reiz zur Ausbildung einer neuen darstelle.

Ist es nun dahin gekommen, dass der ganze Pupillarrand der Iris durch die Fortdauer der plastischen Entzündung mit der vorderen Linsenkapsel verlöthet ist, demnach die freie Communication der hinteren Kammer mit der vorderen aufgehört hat, so ist ein Zustand gegeben, der zu weiteren pathologischen Vorgängen im Auge nothwendig führen muss.

Zunächst leidet dadurch die Ernährung der inneren Gebilde des Auges, deren Integrität eben von der freien Circulation der Binnenflüssigkeiten abhängt. Dies gilt in erster Linie von der vom Blutkreislaufe so entfernten Linse, die ihr Ernährungsmaterial durch Vermittelung des sie umspülenden Kammerwassers erhält, und in welcher sich auch in den meisten Fällen von chronischer plastischer Iritis partielle Trübungen ausbilden.

Einer der wichtigsten Folgezustände des Pupillenverschlusses ist ferner, wie aus dem Vorigen folgt, die Stauung der Flüssigkeit in der

hinteren Kammer, welche im normalen Zustande frei mit dem Wasser der
vorderen Kammer communiciren kann. Diese Stauung bewirkt zunächst
Vorbauchung der allein mobilen Wand der hinteren Kammer, nämlich der
Iris, welche dann buckelförmig in die vordere Kammer vorragt und dadurch
deren Raum verengert. Diese buckelförmige Vorragung kann im Beginne
nur eine partiale sein, indem sie nur den ciliaren Iristheil betrifft, später
ist sie eine totale, indem die ganze Iris — in sehr ausgebildeten Fällen
beinahe blasenförmig — sich nach vorne buckelt, der grösste Theil des
Raumes der vorderen Kammer beinahe aufgehoben, und nur der centralste
Theil derselben noch vorhanden ist, weil eben die verlötheten Pupillartheile
allein an ihrem Platze bleiben müssen. Die Iris erlangt so in exquisiter
Weise die Napfform*).

Die Vorbuckelung der Iris, sei sie nun in ihrem Beginne oder bereits
ad maximum gediehen, ist eines der wichtigsten Symptome in der praktischen
Augenheilkunde und muss, soll das betroffene Auge nicht unheilbaren
Schaden leiden, schon in ihren frühesten Anfängen erkannt werden. Denn
dieses Symptom kündigt uns an, dass die gestauten intraoculären Flüssigkeiten bereits zur Vermehrung des intraoculären Druckes beigetragen haben, ein Factum, das sofortige Abhilfe dringend erheischt.

Bei chronisch plastischer Iritis bleibt jedoch die entzündliche Exsudation nicht immer auf den Pupillarrand beschränkt; in vielen Fällen
schlagen sich die Producte der Exsudation auf das Pupillargebiet der Linse
nieder, welche einerseits als trübe Massen an und für sich schon das Sehen
stören, andererseits durch ihre Anwesenheit auf der Kapsel Ernährungsstörungen in der Linse selbst bedingen und namentlich die ihnen gegenüberliegenden (durch die Glashaut von ihnen getrennten) Linsenepithelien
zu Wucherungsprocessen anregen.

Die in das Pupillargebiet abgeschiedenen Massen organisiren sich häufig
zu Membranen, welche untrennbar mit der Linsenkapsel und dem Pupillarrande verlöthet sind, und ihre Blutgefässe vom letzteren aus durch die
Iris beziehen. Dieser Pupillarabschluss genannte Zustand gehört zu
den traurigsten Ausgängen chronischer Iritis, er ist immer mit den hoch-
gradigsten Ernährungsstörungen im Augeninneren verknüpft, welche uns
später noch beschäftigen werden.

Wir haben bisher nur immer jene Fälle betrachtet, bei welchen die
entzündliche Exsudation nur unmittelbar am und in der Nähe des Pupillarrandes stattgefunden hat. Bei lange dauernden, in das Gefüge der Iris
erheblich eingreifenden Entzündungen ist aber auch immer das Uvealblatt
der Iris mitbetheiligt, das ist jenes Pigmentblatt, welches die hintere Oberfläche einer jeden Regenbogenhaut bildet. Es entstehen auch hier Exsudationen, welche zur Verlöthung der hinteren Irisfläche mit der Linsenkapsel

---

*) Auf gut österreichisch heisst diese Form ebenso populär als charakte-
ristisch »Gugelhupfiris«.

führen und in letzter Linie zur Ausbildung eines reich vascularisirten pseudo-
membranösen Zwischengewebes Veranlassung geben.

Es ist selbstverständlich, dass dieser Ausgang chronischer Iritis zur
Aufhebung der hinteren Kammer führen muss, und es deshalb auch bei
vollkommenstem Pupillarabschluss niemals zur Vorbuckelung der Iris kommen
kann. In solchen Augen pflegt aber gerade wegen Mitbetheiligung innerer
Augengebilde die Ernährung des Auges so sehr zu sinken, dass die Saftströmung in demselben auf ein Minimum reducirt wird, es demnach mangelhaft gefüllt ist und es so zur Verminderung des intraoculären Druckes
kommt. Solche Augen fühlen sich weicher, ja matsch an.

Wie uns in den Fällen von einfachem Pupillarverschlusse die Vorbuckelung der Iris ein werthvolles Symptom war, welches uns über die
Binnenverhältnisse des Auges untrügliche Aufschlüsse gab, so tritt in jenen
der totalen Irisanlöthung eine Erscheinung auf, die nicht minder wichtig
ist. Diese besteht darin, dass der ciliare Antheil der Iris nach rückwärts
gezogen ist, demnach eine Vertiefung besteht, die häufig kreisrund um die
ganze Iris herumgeht. Während also bei der »Napfiris« der periphere
Antheil der Kammer verengert, der centrale (Pupillar-) Theil jedoch vertieft
war (oder wenigstens schien), so ist hier das gerade Gegentheil der Fall:
der periphere Antheil ist vertieft, der centrale verengert.

Diese Erscheinung beweist uns, dass die plastische Entzündung von
der Iris auf die mit ihr anatomisch zusammenhängende Choroidea, und
zwar auf deren vordersten Antheil (corpus ciliare) übergegangen ist, und
dass die Bildung von Pseudomembranen durch narbige Retraction zur Zerrung
der Irisperipherie nach rückwärts geführt hat.

Die Darlegung aller dieser Verhältnisse musste hier erfolgen, weil
ohne präcise Begriffe von der anatomischen Ausbreitung und dem Verhalten
der iritischen Producte ein Verständniss der Pathologie dieses so wichtigen
Capitels absolut undenkbar ist.

Bevor wir aber dem Entzündungsprocesse in seinem Uebergang auf
das Corpus ciliare folgen, muss zuerst die Therapie der Folgezustände
chronischer Iritis dargelegt werden.

Einer einzelnen, nicht zu ausgedehnten Synechie gegenüber kann
man sich, dem im Beginn dieses Abschnittes Gesagten zufolge, vollständig
passiv verhalten. Dagegen muss der Patient angehalten werden, seine
Augen öfters untersuchen zu lassen, damit eine Recidive der Iritis rechtzeitig bemerkt werde.

Die operative Lösung der hinteren Synechien, Korelyse, besteht
darin, mit stumpfer Gewalt die Iris von der Linsenkapsel loszureissen. Man
verwendet dazu stumpfe Häckchen, die, durch einen kleinen linearen Cornealschnitt eingeführt, zwischen Iris und Linse gebracht werden, worauf dann
die Lösung der Verlöthung durch den Zug des Häckchens bewirkt wird.
Obwohl nun erwiesen ist, dass bei dieser Manipulation die Verletzung der
Linsenkapsel, die wegen der darauf entstehenden traumatischen Cataract

von den übelsten Folgen wäre, von geschickten Händen vermieden werden
kann, so ist dennoch diese Operation deshalb eine unnöthige, weil die
Wiederverwachsung der getrennten Theile nicht absolut verhindert werden
kann, und weil wir in der Iridectomie ein viel sichereres Mittel zur
Verhütung der üblen Folgen der hinteren Synechien besitzen.

Eine andere Methode der Korelyse besteht darin, dass die Synechien-
lösung nicht durch den Zug mittels eines Häckchens, sondern einer Iridectomiepincette geschieht, was den Vortheil besitzt, dass man mit diesem Instrumente
auf der Iris bleibt, und nicht hinter dieselbe und auf die Kapsel zu kommen
braucht. In den wenigen Fällen, die ich beobachten konnte, trat in der
von der Pincette gequetschten Irispartie eine Lähmung ein — partielle
Iridoplegie. — Auch hier ist die Möglichkeit der Wiederverwachsung nicht
ausgeschlossen.

Während nun bei Verlöthungen geringeren Umfanges ein operativer
Eingriff wenigstens nicht dringlich ist, tritt die Nothwendigkeit der Operation
dagegen entschieden in den Vordergrund, sobald es sich um ausgedehntere
Anwachsungen des Pupillarrandes handelt. Die vorzunehmende Operation
kann nur die Iridectomie sein, welche hier folgende Indicationen zu
erfüllen hat:

1) Aufhebung der durch die automatische Muskelthätigkeit bewirkten
Zerrung des Irisgewebes dadurch, dass ein Theil des Sphincter pupillae
ausgeschnitten wird.

2) Eröffnung einer weiten Communication zwischen hinterer und
vorderer Kammer behufs Hintanhaltung von Stauungen der Binnenaugenflüssigkeit, das ist: Verhütung der Steigerung des intraoculären Druckes.

Selbstverständlich darf mit der Operation nicht mehr gezögert werden,
sobald Anzeichen dafür da sind, dass die Erhöhung des intraoculären
Druckes bereits eingetreten ist. Dies erkennen wir einerseits durch die
Ocularinspection an der Vorbuckelung der Iris, andererseits mit unseren
Zeigefingern durch das Tastgefühl.

Wenn wir jetzt von den Indicationen zur Iridectomie sprechen, so
setzen wir voraus, dass es sich um solche Fälle handelt, wo der entzündliche Process bereits abgelaufen ist und wir nur die Folgezustände desselben
vor uns haben. Anders aber steht die Sache, wenn das Auge noch im
Reizzustande begriffen, das Irisgewebe noch infiltrirt, zu Wucherungen
geneigt ist. Ein solches Auge einer Operation zu unterziehen, ist sehr
misslich, weil der operative Eingriff ein neuer Entzündungsreiz sein und
das aufgelockerte Irisstroma in vermehrte Wucherung gebracht werden
kann. Es ist dann unsere Pflicht, den Entzündungsprocess im Auge erst
zur Ruhe zu bringen, und erst dann zu operiren.

Die Behandlung solcher Zustände wird sich, wie bei der einfachen
Iritis, auch zunächst mit der Bekämpfung eines eventuellen Grundleidens,
wie z. B. Syphilis, zu beschäftigen haben. Indessen handelt es sich in
allen Fällen um ein energisches Einschreiten gegen die Gewebswucherung,

und da muss wohl zunächst das seit Altersher erprobte Resorbens, das Quecksilber, versucht werden, welches hier am besten zur Inunction verwendet wird. Man darf nicht zu zaghaft mit der Dosirung sein, und die erste Ruhepause, welche das Auge gewinnt, muss dazu benützt werden, eine möglichst ausgiebige Iridectomie anzulegen.

In der neuesten Zeit ist der Arzneischatz des Ophthalmologen mit einem Mittel bereichert worden, welches als eine wahrhafte Errungenschaft begrüsst zu werden verdient, und sich auch schon einer ausgebreiteten Anwendung erfreut. Es ist das Pilocarpinum muriaticum, welches an dieser Stelle eine kurze Besprechung verdient, da es gerade in der Therapie der chronischen Iritis und Iridocyclitis unzweifelhafte Erfolge auf-zuweisen hat. Wie bekannt, ist es das wirksame Princip in den Jaborandi-blättern, aus welchen auch das Extractum Jaborandi dargestellt wird. In den Conjunctivalsack geträufelt, bringt das Pilocarp. mur. hochgradige Myosis (Pupillenverengerung) und geringgradigen Accommodationskrampf, dabei Reiz-erscheinungen auf der Conjunctiva hervor; subcutan injicirt, erzeugt es hoch-gradigen Accommodationskrampf und geringe Myosis (Königshöfer). Die Wirkung auf den Gesammtorganismus, sowohl bei innerlicher Darreichung des Extractes oder Infuses oder der Injection des Pilocarp. mur. besteht in fast unmittelbar auftretender beträchtlicher Salivation, Thränenfluss und Schweisssecretion. Bei der subcutanen Anwendung, die wohl am meisten in Betracht kommt, beginne man mit einer sehr geringen Dosis (mit 0,01 g und steigt auf 0,02 g, soviel als eine halbe, resp ganze Pravaz-Spritze einer 2 % Lösung), und erst, wenn der Organismus das Mittel verträgt, mag man zu einer stärkeren Gabe übergehen, bei der man für die ganze Cur bleiben kann. Nach fast übereinstimmenden Angaben ist das Jaborandi ein mächtiges, unübertreffliches Resorbens nicht allein flüssiger Exsudate im Augeninneren, sondern auch von plastischen oder membranartigen entzündlichen Producten, und hat als solches sich bei acuten und chronischen Iritiden, sowie Irido-chorioiditiden glänzend bewährt. Es muss daher, wenn wir von der Be-kämpfung chronischer Iritis und ihrer Folgezustände sprechen — Zustände, die so oft jeder Therapie trotzten — neben der Quecksilberbehandlung erwähnt werden, obwohl bis heute eine genaue Bestimmung der Fälle, in welchen die eine oder die andere Methode unbedingt vorzuziehen ist, noch immer nicht gegeben werden kann.

Der Versuch, durch genannte Resorbentia dem chronischen Entzün-dungsprocesse Halt zu gebieten, muss auch in den Fällen gemacht werden, in welchen es zu Anlöthungen der ganzen hinteren Irisfläche an die Linsen-kapsel, durch Vermittelung schwartiger Gebilde, gekommen ist. Eine Iridectomie ist bei solchen Augen, die in einem permanenten Reiz-zustande sind, deren Irisgewebe morsch und brüchig und deren Ernährung erheblich herabgesetzt ist, bei abnormer Weichheit des Bulbus, nicht am Platze und meist von schädlichen Folgen begleitet. Denn wenn es uns schon gelänge, einen Fetzen Iris herauszureissen, so befindet sich hinter der Iris

die Pseudomembran, welche der Linse sehr fest anhaftet, und eine starre
Scheidewand zwischen den hinteren und den vorderen Gebilden des Augapfels darstellt. Aus dieser gelingt es nur schwer und nie ohne beträchtliche Zerrungen, ein Stück mit der Pincette herauszureissen, und die
angelegte Oeffnung verlegt sich denn auch bald wieder mit neugebildetem
Gewebe.

In solchen Fällen sucht man das Auge in einen leidlichen Ruhezustand
zu versetzen und dann durch die Iridotomie (quere Durchschneidung der
Iris mitsammt der Schwarte) eine klaffende Lücke zu schaffen, welche
zugleich den Eintritt des Lichtes ins Augeninnere gestattet. Gewöhnlich
wird durch die Lücke auch die Linse aus dem Auge herausbefördert.

Die Hauptgefahr, die in der Fortsetzung des iritisch-plastischen Processes auf die Hinterfläche der Iris liegt, besteht in der Mitbetheiligung
des Chorioidealtractus und namentlich seines vordersten Antheiles, des
Corpus ciliare am entzündlichen Processe.

Die Cyclitis, Entzündung des Ciliarkörpers, dieser äusserst
nerven- und gefässreichen, muskulösen Partie der Aderhaut, ist von keinen
besonderen äusserlich sichtbaren objectiven Merkmalen begleitet, wenigstens
fallen diese mit den Symptomen der acuten Iritis zusammen, welche übrigens
im Falle einer idiopathischen oder traumatischen Cyclitis sich immer zu
letzterer gesellt. Wir werden auch hier die Ciliarinjection beobachten,
ferner den Ciliarschmerz in seiner charakteristischen Ausstrahlungsweise,
von dem noch das zu bemerken ist, dass er sich in vielen Fällen von
Cyclitis durch einfache Berührung der Sclera oberhalb dem Corpus ciliare
an irgend einer bestimmten Stelle mit besonderer Heftigkeit auslösen lässt.
Die Betheiligung des Ciliarkörpers an einem entzündlichen Process wird
sich aber sofort erschliessen lassen, sowie wir der Spuren der entzündlichen
Exsudation aus demselben gewahr werden. Ebenso wie bei der Iritis die
exsudirten Producte das Kammerwasser trüben, so schlagen sich diese bei
der Cyclitis in den Glaskörper nieder, welcher hiedurch trübe wird und
kleinere und grössere Flocken, sowie Membranen zeigt, die bei jeder Bewegung des Bulbus flottiren. Und wie bei der Iritis die sich organisirenden
Exsudate an den freien Pupillarrand niedersetzen und dort Verlöthungen
mit der Linsenkapsel erzeugen, so sammeln sich die cyclitischen Producte
an der freien (inneren), in den Ciliarfortsätzen (processus ciliares) enden-
den, der Linse und dem Glaskörper zugewendeten Fläche derselben an,
wo sie einerseits Verklebungen der Ciliarfortsätze untereinander, andererseits solche der Ciliarfortsätze mit der hinteren Irisfläche, dem äquatorialen
Randtheile der Linse und dem Faserwerke der Zonula Zinnii zu Stande
bringen.

Eine Erscheinung, die beweist, dass es bereits zu Verklebungen
zwischen den Processus ciliares und der Irisrückwand gekommen ist, haben
wir bereits erwähnt. Es ist dies die Retraction der Irisperipherie
gegen den hinteren Kammerraum, woraus sich auch erschliessen lässt, dass

im neugebildeten Gewebe bindegewebige Schrumpfung bereits stattgefunden hat. Früher oder später kommt es auch zu Schwartenbildung hinter der Linse, so dass wir in solchen Augäpfeln die Linse von dem pseudo-membranösen Gewebe förmlich umhüllt finden. Tritt in dem letzteren dann die Schrumpfung ein, so kann diese nur eine concentrische sein, d. h. die am Corpus ciliare gelegenen Anheftungspunkte dem Mittelpunkte des Auges nähern. In Folge dieses fortwährenden und mächtigen Zuges tritt dann auch eine Schrumpfung der vorderen Gebilde des Bulbus (Phthisis anterior), sodann eine Ablösung der inneren Membranen des Augapfels, der Choroidea und Retina — in deren Ora serrata ja die Pseudomembranen ihre Anheftung haben — von ihrer natürlichen Lage ein. Zuerst wird die Retina, deren Befestigung eine losere ist, abgelöst, und wir finden diese Membran wie einen Trichter oder Strang in der Axe des Bulbus nach vorne ziehen, den Glaskörper fibrös entartet und mit den Pseudomembranen verschmolzen; dann bei fortdauerndem Zuge folgt die Choroidea in ihrem vordersten Antheile, denn ihr hinterer Theil ist durch die eintretenden Ciliargefässe und Nerven inniger an die Sclera befestigt.

Dieses anatomische Bild, das wir so oft in enucleirten Bulbis studiren können, erklärt uns in ausreichender Weise die klinisch zu beobachtenden Thatsachen. Es giebt uns die Ursache des fortwährenden Reizungszustandes solcher Augen an, welche durch die Retraction des Schwartengewebes Insulte zu ertragen hat; lehrt die Ursache der manchmal ganz unerträglichen Schmerzen in der Zerrung der Ciliarnerven finden, die man in geeigneten Präparaten wie oft schon mit freiem Auge von neugebildetem Fasergewebe umhüllt, ja losgelöst von der Sclera sieht. Wir können auch ferner aus denselben lernen, dass wir in derlei ausgebildeten Fällen kein Mittel besitzen können, diesen trostlosen Zustand zu beseitigen, als die Entfernung des ganzen Augapfels, dessen Sehfähigkeit ohnedies längst verloren gegangen.

Die Erfahrung lehrt ferner, dass derart desorganisirte Augen eine Gefahr für das zweite, bisher gesunde Auge bilden, in welchem sich in ganz bestimmter Weise ein ähnlicher Process ausbilden kann, den wir sympathische Augenentzündung nennen.

Ophthalmia sympathica (sympathische Augenentzündung).
Fortsetzung.

Eine sympathische Entzündung bildet sich in einem Auge nur dann aus, wenn das andere Auge früher durch den iridocyclitischen Wucherungs-process desorganisirt war.

Dieser Zusammenhang zwischen Iridocyclitis der einen Seite und der Entstehung einer, wie später auseinandergesetzt wird, in ihren anatomischen Folgen ähnlichen Entzündung der anderen Seite ist seit den bahnbrechenden

Beobachtungen Mackenzie's (in den fünfziger Jahren) unzählige Male bewiesen worden.

Dabei ist es vollständig gleichgültig, was in dem ersterkrankten Auge die Cyclitis erzeugt hat. Die Hauptsache bleibt immer, dass der Ciliarkörper mit schrumpfendem Schwartengewebe in innigem Contacte steht.

Von den Ursachen der Cyclitis haben wir bisher nur eine ausführlicher besprochen, und zwar die chronische plastische Iritis, welche, einen Wucherungsprocess des vorderen Uvealtractus inducirend, zu den oben geschilderten Veränderungen Veranlassung giebt. Es ist praktisch von der höchsten Bedeutung, auch die am häufigsten vorkommenden anderen Ursachen kennen zu lernen. Wir werden finden, dass diese theils traumatischer Natur, theils solche Processe sind, in denen durch fortwährende Reizungen und Zerrungen der Iris ein wenn auch äusserlich wenig merkbarer, doch bei etwaiger anatomischer Untersuchung nachweisbarer chronisch plastischer Entzündungszustand im Ciliarkörper unterhalten wird. Im Folgenden seien erwähnt:

1) Penetrirende Wunden der Sclera in der Gegend des Corpus ciliare mit oder ohne Einklemmungen von vorgefallener Iris. Es ist klar, dass durch nachfolgende Narbenbildung das Corpus ciliare einer beträchtlichen Zerrung ausgesetzt ist. In diese Rubrik gehören auch jene unglücklichen Ausgänge von Staaroperationen (nach der Methode der peripheren Linearextraction), wo in die an der Corneoscleralgrenze verlaufende Operationsnarbe Iris eingeheilt war, wobei es später zu einer schleichenden Iridocyclitis kommt. Am gefährlichsten sind meridional verlaufende, durch Cornea und Sclera ziehende Riss- und Schnittwunden; verhängnissvoll complicirt wird der Process noch durch das Quellen der mitverletzten Linse, wodurch der Entzündungsreiz noch beträchtlich gesteigert wird.

2) Fremde Körper, welche die Formhäute oder die vorderen Gebilde (Cornea, Iris, Linse) des Auges durchschlagen und im Inneren desselben verbleiben. Diese Körper, meist Metallstückchen (Zündhütchensplitter, Eisensplitter u. dgl. bei Fabrikarbeitern), ferner Thon- und Glasstücke (von explodirenden Gefässen), Schrotkörner u. s. w. fliegen entweder bis zu der ihrer Eintrittsöffnung gegenüberliegenden Wand des Bulbus und bleiben hier stecken, oder sie verweilen in irgend einem inneren Gebilde des Auges. Am gefährlichsten sind jene Fälle, wo der fremde Körper entweder im Ciliarkörper oder in seiner unmittelbaren Nähe sich befindet. Im ersten Falle erregt er direct Cyclitis, im zweiten vorläufig nur reactive Entzündung, durch die er eingekapselt wird, wobei die Kapsel regelmässig mit Corpus ciliare, Linse und Iris verklebt und durch nachherige Schrumpfung den Ciliarkörper insultirt. Der günstigste Ausgang ist der, wobei der fremde Körper im Kern des Auges sich einkapselt, ohne dass innigere Adhäsionen mit dem Uvealtractus zu Stande kommen.

3) An Gefährlichkeit kommen den fremden Körpern nahe geschrumpfte und verkalkte Linsen, welche im Auge schlottern,

und dabei die Nachbartheile unaufhörlich reizen; ferner auf operativem Wege aus dem Pupillargebiete auf den Grund des Auges versenkte (reclinirte) Linsen, die sich daselbst einkapseln und durch deren Schrumpfung das Ciliarkörpergebiet einer Zerrung ausgesetzt ist. Auch Cysticerken, die sich in der Nähe des Ciliarkörpers einkapseln, üben den nämlichen Effect aus.

4) Auch Einheilung von Iris in Cornealnarbengewebe (vordere Synechie, cicatrix cornea cum synechia anteriore) disponirt zu schleichender Cyclitis durch die unausgesetzte Zerrung, der das Irisgewebe ausgesetzt ist, wobei das Zwischenglied einer chronischen Iritis anzunehmen ist. Besonders gefährlich sind erfahrungsgemäss ectatische Narben, kegelförmige Staphylome.

Die anatomischen Ausgänge der destruirenden Iridocyclitis lassen sich am besten studiren in jenen Augäpfeln, welche, seit langer Zeit erblindet, in allen Durchmessern verkleinert sind, und gewöhnlich, sofern eine Pupillaröffnung noch vorhanden ist, getrübte, sogar in Verkalkung übergegangene Linsen zeigen (Bulbus phthisicus). Eröffnet man diese Augäpfel durch einen meridionalen Schnitt, so überzeugt man sich, dass die Netzhaut abgelöst, wie ein Strang im Innern des Auges angespannt ist; der Glaskörper ist fibrös entartet und verlöthet mit cyclitischem Gewebe; zwischen der abgelösten Retina und der oft beträchtlich verdickten Choroidea befindet sich ein fibrinöses, gallertiges Exsudat. Solche Augen können oft sehr lange bestehen, ohne zu schmerzen oder sonstwie Unannehmlichkeiten zu verursachen; sie können aber plötzlich an Härte zunehmen, ihre Conjunctiva wird injicirt, die Ciliarschmerzen werden unerträglich. Man findet dann sehr häufig bei der anatomischen Untersuchung, dass sich Knochengewebe im Bulbus gebildet hat, welches schalenförmig an der inneren Oberfläche der Choroidea sitzt und in vielen Fällen bis nach vorn, zum Ciliarkörper, reicht. Aber auch die cyclitischen Schwarten können verknöchern, und wir treffen dann eine knöcherne Scheidewand, welche den Bulbus in eine vordere und hintere Hälfte theilt, und in welcher Scheidewand häufig die in molekulären Detritus übergegangene Linse eingeschlossen ist. Derartige Knochenbildungen reizen schon mechanisch die nervösen Elemente des betroffenen Augapfels und fachen auch die schon zum Stillstande gekommene Cyclitis an.

Alle die genannten Elemente können nun für sich, d. h. ohne Hinzukommen irgend einer äusseren Schädlichkeit eine Entzündung des anderen, bisher vollkommen gesunden Auges induciren. Diese »sympathisch« genannte Entzündung nimmt einen in der Regel ganz genau charakterisirten Verlauf, der sich in ein Prodromalstadium, das Stadium der manifesten Entzündungssymptome und in das Endstadium der Ophthalmophthise eintheilen lässt.

Es gilt die bei ihrer Häufigkeit eher als Gesetz aufzustellende Regel, dass eine sympathische Entzündung des zweiten Auges nicht etwa gleich-

zeitig mit der Erkrankung des erstafficirten Auges, sondern immer erst
nach einigen Wochen (gewöhnlich 4—6) ausbricht.

Was den anatomischen Charakter der sympathischen Ophthalmie
anbelangt, so lässt sich dieselbe als eine Cyclitis bezeichnen, welche sehr
bald auf die Iris übergreift, zur plastischen Iridocyclitis wird und
durch Schrumpfung zur Phthisis des Bulbus führt.

Das Prodromalstadium wird bei Abwesenheit von manifesten
Entzündungssymptomen durch Beschwerden reflectorischer Natur
charakterisirt. Und zwar ist es neben dem Thränenfluss vorwiegend die
Lichtscheu (Photophobie), zu der sich häufig noch .quälende subjective
Lichtempfindungen (Photopsie) gesellen. Auch Lidkrampf ist schon beobachtet worden. Hiezu tritt die bereits als Vorläufer der Ciliarkörperentzün-
dung zu deutende Accommodationsschwäche auf. Die Brücke zum zweiten,
dem Entzündungsstadium, bilden schon die periodischen Verdunkelungen
des Sehens, welche bereits die Folge der Exsudation in den Glaskörper ist
und mit dem Augenspiegel auch als Trübung des letzteren erkannt wird.

Das Stadium der manifesten Entzündung wird unter dem Bilde
der serösen Iritis eingeleitet. Die Hornhaut ist an ihrer hinteren
Oberfläche wie bestaubt, wenn auch die Trübungen so fein sind, dass sie
nur mit der Lupe erkannt werden. Die Iris ist verfärbt, erweitert sich
nur träge auf Atropin; man kann dann mit dem Augenspiegel diffuse
Trübung des Glaskörpers, auch Flocken in demselben, ferner — sofern die
Durchsichtigkeitsverhältnisse es noch gestatten — Hyperämie und mässige
Schwellung der Sehnervenpapille erkennen. Wir haben demnach das Bild
der Entzündung der gesammten Aderhaut und des mit ihr in Gefässconnex
stehenden Sehnervenkopfes.

Aber bald geht diese Entzündung, welche bisher in Bezug auf ihr
Product eine seröse zu nennen war, in eine plastische über. Dies
zeigt sich sehr bald an dem Verhalten der Iris, welche einerseits durch
hintere Synechien mit der Kapsel verlöthet, andererseits in ihrer Peripherie
(Ciliartheil) nach hinten gegen den Ciliarkörper gezogen wird.

Während dieses Verlaufes ist Ciliarinjection immer vorhanden,
Schmerzen treten, wenn auch nur zeitweilig, aber mit ausgeprägtem ciliaren
Charakter auf; pathognomonisch ist die Schmerzhaftigkeit der Ciliarkörper-
gegend an einer bestimmten Stelle auf Druck; das Auge ist weich.

Der weitere Verlauf der sympathischen Augenentzündung schreitet
nun unter der Form der plastischen Iridocyclitis einher, mit jener bereits
oben geschilderten Tendenz zu Flächenverlöthungen der Iris, Bindegewebswucherung um die Linse herum und allen ihren Folgen. In diesem Zustande kann das Auge verharren, ohne seine Lichtempfindung einzubüssen;
was anatomisch so viel heisst, als dass die retroiritischen Pseudomembranen
nicht in Schrumpfung übergehen, denn mit dem Eintritt derselben kommen
auch die Ablösungen der inneren Bulbushäute zu Stande, zunächst der
Retina, dann in besonders ausgeprägten Fällen der vorderen Partie der

Choroidea, und damit ist auch das Stadium erreicht, das wir als das dritte bezeichneten: die Phthisis bulbi.

Der Verlauf des ganzen sympathischen Processes ist im Ganzen ein sehr schleppender, exquisit chronischer, der nach scheinbaren Ruhepausen plötzlich wieder exacerbiren kann; die Prognose eine höchst düstere, da, im Falle das zweite Stadium bereits erreicht wurde, der iridocyclitische Wucherungsprocess nicht mehr aufzuhalten ist.

Interessant ist, dass es Fälle giebt, in welchen das ersterkrankte Auge sich beruhigt, während am zweiten die sympathische Ophthalmie in voller Blüte steht; es hat demnach, sobald die letztere einmal ausgebrochen, der Zustand des früher erkrankten Auges keinen wesentlichen Einfluss mehr auf das Verhalten des zweiten.

Was nun die Therapie der sympathischen Ophthalmie anbelangt, so folgt schon aus dem Gesagten, dass dieselbe, um sicher zu sein, nur eine prophylactische sein kann. Das heisst, dass wir gezwungen sind, solche Bulbi, welche ihr Zwillingsorgan in so gefahrdrohender Weise zu beeinflussen drohen, durch Enucleation zu opfern. Man wird die Enucleation eines so gefährlichen Auges dem Patienten schon anrathen müssen, sobald es solche Erscheinungen darbietet, aus denen das Vorhandensein eines permanenten Reizungs- und Entzündungszustandes im Ciliarkörpergebiet erwiesen ist. Dies sind in erster Linie phthisische Augen, welche enorm schmerzhaft sein können und namentlich dann, wenn die Betastung der Sclera mit einer Sonde an irgend einer bestimmten Stelle einen besonders intensiven Schmerz auslöst. Auch erblindete Augen, welche mit Erhaltung ihrer Form zu Grunde gegangen sind und dabei in einem permanenten Reiz- und Schmerzzustand verharren, sollen unnachsichtlich geopfert werden, da ihre Anwesenheit, abgesehen von der Gefahr der sympathischen Ophthalmie, bei ihrer Gebrauchsunfähigkeit und Schmerzhaftigkeit jedenfalls vom Uebel ist und den Kranken in seiner Arbeitsfähigkeit beschränkt.

Ganz besonders steht dieser therapeutische Grundsatz bei Augen, die irgend eine Verletzung erlitten haben, wie dies oben S. 104 charakterisirt wurde. Das Eindringen fremder Körper, besonders Metallstücke, ist eines der gefährlichsten Ereignisse für ein Auge und erfahrungsgemäss eine der häufigsten Ursachen sympathischer Ophthalmie. Es ist darum bei den meisten und erfahrensten Augenärzten Regel geworden, derart verletzte Bulbi, sofern es nicht gelingt, den fremden Körper rechtzeitig zu extrahiren, zu enucleiren, noch bevor irgend welche Erscheinungen auf dem anderen, unverletzten Auge aufgetreten, und ihre Ausführung hat — obwohl schon eine kleine Minderheit von Fällen vorkommen mag, in denen die vorgenommene Enucleation vielleicht überflüssig war, sicherlich schon zahlreiche Menschen vor Erblindung gerettet.

Die rechtzeitig, d. h. zu einer solchen Zeit, in welcher noch keine plastische Cyclitis sich entwickelt hatte, vorgenommene Entfernung Reizung verursachender Körper aus dem Auge ist im Stande, den Process zu coupiren, ja, wenn der fremde Körper bei seinem Eindringen nicht zu namhafte Zerstörungen verursachte, noch einen Rest des Sehvermögens zu erhalten.

Verkalkte schlotternde Linsen müssen durch Extraction entfernt werden, sowie die ersten Spuren von Reizerscheinungen in dem betreffenden Bulbus sich zeigen. Die Extraction gelingt meist ohne besondere Zufälle.

War die Enucleation des Augapfels in den genannten Fällen nur eine Sache der Zweckmässigkeit, so wird sie zur unbedingten Nothwendigkeit, sobald auf dem zweiten Auge die Prodromalsymptome einer sympathischen Erkrankung aufgetreten sind. Wir haben dieselben nicht ohne Grund als reflectorische bezeichnet, weil sie überall beobachtet werden, wo auf die Ciliarnerven ein Reiz ausgeübt wird. Sie verschwinden vollständig, sowie der ersterkrankte Augapfel enucleirt wird, und man kann auch in diesem Stadium die Heilung in letzterem Falle mit beinahe absoluter Sicherheit prognosticiren.

Schon bedenklicher steht die Sache, sowie ausser der Ciliarreizung bereits Exsudation auf dem »sympathisirten« Auge sich eingestellt hat, d. h. sowie wir uns dem zweiten Stadium nähern. Aber insolange ist der Eintritt der Heilung wahrscheinlich, als die Exsudation noch eine seröse und keine plastische ist; die Wahrscheinlichkeit nähert sich der Gewissheit, wenn die Exsudation noch in dem Stadium der Periodicität ist, die Verdunkelung des Sehens demnach nur zu Zeiten eintritt. Aber auch wenn schon Beschläge auf der hinteren Hornhautfläche vorhanden sind — was geschehen kann, ohne dass noch hintere Synechien vorhanden wären, kann die Heilung durch Enucleation des ersterkrankten Auges eine vollständige sein.

Ein ca. 25j. Privatbeamter acquirirte durch Selbstinfection eine perniciöse gonorrhoische Ophthalmoblennorrhoe einer Seite. Die Cornea zerfiel in kurzer Zeit trotz aller angewandten Mittel, es trat Phthisis anterior ein. Einige Wochen hierauf erkrankte das bisher gesund gebliebene Auge an Sehstörungen, als deren Basis sich Iridochoroiditis serosa erwies. Nach der Enucleation des ersterkrankten trat auf der anderen Seite unmittelbar vollständige Heilung ein. Ich untersuchte den enucleirten Bulbus und fand frische Cyclitis, bedeutende zellige Infiltration der gesammten Choroidea und zwar vorwiegend in der Ciliarnervenschichte (Suprachorioidea).

Hat die sympathische Augenentzündung einmal den Beginn des zweiten Stadiums überschritten, sind bereits Irisverklebungen oder gar Retraction der Irisperipherie vorhanden, so lehrt die Erfahrung, dass die Enucleation des ersterkrankten Auges keinen Nutzen mehr stiftet, sondern dass auch dann der Process auf dem zweiten Auge unaufhaltsam vorwärts schreitet. Ja man hat von dem operativen Eingriff in diesem Stadium in etlichen Fällen Schaden gesehen, insofern, als der Verlauf auf dem sympathisch beeinflussten Auge ein stürmischerer wurde. Man unterlässt darum die Enucleation und muss dies in den Fällen um so eher thun, in welchen auf dem ersterkrankten Auge noch Lichtempfindung vorhanden wäre.

Nur einen Fall giebt es, in dem wir gezwungen sind, wie immer der Zustand des sympathisch erkrankten Auges beschaffen wäre, zur Enucleation des ersterkrankten Auges zu schreiten, und zwar dann, wenn wir gegründete Vermuthung haben, anzunehmen, dass in letzterem noch ein fremder Körper oder sonst ein die permanente Reizung und Schmerzhaftigkeit unterhaltender Krankheitserreger (Cysticercus, reclinirte Linse u. dgl.) sich befinde. In solchen Fällen kann die Entlastung des Organismus von einer derartigen Quelle der Schmerzen nur von wohlthätigen Folgen begleitet sein. Dieselben sind auch durchaus nicht so selten:

Ich untersuchte zwei wegen sympathischer Ophthalmie enucleirte Bulbi und fertigte von ihnen Mikrotomdurchschnitte an, welche mir einen vollkommenen Ueberblick über alle anatomischen Verhältnisse gestatteten. In einem derselben (mehrere Wochen nach der primären Verletzung enucleirt) fand ich ein fast regelmässig prismatisches Eisenstück von 5 mm Länge und 2 mm Dicke im Trichter der abgelösten Netzhaut eingekapselt; in dem anderen knapp hinter der Linse ein Schrotkorn, gleichfalls in einer sehr dickwandigen Kapsel. Beide Kapseln standen in engem Verband mit cyclitischen Schwarten. Nach der Enucleation trat vollkommene Heilung der übrigens erst in dem Beginne des zweiten Stadiums stehenden sympathischen Entzündung ein.

Eine weitere, durch vielfältige Erfahrung sanctionirte Regel besteht darin, an dem an sympathischer Iridocyclitis siechenden Auge selbst keinerlei operativen Eingriffe zu versuchen. Diese könnten nur darin bestehen, durch eine Iridectomie eine Communication zwischen vorderer und hinterer Kammer und damit bessere Ernährungsverhältnisse des erkrankten Auges zu schaffen. Dieser Zweck wird aber durch die Resistenz der retroiritischen Schwarten einerseits und durch die Brüchigkeit des Irisgewebes andererseits immer vereitelt und jede etwa forcirte Lücke sehr bald wieder durch neugeliefertes entzündliches Gewebe ausgefüllt.

Die Behandlung kann sich in diesem Stadium, neben der Abhaltung von äusseren Schädlichkeiten vom Auge, nur auf die energische Anwendung von Resorbentien beschränken. Wir werden, in der Weise, wie wir gegen eine chronische Iritis vorgehen, eine Schmierkur verordnen, die durch längere Zeit fortgesetzt wird und der man dann den Gebrauch von Jodkali nachfolgen lässt.

Nach dem oben (S. 101) Gesagten wird es sich empfehlen, in geeignet erscheinenden Fällen die Pilocarpininjectionen anzuwenden. Man kann daran denken, das Quecksilber durch das Pilocarpin zu substituiren, wenn der Kranke das erstere nicht verträgt, oder wenn man, nach längerer erfolgloser Quecksilberbehandlung gezwungen ist, eine Aenderung in der Therapie vorzunehmen.

Ob das Pilocarpin nicht im Beginne des zweiten Stadiums einer

sympathischen Entzündung, zu einer Zeit, wo die se r ö s e Exsudation im
Vordergrunde steht, besonders angezeigt ist, muss erst die Erfahrung lehren.
    Unter einer zweckmässigen resorbirenden Behandlung pflegt am
erkrankten Auge oft eine Ruhepause einzutreten, die mitunter auch einem
definitiven Erlöschen des iridocyclitischen Schrumpfungsprocesses Platz
machen kann. In diesem Stadium kann dann ein operativer Eingriff versucht werden, der den Zweck hat, eine ständige Lücke in dem Schwarten-
diaphragma hinter der Iris anzulegen.
    Dies wird aber nicht durch die Iridectomie, sondern nur durch die
I r i d o t o m i e gelingen, deren Princip darin besteht, die mit der Iris verwachsenen Schwarten quer zu durchschneiden, worauf man die ohnedies
getrübte Linse durch diese Wunde herausbefördern kann. Man verwendet
zu dieser Operation am zweckmässigsten die Wecker'schen Pinces-ciseaux,
welche nach Anlegung eines entsprechenden linearen Hornhautschnittes
eingeführt werden.
    Dieser Abschnitt kann nicht geschlossen werden, ohne einer Opera-
tionsmethode zu gedenken, welche erst in neuerer Zeit und zwar hauptsächlich durch die Bemühungen S c h o e l e r's wieder cultivirt wurde und
welche als Ersatzmittel der Enucleatio bulbi in Anwendung gekommen ist.
Es ist dies die N e u r o t o m i a o p t i c o - c i l i a r i s, die retrobulbäre Durchschneidung der Ciliarnerven. Die letzteren treten bekanntlich am hinteren
Pole des Auges im Umkreise des Sehnerven in die Sclerotica ein; man
kann darum als sicher annehmen, dass man, wenn man zwischen die
weitgeöffneten Branchen einer Scheere einen Sehnerven fasst und dann die
Scheere schliesst, sämmtliche Ciliarnerven im Verein mit dem Sehnerven
zu durchtrennen vermag. Um mit der Scheere hinter das Auge zu gelangen,
muss man sich erst durch eine Muskeldurchschneidung (gewöhnlich wird
der R. externus abgelöst) Platz machen. Man versucht damit einerseits den
Bulbus schmerzfrei zu machen, andererseits den als gefährlich erkannten
Zusammenhang des ersterkrankten Auges mit seinem Partner durch Durchtrennung der verbindenden Nerven zu lösen.
    Was die erste der vorgesetzten Aufgaben anbelangt, so muss zuge-
standen werden, dass die Schmerzlosigkeit und Unempfindlichkeit des Bulbus
in sorgfältig operirten Fällen nicht allein erzielt, sondern auch für längere
Zeit erhalten werden kann, soweit man letzteres durch Betastung der im
normalen Zustande so empfindlichen Cornea eruiren kann. In einem von
mir operirten sehr lehrreichen Falle konnte ich mich von letzterer Thatsache überzeugen:
    Josef Dummel, 49 J., aus Raab, wurde von mir im Jahre 1878 auf der
Augenabtheilung des Primararztes v. S i k l ó s y wegen grosser Schmerzhaftigkeit des
erblindeten linken Auges auf dieser Seite neurotomirt. Nach ungefähr einem
Jahre finde ich den operirten Bulbus verkleinert, weicher, die Cornea so unempfindlich, dass sie, ohne dass Pat. es fühlte, mit einem Sondenknopfe
beträchtlich eingedrückt werden konnte. Der Bulbus ist injicirt. D i e S t i r n -

gegend ist schmerzhaft; rechts Mydriasis und geringgradige Ptosis, demnach Parese des rechten Oculomotorius vorhanden, der Augenhintergrund normal.

In diesem Falle ist also jedenfalls die Hornhaut unempfindlich geblieben, obwohl in anderen von Trigeminusästen innervirten Partien Schmerzempfindungen vorhanden waren. Es lässt sich auch nach den Erfahrungen der Chirurgen über Nervendurchschneidungen, sowie der experimentirenden Pathologen über Nervenregeneration kaum bezweifeln, dass eine Wiedervereinigung der durchschnittenen Ciliarnerven wieder eintreten muss, und mit dieser ist auch der zweite Hauptzweck der Neurotomia opticociliaris, die Brücke zwischen beiden Augen abzubrechen, vereitelt.

Ausser diesen bereits durch ausreichende Erfahrungen gestützten Erwägungen muss gegen die Neurotomie noch das aufgebracht werden, dass so oft fremde Körper in durch Verletzung zu Grunde gegangenen schmerzhaften Augen unvermuthet sich aufhalten und selbstverständlich auch nach der Neurotomie im Bulbus verbleiben, weshalb auch letzterer trotz der Operation nicht zur Ruhe kommen kann, und nachträglich schliesslich doch zur Enucleation geschritten werden muss.

Aus alle dem geht hervor, dass die Enucleatio bulbi innerhalb der oben präcisirten Grenzen bis heute doch den sichersten Schutz gegen die Gefahren der sympathischen Ophthalmie gewährt, wenn auch nicht geläugnet werden kann, dass die Neurotomia ciliaris in einzelnen beschränkten Fällen immerhin zur Anwendung kommen kann. Nach einer Richtung scheint die Neurotomie eine Zukunft zu besitzen, und dies wäre vielleicht als Methode, vergrösserte Bulbi zur allmähligen Schrumpfung zu bringen.

Ophthalmia sympathica, Pathogenese.
Schluss.

Bei der besonderen Wichtigkeit, welche die Lehre von der sympathischen Ophthalmie gerade für den praktischen Arzt besitzt, der so häufig in Fällen dieser Kategorie vor die eingreifendsten Entschlüsse gestellt ist, muss, wenn auch in gedrängter Kürze, gewissermassen zur Stütze der früher ausgesprochenen therapeutischen Regeln, auf die Pathogenese dieser Krankheitsform eingegangen werden *).

Wir haben in dem vorigen Abschnitt, wie dies so ziemlich allgemein acceptirt ist, die sympathische Erkrankung wesentlich als eine Affection des Ciliarkörpers — besser gesagt, des vorderen Choroidealtractus — behandelt,

---

*) Die Lehre von der sympathischen Ophthalmie findet man in gründlicher und geistreicher Weise behandelt, und eine reiche, hierauf Bezug habende Literatur zusammengestellt bei Paul Reclus, des ophthalmies sympath. Paris 1878, bei Delahaye. Ferner Mauthner, klinische Vorträge u. s. w., I. und II. Heft. Bergmann, Wiesbaden.

wobei die Affectionen anderer Gebilde des Auges, wie der Retina und des Schnerven, lediglich als secundäre Erscheinungen anzusehen sind. Den Ausgangspunkt des Processes haben wir in einer älteren, inducirenden Affection des Ciliarkörpers des anderen Auges gesucht. Diese Anschauung ist es, welche auch von den erfahrensten Klinikern gelehrt wird, wobei wir uns in erster Linie auf v. Arlt berufen*).

Dies vorausgeschickt, entsteht nun die Frage, auf welchem Wege der Uebergang der Entzündung von einem Auge auf seinen Partner vermittelt wird, und welcher Art der Reiz ist, der, auf die andere Seite hinübergeleitet, dort im Wesentlichen denselben entzündlichen Vorgang inducirt, wie am ersterkrankten Auge? Dabei muss es a priori klar sein, dass das Sehorgan zur Ausbildung sympathischer Entzündungsvorgänge eine unzweifelhafte Prädisposition besitzt, was aus der physiologischen Verknüpfung beider Augen, die in functioneller Hinsicht die feinste und complicirteste ist, die im menschlichen Organismus existirt, genugsam hervorgeht.

Für die besondere Geneigtheit eines Auges, auf Reize, die den Partner treffen, mit sichtbaren Veränderungen zu reagiren, sprechen ausser der täglichen Erfahrung besonders die in neuester Zeit publicirten Versuche von Rumpf und Mooren**), welche fanden, dass die directe Reizung einer Iris auf der anderen Iris sichtbare Veränderungen an den Gefässen hervorbringen könne, ferner von S. Jesner***), welcher nachwies, dass Reize, die die N. ciliares resp. den Trigeminus der einen Seite treffen, zu gleicher Zeit Erweiterung der Gefässe auf dem Auge der anderen Seite mit allen ihren Folgen (vermehrte Eiweissausscheidung in die vordere Kammer) hervorrufen. Aus diesen Versuchen geht hervor, dass die Ciliarnerven es sein müssen, welche diese Uebertragung vermitteln, und sie decken sich hiemit mit den klinischen Erfahrungen, aber sie können natürlich nichts aussagen über die Entstehung der sympathischen Entzündung, denn wie Reclus sehr richtig hervorhob, ist zwischen der reflectorischen Gefässdilatation und der Ausbildung einer plastischen Entzündung noch eine sehr weite Kluft, und die Erfahrung lehrt, dass vasomotorische Störungen sehr lange bestehen können, ohne dass es zur Ausbildung entzündlicher Producte zu kommen braucht. Auch beweist die klinische Beobachtung, dass sympathische Entzündung eines bisher gesunden Auges sich nie sofort ausbildet, so lange etwa noch die Reizung des primärerkrankten Auges am heftigsten ist, sondern erst nach einigen Wochen, zu welcher Zeit eventuell das Reizstadium des letzteren schon abgelaufen ist. Ferner ist es bekannt, dass eine sehr grosse Zahl von zum Theile langdauernden Krankheiten, welche mit bedeutenden Ciliarschmerzen einhergehen, niemals zu einer sympathischen Entzündung führen. Alles dieses spricht mit zwingenden

---

*) Handbuch von Graefe und Saemisch, III. Band, S. 422.
**) Ueber Gefässreflexe am Auge, Centralbl. f. med. Wiss. 1880, 19.
***) Archiv f. Physiol. 23. Bd. I. S. 14.

Gründen dafür, dass es nicht vasomotorische Störungen, die auf reflectorischem Wege das zweite Auge treffen, allein sein können, welche die Entzündung herbeiführen, sondern wir müssen annehmen, dass noch ein anderer Factor hierzu erforderlich ist, und dieser Factor kann kein anderer sein, als das Vorwärtsschreiten der Entzündung innerhalb des Bindegewebes der Ciliarnerven auf den anatomisch präformirten Wegen durch das Centralorgan hinüber ins andere Auge, demzufolge die sympathische Ophthalmie als eine Form der Neuritis migrans zu betrachten wäre.

Ich habe diese Ansicht bereits im Jahre 1877 ausgesprochen bei Gelegenheit der Besprechung eines pathologischen Befundes in der Choroidea *) und halte an ihr heute um so mehr fest, als ich seither zahlreiche anatomische Untersuchungen wegen sympathischer Ophthalmie enucleirter Augen gemacht und entsprechende Veränderungen an den Ciliarnerven (Choroidealnerven) nie vermisst habe. Diese Veränderungen, welche an anderem Orte seinerzeit ausführlicher besprochen werden, bestehen:

1) in dichter, zelliger Infiltration der Scheiden der Nerven und ihres Zwischengewebes, wobei die gesammte Suprachoroidea als gemeinsame Hülle der Choroidealnerven anzusehen ist;

2) in Schwartenbildungen, welche die Nerven einschlossen, da erstere auch an der äusseren Fläche des Ciliarkörpers zu finden sind.

3) in Schwartenbildungen, auch Blutergüssen, an solchen Stellen, wo die in Folge der Schrumpfung cyclitischer Schwarten abgelöste Choroidea von der Sclera sich abhob, wo beide Membranen nur noch durch die an diesen Stellen eintretenden Nerven- und Gefässstämme zusammengehalten waren.

Man darf nicht zur Stütze der Ansicht der Ueberleitung auf dem Wege der Ciliarnerven postuliren wollen, dass die nervöse Faser selbst histologisch verändert sein müsse. Ich habe selbst in dicken Schwarten noch anscheinend normale Fasern eingewachsen gesehen. Im Gegentheile halte ich bei entzündlicher Wucherung der Nervenscheiden die Integrität der Nervenfaser für ein Postulat der Weiterfortleitung entzündlicher Processe in der Bahn der Nerven. Atrophische, bindegewebig degenerirte Nervenfasern können überhaupt nicht mehr leiten.

Es bliebe noch übrig, die Rolle des Sehnerven bei der Uebertragung sympathischer Ophthalmie zu besprechen. Anatomisch kann die Möglichkeit der Uebertragung auch auf diesem Wege nicht geläugnet werden, klinisch aber spricht mehr dagegen als dafür. Wie leicht aber aus anatomischen Befunden Trugschlüsse gezogen werden können, dafür mögen folgende zwei lehrreiche Fälle sprechen, welche als Schluss des ganzen Capitels dienen mögen:

---

*) Zur path. Anatomie der Ciliarnerven, klin. Monatsbl. für Augenheilk. December 1877. S. 405.

In seinem vortrefflichen Buche über Schussverletzungen des
Auges berichtet Herm. Cohn über einen Fall von sympathischer Ophthalmie, die durch einen Schuss in den Frontalfortsatz des linken Jochbeins
veranlasst war (Beobachtung 28). Es hatte sich nämlich in dem Auge
dieser Seite Amaurose entwickelt; mit dem Spiegel sah man Glaskörper-
flocken und eine mächtige weisse Bildung im Hintergrunde des Auges in
der Gegend der Papille. Nach einiger Zeit traten die Vorboten der sympathischen Ophthalmie auf dem bisher gesunden Auge auf, welches aber
durch Enucleation des primär afficirten noch gerettet werden konnte.
Waldeyer fand im enucleirten Auge einen entzündlichen Tumor der
Retina und Choroidea in Folge plastischer Chorioretinitis, vollständige
anatomische Integrität des Corpus ciliare.

Es ist also, wie Cohn auch ausdrücklich hervorhebt und wie Andere
es seither öfters thaten, sympathische Entzündung ohne irgend
welche Betheiligung des Ciliarkörpers entstanden.

Diesem Falle möge ein von mir beobachteter, fast identischer Fall*)
gegenübergestellt werden:

Ein Mann hatte sich in selbstmörderischer Absicht eine Kugel in den
Kopf geschossen und sich linkerseits das Jochbein und die äussere Hälfte
der knöchernen Orbitalwand zerschmettert. Die Wunde heilte mit Ausbildung einer entstellenden vertieften Knochennarbe. Das Auge war,
obwohl stark nach einwärts gedrängt, dennoch bis auf ein unbedeutendes
Cornealgeschwür äusserlich völlig intact. Die Spiegeluntersuchung
war wegen der fehlerhaften Stellung des Auges nicht durchführbar. Es
musste aber wegen unerträglicher Ciliarschmerzen enucleirt werden. Die
mikroskopische Untersuchung ergab völlige Integrität der vorderen Gebilde
des Auges, also auch des Ciliarkörpers, dagegen eine der Waldeyer'schen
sehr ähnliche plastische Entzündung der Choroidea und Retina, welche
ebenfalls zu einer circumscripten, tumorähnlichen Wucherung geführt hatte.
Die Wucherung hatte aber auch die äusseren Schichten der Choroidea
ergriffen und drang nach hinten bis in die vordersten Sclerallamellen, so
dass selbstverständlich alle zwischen Choroidea und Sclerotica befindlichen
Gewebe von der Wucherung fest umschlossen waren. Da nun auch die
Ciliarnerven in dieser Schichte verlaufen, so ist es klar, dass auch sie vom
entzündlichen Gewebe comprimirt worden sein mussten. In der That sieht
man auch auf einem meiner Präparate zufällig einen Kanal der Sclera im
Durchschnitt getroffen, durch den ein Nerv zur Choroidea, also hier durch
das Exsudat zieht.

Aus der Vergleichung dieser beiden, sowohl der Aetiologie als auch
dem anatomischen Verhalten nach identischen Fälle, ergiebt sich zur Genüge,
dass bei Integrität des Corpus ciliare sympathische Entzündung in speciellen

---

*) S. Archiv f. Augenheilk. IX. Bd. 3. Heft. S. 325. Daselbst ist der Fall
wegen der in der Retinalwucherung auftretenden Ossification beschrieben.

Fällen zwar auftreten kann, dass aber auch diesen Fällen das Ergriffensein der Ciliarnerven wohl nachzuweisen ist und dass demnach die berühmt gewordene Krankengeschichte H. Cohn's durchaus keinen Beweis für die Rolle des Sehnerven bei der Uebertragung der sympathischen Ophthalmie darbietet.

Sechstes Capitel.

Krankheiten des Linsensystemes.

Allgemeine Vorbemerkungen.

In den vorhergehenden Abschnitten hatten wir bereits an mehreren Orten von Erkrankungszuständen zu sprechen, welche auch das Linsensystem — unter dem wir sowohl den eigentlichen Linsenkörper, als auch den Kapselsack mit seinem Epithele, ferner das Aufhängeband desselben, die Zonula Zinnii verstehen — in Mitleidenschaft ziehen. Es handelte sich dabei um exsudative Processe in Folge von Entzündungen des Uvealtractus, durch welche Verlöthungen zwischen Iris und Kapsel, das Pupillargebiet, ja die hintere Linsenfläche deckende Pseudomembranen zu Stande kamen, von deren Bedeutung für die Gesammternährung des Bulbus an betreffender Stelle gesprochen wurde. Hier muss nun, gegenwärtig vollständig abgesehen von den durch solche Processe bedingten optischen Nachtheilen, das Verhältniss derselben zur Ernährung der Linse selbst in einigen Worten klargelegt werden.

Die Linse, ein vom Blutkreislauf und dem Nervensystem vollständig abgeschlossenes Organ, erhält ihr Nährmaterial lediglich auf dem Wege der Diffusion, durch die structurlose Kapsel hindurch. Wir können als Ausdruck der ungestörten Ernährung der Linse immerhin deren Durchsichtigkeit ansehen, und der Umstand, dass von ihrem normalen Standorte luxirte Linsen sehr lange ihre Durchsichtigkeit bewahren können, so lange nur ihre Kapsel intact und das sie bespülende Kammerwasser von normaler chemischer Beschaffenheit ist, mag als Beweis dafür gelten, dass die Ernährung der Krystalllinse weniger von den topographischen Verhältnissen als von chemischen und physikalischen Bedingungen abhängig ist. Es ist darum auch klar, dass Linsen, deren Kapseln durch fibröse Auflagerungen verdickt sind, nicht mehr unter normalen Ernährungsbedingungen stehen und darum sich trüben: so können partielle Trübungen eintreten, entweder anfänglich im Kapselepithel, im Linsenkörper selbst; oder der letztere trübt sich vollständig, wird anfänglich bernsteingelb, dann grau, seine Consistenz spröde. Die Fasern verfallen in Detritus, können theilweise resorbirt werden, die Linse muss daher schrumpfen und wird ausserdem noch eine Ablagerungsstätte von Producten der regressiven Metamorphose, als Kalksalzen, Cholestearin u. s. w.

Wir nennen jede Trübung der Linse innerhalb des Kapselsackes, sei sie nun das ganze Organ einnehmend oder nur particll: Cataracta, grauen Staar, und das oben skizzirte Krankheitsbild, mit dem wir die Linsenaffectionen eröffneten, weil es sich organisch an die Iriskrankheiten schliesst, Cataracta accreta, angewachsener Staar.

Zum Theil auf dieselbe Grundursache, Störung der normalen Diffusion, lassen sich einige andere Staarformen, namentlich partielle Trübungen der Linse, zurückführen. So sind die vorderen Polar- oder Pyramidalstaare, von denen weiter unten noch gesprochen wird, gewöhnlich in Folge von Verlöthungen zwischen vorderem Linsenpol und einem Hornhautgeschwür — welche Verlöthung übrigens im Laufe der Zeit sich vollständig wieder lösen kann, worauf das Linsensystem wieder in seine normale Lage zurückkehrt — entstanden. Nur tritt bei der Ausbildung dieser Cataractform noch ein anderes Moment auf, und das ist die Betheiligung jener Elemente des Linsensystems, welche, wie es nachgewiesen ist, bis ins Alter hinein entwickelungsfähig bleiben, nämlich der Kapselepithelien, die hiebei in einen eigenthümlichen Wucherungsprocess gerathen.

Ebenso, wie die Ernährung der Linse nothwendig Schaden leiden muss, wenn das sie vom Kammerwasser absperrende Diaphragma, die Linsenkapsel, durch Auflagerungen geändert ist, wird auch derselbe Effect erzielt werden, wenn die Binnenflüssigkeiten der Augen, welche die Linse umspülen, in ihrer chemischen und histologischen Zusammensetzung verändert sind. So trübt sich bei eiteriger, sowie bei chronischer, seröser Iridochoroiditis die Substanz der Linse, und in letzterem Falle sieht man weissliche oder grauliche Heerde und Punkte im Inneren derselben sich ausbilden, welche wohl mit der Zeit, bei Rückkehr der Ernährungsverhältnisse ad normam wieder verschwinden können, wobei noch die Frage offen gelassen werden muss, ob nicht noch von aussen lymphoide Elemente auch bei unverletzter Kapsel durch dieselbe dringen können, um hier weitere active Metamorphosen einzugehen, eine Frage, deren Entscheidung auch in Hinsicht auf die Genese des Bindegewebes von besonderer theoretischer Bedeutung wäre.

Noch klarer als in den jetzt erwähnten Fällen erscheint uns die Ursache der Linsentrübung bei Traumen, welche die Kapsel eröffnen und den Inhalt derselben dem Einflusse des Kammerwassers preisgeben. Bei unmittelbarer Berührung der Linsenfasern mit dem Kammerwasser quellen die ersteren auf, trüben sich hiebei und zerfallen endlich zu feinstem Detritus, der auf dem Wege der Lymphgefässe aus dem Auge geschafft oder resorbirt wird; gleichzeitig beginnt auch die Wucherung der Kapselepithelien, sowie der durch die Kapselöffnung eingedrungenen lymphoiden Elemente, und alle diese Factoren bringen dann die traumatische Cataract zu Stande, gewöhnlich ein membranartiges, schwartiges Gebilde, dessen nähere Beschaffenheit und topographische Beziehung zu den Nachbarorganen immer von der Art des Traumas und dem Wundheilungsverlaufe abhängig ist.

Weniger klar, ja beinahe noch unbekannt sind die Entstehungsursachen jener Linsentrübungen, die sich spontan, d. h. ohne irgendwelchen Zusammenhang mit plastisch-entzündlichen Processen oder entzündlichen Trübungen des Kammerwassers entwickeln. Alles, was wir über die Aetiologie der weichen Staarformen jugendlicher Individuen oder über die sclerosirten Staare des höheren Lebensalters wissen, befindet sich, da wir auch über das Nähere der normalen Linsenernährung im Unklaren sind, noch im Stadium der Vermuthung. Selbst bezüglich der bei Diabetikern vorkommenden Cataract*) sind wir nicht im Stande, die Ursache der Linsentrübung anzugeben und den fortwährenden Wasserverlust des Linsenkörpers in Folge der erhöhten Concentration des Kammerwassers zu beschuldigen, zu welcher Annahme uns eine Reihe von Experimenten zu berechtigen schienen. Praktisch, d. h. therapeutisch ist in diesen Fällen die Eruirung der Aetiologie übrigens irrelevant, da wir bisher kein Mittel kennen, eine einmal zur Ausbildung gekommene, wenn auch der Ausdehnung nach noch so kleine Linsentrübung wieder rückgängig zu machen, es also nur durch Operation und zwar in den allermeisten Fällen durch Entfernung des Linsenkörpers aus dem Pupillarbereiche möglich ist, das optische Hinderniss aus dem Wege zu räumen.

Schon aus dem Vorhergesagten kann man ersehen, aus wie vielen Gesichtspunkten es möglich ist, eine Eintheilung und Charakterisirung der Linsentrübungen, der Cataracte, zu treffen. Schon wenn wir den Sitz der Trübung ins Auge fassen, muss eruirt werden, ob dieselbe nur die Kapsel oder den Linsenkörper, oder aber beide zugleich umfasst. Wir unterscheiden demgemäss Kapselcataracte (C. capsularis), Linsenstaare (C. lenticularis) oder Totalstaare (C. capsulo-lenticularis). Wo die Trübung aber immer sitze, kann sie eine partielle sein oder das ganze Organ einnehmen. Ein Beispiel eines partiellen Kapselstaares ist der Polarstaar, bei dem die Trübung häufig nur punktförmig ist, während wir als Prototyp des partiellen Linsenstaars z. B. den Schichtstaar nennen, d. h. eine Trübung, welche nur eine Schichte des Linsenkörpers umfasst bei völliger Integrität der übrigen Schichten.

Ein anderer Gesichtspunkt, aus dem wir eine Cataracta beurtheilen, ist die Consistenz derselben. Es giebt harte, ja kalkige, weiche, flüssige und gemischte, ferner membranartige Staare.

Bei jeder partiellen Cataract muss die Frage beantwortet werden, ob die betreffende Linsentrübung die Tendenz hat, sich über die ganze Linse

---

*) S. die schönen Arbeiten Deutschmann's, Archiv für Ophthalm. XXIII. Bd. III. Heft und die Fortsetzungen.

zu verbreiten, also eine totale zu werden, mit anderen Worten, ob wir es mit einer progressiven oder stationären Form zu thun haben? Ist der progressive Charakter festgestellt, dann ist es praktisch wichtig, den Zeitpunkt zu kennen, in welchem ein eventuelles operatives Einschreiten die besten Chancen des Gelingens darbieten. Man bezeichnet diesen mit dem Ausdrucke der Reife des Staares und betrachtet letztere als eingetreten, wenn die Trübung den ganzen Linsenkörper bereits erfasst hat und die Cataract weiterhin nur mehr regressiven Metamorphosen (Resorption, Verflüssigung, Verkalkung u. s. w.) unterworfen sein kann.

Die Beobachtung lehrt ferner, dass das Lebensalter des Patienten die Beschaffenheit der Cataract entschieden beeinflusst, da ja auch im physiologischen Zustande die Krystalllinse mit zunehmendem Alter bestimmten Metamorphosen ausgesetzt ist. Demnach unterscheiden wir einen jugendlichen Staar (C. juvenum) und einen Greisenstaar (C. senilis) und nennen beide, sowie alle anderen Staarformen einfache, so lange sie nicht mit Erkrankungen von Nachbartheilen im Auge complicirt sind, während wir im letzteren Falle von complicirten Cataracten sprechen.

Einen eigenen Platz verdient ferner noch die diabetische Cataract schon vermöge ihrer Aetiologie und ihres Zusammenhanges mit einer Allgemeinerkrankung des Organismus, welche als solche in erster Linie die Aufmerksamkeit des Arztes erfordert.

Wenn wir nun zur speciellen Besprechung der Staarformen gehen, folgen wir jener Eintheilung, welche sich praktisch als am verwerthbarsten herausgestellt hat, da sie sich an das Lebensalter des Patienten anlehnt. Wir unterscheiden daher 1) angeborene, 2) jugendliche und 3) senile Staare. Daran schliessen sich noch 4) diabetische und 5) traumatische Staare.

Der graue Staar, Cataracta.

1) Cataracta congenita, angeborener Staar.

Wie O. Becker in seinem Werke über Linsenkrankheiten richtig hervorhebt, ist eine strenge Sonderung der wirklich angeborenen, d. h. intrauterin entstandenen Cataracte von den in den ersten Lebensmonaten zur Entwickelung gekommenen schon aus äusseren Gründen nicht durchführbar gewesen, weshalb man alle bei ganz jungen Kindern zur Beobachtung kommende Linsentrübungen einfach als congenitale Staare bezeichnet. Praktisch ist dies jedoch ohne Bedeutung, da die Folgen für die Function der Augen sich gleich bleiben, ob das Individuum die Linsentrübung mit auf die Welt bringt oder ob diese, wenn auch im extrauterinen Leben entstanden, doch schon zu einer Zeit sich ausbildet, in welcher eine bewusste Deutung der Seheindrücke noch nicht vorhanden war.

Die angeborenen Staare sind entweder partielle oder totale. Die partiellen werden unterschieden in Polarcataracte und Schichtstaare, die totalen verwandeln den ganzen Linsenkörper in eine weiche, halbflüssige Masse.

a) Cataracta polaris, Polarstaar.

Eine rundliche, punktförmige Trübung im vorderen Linsenpole bezeichnen wir als vorderen, eine solche des hinteren Poles als hinteren Polarstaar.

Der vordere Polarstaar wird oft so gross, dass er über das Niveau der Pupille hinausragt, er erhält dann den Namen des Pyramidalstaares. In der Regel bleiben die Polarstaare völlig stationär.

Das Gewebe, aus dem diese eigenthümliche Formation zusammengesetzt ist, besteht aus parallelen Fasern, zwischen welchen zahlreiche zellige Gebilde vorhanden sind, die höchstwahrscheinlich aus Wucherungen der Kapselepithelien hervorgegangen sind. Das ganze Gebilde ist entschieden intracapsulär, d. h. durch die Kapsel nach vorne zu abgegrenzt, stellt also nicht, wie früher vielfach geglaubt wurde, eine Auflagerung auf die vordere Kapsel vor.

Der vordere Polarstaar und seine höhere Ausbildungsstufe, die Pyramidalcataract, kommen aber nicht allein angeboren, sondern unzweifelhaft auch erworben vor. In dem letzteren Falle lässt die Art ihres Zustandekommens einen sicheren Rückschluss auf ihre Genese überhaupt zu. Es ist nämlich durch sichere Beobachtung erwiesen, dass derlei centrale vordere Linsentrübungen sich ausbilden, wenn die stärkste Convexität der Linse mit der Hornhaut durch längere Zeit in Contact steht. Eine solche Berührung wird am häufigsten nach Perforation der Hornhaut zu Stande kommen, wo die Linse z. B. im Falle einer centralen Perforation sich an die Perforationsränder anlagert und häufig durch längere Zeit mit ihnen verlöthet bleibt, bis das sich wieder ansammelnde Kammerwasser das Linsensystem wieder nach rückwärts treibt, Vorgänge, wie wir sie bei Blennorrhoea neonatorum so oft zu beobachten Gelegenheit haben. Während einer solchen normwidrigen Berührung scheint in dem am meisten betheiligten polaren Linsenantheile die Ernährungsstörung, vielleicht nur der Druck oder die Zerrung von Seiten der Hornhautgeschwürsränder und des Narbengewebes die Wucherung der Kapselepithelien anzuregen. Charakteristisch sind namentlich jene Hornhauttrübungen, welche sich sehr oft der Staarpyramide gegenüber vorfinden. Dass solche Processe auch intrauterinal vorkommen, kann nicht zweifelhaft sein, wenn auch oft genug die genannten Hornhauttrübungen sich später wieder aufhellen mögen.

Die hintere Polarcataract, welche sehr selten eine namhaftere Ausdehnung erreicht, ist viel seltener und steht aller Wahrscheinlichkeit nach mit einer abnormen Persistenz oder Rückbildung der fötalen Arteria

hyaloidea in ursächlichem Zusammenhang. Ausserdem pflegen in solchen
Augen noch weitere Zeichen gestörter Formation, ferner Retinal- und
Choroidealdegenerationen vorhanden zu sein.

Die genannten Linsentrübungen kommen sowohl einseitig als auch
auf beiden Augen zugleich vor. Die Therapie, die wir einzuschlagen haben,
richtet sich jedesmal nach dem Quantum des vorhandenen Sehvermögens.
Es ist klar, dass eine kleine polare Trübung, die nur sehr wenig Raum im
Pupillargebiet einnimmt, das Sehvermögen nicht beträchtlich stören kann.
In diesem Falle kann die Therapie nur eine negative sein. Anders ist es,
wenn wir mit ausgedehnteren Polarcataracten zu thun haben, welche
namentlich bei enger Pupille störend sein müssen. Hier muss man sich
überzeugen, ob das Sehvermögen bei erweiterter Pupille, wo also neben der
Trübung noch genug Licht ins Auge fallen kann, das Sehvermögen in entsprechender Weise sich hebt; man macht demnach eine Sehprüfung, nachdem man die Pupille durch Atropin gehörig erweitert hat, und vergleicht die
jetzigen mit den Angaben des Kranken vor der Atropinisirung. Freilich wird
diese Prüfung häufig mit Schwierigkeiten verbunden sein, namentlich wenn
wir es mit Kindern zu thun haben, oder wenn auf der Hornhaut Trübungen
vorhanden sind, die an und für sich schon zu Sehstörungen Veranlassung
geben. Man entscheidet sich dann für irgend ein operatives Vorgehen nach
der genauen Eruirung der Grösse der Trübung und der Abschätzung ihres
Raumverhältnisses zur mittleren Pupillenweite.

Die Operation, an die man zunächst zu denken hat, wenn wir es mit
stationären centralen Linsentrübungen zu thun haben, ist die Iridectomie.
Man beabsichtigt durch sie das Pupillargebiet zu vergrössern, damit das
central abgehaltene Licht seitlich einfallen könne, ähnlich wie wir das bei
der Therapie der centralen Hornhauttrübungen, wo ähnliche Verhältnisse
herrschen, bereits des Näheren auseinandergesetzt haben. Freilich berauben
wir dadurch die Kranken des optischen Vortheils der beweglichen Pupille,
ein Umstand, der einige Kliniker veranlasst hat, das Sehloch in dieser
Weise zu verlagern, dass ein Iriszipfel durch eine Scleralbord-Wunde hin-
durchgezogen und daselbst der Einheilung überantwortet wurde. Solche
spaltförmige Pupillen reagiren freilich auf den Lichteinfall in prompter
Weise; die Rücksicht auf die Gefahren, welche die Iriseinklemmung mit
sich bringt, haben aber die Kliniker insgesammt veranlasst, diese Operationsmethode (Iridenkleisis) aufzugeben und sich auf die gefahrlose Iridectomie zu beschränken.

Wenn es sich bei näherer Untersuchung herausstellt, dass eine Erweiterung der Pupille allein nicht genügen würde, das Sehvermögen zu
verbessern — im Falle die Trübungen zu ausgedehnt wären oder wenn
dieselben einen progressiven Charakter annehmen sollten — so sind wir
gezwungen, zur Entfernung des Linsenkörpers zu schreiten. Dies geschieht
in vielen Fällen durch die Discissio cataractae, eine Methode, bei
der der Kapselsack eröffnet und die Linse der Aufquellung und nachheriger

Resorption überantwortet wird. Sollte die Resorption zu lange auf sich warten lassen, so werden die gequollenen Linsenmassen durch einen Hornhautschnitt aus dem Auge entfernt.

Die hintere Polarcataract erfordert nur sehr selten ein operatives Einschreiten.

b) Cataracta zonularis v. perinuclearis, Schichtstaar.

Diese Staarform stellt eine Trübung innerhalb des Linsenkörpers dar, welche, hinter den vollständig durchsichtigen peripherischen Partien liegend, den gleichfalls durchsichtigen Kern schalenförmig umgiebt. Die Ausdehnung derselben, sowie ihr Standort wird sich nur vermittelst der seitlichen Beleuchtung genau beurtheilen lassen; sie stellt sich als weissliche, in der Mitte oftmals weniger saturirte, gegen den Linsenrand (Aequator) zu sich häufig radienförmig verlierende Trübung dar, die in den überwiegend meisten Fällen auf beiden Augen zugleich vorkommt. Hie und da sind in einer Linse mehrere solcher getrübter Schichten, welche von durchsichtigen getrennt werden, vorhanden.

Da also beim Schichtstaar, ähnlich wie beim Polarstaar, die Trübung sich um die Linsenaxe etablirt hat, wenn sie auch beim ersteren sich hinter der Pupillarebene befindet, so wird die Sehstörung auch hier von den Durchmessern der undurchsichtigen Partie abhängig, also um so geringer sein, je mehr durchsichtiger Raum zwischen dem Pupillarrande und der äussersten Grenze der Trübung vorhanden ist. Es giebt Fälle genug, in denen mit dem Schichtstaar behaftete Augen (welche in der Regel nebenbei myopisch gebaut sind) eine für praktische Zwecke noch völlig ausreichende Sehschärfe besitzen. Die Complication der Myopie lässt sich ganz gut aus den Accommodationsanstrengungen herleiten, welchen die betreffenden Individuen unterworfen sind, da sie die Gegenstände, um scharfe Bilder zu erhalten, sehr nahe an das Auge führen müssen.

Es ist durch eine Beobachtung O. Becker's entschieden, dass der Schichtstaar als eine thatsächlich angeborene Abnormität vorkommen kann. Ebenso unzweifelhaft haben andere Beobachtungen dargethan, dass es auch Fälle giebt, in denen sich das Uebel erst viel später nach der Geburt entwickelt. Bezüglich der Aetiologie ist von Arlt festgestellt worden, dass die betroffenen Kinder häufig an Convulsionen leiden, während es Förster zu verdanken ist, dass der Zusammenhang des Schichtstaars mit der Rhachitis erkannt wurde, worauf unter anderem auch Abnormitäten der Zähne (breite, transversale Querfurchungen) deuten, eine klinische Thatsache, die erst durch J. Arnold's Studien über die Entwicklung der Linse in die richtige Beleuchtung gesetzt werden *).

Der Schichtstaar ist in der Regel stationär.

---

*) S. Graefe-Saemisch, Handb. d. Augenh. 5. Bd. S. 245.

Was bezüglich des operativen Vorgehens in den Fällen von Polarcataract gesagt wurde, lässt sich auch hier ohne besondere Veränderungen
wiederholen. Auch beim Schichtstaar wird erst dann zu irgend einer
Operation geschritten werden, wenn die Trübung so ausgedehnt ist, dass
zwischen ihr und dem Pupillarrande nicht viel durchsichtiger Raum übrig
geblieben ist. Auch was dort von der anzuwendenden Operationsmethode
gesagt wurde, ist auch hier gültig: Vergrösserung des Sehloches durch die
Iridectomie, und nur wenn die Trübung so ausgedehnt ist, dass auch eine
erweiterte Pupille keinen besonderen Nutzen mehr stiften kann, Entfernung
des Linsenkörpers durch Discission mit nachfolgender linearer Extraction.

Bezüglich der Ausführung der Iridectomie ist zu berücksichtigen,
dass dieselbe keine zu ausgiebige sein darf, da die Patienten ohnehin nur
durch den schwächer und unregelmässiger brechenden peripheren Linsenrand durchsehen können und die Zerstreuungskreise bei weiter Pupille nur
um vieles störender sein müssen. Man muss sich daher bestreben, eine
möglichst schmale (spaltförmige) Pupille anzulegen. v. Wecker empfiehlt
daher, keine Iridectomie, sondern eine Iridotomie zu machen, ein Verfahren, das jedenfalls die grössten Vorzüge besitzt, aber seine besonderen
technischen Schwierigkeiten hat.

Es möge ferner mit der Operation nicht zu lange gezögert werden,
da sich bei Kindern mit nicht corrigirtem Schichtstaar mit der Zeit gewöhnlich Nystagmus (Augenzittern) ausbildet.

c) Cataracta congenita totalis, angeborener Totalstaar.

Bald unzweifelhaft, wenigstens in den Anfängen, angeboren, bald in
den frühesten Lebensstadien acquirirt, wird bei Kindern eine totale Linsentrübung beobachtet, welche immer beiderseits vorkommt und frühzeitig
schon aus einem weichen in einen flüssigen Aggregatzustand übergeht. Ist
die Cataract verflüssigt, so geschieht es oft, dass sie zum Theile resorbirt
wird und die Kapselblätter im Verein mit den gewucherten Epithelien und
einem faserigen Zwischengewebe einen sogenannten Membranstaar
vorstellen.

Ebenso wie bei den a) und b) genannten Formen scheint auch diese
Cataract mit Abnormitäten der Anlage und des Wachsthums in Zusammenhang zu stehen. Ferner wird auch hier in zahlreichen Fällen das Vorkommen von Convulsionen in den ersten Lebensmonaten beobachtet.

Im Jahre 1880 operirte ich im Budapester Landes-Blindeninstitute zwei
Kinder mit angeborenem beiderseitigem Totalstaare. Bei beiden Kindern ist der
scrophulöse Habitus unzweifelhaft ausgeprägt, bei beiden sind höchst auffallende
Zahndifformitäten vorhanden. In dem ersten Falle war beiderseits die Cataract
sehr weich, homogen, auf einer Kapsel aber schon namhafte Verdickungen ausgebildet. Bei dem anderen Knaben, der in den ersten fünf Lebensmonaten an
heftigen »Fraisen« gelitten, war links die Cataract vollkommen flüssig, mit

gesenktem kernähnlichem Gebilde (Entwickelung aus Schichtstaar?), rechts war Membranstaar vorhanden, der so weit geschrumpft war, dass auch bei enger Pupille ein lichtdurchgängiger Spalt sich zeigte. Die Geschwister dieses Knabens, die ich mir vorführen liess, sind sämmtlich wohlgebildet und von blühendem Aussehen, auch die Eltern sind gesund.

Bei der Therapie dieses Uebels gilt die Regel, die Operation so früh als möglich zu machen, da sich sehr bald wegen Nichtgebrauchs der Augen Stumpfheit der Lichtperceptionsorgane, Nystagmus und oft sogar Unfähigkeit zum Fixiren ausbilden.

In dem ersten meiner vorerwähnten Krankenfälle, wo beträchtlicher Nystagmus und trotz prompter Lichtempfindung und Projectionsvermögens doch kein rechtes Fixiren bestand, blieb das Sehvermögen auch nach gelungener Operation (beiderseits ganz schwarze Pupillen ohne Kapselreste) höchst mangelhaft. Das Fixiren ist jedoch erlernt worden. In dem zweiten war der Nystagmus von Haus aus viel geringer, nach der Operation recht befriedigendes Sehvermögen. Beide Kinder sind gleich alt, im zweiten Falle ist das günstige Resultat einfach so zu erklären, dass wegen der Schrumpfung der Cataract rechterseits ein Pupillenspalt gebildet wurde, durch welchen die Lichtstrahlen zur Retina gelangen und daselbst zu einigermassen distincten Bildern sich vereinigen konnten, weshalb es zur Entwickelung einer Amblyopia ex anopsia nicht kommen konnte.

Die Operationsmethoden, welche in Anwendung kommen, sind auch hier die Discission und die lineare Extraction. Membranstaare können ohne Schwierigkeit mit der gewöhnlichen Iridectomiepincette oder einem Häckchen (nach angelegtem Hornhautschnitt und schmaler Iridectomie) herausgezogen werden, Glaskörpervorfall braucht hiebei nicht gefürchtet zu werden. Auch die Reclination derselben wird empfohlen. Ich habe verhältnissmässig oft Gelegenheit, solche Staare zu operiren und habe immer die einfache Extraction mit der Pincette ohne jede Schwierigkeit machen können bei gleichbleibendem günstigen Erfolge.

2) Cataracta juvenum, jugendlicher Staar.

Bei jugendlichen Personen entwickelt sich manchmal ohne auffindbare Veranlassung eine partielle Linsentrübung, welche verhältnissmässig rasch (in einigen Monaten) sich über den ganzen Linsenkörper ausbreiten kann. Die Trübung kann zuerst im Centrum der Linse beginnen und sich nach vorne ausbreiten; oder aber sie bildet sich erst in der Peripherie, die Linsenfasern zur Zerklüftung bringend, so dass die eigenthümliche sternförmige Anordnung derselben sichtbar wird. Jedenfalls wird die Linse bald ein weniger graulich-milchiges Aeussere gewinnen, welches aber erst bei längerem Bestande des Processes homogen wird, während des Entwickelungsstadiums jedoch noch zahlreiche transparente Speichen zeigt, die Reste der noch nicht vollständig getrübten Linsenfasern. Mit dem

Verschwinden dieser transparenteren, perlmutterähnlich glänzenden Partien tritt auch das Stadium der Reife der Cataract ein.

Die jugendlichen Staare sind alle von weicher Consistenz, auch in ihren centralen Antheilen, denn sie befallen Linsen, in welchen es wegen ihrer Jugend noch nicht zur Ausbildung eines K e r n e s, zur S c l e r o s i r u n g, gekommen war. Die Trübung und Erweichung der Linsenfasern kommt nicht ohne vorherige Aufquellung derselben zu Stande, woher es rührt, dass das ganze Linsensystem vor dem Stadium der Reife noch eines der A u f b l ä h u n g durchmacht.

Diese Staarform kommt sowohl e i n - als auch b e i d e r s e i t i g vor.

Als Operationsmethode wird in der Regel die einfache l i n e a r e E x t r a c t i o n gewählt, zu welcher aber erst dann geschritten wird, wenn die Reife schon eingetreten ist. Wir werden über die dabei in Betracht kommenden Merkmale noch ausführlicher sprechen müssen, dagegen muss das noch erwähnt werden, dass, im Falle die vollständige Reife lange auf sich warten liesse, man durch die D i s c i s s i o n (Einreissung der Kapsel und der vordersten Linsenpartien) ein Mittel hat, die Trübung und Erweichung des Linsenkörpers zu beschleunigen und letzteren zur späteren Extraction geeigneter zu machen.

3) Cataracta senilis, der Greisenstaar.

In den reiferen Lebensjahren treten in der Regel im Linsenkörper Metamorphosen der Fasern auf, welche zu einer S c l e r o s e der central gelegenen Linsenpartien führen. Man hat sich gewöhnt, das Centrum der Krystalllinse K e r n zu nennen, im Gegensatz zu deren peripheren Partien, die unter dem Namen R i n d e oder C o r t i c a l s u b s t a n z bezeichnet werden. Wenn wir (die Ergebnisse der feineren Anatomie jetzt bei Seite gesetzt) die Linse nur nach ihrer so zu sagen chirurgisch wahrnehmbaren Consistenz beurtheilen, so existirt ein solcher Gegensatz sicherlich nicht in juvenilen Linsen, und wir haben bei der Besprechung der jugendlichen Staarformen darauf Gewicht gelegt, dass in den peripheren Schichten beginnende Trübungen unaufhaltsam auch gegen das Linsencentrum vorwärts schreiten, sowie alle regressiven Cataractmetamorphosen, z. B. Verflüssigung, sich über den ganzen Linsenkörper verbreiten können. In Folge der Ausbildung eines wahrhaften L i n s e n k e r n e s jedoch, wie dies im reiferen Alter die Regel ist, tritt ein Gegensatz zwischen diesem und der Rinde auf, der sich auch in der Morphologie des Staares des Greisenalters äussert.

Wie es scheint, spielt — wenn wir die Trübung als einen activen Vorgang ins Auge fassen — der Kern bei der Staarbildung eine passive Rolle, insofern er sich überhaupt nicht weiter mehr ändert.

Man kann sich nämlich bei der Vergleichung von Kernen aus cataractösen und nichtcataractösen senilen Linsen überzeugen, dass ein besonderer Unterschied bezüglich der Durchsichtigkeit zwischen ihnen nicht existirt, vielmehr dass bei beiden die fast absolute Durchsichtigkeit im umgekehrten Verhältniss zur Zunahme der Härte verloren gegangen ist und beide eine röthlich-braune Färbung angenommen haben.

Was sich in der senilen Linse trübt, ist, wie dies Becker scharf betont, nur die Corticalis, wenn auch die mit einer Verkleinerung des sagittalen Durchmessers einhergehende Sclerosirung des Kernes zu dem ganzen cataractösen Vorgange vielleicht den Anstoss gegeben hat. Wie der genannte Forscher meint, handelt es sich möglicherweise um den Wasserverlust der peripheren Linsenpartien, verursacht durch die Verkleinerung des Kernes, also um eine Wasserabgabe aus den Fasern in die neuentstandenen Lücken zwischen Peripherie und Centrum*).

Die senile Cataract beginnt in der Regel am Linsenrande (Aequator) in Form von radienförmigen Trübungen, welche gewöhnlich gabelförmig (wie Reiterchen) auf dem gewöhnlich stark reflectirenden Kern zu sitzen pflegen. Man entdeckt sie häufig erst nach starker Erweiterung der Pupille durch Atropin und findet, dass sie den Linsenäquator wie ein Kranz umgeben (Gerontoxon lentis). Diagnostisch wichtig ist es, dass diese

---

*) Dieser Ansicht Becker's, wonach also die Trübung der Corticalis durch Wasserabgabe bedingt sei, wird in neuester Zeit von Deutschmann (Arch. f. Ophth. XXV. 2) energisch widersprochen. Die von Becker angenommene Wasserabgabe ist eine gewissermassen ex vacuo entstandene, indem der sclerosirte Kern sich verkleinert und in den hiedurch erzeugten Raum zwischen Cortex und Nucleus Wasser gezogen wird. Deutschmann ist jedoch auf Grundlage seiner Untersuchungen zu der Annahme gelangt, dass die Trübung der Rinde durch Flüssigkeitsaufnahme aus dem Kammerwasser bedingt sei, wodurch die Linsenfasern in Quellung gerathen und zerstört würden. Den Anstoss zum ganzen Vorgange gebe ein unregelmässiger Sclerosirungsprocess des Kernes:

»Der Beginn der senilen Cataract ist in einem Zerfall von Linsenfaserelementen innerhalb der unversehrten senilen Linse zu suchen; der weitere Grund dieses Zerfalles liegt in einem ungleichmässigen Sclerosirungsprocesse der alternden Linse. Das Wasser, welches der Linsenkern — denn vom Centrum aus beginnt die Sclerose — bei seiner Sclerosirung abgiebt und welches einer regelmässigen und gleichmässig sclerosirenden alternden Linse unschädlich ist, trübt die mangelhaft und ungleichmässig diesen Process durchmachende Linse durch Quellung ihrer Faserelemente. An diesen ersten dadurch hervorgerufenen Zerfall in der Linse schliesst sich eine lebhaftere Diffusion zwischen den zerstörten Linsenelementen und den umgebenden Medien, in specie dem Kammerwasser. Die Linse giebt gelöstes Eiweiss an das Kammerwasser ab und nimmt Wasser aus ihm auf, welches letztere weiterhin zur Vernichtung von Linsenelementen durch Quellung beitragen hilft.«

Die hier citirte Ansicht hat den Vortheil für sich, dass sie weit besser als jede bisher bekannte die praktisch so bedeutungsvolle Quellung des Linsenkörpers während der Unreife der Cataract erklärt. Bezüglich der weiteren Resultate der Arbeiten Deutschmann's müssen wir auf das Original verweisen.

Trübungen, mit seitlicher Beleuchtung betrachtet, weiss in schwarz, bei
Durchleuchtung des Auges mit dem Ophthalmoskop dagegen schwarz in
pupillenroth erscheinen. Alle diese Trübungen befinden sich jedoch in den
peripherischen Linsenschichten und zwar in jenen, welche dem Kern be-
nachbart sind. Der letztere selbst nimmt, ohne seine Durchleuchtbarkeit
zu verlieren, eine intensivere gelbliche Färbung an.

Dieser Zustand kann jahrelang ohne besondere Veränderungen verharren und ohne dass der Kranke, da die Trübungen sich mehr in der
Gegend des Linsenäquators befinden, wesentlich andere als die aus der
Presbyopie stammenden Beschwerden haben würde. Man spricht in dem
Falle von Cataracta incipiens. Nehmen jedoch die Trübungen an Zahl
zu, wird die zwischen ihnen befindliche durchsichtige Linsensubstanz immer
schmäler, so werden dem entsprechend die Sehstörungen immer fühlbarer,
und wir gelangen dann endlich dazu, durch die Linse mit dem Augenspiegel
kein Licht in den Augenhintergrund mehr werfen zu können. Es ist dann die
Trübung der Corticalis optisch schon vollendet, wenn auch die optische Reife
der Cataract mit der chirurgischen gewöhnlich nicht zusammentrifft, sondern
die erstere die letztere gewöhnlich überholt. Es sind nämlich im ersteren
Falle noch zahlreiche, noch nicht völlig getrübte Streifen von Linsensubstanz
vorhanden, die sich bei seitlicher Beleuchtung durch einen eigenthümlichen
seiden- oder perlmutterähnlichen Glanz auszeichnen; ja es können die
peripherysten (d. h. der Kapsel unmittelbar anliegenden) Linsenschichten
noch durchsichtig sein, während die hinteren pränuclearen schon völlig
getrübt sind. Diesen letzteren Zustand erkennt man an einem untrüglichen
Zeichen: fixirt man genau den Pupillarrand der Iris, so sieht man, dass
er nicht genau der cataractösen Oberfläche aufliegt, sondern von letzterer
durch einen dunkeln Zwischenraum getrennt ist. Es rührt dies daher, dass
die Iris einen Schlagschatten auf einen hinter ihr liegenden undurchsichtigen
Schirm werfen muss, so lange zwischen Iris und Schirm noch durchsichtiges
Medium sich befindet. In diesem Stadium ist die senile Cataract eine
Nondum matura, noch nicht reife.

Die chirurgische Reife des Staares tritt ein, sobald die Trübung auch
die unmittelbar unter der Kapsel gelegenen Linsenpartien ergriffen hat. In
diesem Zustand pflegt die Linse wieder ihr früheres Volum angenommen
zu haben, denn bis dahin war sie aus Ursachen, die oben besprochen
wurden, gebläht. Diese durch Quellung der Corticalis bedingte Vergrösserung des Linsenkörpers ist die Ursache jener so hochwichtigen
Thatsache, dass wir in diesem Stadium die Iris nach vorne gedrängt und
demzufolge die vordere Kammer seichter finden. Darum ist es von der
grössten praktischen Wichtigkeit, den Zeitpunkt der Reife genau beurtheilen
zu können, weil die Entfernung der Cataract um so vollständiger gelingt,
ein je kleineres Volum die Rindenschichten bereits eingenommen haben.

Ist die Cataract eine »matura«, so beginnen nun innerhalb des
Kapselsackes im Staarkörper regressive Metamorphosen und zwar von jener

Art, wie wir sie bereits bei anderen Staarformen skizzirten. Eine nicht seltene ist die Verflüssigung der Corticalis, welche so vollständig werden kann, dass der harte Kern auf den Boden des Kapselsackes sinkt und überhaupt bei Lageveränderungen des Kopfes auch seine Position entsprechend ändert. Man nennt diese Staarform Cataracta Morgagniana, und sie sowohl wie alle anderen regressiven Erscheinungen, Resorption, Kalkbildungen, Schrumpfungen, gehören in jene Epoche des Staares, die man C. hypermatura, Stadium der Ueberreife, nennt.

Während der Ueberreife des Staares geschieht es auch, dass die Linsenepithelien in einen Zustand der Wucherung gerathen, welcher zu Verdickungen der Kapsel führt. Es würde gewagt sein, dieses Factum als Folge einer Entzündung, einer Phakitis, zu deuten. Die Verdickungen können aber so mächtig werden, dass die Kapsel wie gerunzelt aussieht oder eine wie gestrickt erscheinende Oberfläche darbietet. Mit Hilfe der seitlichen Beleuchtung sind diese Kapselverdickungen leicht zu erkennen; ihre Diagnose ist im Hinblick auf die seinerzeitge Operation, wo sie besondere Rücksicht erheischen, sehr wichtig.

Von dem hier geschilderten Bilde der senilen Cataract weichen zwei Staarformen in wesentlichen Punkten ab, weshalb ihrer hier Erwähnung geschehen muss. Es giebt nämlich, wenngleich sehr selten, Fälle, in welchen die Sclerosirung, welche normaler Weise nur im Kern vorkommt, den ganzen Linsenkörper ergreift. Diese Sclerosirung geht auch mit Trübung einher, und so erhalten wir eine harte, kernige Cataract, die man mit dem älteren Namen des Phakoseleroma belegen kann. Im Gegensatze hiezu steht eine Form, bei welcher die Staarbildung im Kerne beginnt und nur äusserst langsam nach der Peripherie vorwärts schreitet — Cataracta nuclearis. Diese Staarform kommt bei herabgekommenen, marastischen Individuen und nach meinen Beobachtungen auch in hochgradig myopischen Augen vor.

4) Diabetische Cataract.

Die diabetische Cataract kann nicht in dem Sinne neben die anderen Formen gestellt werden, als ob sie morphologisch einen eigenen Platz verdiente. Denn es handelt sich hier um Linsentrübungen, welche bei Diabeteskranken in der Weise sich entwickeln, wie es dem Alter der Kranken entsprechend ist, also bei Greisen als senile Cataract, bei jugendlichen Individuen als weicher Staar. Förster kennt nur einzelne Fälle, in denen sich die diabetische Cataract in einer Weise rasch ausbildete, die sofort auf eine ganz besondere Aetiologie hinwies: wo die Trübung in der vordersten Corticalis begann, welche sectorenförmig zu zerfallen schien, während der Kern noch ganz durchsichtig blieb. Aehnliche Linsentrübungen bilden sich sonst nur nach hochgradigen Desorganisationen des Bulbus, wie bei Netzhautablösung aus.

Der genauere Zusammenhang zwischen der Cataract und dem Diabetes

ist bis zur Stunde noch nicht genügend klargestellt. Es ist nicht unsere
Aufgabe, das darüber Bekannte hier zu referiren. Therapeutisch interessirt
uns das am meisten, dass das Grundübel auf die Operirbarkeit der Cataract
keinen schädlichen Einfluss ausübt, da von allen Seiten neue Belege dafür
erbracht werden, dass der Heilungsprocess nach der Operation ein ganz
günstiger und normaler ist.

Wir haben noch die traumatischen Cataractformen zu besprechen, um sodann das Nothwendigste über die wichtigsten diagnostischen,
prognostischen und therapeutischen Behelfe und Regeln bei der Cataract
im Allgemeinen auseinanderzusetzen.

5) Cataracta traumatica, der Wundstaar.

Unter Cataracta traumatica verstehen wir jene Linsentrübung, welche
als unmittelbare Folge von Augenverletzungen entstanden ist. Die meisten
Fälle von Wundstaar kommen auf die Weise zu Stande, dass die Linsenkapsel eröffnet wird, wodurch der Linsenkörper mit dem Kammerwasser
in directe Berührung tritt: es entsteht nun eine Trübung, indem die Fasern
der Linse sich mit Kammerwasser imbibiren, quellen, um sodann zu zerfallen und entweder direct aufgelöst oder durch den Saftstrom aus dem
Auge geschwemmt zu werden. Diese klinische Thatsache dient der Methode
der Discissio cataractae zur Grundlage, bei welcher Operation wir
eben den geschilderten Vorgang lege artis einzuleiten die Absicht haben.

Die Beobachtung hat jedoch gelehrt, dass dieser Vorgang sich nicht
in allen Augen mit gleicher Raschheit vollzieht. Zunächst hängt es von
der Grösse der Kapselwunde ab, also von der Ausgiebigkeit der Communication des Linsenkörpers mit dem Kammerwasser, ob ein grösserer oder
geringerer Antheil der Linsenfasern der Imbibition verfällt, und oft genug
bleibt bei kleinen Kapselwunden eine mässige Linsentrübung stationär.
Sodann wird eine jugendliche Linse, weil sie weich und kernlos ist, rascher
den Process von der Imbibition bis zum molekulären Zerfall durchmachen,
als eine senile, bei der nur die Corticalsubstanz mehr quellungsfähig ist,
während der sclerosirte Kern sich nur sehr schwer durchtränkt oder kaum
mehr vom Kammerwasser angegriffen wird. Von der Raschheit der Auflösung der Linsensubstanz hängt aber wesentlich das Gesammtbefinden des
betroffenen Auges ab: je kürzere Zeit die Quellung der Fasern dauert und
je schneller die ergriffenen Linsenpartien aus dem Auge geschafft werden,
desto leichter erträgt dieses den ganzen Vorgang; dagegen wird, bei namhafter Quellung und ungenügender Resorption, offenbar ein vermehrter
Druck im Inneren des Auges herrschen müssen, der für dasselbe deletär
werden kann. Dazu kommt noch, dass die sich blähenden Linsenmassen
mechanisch die Iris reizen und zur Entzündung veranlassen müssen.

Aus dem Gesagten geht hervor, dass eine Verwundung der Linse
desto leichter ertragen wird, je jünger das Individuum ist, je geringere

Ausdehnung der Kapselriss besitzt (resp. je weniger Linsenpartien mit dem Humor aqueus in Berührung kommen), und je rascher die Resorption der getrübten Linsenpartien stattfindet.

Ausser diesen aus der Erfahrung geschöpften Thatsachen, die bei jedem Fall von Linsenverletzung sich neu bestätigen, kommen bei jedem speciellen Falle von Wundstaar noch Verhältnisse in Betracht, die aus dem Charakter und der Intensität des Traumas sich ableiten lassen. Offenbar werden Schnittwunden der Bulbuskapsel, welche gleichzeitig die Linse treffen und z. B. auch Cornea und Corpus ciliare tangiren, prognostisch und therapeutisch anders beurtheilt werden müssen, als einfache Stichwunden, welche in der Cornea vielleicht kaum eine Spur hinterliessen, aber in die Linse drangen und dort Cataract erzeugten. Oder fremde Körper, welche Cornea und Linse durchschlugen, um sich im Inneren des Auges einzubetten, werden uns zu anderen Maassnahmen veranlassen, als solche, welche in der Linse selbst stecken geblieben. Im Folgenden werden wir die wichtigsten therapeutischen Grundsätze, nach denen wir uns bei Linsenverletzungen zu richten haben, in Kürze besprechen.

Bei jeder frischen traumatischen Cataract haben wir zunächst durch die Untersuchung festzustellen, in wie weit das Trauma noch andere Theile des Auges in Mitleidenschaft gezogen hat, und ob nicht solche Complicationen vorliegen, welche an und für sich die Existenz des Bulbus in Frage stellen oder vernichten. Zu dem Behufe ist auch die Functionsprüfung des Auges nie zu unterlassen, weil diese uns über solche Veränderungen in der Tiefe des Organes Aufschluss giebt, die wir mit dem Blicke nicht erreichen können.

Frische, wenig complicirte Linsenverletzungen erfordern im wesentlichen dieselbe Behandlung, wie sie nach einer Discission am Platze wäre. Möglichste Ruhe der Augen (Druckverband), energische Atropinisirung, damit die Iris möglichst wenig von den quellenden Linsenmassen irritirt werde, genaue Ueberwachung der Druckverhältnisse sind erforderlich. Bei jugendlichen Individuen genügt oft Ruhe und Atropinisirung, auf dass der Quellungs- und nachfolgende Resorptionsprocess der Linse ohne besondere Zwischenfälle vor sich gehe. Wo dies nicht der Fall ist, muss in erster Linie der verderblichen Einwirkung des vermehrten intraoculären Druckes entgegengewirkt werden. Dies geschieht durch eine möglichst breite I r i d e c t o m i e , mit der man, im Falle die Linse weich ist, gleich die Evacuirung derselben verbinden kann.

Bei senilen Linsen wird dies jedoch in den meisten Fällen seine Schwierigkeiten haben, und man wird sich vorläufig auf eine ausgiebig breite Iridectomie beschränken müssen. Namentlich dort wird die Extraction nicht gewagt werden können, wo das Trauma die Linse von ihrem Platze gerückt hat (Luxatio lentis) und wir demnach bei der Extraction Glaskörperverlust zu befürchten haben, oder wo wir mit Wahrscheinlichkeit vermuthen können, dass nach der Extraction noch viele Linsentheile im Auge zurück-

bleiben müssen. Solche Fälle gehören zu den schwierigsten der operativen
Augenheilkunde und geben im allgemeinen keine günstige Prognose.

Linsenverletzungen, die durch eindringende fremde Körper verursacht
sind, geben ebenfalls eine schlechte Prognose, woferne der fremde Körper
nicht zufällig in der Linse selbst stecken geblieben ist. Dieser letztere Fall
giebt noch die relativ günstigste Aussicht für die Erhaltung des Bulbus,
wenn es nämlich gelingt, den fremden Körper mit der Linse zusammen
zu entfernen. Gewöhnlich aber dringen die Fremdkörper durch die Linse
in die Tiefe oder die Wände des Auges, wo sie Entzündungen und deren
Folgezustände hervorzurufen pflegen, wie wir sie im Capitel der sympathischen Augenentzündung zu besprechen Gelegenheit hatten. Dann
bleibt uns häufig nur die Enucleation des verletzten Auges übrig, als
einziges Mittel, das andere Auge zu retten.

Der graue Staar.

(Fortsetzung.)

Diagnostische und prognostische Bemerkungen.

In jedem Fall von Linsentrübung ist die Höhe der vorhandenen
Sehschärfe genau festzustellen und zugleich abzuschätzen, ob sich die
etwaige Einbusse an Sehvermögen aus der Ausdehnung der Linsentrübung
erklären lässt. Fälle, in denen das Sehvermögen um vieles schlechter ist,
als man nach dem Grade der Durchleuchtbarkeit der Linse zu vermuthen
das Recht hätte, lassen den gegründeten Verdacht aufkommen, dass wir
es nicht ausschliesslich mit einer Linsenaffection zu thun haben, sondern
dass noch eine Complication von Seiten der lichtpercipirenden Organe
vorliegt.

Im allgemeinen lässt sich der Satz leicht aus der alltäglichen Er-
fahrung begründen, dass bei beginnenden, sowie bei den partiellen stationären Staaren der Grad der Sehstörung abhängig ist von dem räumlichen
Verhältnisse der Linsentrübung zur mittleren Pupillenweite. Je geringeren
Raum die erstere im Pupillargebiete einnimmt, desto besser kann das Sehvermögen sein, und so begegnen wir auch, wie dies bei den stationären
Staarformen schon auseinandergesetzt wurde, zahlreichen Individuen mit
Schicht- und Polarstaaren, die sich eines leidlichen Sehvermögens noch
erfreuen. Ebenso verhält es sich auch mit den beginnenden Totalstaaren,
namentlich dem senilen Staare, wo, insolange die Trübungen noch in der
Gegend des Linsenäquators sich befinden, noch über keinerlei Sehstörung
geklagt wird.

Anders steht es freilich mit der Accommodationsfähigkeit solcher
Augen. Es scheint, dass dieselbe bei den genannten stationären Partialstaaren wesentlich beschränkt ist, und liegt vielleicht die Ursache in einer

mangelnden Elasticität der Linse, was aber nicht ausschliesst, dass die von der Nähe betrachteten Gegenstände ungebührlich nahe ans Auge gehalten werden. Es ist dies eine Folge des unbewussten Strebens solcher Kranken, unter Verzicht auf die Schärfe der Netzhautbilder recht grosse Bilder zu erhalten, eine Erscheinung, die wir noch bei hochgradigen Hypermetropen, sowie bei Individuen mit Hornhautflecken oder unregelmässigem Astigmatismus überhaupt antreffen.

Bei progressiven, jugendlichen Staaren geht die Staarbildung gewöhnlich so rasch vor sich, dass wir uns mit der Erörterung der nach und nach zur Beobachtung kommenden Sehstörungen nicht aufzuhalten brauchen. Eine solche Erörterung ist aber für die senile Cataract nothwendig, die manchmal Jahre zu ihrer Reife braucht, während welcher Zeit die betreffenden Kranken auf unsere Hilfe angewiesen sein können.

Eine der ersten Erscheinungen, die bei der senilen Cataract sich zu zeigen pflegt, ist die Ausbildung resp. Zunahme einer Myopie im betroffenen Auge. Die Kranken pflegen das sehr bald selbst zu bemerken, und man entdeckt auch, dass man im Stande ist, das Sehvermögen für die Ferne durch Concavgläser zu bessern, und dass zum Sehen in der Nähe schwächere oder keine Convexgläser (es handelt sich hier ohnedies immer um Presbyopen) mehr erforderlich sind.

Bei einem hervorragenden ärztlichen Fachgenossen, in dessen Augen sich Cataract entwickelte, wobei von mir und noch öfters von ihm selbst Sehprüfungen vorgenommen wurden, stieg im Beginne die Myopie von $1/10$ bis auf $1/5$.

Diese Thatsache lässt sich ungezwungen aus der Aufblähung, dem Dickerwerden der Linse erklären, und täuscht den Kranken ein Besserwerden des Gesichtes vor. Da dieser Zustand wegen des Fortschreitens der Trübung ohnedies nicht sehr lange dauert, so unterliegt es natürlich keinem Anstande, solchen Kranken für die kurze Zeit die Benützung der entsprechenden Concavgläser zu gestatten. Von einem Einflusse auf die Entwickelung des Staares ist dies selbstverständlich nicht. Sowie jedoch die Trübungen aus dem Aequatorgebiete in das Pupillargebiet rücken, werden auch die Beschwerden des Kranken complicirterer Natur. Dann tritt wegen der Verschiebung der einzelnen Corticalschichten unregelmässiger Astigmatismus, ja Diplopia und Polyopia (Doppelt- und Mehrfachsehen) auf. Es ist nicht überflüssig, zu bemerken, dass man sich sofort davon überzeugen kann, dass eine solche Diplopie nicht etwa von einer Augenmuskellähmung herrührt, indem man den Kranken anweist, abwechselnd ein und das andere Auge zu schliessen, worauf das Auge, welches der Sitz dieser Diplopie ist, ohne weiteres als das diplopische erkannt wird, während bei einer muskulären Diplopie bei Verschluss welches Auges immer das Doppelsehen schwinden muss. Ausserdem treten wegen der Zerstreuung des Lichtes durch die halbgetrübten Linsenpartien namentlich bei heller Beleuchtung Blendungserscheinungen auf, während in vorgerückteren Stadien das Sehen bei sehr heller Beleuchtung stark sinkt, weil die Pupille sehr eng wird und die Trübungen schon einen grossen Theil ihres Gebietes einnehmen. In diesen Stadien ist die Verordnung von dunkeln Schutzgläsern resp. Linsen (im Falle einer Ametropie) besonders angezeigt, unter welchen einestheils das äussere Licht entsprechend abgeschwächt, anderntheils die Pupille mässig erweitert wird, wodurch beiden Indicationen Genüge geleistet wird.

Von Einigen wird auch empfohlen, den Kranken schwache Atropin-lösungen behufs Erweiterung der Pupille zu verordnen; was mich betrifft, thue ich dies nur sehr ungerne, weil ich Scheu trage, bei älteren Personen ohne Noth pupillenerweiternde Mittel anzuwenden.

Uebrigens werden bei Leuten, welche nicht eben sich hauptsächlich mit Lesen und Schreiben beschäftigen, diese Beschwerden deshalb nicht sehr empfunden, weil gewöhnlich, wenn die Cataract in einem Auge in den ersten Stadien ist, das andere Auge noch ganz gut functionirt. Erst mit dem Fortschreiten der erstentwickelten Cataract entsteht die Linsen-trübung auf dem zweiten Auge.

Es kann als sichergestellt betrachtet werden, dass eine einmal constatirte partielle senile Linsentrübung mit der Zeit die ganze Linse ergreift, sowie die Prognose sicher ist, dass auch das zweite Auge der Cataractbildung verfällt. Es liegt leider nicht in unserer Macht, diesen Fortschritt durch irgendwelche thera-peutische oder diätetische Maassregeln aufzuhalten.

In den späteren Stadien des Uebels können wir nichts anderes thun, als den Fortschritt der Cataract zu beobachten, um den Kranken auf den Zeitpunkt der Reife aufmerksam zu machen.

Die Cataract ist, wie bereits betont wurde, reif, wenn die vordere Kammer ihre normale Tiefe wieder erreicht hat (Vergleich mit dem anderen Auge!), und sich auf der vorderen Staarfläche keine perlmutterähnlich glänzenden Radien, ferner kein Iris-Schlagschatten mehr vorfinden.

Auch die vollständig getrübte Linse lässt noch Licht durch, welches von der intacten Retina empfunden werden muss. Die Erfahrung lehrt, dass ein Kranker mit totaler, uncomplicirter Cataract noch sehr geringe Lichtquantitäten wahrnehmen, ferner ein intactes Gesichtsfeld und ein ungestörtes Projectionsvermögen besitzen muss. Wo eine dieser Qualitäten fehlt, können wir sicher sein, weiterer Abnormitäten zu begegnen; während andererseits Individuen mit totalem Staar noch so viel Sehvermögen besitzen können, um die Bewegungen der Hand unmittelbar vor dem Auge, ja die Anzahl der ausgestreckten Finger prompt zu erkennen.

Wir versuchen daher, ehe dem Kranken eine Operation angerathen wird, ob derselbe im Stande ist, mit dem cataractösen Auge eine Kerze von mässiger Leuchtkraft im dunkeln Raume auf eine Distanz von circa 6 Meter zu erkennen, indem wir die Flamme abwechselnd zeigen und verdecken. Das Gesichtsfeld wird gemessen, indem man eine zweite Kerze zu Hilfe nimmt, den Kranken die eine Kerze fixiren heisst und die andere an den Grenzen des Gesichtsfeldes herumführt. Der Kranke muss immer angeben können, in welcher Richtung die Kerze sich befindet.

Eine bequeme Methode, welche die Kerzen überflüssig macht, besteht darin, dem Kranken die Lichtbilder mit dem Augenspiegel zu entwerfen. Man setzt den Kranken wie zur Augenspiegeluntersuchung mit nahe hinter dem Kopfe befindlicher Lampe. Das Zimmer ist verdunkelt. Nun wirft man mit dem Planspiegel ein Flammenbild auf das beschattete cataractöse Auge und überzeugt sich wiederholt, ob es gesehen wird. Durch die allmählige Entfernung des Spiegels wird das Bild immer lichtschwächer und kann endlich bis zur Grenze der Erkennbarkeit gebracht werden. Man hat hiedurch ein weit feineres Mittel, die Lichtempfindung zu prüfen, als mit der Kerze; ebenso kann durch Herumführen des Spiegels das Flammenbild von einer anderen Seite her auf das Auge geworfen und so das Gesichtsfeld und Projectionsvermögen geprüft werden. Dabei kann man in jeder Stellung des Spiegels denselben dem Auge nähern und entfernen und auf diese Weise die Feinheit auch der peripherischen Lichtempfindung prüfen.

Hat diese Untersuchung ein günstiges Resultat geliefert, so kann mit grösster Wahrscheinlichkeit prognosticirt werden, dass nach der Entfernung des optischen Hindernisses aus der Pupille auch genügendes Sehvermögen sich wieder einstellen wird. Diese Prognose kann sich der absoluten Gewissheit nähern, wenn auch die Inspection des Auges keine Anhaltspunkte für ein inneres d. h. hinter der Linse befindliches Leiden ergiebt. Folgende Punkte mögen vorwiegend berücksichtigt werden:

1) Jede andere als katarrhalische Injection des Bulbus ist verdächtig. Ciliarinjection deutet immer auf eine entzündliche Affection des Uvealtractus; stark ausgedehnte, geschlängelte Scleralgefässe deuten auf Stauungen im Augeninneren.

2) Alte Hornhautflecke werden jedenfalls das Sehen nach der Operation entsprechend abschwächen. Entzündliche Trübungen mögen bezüglich ihrer Bedeutung nach den im Capitel der Keratitis aufgestellten Principien beurtheilt werden.

3) Die Iris muss das unverkennbare normale Aussehen besitzen. Die Pupille muss frei sein und auf Lichteinfall energisch reagiren. Hintere Synechien sind unter allen Umständen eine unangenehme Complication, was die glatte Ausführung der Operation betrifft; die Prognose ist um so besser, je schmäler und älter sie sind, und je entfernter ihre Beziehungen zur Ausbildung der Cataract sind.

4) Es ist selbstverständlich, dass andere Abnormitäten, wie z. B. Staphylome jeder Art u. s. w. die Prognose in jedem speciellen Falle entsprechend beeinflussen müssen.

5) Es ist zweckmässig, bei jedem Cataractösen den Harn zu untersuchen. Die Anwesenheit des Zuckers contraindicirt die Operation nicht, macht aber insoferne die Prognose unsicher, als hinter der Cataract Neuritis oder Retinitis diabetica vorhanden sein könnte. Bei keiner beginnenden

diabetischen Cataract darf übrigens die interne Behandlung des Diabetes versäumt werden.

Bezüglich der Differentialdiagnose zwischen operirbarer Cataract und anderen mit Linsentrübungen einhergehenden Augenkrankheiten muss noch auf Einiges aufmerksam gemacht werden, umsomehr, als in den Protocollen eines jeden Augenarztes Fälle verzeichnet stehen, in denen Kranke mit unheilbaren Uebeln zur Operation sich meldeten, als es schon zu spät war, da sie nach dem Rathe ihrer ärztlichen Vertrauenspersonen erst »die Reife des Staares«, d. h. die völlige Erblindung abwarteten.

1) Eine Verwechslung mit Retinal- und Sehnervamaurosen wird jenem Arzte völlig unmöglich sein, der sich nur gewöhnt hat, jedes kranke Auge in seinem vordersten, dem Blicke leicht zugänglichen Antheile mit Focalbeleuchtung (seitlicher Beleuchtung) zu untersuchen. Die absolute Schwärze der Pupille spricht gegen Cataract.

2) Einer der traurigsten und leider auch nicht so seltenen Irrthümer besteht in der Verwechslung der glaucomatösen mit der einfach cataractösen Linsentrübung. Es muss demnach betont werden, dass die einfachen Cataractbildungen immer s c h m e r z l o s einhergehen, während wir beim acuten und subacuten Glaucom, und nur diese kommen zumeist hier in Frage, heftige Schmerzen und zwar anfallsweise und nach dem ausgesprochenen Typus der Ciliarneuralgie beobachten. Bei Glaucom ist auch die Pupille und ihre Beweglichkeit niemals tadellos, sondern gewöhnlich weiter und starr, mindestens während der Anfälle. Ausserdem treten auch sehr bald hochgradige Sehstörungen auf, ehe noch die seitliche Beleuchtung entsprechende Linsentrübungen aufweisen kann.

3) Vor Verwechslung einer primären Cataract mit Linsentrübungen, die in Folge von Netzhautablösung, eiteriger Choroiditis u. s. w. entstanden sind, schützt, selbst wenn man das Grundleiden nicht erkennen sollte, die genaue Functionsprüfung des Auges. Ausserdem ist das Aussehen der Cataract niemals dem bei senilem Staar ähnlich; auch sind gewöhnlich Iriscomplicationen vorhanden. Der Bulbus pflegt in solchen Fällen gewöhnlich von abnormer Spannung zu sein: eine Tension, geringer als normal, deutet auf N e t z h a u t a b l ö s u n g, während eine gesteigerte auf irgend ein g l a u c o m a t ö s e s Leiden schliessen lässt. Eine verkalkte, kreideweisse Linse deutet immer auf unheilbare Desorganisationen im Augeninneren.

Der graue Staar.

(Schluss.)

Therapeutische Bemerkungen.

Da die Operationslehre nicht in dem Plane dieses Buches liegt, so wird an dieser Stelle weniger eine genaue Beschreibung der gebräuchlichen Staaroperationen als die Darlegung ihrer Indicationen gegeben werden können.

Folgende Operationen kommen hier in Betracht:

a) Die Irideetomie. Die Verwendbarkeit dieser Operation ist bereits in der Lehre von den stationären Partialstaaren erörtert worden. Ihr Zweck ist, die Pupille zu vergrössern, damit Licht neben der Trübung vorbei ins Auge gelange. Sie ist nur anwendbar bei mässig ausgedehnten Trübungen, weil das Sehen durch die periphersten Randtheile der Linse ohnehin ein sehr schlechtes sein muss; es muss ferner darauf geachtet werden, dass die künstliche Pupille nicht zu gross ausfalle, weil die übergrosse, ins Auge dringende Lichtquantität Blendungserscheinungen verursacht, welche das Sehen noch schlechter machen können. Sie ist jedenfalls contraindicirt in den Fällen, wo das Sehvermögen nach der Erweiterung der Pupille durch Atropin nicht besser geworden ist, als es vor der Atropinisirung war. Selbstverständlich muss nach der Atropinisirung die Ametropie des untersuchten Auges sorgfältig corrigirt werden. `

Die Irideetomie, eventuell die Iridotomie, ist ferner indicirt bei membranösen, die Pupille ganz oder zum Theil verlegenden Staaren, wenn man zu vermuthen Grund hat, dass hinter dem auszuschneidenden Irisstücke keine Membran oder eine Lücke in derselben sich vorfinden werde, durch welche die Lichtstrahlen dringen können.

b) Die Discission. Sie besteht in der Einschneidung (Einreissung) der vorderen Kapsel und hat den Zweck, die Linsensubstanz der Einwirkung des Kammerwassers auszusetzen. Wir erwarten dadurch eine Auflösung und nachherige Resorbirung des Linsenkörpers zu erzielen.

Da dieser Process immer längere Zeit bis zu seiner Vollendung braucht, so wird auch der Erfolg der Discission kein momentaner sein, sondern Wochen auf sich warten lassen und erst dann zu erreichen sein, wenn die Operation auf demselben Auge öfters vorgenommen wird.

Bevor die Linsenfasern vom Kammerwasser aufgelöst werden, müssen sie erst in diesem aufquellen. Dadurch nehmen sie einen grösseren Raum für sich in Anspruch, die Flocken legen sich an die Iris an, fallen auch in die vordere Kammer und reizen die Gebilde. Die Gefahr der Discission liegt darin, dass dieser Vorgang vom Auge nicht vertragen wird und zu Drucksteigerungen im Auge und Entzündungen der Iris Veranlassung giebt.

Die Discission ist angezeigt: bei weichen, jugendlichen Staaren, welche ohnedies die Tendenz zur Verflüssigung haben, also leicht aufgelöst werden, überhaupt bei Augen jugendlicher Individuen, welche nicht so leicht zu Drucksteigerungen disponiren. Die Operation ist contraindicirt: bei Personen jenseits der zwanziger Jahre, wo der Kern bereits härter zu werden beginnt und die Auflösung nicht mehr leicht vor sich gehen kann. — Unter allen Umständen erfordert ein Auge, an dem eine Discission vorgenommen wurde, eine besondere Ueberwachung, weil sehr leicht Reizungszustände eintreten können. In diesem letzteren Falle müsste man sofort die blähenden Linsenmassen aus der Kammer entfernen.

Die Discission kann auch angewandt werden, um langsam reifende Staare jugendlicher Individuen schnell zur vollständigen Trübung zu bringen, um sie sodann durch die Extraction zu entfernen.

c) Die einfache Linearextraction. Cornealschnitt mittelst der Lanze von circa 6 mm, zwischen Centrum und Limbus gelegen. Anwendbar für weiche und flüssige Staare, namentlich nach der Discission, welche durch einen mit Hilfe eines spatel- oder löffelförmigen Instrumentes auf die Hornhaut ausgeübten Druckes aus dem Auge entfernt werden. Die Nachtheile dieser Methode bestehen in der, wenn auch linearen Hornhautnarbe, der Möglichkeit der Iriseinheilung und der schlechten Heilung der Hornhautwunde. Ungleich vorzuziehen ist in den geeigneten Fällen

d) die Linearextraction mit Iridectomie verbunden. Einschnitt mit der Lanze in Corneallimbus, schmale Iridectomie, Spaltung der Kapsel, Herausbeförderung der Cataract durch Druck. Anwendbar nur für weiche Staare, dann nach der Discission, um die quellenden Linsenmassen zu entfernen; sodann bei membranöser Cataract. In letzterem Falle wird der Staar mit der Pincette gefasst und herausgezogen.

e) Die peripherische Linearextraction nach von Graefe. Diese Operationsmethode, die heutzutage bei senilen Cataracten gebräuchlichste, hat die früher übliche Lappenextraction fast überall verdrängt. Das Princip der Graefe'schen Operation ist die Entfernung der Cataract durch eine der Linearität sich nähernde Schnittwunde (von circa 12 mm Länge), die in den oberen Scleralbord gelegt wird und den Corneallimbus nur in der Mitte tangirt. Die Iridectomie ist obligatorisch. Sodann Zerreissung der Kapsel mit einem Häkchen, Entfernung des Staares durch Druck auf die Cornea mit einem löffelförmigen Instrumente. Die Methode ist für die härtesten und grössten Staare anwendbar und hat heutzutage, wenn auch viele Operateure sie nach ihrer Individualität modificirten und namentlich die »Linearität« des Schnittes langsam wieder aufgegeben wird, dennoch, was die wichtigste Cataractform, die senile, anbelangt, nahezu unbestrittene Geltung.

Man hat über den grösseren und geringeren Werth einer Methode auf dem Wege der Statistik, d. i. der Ermittelung des Verhältnisses des Erfolges zum Misserfolg, Aufschluss zu finden gesucht. Von allen möglichen operationsstatistischen Zusammenstellungen hat aber diese den grössten Werth, die grösste Beweiskraft, welche bei möglichst grossem Material sich auf die Resultate eines Operateurs bezieht, dessen Technik eine unbestrittene und nicht mehr wechselnde und dessen Nachbehandlung eine anerkannt sorgsame und von wissenschaftlichen Grundsätzen geleitete ist und dessen Krankenmaterial sich unter möglichst gleichen Bedingungen befindet. Sehr wenig Werth haben Statistiken mit kleinen Zahlen, und fast gar keinen solche, welche auf der Summirung und Combinirung verschiedener kleiner Einzelstatistiken beruht. Wer viele Kliniken besucht und viele Operateure bei der Arbeit beobachtet hat, wird zugestehen müssen, dass eine Summirung der statistischen Resultate Vieler beinahe ebensoviel Werth besitzt, als die Addition von ungleichnamigen Grössen.

Eine im besten Sinne des Wortes werthvolle Statistik ist beispielsweise die von Arlt (Operationslehre in Graefe-Saemisch. Handb. d. ges. Augenh. III, S. 319), aus welcher die Superiorität der Graefe'schen Methode namentlich im Vergleich zur alten Lappenextractionsmethode deutlich hervorgeht.

Die Nachbehandlung nach der Graefe'schen Operation ist eine sehr einfache. Es handelt sich in den glatt verlaufenden Fällen hauptsächlich darum, die Schädlichkeiten vom Auge abzuhalten, was durch den beiderseitigen Druckverband am besten geschieht, der in so lange sorgfältig applicirt wird, als die Wunde noch nicht geschlossen und das Auge nicht reizfrei ist. Ob die Wunde bereits geschlossen ist, erkennt man an der Wiederherstellung der Kammer; den Zustand des Auges muss man übrigens täglich zweimal bei seitlicher Beleuchtung untersuchen. Vom fünften Tage angefangen kann man bei glattem Heilungsverlaufe schon den Verband unter Tages abnehmen und dem Kranken (der fortwährend noch im dunkeln Zimmer gehalten wird) das Aufsitzen gestatten. Im allgemeinen ist ein Uebermaass an Vorsicht einer laxen Nachbehandlung bei weitem vorzuziehen.

Die Reihe der ungünstigen Ausgänge nach der Graefe'schen Operation lässt sich in zwei grosse Gruppen theilen: In die eine Gruppe kommen alle jene Fälle, wo der ungünstige Ausgang durch Eiterung vom Wundrande her und Uebergang der Vereiterung auf die Hornhaut und den ganzen Bulbus (Panophthalmitis) verursacht wurde; in der anderen Gruppe finden wir den Erfolg der Operation vereitelt durch plastische Entzündungen des Uvealtractus (Iritis, Iridocyclitis), welche zu Verschluss der Pupille, ja zu allen jenen (auf Schrumpfungen zurückzuführenden) Folgen der Iridocyclitis leiten können.

Während nun in der ersten Gruppe das Sehvermögen mit dem Auge gewöhnlich völlig und in stürmischer Weise zu Grunde gehen kann (Ausgang in Phthisis bulbi), liefert die zweite Gruppe genug Fälle, in denen noch quantitatives Sehvermögen übrig bleibt und sonach die Hoffnung auf eine dereinstige Nachoperation vorhanden ist. Dagegen kommen auch solche Fälle vor, in denen in Folge der Iridocyclitis am operirten Auge sympathische

Erkrankung des anderen droht und somit das operirte Auge der Enucleation verfällt. Diese obzwar sehr seltenen Vorkommnisse sind es, welche eine der Schattenseiten der peripheren Linearextraction bilden, dadurch zu erklären, dass bei dieser der Schnitt ziemlich nahe dem Corpus ciliare geführt wird und das Liegenbleiben der Iris in den Wundwinkeln sehr leicht möglich ist und auch oft vorkommt.

Wenn wir die Ursachen der ungünstigen Ausgänge analysiren, so mag ein Theil in den Fehlern während des Operationsactes zu suchen sein (zu peripherer Schnitt, unnöthig herbeigeführter Glaskörperverlust, schlechtes Ausschneiden der Iris); dann giebt es Fälle, in denen zurückgebliebene, sich blähende Linsenreste durch Irritation der Iris Entzündung verursachen; ferner mögen es äussere Schädlichkeiten, also in erster Linie Wundinfection sein, welche namentlich bei Eiterungen, die von der Wunde ausgehen, zu beschuldigen wäre.

Was die Möglichkeit der Infection der Operationswunde anbelangt, so ist diese nach den Erfahrungen der modernen Chirurgie nicht in Abrede zu stellen. Es ist darum von mehreren Seiten der Versuch gemacht worden, auch die Staaroperation unter möglichst vollkommenen antiseptischen Cautelen vorzunehmen.

Nach dem, was ich selbst auf Dr. v. Siklósy's Abtheilung im Budapester allgemeinen Krankenhause gesehen habe, verträgt das Auge den Spray von 4 % Borsäure vorzüglich, und kann auch die Nachbehandlung unter den sorgfältigsten antiseptischen Cautelen durchgeführt werden; die Methode scheint mir indicirt zu sein in schlecht ventilirten, überfüllten Krankenhäusern, besonders dann, wenn vorher zahlreiche Vereiterungen trotz glatter Operation und tadelloser Nachbehandlung vorgekommen sind. Ein Jahr hindurch waren auf der genannten Augenabtheilung die Erfolge wahrhaft glänzende. (Siehe: Siklósy. Ueber den Gebrauch des Spray bei der Graefe'schen Extr. Denkschr. der XX. ungar. Naturf.-Vers. S. 237.)

Das aphakische Auge; der Nachstaar.

Ein Auge ohne Krystalllinse ist ein aphakisches Auge, in demselben fällt der Einfluss der Linse auf den Brechzustand vollständig weg, und wir haben überhaupt nur mehr eine brechende gekrümmte Fläche, die Cornea, und ein brechendes Medium, das Kammerwasser, resp. den Glaskörper, deren Brechungsexponenten so ziemlich identisch sind. In den überwiegend meisten Fällen ist ein solches Auge hypermetropisch und hat in keinem Falle mehr Accommodation. Der Kranke wäre daher gezwungen, sich für jede bestimmte Distanz eigener Convexgläser zu bedienen, doch lehrt die Erfahrung, dass er deren nur zwei benöthigt und zwar für die Ferne ungefähr $+ \frac{1}{4}$, für die Nähe $+ \frac{1}{2\frac{1}{2}}$ bis $\frac{1}{2}$.

Es kommt jedoch nur in sehr wenigen Fällen vor, dass durch die Staarextraction auch das gesammte Linsensystem aus dem Auge entfernt wird. Fast alle Operationsmethoden bezwecken nur, den Linsenkörper aus dem Kapselsack auszuhülsen, dessen vorderes Blatt immer eingeschnitten wird. Nach der Extraction bleibt also unter allen Umständen das hintere Kapselblatt und mindestens die periphersten Antheile der vorderen Kapsel mit dem Epithel im Auge zurück. Gewöhnlich ist auch noch mehr weniger Corticalsubstanz im Pupillargebiete haften geblieben.

Wie sich vom Kammerwasser umspülte Linsensubstanz verhält, wurde bereits des öfteren besprochen. Auch die Linsenepithelien verändern sich unter dem directen Einflusse des Humor aqueus, sie gerathen in einen Wucherungsprocess, wodurch Verdickungen der Kapsel entstehen, die, wie die seitliche Beleuchtung aufweist, spinnwebenartig die aphakische Pupille durchziehen. Man nennt diesen Zustand den Nachstaar (Cataracta secundaria). Sind diese Verdickungen stärker ausgeprägt, so können sie ein neues Hinderniss für das Sehen abgeben, zu dessen Hinwegräumung man auf operativem Wege schreiten muss.

Auch der Nachstaar kann einfach und complicirt sein. In letzterem Falle ist er nicht allein mit der Iris in grösserer oder geringerer Ausdehnung verwachsen, sondern kann auch mit Irisschwarten zusammen eine förmliche Cataracta membranacea bilden, einen häutigen Staar, der wie eine Scheidewand zwischen vorderem und hinterem Bulbusantheile ausgespannt ist, oft auch mit cyclitischen Schwarten in Verbindung sich befindet.

In solchen Fällen bleibt nichts anderes übrig, als auf dem Wege der Iridotomie eine künstliche Oeffnung in die Membran zu legen.

Dünnere uncomplicirte, d. h. freie Nachstaare können auf dem Wege der Discission zerspalten werden.

Luxatio lentis.   Luxation der Linse.

Wir unterscheiden die Ektopien der Linse als angeborene Lageveränderungen (Luxationen) derselben von den im späteren Alter erworbenen, und nennen im allgemeinen jede Lageveränderung der Linse, wobei dieses Organ vollständig das Pupillargebiet verlassen hat, eine totale Luxation, während wir solche Fälle, in denen die Linse nur so weit verschoben ist, dass nur ein Theil des Pupillargebietes aphakisch ist, mit dem Namen der Subluxation (unvollkommene L.) belegen.

Die Diagnose einer Luxation oder Subluxation der Linse, mögen sie wie immer entstanden sein, ist leicht, wenn die Linse zugleich cataractös ist, weil sie dann in ihrer neuen Position beinahe dem ersten Blicke auffällt. Nur in den Fällen, wo sie vollständig ins Innere des Auges, nach unten und hinten zurückgesunken ist, bietet ihre Aufsuchung mit dem Ophthalmoskop manchmal Schwierigkeiten. Zur Diagnose der Luxation eines noch durchsichtigen Krystallkörpers dienen uns folgende Anhaltspunkte:

a) Das Schlottern der Iris, Iridodonesis. Wenn die Linse nicht mehr an ihrem Platze ist, hat die Iris ihren Halt verloren und muss

bei den verschiedenen Augenbewegungen in Erzitterungen gerathen. Da
nun die Linse, die ihrer normalen Anheftungen verlustig geworden ist, sich
auch noch selbst bewegt, so wird die Iris häufig wie ein Tuch hin und her
bewegt. Dieses Irisschlottern ist namentlich bei plötzlichen und brüsquen
Bewegungen der Augen so auffallend, dass oft ein Blick genügt, um die
Diagnose der Luxatio lentis zu stellen. Die Iridodonesis kommt noch bei
totaler Aphakie (besonders schön nach Lappenextrationen), dann bei Glas-
körperverflüssigungen auch bei normaler Linsenanheftung, weil die Linse
ihre Stütze nach rückwärts verloren hat, vor. Die Differentialdiagnose wird
jedenfalls nach der künstlichen Erweiterung der Pupille keine Schwierigkeiten bieten.

b) Der ungleiche Tiefenstand der vorderen Kammer.
Nehmen wir an, die Linse wäre derart luxirt, dass ihr oberer Rand nach
hinten, gegen den Mittelpunkt des Auges, ihr unterer Rand nach vorn
stünde. Dann müsste die untere Irishälfte nach vorn gedrängt sein, während
die obere Hälfte schlottern würde.

c) Das optische Aussehen des Linsenrandes. Umgeben
von dem Medium des Kammerwassers (resp. des Glaskörpers) muss der
Linsenäquator nach einfachen optischen Gesetzen die Lichtstrahlen total
reflectiren. Er erscheint daher bei seitlicher Beleuchtung als weisse, bei
Durchleuchtung der Pupille mit dem Augenspiegel als schwarze Linie.

d) Die Functionsprüfung des Auges. Jener Theil der
Pupille, der von der Linse nicht gedeckt ist, lässt die Lichtstrahlen wie ein
aphakisches Auge durch, während durch den von der Linse begrenzten
Antheil die Brechung nothwendig eine andere sein muss. Diese Refractionsdifferenz erzeugt monoculare Diplopie, welcher Uebelstand noch durch die
astigmatische Verzerrung der Bilder gesteigert wird, die in Folge der Schief-
stellung der Linse entsteht. Die Accommodation ist selbstverständlich für
jeden Antheil der Pupille aufgehoben.

Die Uebelstände, welche die Linsenluxation für die Ernährungsverhältnisse des Auges mit sich bringt, sind nicht immer gleich. Oft,
namentlich bei den angeborenen Luxationen, den Ektopien, wird der Zustand
sehr gut ertragen. Auch erworbene Lageveränderungen können lange Zeit
ohne weitere Zufälle ertragen werden. In vielen Fällen jedoch treten Entzündungen auf und zwar dann, wenn die Linse an den Pupillarrand sich
lehnt und diesen bei ihren Bewegungen fortwährend irritirt. Eine auf das
Corpus ciliare niedergesunkene Linse kann dort adhäsive Entzündung und
Cyclitis erzeugen. Daher rührt die Gefährlichkeit der alten Methode der
Reclinatio cataractae. Besonders zu fürchten sind verkalkte, stark schlotternde und geschrumpfte Linsen.

Die Erfahrung hat ferner gelehrt, dass Linsen, die in die vordere
Kammer vorgefallen sind, glaucomatöse Zufälle (Erhöhung des intraoculären
Druckes) verursachen. Die Erklärung dieser Thatsache ist erst von der
jüngsten Zeit geboten worden, in welcher die Rolle des Kammerfalzes

(Fontana'scher Raum) als Filtrationsstelle für die Binnenflüssigkeiten des Auges erkannt wurde und demnach die Verlegung dieses Raumes, in Folge Einkeilung des Linsenrandes, mit einer Absperrung der Filtrationsöffnung gleichbedeutend ist.

Was nun die einzelnen Arten der Linsenluxationen anbelangt, so werden die angeborenen Ektopien, welche gewöhnlich beiderseitig und symmetrisch vorkommen, sich jeder Therapie entziehen. Wir können höchstens versuchen, durch Correction mit entsprechenden sphärischen oder cylindrischen Gläsern die Sehschärfe ein wenig zu heben. Es wird sich ausserdem in jedem Falle der Versuch verlohnen, die Pupille durch Eserin ad maximum zu verengern, um dadurch der Linse einen Stützpunkt nach vorn zu bieten und ihr Vorfallen in die Kammer zu verhindern.

Von den acquirirten Luxationen, wie wir sie nach Traumen öfters beobachten, werden nur solche zu operativem Einschreiten veranlassen, welche die oben geschilderten Reizerscheinungen verursachen. Wir müssen jedoch mit der Extraction solcher Linsen sehr vorsichtig sein, weil hiebei immer namhafter Glaskörperverlust zu befürchten ist, und uns in den meisten Fällen auf die Iridectomie, als spannungsherabsetzende Operation, beschränken. Dies gilt auch für die Fälle, in denen das Trauma die Luxation mit einer Kapselverletzung verquickt hat, nur dass hier die Verhältnisse viel complicirter und bedenklicher liegen.

In jedem Falle haben wir aber in dem Eserin ein ausgezeichnetes Mittel, eine an die Pupillaröffnung gelehnte und zum Prolaps in die Kammer sich neigende Linse nach hinten zu drängen. Wir könnten auf diese Weise glaucomatöse Zufälle verhüten, resp. schon ausgebildete Glaucomanfälle durch Rückdrängung der Linse wenigstens vorläufig rückgängig machen. So kann auch eine bereits in die Kammer prolabirte Krystalllinse in der Rückenlage des Patienten durch eine ad hoc erweiterte Pupille wieder nach hinten sinken und in dieser Lage provisorisch durch nachfolgende Eserininstillation fixirt werden. Selbstverständlich haben wir nicht die Macht, diesen Zustand zu einem stabilen zu gestalten. Eine bereits ausgebildete plastische Iritis wird jedoch die Anwendung des Eserins contraindiciren müssen.

Verkalkte, das Auge erheblich reizende Linsen können ohne grosse Schwierigkeiten durch die Extraction entfernt werden. Hier schadet selbst ein namhafter Glaskörperverlust nichts, weil das Corpus vitreum in diesen Fällen gewöhnlich sehr flüssig ist und sich auch sehr rasch wieder ersetzt. Uebrigens sind derartige Augen immer schon lange amaurotisch.

Wir haben noch einer Art von Luxation zu gedenken, welche, obzwar sie sehr selten vollkommen ausgebildet vorkommt, dennoch auch vom praktischen Standpunkte aus interessant genug ist, um hier besprochen zu werden. Wir meinen jene Linsendislocationen, welche in Folge einer concentrischen Schrumpfung im Inneren des Kapselsackes zu Stande gebracht werden. In gewissem Sinne mag das Schlottern der verkalkten Linsen, welche immer auch verkleinert sind, auch in diese Rubrik

gehören, wenn auch die Verflüssigung des Glaskörpers, welche der Linse
nach rückwärts ihren Halt raubt, einen bedeutenden Antheil mitträgt. Wir
meinen hier jedoch jenen concentrischen Zug, der vom schrumpfenden
Fasergewebe der Kapselcataract ausgeübt wird, ein Zug, der demnach in
der Richtung vom Aequator gegen den Mittelpunkt der Linse gerichtet ist,
in Folge dessen einzelne Theile der Zonula Zinnii sicherlich gelockert oder
losgerissen werden müssen. Wir haben bereits erwähnt, dass in jeder
überreifen Cataract sich Wucherungen der Kapselepithelien ausbilden, welche
mit der Zeit zu förmlichen faserigen, nach Art von Pseudomembranen
schrumpfenden Schwarten werden können. Auf diesen Schrumpfungsprocess
sind die Erklärungen jener Fälle zu basiren, in denen sogenannte Selbst-
heilung seniler Catarcte vorliegen, die also nichts anderes vorstellen, als
durch spontane Luxationen bewirkte Befreiung des Pupillargebietes von
der Trübung, demnach eine von der Natur selbst geübte Depressio
cataractae.

Einen sehr lehrreichen hieher gehörigen Fall habe ich im Jahre 1873 bei
einem Besuche auf der Abtheilung Dr. Vidor's im Pester Judenspitale zu sehen
Gelegenheit gehabt. Es handelte sich um einen Mann mit einer reifen Cataract
auf dem linken Auge, welche eine sehr mächtige Kapselverdickung besass. Der
untere Rand der Cataract war sehr tief eingekerbt, so dass bei mässig erweiterter
Pupille nach unten ein schmaler schwarzer Spalt zu bemerken war. Unten war
auch Iridodonesis vorhanden. Die Extraction, der ich als Gast anwohnte, war
mit grossem Glaskörperverlust verbunden, über den Ausgang ist mir nichts bekannt. An der von mir später mikroskopisch untersuchten Cataract war die Kapsel-
wucherung sehr merkwürdig, deren genetischen Zusammenhang mit den Epithelien
man sehr gut studiren konnte, ferner sah man ganz deutlich Faserstränge,
welche von der Kapselverdickung zur Einkerbung zogen.

Siebentes Capitel.

Krankheiten des Glaskörpers.

Der Glaskörper (Corpus vitreum) spielt im Auge in optischer
Beziehung dieselbe Rolle wie das Kammerwasser, da das Brechungsverhält-
niss beider (von geringfügigen theoretischen Differenzen abgesehen) sich
kaum von dem des destillirten Wassers unterscheidet. In der That wird
normale Glaskörpermasse, in destillirtes Wasser geworfen, in demselben
wegen des gleichen Brechungsvermögens beider in keiner Weise mehr
bemerkbar sein.

Genetisch sowohl als auch histologisch unterscheiden sich beide
Flüssigkeiten bedeutend von einander, da der Glaskörper bei einem be-

trächtlichen Wassergehalte eine bestimmte Structur hat, an der sich zellige sowohl als fascrige Elemente, wenn auch in geringem Maasse, betheiligen. Daher rührt es auch, dass, während abgeflossenes Kammerwasser nach kurzer Zeit sich vollkommen wieder erneuert, der Verlust von Glaskörper nur schwer wieder hereingebracht wird, im besten Falle nur dann ein Ersatz eintritt, wenn nur ein kleiner Theil desselben aus dem Auge getreten ist. Auch in dem letzteren Falle ist es sehr fraglich, ob echter Glaskörper (wir haben hiebei die eigenartige, wenn auch nicht ganz erforschte histologische Structur im Auge) nach- oder vielmehr zugebildet wird oder ob es nur ein Transsudat aus der Choroidea ist welcher den leer gewordenen Platz des ausgetretenen Corpus vitreum wieder ausfüllt. Das letztere ist erwiesen in den Zuständen von sogenannter Ablösung des Glaskörpers (von Iwanof zuerst beschrieben), wie sie ausser nach Verlusten desselben in Folge von Verletzungen, Operationen u. s. w., aber auch dann vorkommt, wenn bei namhafter Verlängerung der Bulbusaxe, wie bei Myopie, ferner bei zahlreichen staphylomatösen Verbildungen der Glaskörper gewissermassen nicht Schritt halten kann mit der Ausdehnung der Bulbushäute und der so entstandene Raum zwischen Glaskörper und Retina durch ein seröses Transsudat ausgefüllt wird.

Dass übrigens Transsudate aus der Choroidea, was Durchsichtigkeit und Consistenz anbelangt, dem Glaskörper sehr ähnlich sein können, erhellt aus zahlreichen anatomischen Befunden von Augen mit totaler Netzhautablösung, in welchen man zwischen der in der Axe des Bulbus trichterförmig ausgespannten Netzhaut und der Aderhaut eine sulzige, in der Härtungsflüssigkeit vollkommen geronnene transparente, den Raum zwischen beiden Häuten ganz ausfüllende Masse vorfindet. In derselben ist keine Spur einer Organisation, wenn auch eine äusserst spärliche Quantität von lymphoiden Zellen anzutreffen.

In derselben Weise, in welcher die chemische Zusammensetzung des Humor aqueus und seine optische Reinheit von dem Zustande der Cornea und des zur vorderen Kammer gehörigen Uvealtractus-Antheile beherrscht wird, so dass Trübungen des Kammerwassers jeder Art auf Entzündungen der genannten Gebilde schliessen lassen, besteht auch eine directe Abhängigkeit des Corpus vitreum von den dasselbe umschliessenden Membranen, der Retina und Choroidea. Namentlich die Choroidea ist es, welche geradezu als Matrix des Glaskörpers betrachtet werden muss, so dass auch die meisten namhafteren Veränderungen im Aderhauttractus zu Exsudationen in dem Glaskörper oder Ernährungsstörungen desselben führen, die sich als Trübungen nachweisen lassen. Ja, bei jedweder Trübung des Glaskörpers ist in erster Linie auf ein Leiden der Aderhaut zu denken.

Was die Retina betrifft, ist ein solcher Zusammenhang nicht so häufig nachzuweisen. Hier sind es nur Blutungen aus den Gefässen, Wucherungen der innersten (vordersten) Schichten und Geschwülste, welche zu Veränderungen des Glaskörpers führen, wobei wir hier vorläufig von der fibrösen

Entartung desselben absehen wollen, wie sie innerhalb des abgelösten Netzhauttrichters ständig vorkommt.

Aus alle dem geht hervor, dass eigentlich die krankhaften Veränderungen des Glaskörpers als durchaus von denen anderer Augengebilde abhängig, erst bei der Besprechung der letzteren abzuhandeln sind und dass auch die Therapie beider eng zusammengehört; indessen empfiehlt es sich doch aus praktischen Gründen, gesondert auf die wichtigsten pathologischen Zustände des Glaskörpers aufmerksam zu machen und uns mit der Therapie solcher eingehender zu beschäftigen, welche als Folgezustände verschiedener vorhergegangener Augenkrankheiten zurückbleiben können.

Ausser der bereits oben erwähnten Ablösung haben wir noch die Verflüssigung des Glaskörpers (Synchysis corpor. vitr.) zu erwähnen, bei welcher der letztere in eine dünnflüssige, fadenziehende Materie verwandelt ist. Dieser Zustand ist sicherlich ein Product von langwierigen Choroidealentzündungen, in deren Verlaufe die gesammte Ernährung des Bulbus in erheblicher Weise Schaden gelitten hat, wobei es also auch zu einem Zerfall der festen Glaskörperbestandtheile gekommen sein mag. Es giebt aber auch Fälle, in denen die Verwandtschaft der Glaskörperablösung mit der Verflüssigung sich nicht läugnen lässt, da man in der Ersatzflüssigkeit den zu einigen Fadensträngen geschrumpften Glaskörper flottiren sieht, es demnach wahrscheinlich ist, dass derselbe durch Choroidealtranssudat allmählig vorgedrängt und mit der Zeit zur vollständigen Schrumpfung gebracht wurde.

In mehreren Fällen sah ich den Glaskörper kegelförmig abgelöst, die Spitze des Kegels haftete an der Papille, die Basis an der Linse. Der Kegel war in einer klaren serösen Flüssigkeit ausgespannt.

Therapeutisch sind wir in solchen Zuständen selbstverständlich vollkommen machtlos, dagegen wird die Verflüssigung des Corpus vitreum in prognostischer Beziehung höchst wichtig, wenn sie in solchen Augen vorkommt, die wir einer Operation zu unterwerfen haben, in specie der Cataractoperation. Sie verräth sich in solchen Fällen, wo die Untersuchung mit dem Augenspiegel uns wegen der Trübung der Linse untersagt ist, durch ein sehr wichtiges Symptom: das Irisschlottern. Dies kommt deshalb zu Stande, weil der hintere Stützpunkt des Linsensystems verloren gegangen ist (s. oben S. 140). In solchen Fällen haben wir gewöhnlich auf namhaften Glaskörperverlust während der Operation zu rechnen, und zwar kann das Ausfliessen so bedeutend werden, dass der Bulbus wie ein schlapper Sack zusammensinkt. Trotzdem kann dieser Vorfall ohne schlimme Folgen verlaufen und Heilung eintreten, wenn es uns gelungen ist, die Linse aus dem Auge zu entfernen, was wegen der Unmöglichkeit, einen Druck auf den Bulbus auszuüben, seine Schwierigkeiten hat und nicht ohne Einführung eines Löffels durchführbar ist. Der Ersatz der ausgeflossenen Masse, die nichts mehr vom normalen Glaskörper an sich hat als die Transparenz, wird dem Auge beinahe so leicht, als der Ersatz von Humor aqueus.

Gelingt es uns, den verflüssigten Glaskörper mit dem Augenspiegel zu durchmustern, so entdecken wir zahlreiche Flocken in demselben von verschiedener Grösse, manche so gross, dass wir sie direct als Membranen ansprechen können. Sie flottiren bei den Bewegungen des Auges lebhaft und werden dadurch leicht erkannt. Die Unterscheidung von Linsen-trübungen ist leicht, eben wegen ihrer Beweglichkeit, dann weil Linsen-trübungen bei erweiterter Pupille mittelst seitlicher Beleuchtung diagnosticirt werden müssen, auch wenn sie der hinteren Kapsel sehr nahe liegen. Da die Flocken immer in einiger Entfernung vom Augenhintergrunde sich befinden, so ist es zweckmässig, dass wir unserem Augenspiegel noch Convexlinsen (circa $+ \frac{1}{10}$) anfügen, weil wir uns dann künstlich kurz-sichtig machen.

Ausser diesen beweglichen Flocken und Membranen sind im Glas-körper, auch im nicht verflüssigten, häufig noch fixe, schleierähnliche Trübungen ausgespannt, welche wegen ihrer Dünne nur schwer erkannt werden können, wenn man sie nicht mit passenden Convexgläsern betrachtet. Man wählt am besten zu ihrer Auffindung einen lichtschwachen Spiegel. Bei zu starker Durchleuchtung des Augeninneren werden sie gar nicht erkannt, sondern verleihen nur dem Augenhintergrunde ein sogenanntes »verschleiertes« Aussehen.

Indessen nicht alle Trübungen des Glaskörpers setzen sich zu membran-ähnlichen Gebilden zusammen, sehr häufig erfüllen sie denselben als feiner Staub, dessen einzelne Partikelchen schon jenseits der Grenze der Unter-scheidbarkeit stehen. Diese diffusen Trübungen können so dicht werden, dass sie die Erkennbarkeit des Augenhintergrundes beeinträchtigen; in leichteren Graden verleihen sie letzterem das Aussehen der Ver-schleierung.

Alle diese Formen von Trübungen können mit Bestimmtheit als Folgezustände entzündlicher Veränderungen erklärt werden. Es entsteht nun die Frage, ob sie immer nur als Exsudationen von aussen her zu betrachten seien, oder ob wir auch eine active Betheiligung des Glaskörpers, also eine Entzündung desselben, ein Hyalitis anzunehmen das Recht haben. Das letztere muss unbedingt bejaht werden, schon aus theoretischen Gründen — da der Glaskörper ein organisirtes, zellenhaltiges Gewebe ist und überdies auch der Blutzellen-Immigration geöffnet ist — sodann, weil die Erfahrung lehrt, dass wir häufig Glaskörpermembranen und Trübungen beobachten können, wo absolut keine Choroideal- oder Retinalaffection angenommen werden kann und wir uns gewöhnt haben, derartige geweb-liche Veränderungen als Resultate entzündlicher Vorgänge anzusehen. Uebrigens bietet die Entscheidung dieser Frage vorläufig keinen praktischen Vortheil — sie hätte nur dann eine besondere Wichtigkeit, wenn wir uns vorstellen könnten, es wäre eine entzündliche Schwellung des Glaskörpers möglich, woraus dann vielleicht manche Fälle von glaucomatösen Erkrankungen sich erklären liessen.

Weitere Affectionen, welche von den Nachbarorganen sich auf den Glaskörper fortsetzen können, sind zunächst Eiterungen. In der That ist auch bei jeder Vereiterung der Choroidea das Corpus vitreum sehr bald mit Eiterzellen erfüllt, und dieser Zustand ist auch mit dem Untergang des Bulbus als Sehorgan gleichbedeutend. Wir werden von diesem Zustande bei Gelegenheit der Panophthalmitis zu sprechen haben. — Es scheint ferner, dass der Glaskörper eine ausgezeichnete Nährflüssigkeit für Sepsis-anregende Mikro-Organismen ist, da fremde Körper oder Faulflüssigkeiten, überhaupt Infectionsstoffe tragende Objecte im Glaskörper sehr bald eiter-ähnliche Schmelzung erzeugen, welche auf die Nachbarorgane übergreift und dieselben gleichfalls zur Vereiterung bringt.

Blutungen kommen im Glaskörper sehr oft vor. Sie sind theils durch Traumen entstanden, welche eine Zerreissung von intraoculären Gefässen verursachen, aus denen sich das Blut in den Glaskörper ergiesst und denselben häufig erfüllt oder wenigstens trübt. Auch spontan erfolgen solche Blutungen, gewöhnlich aus Retinalgefässen, aus Ursachen, die nicht immer aufgeklärt sind. Das Blut resorbirt sich, auch wenn grössere Quantitäten ergossen sind; bedenklicher sind nur oft recidivirende Retinal-blutungen, welche den Glaskörper mit der Zeit zertrümmern können.

Aus dem ergossenen Blute bildet sich sehr häufig Pigment im Glaskörper. Ein pathologisches Curiosum ist das Vorkommen von Cholestearin, welches in Form von goldig glitzerndem Staube, der bei den Bewegungen des Auges aufgewirbelt wird, mit dem Augenspiegel wahrgenommen werden kann (Synchisis scintillans). Der Glaskörper ist in solchen Fällen wahrscheinlich verflüssigt. Mit der Zeit kann auch das Cholestearin vollständig aufgelöst werden und verschwinden.

Sämmtliche von den begrenzenden Augenhäuten ausgehenden, in den Glaskörper ragende Wucherungen werden den letzteren in Mitleidenschaft ziehen. In den meisten Fällen handelt es sich wohl um eine einfache Verdrängung desselben; doch kann der Uebergang der Wucherung in den Glaskörper ein so allmähliger werden, dass eine scharfe Grenze nicht aufgefunden werden kann, sondern angenommen werden muss, dass das Gewebe der Corpus vitreum mit in die Hyperplasie eingeht. So wurde dies bereits öfters bei Retinalwucherungen, ferner bei circumscripten, die Retina durchdringenden choroiditischen Wucherungen, die in Ossification übergehen können, gesehen.

In den Glaskörper gelangen oft fremde Körper, welche daselbst immer massenhafte Zelleneinwanderung und Entzündung erregen. Diese kann, wie oben bemerkt, eiteriger Natur sein und sich rasch zu Vereiterung des Augapfels, zu Panophthalmitis steigern; oder sie ist mehr »reactiver« Natur und führt zur Einkapselung des Eindringlings. Die neugebildete fibröse Kapsel steht gewöhnlich mit den Nachbarorganen, in erster Linie mit der Retina, in enger Verbindung. Bei Schrumpfung des fibrösen Gewebes wird Retinalablösung erzeugt, sowie weitere Folgezustände, welche mit denen intraoculärer Schwarten und cyclitischer Pseudomembranen identisch sind.

Was nun die Therapie der Glaskörperaffectionen anbelangt, so muss, wie schon einmal betont wurde, jenes Augenleiden gesucht werden, als dessen Begleiterscheinung die betreffende Glaskörperveränderung aufzufassen ist. Das Heilverfahren wird sich sodann gegen ersteres richten. Wir verweisen hiebei nur auf verschiedene Entzündungen der Aderhaut, welche mit Trübungen des Glaskörpers einhergehen und mit deren Heilung auch die Aufhellung der letzteren sogar vollständig zu Stande kommt.

Wenn wir nun jene Glaskörpertrübungen ins Auge fassen, welche als Residuen früherer Erkrankungen zurückgeblieben sind oder bei denen sich ein Zusammenhang mit anderen Augenaffectionen nicht nachweisen lässt, so kann in Bezug auf die Therapie Folgendes bemerkt werden:

Je weniger dicht und je diffuser die Trübung ist, desto günstiger ist die Prognose. Dichte Membranen, wenn sie noch dazu lange bestehen, können schon als stationär betrachtet werden und bieten sehr wenig Aussicht auf Besserung. In einem ähnlichen Falle hatte v. Graefe den Plan mit Erfolg ausgeführt, eine solche im Glaskörper ausgespannte Membran zu discindiren. Gelingt es uns noch, in derlei Gebilden Spuren einer Organisation, in specie Gefässe nachzuweisen, so kann die Resorption derselben als unmöglich angesehen werden. Ebenso werden bindegewebige Gebilde, wie sie durch die Anwesenheit von fremden Körpern hervorgerufen wurden, keinen Gegenstand der Therapie abgeben können.

Eine sehr ungünstige Prognose quoad restitutionem ad integrum geben auch jene auf Verflüssigung deutenden Glaskörpertrübungen, welche mit den höchsten Graden der Myopie verknüpft sind. In solchen Fällen muss immer die Möglichkeit vorschweben, dass die Ablösung (resp. Verflüssigung) des Glaskörpers nur ein Vorläufer der Retinalablösung ist.

Die Erfahrung hat gelehrt, dass in vielen Fällen von Glaskörpertrübungen günstige Resultate erzielt wurden, d. h. dass endgültige Resorption derselben zu Stande kam, wenn methodische Schwitz- und Salivationskuren durchgeführt wurden. Im allgemeinen sucht man auch die Resorption durch ein ableitendes Verfahren zu befördern, welchem sich zugleich antiphlogistische Maassregeln anschliessen, wenn man irgend eine Hyperämie im Inneren des Auges zu beschuldigen in der Lage ist. Diese Antiphlogose besteht gewöhnlich in Blutentziehungen aus den Schläfen, die man methodisch mit dem Heurteloup regelt. Am Platze sind Blutentziehungen jedoch nur dann, wenn manifeste Entzündungssymptome von Seiten des Uvealtractus bestehen.

Die Resorption wird durch Quecksilberkuren, ferner durch den innerlichen Gebrauch des Kalium jodatum zu erzielen gesucht.

Bezüglich der Ausführung der Quecksilberkur gilt dasselbe, was bei

Gelegenheit der Therapie der Iritis gesagt wurde. Es soll hier nur darauf
aufmerksam gemacht werden, dass man in sehr schweren und hartnäckigen
Fällen sich manchmal zum subcutanen Gebrauche des Mercurs entschliessen
muss, zu welchem Zwecke eine einpercentige Sublimat-Kochsalzlösung
genommen wird. Eine Lösung, welche, wie ich versichern kann, Jahre
lang rein bleibt und bei vorsichtiger Wahl der Injectionsstelle (Rückenhaut)
kaum je Abscesse oder sonstige locale Unannehmlichkeiten verursacht, wird
folgendermassen verschrieben:

> Rp.　Solutionis saturatae,
> 　　　Hydrarg. bichlorat. corros.
> 　　　Natri chlorati
> 　　　　　ana centimetra cubic. 10,
> 　　　Aq. dest. centimetra cubic. 42.

In der neuesten Zeit ist jedoch gerade in der Therapie der Glaskörpertrübungen das Quecksilber vom Jaborandi ganz entschieden in den Schatten
gestellt worden. Wir haben schon auf Seite 101 Gelegenheit gehabt, von
letzterem zu sprechen. Uebereinstimmende Erfahrungen von allen Seiten
haben gezeigt, dass das aus der Jaborandipflanze gewonnene Pilocarpinum
muriaticum, was die Aufhellung von Glaskörperopacitäten anbelangt, seien
sie nun in Folge von Iridochoroiditis oder in Folge von Blutungen entstanden, sich geradezu glänzend bewährt hat, auch in jenen Fällen, wo
die gebräuchlichen anderen Kuren schon ohne Erfolg durchgemacht wurden.

Um bei erwachsenen Personen eine volle Pilocarpinwirkung zu erzielen,
muss man circa 0,02 gr. subcutan injiciren. Es erfolgt bald darauf eine
ausgiebige Salivation, welche ungefähr 2 Stunden anhält und ein Quantum
Speichel von $^1/_4$—$^3/_4$ Liter liefert. In meinen Fällen sah ich die Salivation
immer sehr bald eintreten, dagegen war die Transpiration inconstant, ja
oft völlig ausbleibend. Man kann diese durch das Einwickeln des Körpers
befördern; der Arm, welcher frei von der Decke die Spuckschale hielt,
blieb gewöhnlich trocken. Man ist häufig gezwungen, grössere Dosen anzuwenden, weil mit der Zeit eine Gewöhnung an das Mittel eintritt; man
schickt dann gleich der ersten Injection eine zweite nach oder verordnet
die nöthige Dosis innerlich.

Da die Gewichtsverluste, welche der Körper in Folge der so beträchtlich vermehrten Flüssigkeitsausscheidung erleidet, nicht gering sind, so wird
das Pilocarpin nicht zu lange angewendet werden dürfen; in der Regel
werden 14—16 Injectionen zu 0,02 gr. auch von älteren Leuten noch sehr
gut vertragen. Bei Fortsetzung der Kur wird jedenfalls das Allgemeinbefinden des Körpers sehr gut überwacht werden müssen. Die unangenehmen Nebeneinwirkungen des Piloc. mur. bestehen in sehr peinlichen
Würge- und Brechbewegungen, ferner in Flimmern, Nebel- und Funken-
sehen, welche Erscheinungen aber bald wieder verschwinden und keine
weiteren Folgen nach sich ziehen.

Bei Frauen wird wegen der Wirkung des Pilocarpins auf die Uterus-muskulatur besondere Vorsicht angewendet werden müssen. Es darf keines-falls während einer Gravidität eingespritzt werden.

Da Atropin in directem Antagonismus zum Pilocarpin steht, so darf während der Kur kein Atropin eingeträufelt werden; man kann letzteres durch Duboisin, noch besser durch Homatropin ersetzen. Einige unter-stützen die Pilocarpinkur damit, dass sie das Mittel auch in den Conjunctival-sack instilliren. In dem Falle darf natürlich keine Tendenz zur Synechien-bildung vorhanden sein, weil diese durch die myotische Kraft des Pilocar-pins Vorschub erhalten würde.

Bei der mächtigen Wirkung, welche das Pilocarpin auf den Organis-mus ausübt, ist es beinahe überflüssig, von anderen »ableitenden« Mitteln zu sprechen. Der Vollständigkeit wegen muss aber noch erwähnt werden, dass man auch Diuretica verschiedener Art, ferner Bitterwässer verordnet. Desgleichen finden es manche noth rationell, Haarseile einzulegen oder künstliche Ekzeme des Nackens zu erzeugen, um durch »Ableitung auf die Haut« die Resorption zu befördern.

Es wird ferner (von französischen Aerzten) angerathen, die Auf-hellung von Glaskörpertrübungen durch den constanten Strom zu bewirken, der täglich in einer Stärke von 8—10 Elementen durch 2—3 Minuten derart anzuwenden ist, dass die negative Electrode auf die geschlossenen Lider, die positive Electrode auf den Processus mastoideus gelegt wird. Noch weniger vertrauenerweckend als dieser Vorschlag ist jener, längere Zeit hindurch den constanten Strom (in sehr geringer Stromstärke, 2—4 Trouvé-Elemente) während der ganzen Nacht auf das Auge einwirken zu lassen. Es wird versichert, dass sich die Kranken sehr leicht an diese Anwendungsart der Electricität gewöhnen.

Myodesopsie. Bekannt aus der physiologischen Optik sind jene entoptischen Wahrnehmungen, welche durch das Schattenbild der in jedem gesunden Glaskörper befindlichen fixen Gewebselemente hervorgerufen werden. Jedermann kann sich diese »fliegenden Mücken« (mouches volantes) zur Anschauung bringen, wenn er eine grössere, diffus beleuchtete Fläche, am besten eine weisse Wolke, betrachtet. Diese entoptischen Wahrnehmungen, welche im normalen Zustande stets unterdrückt werden, können jedoch manchen Individuen zum Bewusstsein kommen und derart lästig fallen, dass sie Gegenstand der Therapie werden.

In allen Fällen, wo über die Erscheinungen der Myodesopsie geklagt wird, muss der Glaskörper zum Gegenstande einer sorgsamen Untersuchung gemacht werden. Auszuscheiden sind sofort alle jene Fälle, wo man mit dem Spiegel objective Veränderungen, Trübungen im Corpus vitreum findet. Wir haben es dann mit Glaskörpererkrankungen zu thun, die nach oben erörterten Regeln beurtheilt und behandelt werden müssen.

Nur jene Fälle sind als reine »Myodesopsien« zu betrachten, in welchen sowohl der Glaskörper als auch der Augenhintergrund überhaupt sich vollkommen normal zeigt, wie auch die Sehschärfe häufig nichts zu wünschen übrig lässt. Ein grosses Contingent zur Gruppe dieser Kranken stellen Myopen. Bei der Myopie ist die Ursache, welche zur leichteren Wahrnehmbarkeit der von mikroskopischen Glaskörpertrübungen auf die Netzhaut entworfenen Schatten führen, klar: sie besteht darin, dass von den äusseren Gegenständen keine scharfen Bilder, sondern nur solche mit verwaschenen, aus Zerstreuungskreisen zusammengesetzten Contouren entworfen werden, demnach die Netzhaut diffus beleuchtet wird und wie aus einfachen optischen Erwägungen hervorgeht, das Schattenbild in Folge dessen, im Vergleich zum emmetropischen Auge, an Grösse zunehmen muss. In vielen solcher Fälle mag diese krankhafte Erscheinung auch mit einer auf entzündlicher Basis beruhenden Vermehrung der mikroskopischen Glaskörpertrübungen zusammenhängen: Thatsache ist, dass im Verlauf der progressiven, namentlich der in die höchsten Grade übergehenden Myopie grosse, membranartige Trübungen vorkommen, welche in dem verflüssigten Glaskörper schwimmen. Von diesen Fällen abgesehen, kommt das Mückensehen auch bei mittleren Graden von Myopie vor, und man hört sehr oft solche Kranke darüber klagen, bei welchen eine Myopie, wenn auch sehr mässigen Grades, sich rasch ausgebildet hat, demnach, wie es scheint, die Gewöhnung an die Schattenbilder in dem betreffenden Individuum noch nicht erfolgen konnte.

Ausser in diesen Fällen kommt die Myodesopsie noch bei Personen vor, bei welchen in Folge angestrengter Augenarbeit, von asthenopischen Beschwerden u. s. w. eine übermässige Empfindlichkeit des Sehorganes sich ausgebildet hat. Solche Leute kommen dahin, in peinlicher Weise den Zustand ihrer Augen zu beobachten, und entdecken auf diese Art ihre fliegenden Mücken, die sie nun nimmer los werden. Ausserdem kommen dem Arzte aber noch Menschen unter, welche weder an Myopie leiden, noch irgend welche Ueberanstrengungen der Augen beschuldigen können. Man überzeugt sich aber bald, dass man es mit sogenannten »nervösen« Individuen zu thun hat, bei welchen auch sonst noch mannigfache Symptome der unter dem Namen der Hypochondrie zusammengefassten Gemüthsstörung vorhanden sind.

Was die Therapie dieser Störungen anbelangt, so muss man in erster Linie daran denken, die Refractionsanomalie zu beheben, also die nöthigen Concavgläser zu verordnen. Sowie die Gegenstände in scharfen Umrissen gesehen werden, verschwinden die Muscae volitantes. Sollte es jedoch unthunlich sein, Concavgläser tragen zu lassen, so wird Erleichterung durch das Tragen von dunkeln Schutzgläsern, welche den Lichteinfall ins Auge abschwächen, erzielt. Menschen, die an Ueberempfindlichkeit ihrer Augen leiden, müssen von der Arbeit abgehalten und über die Unschädlichkeit des Symptomes des Mückensehens belehrt werden. Auch in diesen Fällen, wie bei der Gruppe der »Nervösen«, empfehlen sich die dunkeln Schutzgläser, sowie, was nicht warm genug hervorgehoben werden kann, die Anwendung der Augendouchen. So geringfügig die Wirksamkeit der Augendouchen auch erscheinen mag, so sehr rühmen die Kranken die kalte Douche, an die sie sich gewöhnen und deren Gebrauche sie ihre Heilung zuschreiben. Hiebei muss bemerkt werden, dass an Myodesopsie Leidende sich für ernstlich krank halten, sich den ärgsten Befürchtungen hingeben, weshalb der Arzt aus Gründen der Praxis gut thut, der Sache mehr Aufmerksamkeit zu schenken, als ihr nach theoretischen Erwägungen zuzukommen schiene.

Es ist nicht überflüssig, die Kranken darauf aufmerksam zu machen, die Augendouche auf die geschlossenen Augenlider zu appliciren, um so mehr, als zahlreiche Menschen die Unsitte haben, das geöffnete Auge in kaltes Wasser zu tauchen.

Therapie frischer intraoculärer Blutergüsse. In Folge der Einwirkung stumpfer Gewalt ergiesst sich häufig Blut ins Innere des Auges. Wir müssen hiebei von perforirenden Traumen absehen, die an anderer Stelle bereits besprochen wurden, ebenso wie die zu traumatischem Staar führenden Verletzungen und Luxationen der Linse.

Das Blut, welches den Glaskörperraum nach einer derartigen Verletzung erfüllt, stammt in allen Fällen aus dem Aderhauttractus, in welchem sich auch mit der Zeit, sobald das Blut aufgesogen ist, mit dem Augenspiegel Zerreissungen derselben nachweisen lassen. Häufig sind auch Zerreissungen der Iris zu beobachten; in den meisten Fällen, wo diese vorkommt, ist die Iris von ihrer Ciliaranheftung losgerissen, ein Vorfall, der auch durch unglücklichen Zufall auf operativem Wege (bei Gelegenheit einer Iridectomie) hervorgerufen werden kann (Iridodialysis). In diesen Fällen ist auch die vordere Kammer mit Blut erfüllt, welches sich mit der Zeit als geronnener Klumpen auf den Boden der Kammer niedersetzt.

Bezüglich der Prognose ist es von höchster Wichtigkeit, vor jeder Behandlung eine genaue Functionsprüfung der Augen vorzunehmen. Es kann das Sehvermögen bis auf quantitative Lichtempfindung geschwunden sein; dann handelt es sich darum, das Gesichtsfeld (gerade so, wie dies bei Cataractösen vorgekommen wird) zu prüfen, um zu eruiren, ob nicht etwa durch den Bluterguss Netzhautabhebung verursacht wurde.

Auf die Aufsaugung des frisch ergossenen Blutes im Inneren des Auges hat erfahrungsgemäss die permanente Eisbehandlung einen sehr günstigen Einfluss. Man bemerkt unter derselben sehr bald, dass der Blutklumpen in der Kammer sich verkleinert, sowie auch der Glaskörper allmählig reiner wird, was sich auch durch die langsame Zunahme des Sehvermögens kundgiebt. Die weitere Restitution hängt von dem Zustande

der übrigen Organe und Häute des Auges ab; kleinere Risse der Aderhaut
pflegen das Sehvermögen nur in sehr geringem Grade zu schädigen.

Es wurde auf S. 146 der fremden Körper Erwähnung gethan,
die in den Glaskörper gelangen, und ebenso der entzündlichen Veränderungen gedacht, die durch ihre Anwesenheit hervorgebracht werden. Zu
diesen fremden Körpern kann auch der Cysticercus gerechnet werden,
den man hie und da im Glaskörperraume antrifft und der eine Zeit lang so
sehr ohne Reaction ertragen wird, dass man ihn in dem noch ungetrübten
Glaskörper mit dem Spiegel diagnosticiren kann. Bezüglich der Differentialdiagnose wäre noch das zu erwähnen, dass man das blasenförmige Gebilde
etwa mit einer Netzhautablösung verwechseln könnte, wenn man nicht
genau auf die Bewegungen achtet, welche das Entozoon in fast peristal-
tischer Regelmässigkeit macht. Die Prognose ist in solchen Fällen, die
unter allen Ländern hauptsächlich in Deutschland vorkommen, während
sie z. B. in Oesterreich-Ungarn nur sehr sporadisch beobachtet werden,
immer eine trübe. Denn mit der Zeit kapselt sich das Entozoon immer
ein, und die Retraction der bindegewebigen Adhäsionen der Kapsel wird
eben dieselben destructiven Vorgänge im Auge zu Stande bringen, wie
sie in Folge von Schwartenbildungen im Auge überhaupt beobachtet
werden.

Die Therapie könnte nur in einer Extraction des Entozoons aus dem
Glaskörperraume bestehen, wie sie nach einem geeigneten Scleralschnitte
vorzunehmen ist.

Solche Operationen sind in einzelnen Fällen auch gelungen. Die
Prognose bleibt jedoch immerhin eine unsichere, weil stets zu fürchten ist,
dass die Vernarbung der Extractions-Schnittwunde in der Zukunft deletäre
Veränderungen im Inneren des Auges erzeugt.

Am zweckmässigsten bleibt es, ein solches Auge, namentlich wenn
sein Sehvermögen zu Grunde gegangen oder so sehr gesunken ist, dass es
als nutzlos betrachtet werden muss, durch Enucleation zu opfern, um das
zweite Auge vor den Gefahren der sympathischen Ophthalmie zu retten
und die Arbeitsfähigkeit des Patienten sicherzustellen.

Achtes Capitel.

Krankheiten der Choroidea.

Allgemeine Vorbemerkungen. Uebersicht der Choroidealentzündungen.

In den vorigen Capiteln dieses Buches hatten wir des öfteren Gelegenheit, von Krankheitszuständen zu sprechen, welche durch gleichzeitige oder vorhergehende Affectionen der Choroidea induciert waren, sowie andererseits wieder der Häufigkeit des Ueberganges entzündlicher Processe auf das Gewebe der Choroidea (Aderhaut) Erwähnung gethan werden musste. Aus Gründen der Zweckmässigkeit wurde bereits die Cyclitis — die Entzündung des vordersten Abschnittes der Aderhaut — die sich so oft zur Iritis gesellt, besprochen.

Die Aderhaut ist das eigentliche Ernährungsorgan der inneren Gebilde des Augapfels, von welchen nur die Retina und zwar in ihren innersten (nervösen) Schichten ein eigenes Gefässsystem besitzt, während deren äussere (musivische) Lagen unter dem directen Einflusse der Aderhaut stehen. Da aber die Retina anatomisch ein Ganzes bildet, so ist es begreiflich, dass Processe in der Aderhaut, welche die musivischen Retinalschichten schon frühzeitig tangiren, später auch die nervösen Schichten in Mitleidenschaft ziehen können. Uebrigens stehen auch trotz der scheinbaren Unabhängigkeit der inneren Netzhautlagen diese auch im normalen Zustande in innigster Beziehung zu den Ernährungs- und Kreislaufsvorgängen in der Choroidea, da wir es uns anders nicht denken können, als dass die aus der Aderhaut quellende Saftströmung des Auges die Retina passiren, gleichsam durch sie hindurchsickern muss, um in den Glaskörperkern des Auges und aus diesem nach vorn zu gelangen. Diese Thatsache, die eigentlich keiner experimentellen Bestätigung bedürfte, um allgemein anerkannt zu werden, wird durch die alltägliche klinische Erfahrung gestützt. Diese lehrt nämlich, dass wenn der Saftstrom aus der Choroidea durch entzündliche Beimengungen verändert ist, zahlreiche, offenbar aus derselben stammende Partikel in die Netzhaut gelangen, dort gewissermassen mechanisch eingeschwemmt werden, wie z. B. Pigment, wobei wir selbstverständlich auch die active Einwanderung pigmenthaltiger Zellen nicht in Abrede stellen wollen. Ebenso beweisen dies die in der hinteren Hälfte des Glaskörpers befindlichen Trübungen, welche, wie dies später nochmals betont werden wird, als Symptom der Choroiditis nur dann zur Beobachtung kommen, wenn gleichzeitig auch der hintere Abschnitt der Retina das Bild der trüben entzündlichen Schwellung zeigt.

Aus dem Gesagten lässt sich die Häufigkeit der Mitbetheiligung der
Retina an entzündlichen Processen der Aderhaut leicht begreifen; aber
auch abgesehen von der Abhängigkeit der Retina vom Choroidealgefäss-
system, kann eine Choroiditis für erstere Membran insoferne gefährlich
werden, als Exsudationen aus der Aderhaut in die Retina gelangen können,
um daselbst weitere Metamorphosen einzugehen.

Der anatomische Zusammenhang zwischen Iris einerseits und Corpus
ciliare und Choroidea andererseits macht es auch ohne weiteres verständlich, dass entzündliche Processe namentlich chronischer Natur leicht von
einem Abschnitte der Uvea auf den anderen sich verbreiten; hiebei sind
ausserdem auch die ätiologischen Momente in Betracht zu ziehen,
welche zur Localisation des Leidens im gesammten Aderhauttractus führen
können. Unter diesen ätiologischen Momenten spielen wieder Dyskrasien
eine Hauptrolle; so sind es die Syphilis und die scrophulöse Diathese,
von denen besonders häufig die erste in der Aderhaut Entzündungen anregt,
während die Scrophulose in vielen Fällen gemeinsam mit dem vorderen
Abschnitte des Bulbus (Keratitis parenchymatosa) auch die Choroidea in
Mitleidenschaft zieht.

Vielleicht wirken auch derartige dyskrasische Momente mit, wenn die
Entzündung der Lederhaut, die Scleritis, in die Tiefe greift und nach Erweichung des befallenen Scleraltheiles zu Entzündungen der Aderhaut führt.
In vielen Fällen sind wir jedoch nicht im Stande, den Zusammenhang
zwischen einer Dyskrasie und der Sclerochoroiditis nachzuweisen und
zur Erklärung ihres Zustandekommens genügen die Intensität des ursprünglichen Processes, sowie ganz specielle Ursachen, z. B. unzweckmässige,
übermässig reizende Behandlung u. s. w.

Im höchsten Grade wichtig ist die Thatsache, dass bei embolischen
Processen jeder Art, wie bei Puerperalkrankheiten, Pyämie, Septicämie
u. s. w. sich eiterige Entzündungen der Choroidea einstellen können, welche,
wie dies zahlreiche anatomische Befunde gezeigt haben, durch Embolien der
Choroidealgefässe bedingt sind. In der neueren Zeit sind diese Beobachtungen
dahin erweitert worden, dass wir es mit Embolien bacterieller Natur zu
thun haben, ein Factum, welches nicht allein vom oculistischen, sondern
auch vom allgemein pathologischen Standpunkte grosse Tragweite besitzt.

Aus all den angeführten Daten erhellt zur Genüge, wie zahlreich die
Momente ·sind, welche zu Entzündungen der Choroidea führen und wie
vielgestaltig die letzteren sein können. Es bietet aber keine Schwierigkeiten,
die in der Choroidea vorkommenden entzündlichen Zustände in drei grosse
Gruppen zu sondern, welche sowohl in anatomischer als klinischer Beziehung
ganz ausgeprägte Merkmale besitzen. Freilich geht oftmals ein Krankheitsbild
in eines einer anderen Gruppe allmählig über, aber das kann uns nicht hindern,
diese Eintheilung zu acceptiren, welche klinisch von grossem Werthe ist.

Die Choroiditiden lassen sich eintheilen: 1) in eiterige, 2) in
adhäsive (plastische), 3) in seröse (diffuse) Aderhautentzündungen.

Was die erste Gruppe anbelangt, so ist eiteriger Zerfall der Gewebe die Regel und der gewöhnliche Ausgang die Phthisis bulbi. Die Berechtigung, die eiterige Choroiditis eine »parenchymatöse« zu nennen, hat unseres Erachtens mit der Erkenntniss aufgehört, dass die Hauptmasse des Eiters, der sich gerade bei dieser Form mit sehr grosser Raschheit einstellt, nicht aus dem Parenchym (Stroma) der Choroidea, sondern aus den Gefässen stammt und der infectiöse septische Charakter der Affection in vielen Fällen sichergestellt ist. Eher könnte man die Formen der folgenden, zweiten Gruppe parenchymatöse nennen, weil wir es hier sicher mit hyperplastisch entzündlichen Wucherungen aus dem Choroidealgewebe zu thun haben.

In der zweiten Gruppe (den adhäsiven Entzündungen) ist es charakteristisch, dass es zu circumscripten Gewebswucherungen, zur Exsudation plastischer Producte kommt, welche, wie alle entzündlichen Neubildungen, den Weg bis zur narbigen Schrumpfung durchmachen. Gewöhnlich wird die Retina mitergriffen, indem durch das Choroidealexsudat eine Verwachsung zwischen beiden Häuten eingeleitet wird, welche nicht ohne Ruin der betheiligten Stäbchen- und Zapfenschicht stattfinden kann. Entsprechende Sehstörungen sind die Folge.

Bei der dritten Form der Choroidealentzündungen (den serösen Entzündungen) kommt es nicht zur heerdweisen Localisation des Processes, sondern zu einer diffusen Durchtränkung und lymphoiden Infiltration grosser Strecken, ja der ganzen Aderhaut. So stellt sich die Choroiditis serosa anatomisch wenigstens im Beginne dar. Das entzündliche Product ist kein plastisches, keines zu bindegewebigen Metamorphosen geneigtes, sondern ein seröses. Diese Form führt allmählig zum Schwund der Aderhaut; während des Verlaufes wird die Ernährung des Auges derart beeinflusst, dass der intraoculäre Druck negativ wird, das Auge sich weicher als normal anfühlt. Dabei kommt es zu Veränderungen und Trübungen in anderen Organen des Augapfels, wie Keratitis parenchymatosa, Hydromeningitis, centralen Hornhautsclerosen u. s. w., welche eben andeuten, dass das Auge in seiner Ernährung erheblich beeinträchtigt ist, das Uebel also eine Allgemeinerkrankung des Bulbus darstellt.

Unter gewissen, bisher nicht näher bekannten Bedingungen nimmt die Choroiditis serosa jedoch einen glaucomatösen Habitus an; es scheint, dass die seröse Ausscheidung so sehr zunehmen oder die Flüssigkeitsabfuhr insufficient werden kann, so dass eine Vermehrung des intraoculären Druckes eintritt. Wir müssen diese Form der Choroiditis serosa ausscheiden und sie mit den glaucomatösen Krankheiten zusammen betrachten, wohin sie therapeutisch auch gehört.

Es müssen noch in Kürze jene Symptome besprochen werden, welche bei den verschiedenen Choroidealerkrankungen (wie sich aus der Vielgestaltigkeit derselben begreift, nicht constant überall und in demselben Grade) beobachtet zu werden pflegen. Sie zerfallen naturgemäss in zwei Abtheilungen, da wir einerseits die Intensität, die Ausbreitung und den Charakter

der Entzündung zu erforschen, andererseits aber den Einfluss derselben auf
das Sehvermögen festzustellen haben. Namentlich das letztere ist prognostisch von höchster Wichtigkeit, denn nichts interessirt uns bei der
Beurtheilung einer Choroiditis so sehr, als die Frage nach der Mitbetheiligung der Nervenhaut des Auges und von dieser sind alle Sehstörungen
abhängig.

Wir theilen also die Symptome der Choroiditis ein: a) in u v e a l e,
b) in r e t i n a l e oder functionelle Symptome.

Zu den u v e a l e n S y m p t o m e n gehören:

1) Jene Veränderungen des Augenhintergrundes, welche mit dem
O p h t h a l m o s k o p objectiv wahrnehmbar sind. Wir werden dieselben in
den speciellen Fällen von Choroiditis zu besprechen haben.

2) Die etwa vorhandene Mitbetheiligung der Iris, die aus den Synechien, Ciliarinjection u. s. w. zu erkennen ist.

3) Glaskörperopacitäten und überhaupt die Trübungen in den brechenden Medien. —

Was die r e t i n a l e n (functionellen) Symptome betrifft, so wird als
erstes die Verschlechterung des Sehvermögens zu nennen sein. Es hängt von
der Qualität der jeweiligen Entzündung ab, wie viel von der Verschlechterung auf Rechnung der Glaskörperopacitäten und der getrübten Medien zu
setzen ist und wie viel der Mitbetheiligung der Retina an der Entzündung
zuzuschreiben ist. Es ist nämlich klar, dass eine Choroiditis, die mit
Hornhaut- oder Glaskörpertrübungen einhergeht, offenbar auch Sehstörungen
verursachen würde, auch wenn die Retina vollständig frei geblieben wäre.
Bei vielen choroiditischen Processen tritt aber nebst der Verschlimmerung
des Sehvermögens, welche den Trübungen proportional ist, noch ein
anderes, sehr wichtiges Symptom auf: eine U n t e r e m p f i n d l i c h k e i t
d e r N e t z h a u t g e g e n L i c h t e i n d r ü c k e. Es ist der Lichtsinn herabgesetzt, was praktisch so viel bedeutet, dass solche Augen am Abend oder
bei schlechter Beleuchtung viel weniger als andere und unverhältnissmässig
schlecht sehen (Hemeralopie). Wir können diese h e m e r a l o p i s c h e n
B e s c h w e r d e n, auf welche F ö r s t e r besonders aufmerksam gemacht
hat, in vielen Fällen von Choroiditis vorfinden und sie weisen entschieden
auf eine Mitbetheiligung der musivischen (hinteren) Netzhautschichten hin.

Ein anderes sehr wichtiges retinales Symptom sind die S c o t o m e.
Unter einem S c o t o m versteht man eine Stelle des Gesichtsfeldes, an
welcher das Sehen entweder ganz aufgehoben oder mindestens schlechter
ist, als in den übrigen Partien des Gesichtsfeldes. Häufig besteht dieses
Schlechtsehen darin, dass der Patient einen schwarzen Fleck schweben
sieht, der sich vor den fixirten Gegenstand legt, durch den er aber noch
durchsehen kann. Später wird aus diesem »positiven« Scotom ein negatives, d. h. der Fleck ist vollständig blind geworden und die betreffende
Stelle des Gesichtsfeldes ist ganz ausgefallen. Ein Scotom deutet immer
darauf hin, dass jener Theil der Retina, welcher der entsprechenden Stelle

des Gesichtsfeldes entspricht, entweder functionsunfähig oder afficirt ist; wir nennen das Scotom ein fixes, wenn der Fleck immerwährend seine Lage im Gesichtsfelde beibehält, denn wir kennen ausser diesem noch flimmernde und bewegliche Scotome; ausserdem unterscheiden wir je nach ihrer Lage und Configuration centrale und peripherische, ring- und netzförmige Scotome. Es ist klar, dass ein Ausfall im Gesichtsfelde um so störender ist, je näher er dem Centrum, d. i. dem Fixationspunkte sich befindet und dass daher solche Scotome, welche Veränderungen entsprechen, die in der Gegend der Macula lutea sich localisirten, die schlimmsten sind, während Veränderungen in der Peripherie der Netzhaut in der Gegend und jenseits des Aequators kaum bemerkbare Gesichtsfelddefecte nach sich ziehen. Mit den Scotomen vereint treten noch andere Gesichtsstörungen auf, welche, wie Photopsie und Chromopsie (Licht- und Farbensehen), den Charakter von subjectiven Lichtempfindungen, Phosphenen, haben und Mikropsie und Metamorphopsie (Kleiner- und Verzerrtsehen) Folgeerscheinungen der durch die Narbenbildung gestörten Anordnung der Retinalstäbchen darstellen.

Die Entzündung der Aderhaut, Choroiditis.

1) Choroiditis suppurativa. Eiterige Aderhautentzündung.

Nach perforirenden Verletzungen des Bulbus, Eindringen von fremden Körpern in das Innere desselben, Infection des Glaskörpers durch septische Stoffe entwickelt sich häufig rasch eine Eiterung in der Aderhaut, welche von Anbeginn an die Tendenz hat, sich über die ganze Uvea zu verbreiten. Der Eiter wird gleich so massenhaft gebildet, dass er in die Retina dringt, sie infiltrirt oder ablöst und den Glaskörper erfüllt. Man sieht dann manchmal aus der Pupille einen weisslichen Reflex kommen, der die Anwesenheit des Eiters im Inneren des Auges verräth. Sehr bald erscheint er in der vorderen Kammer als Hypopyum, infiltrirt in vielen Fällen die Hornhaut und zieht auch die äusseren Gebilde des Auges in Mitleidenschaft, indem die Lider ödematös anschwellen, die Conjunctiva bulbi sulzig infiltrirt wird und chemotisch anschwillt. Die Eiterinfiltration überschreitet auch die Lederhaut, dringt also in das Orbitalgewebe ein, bringt jedenfalls die Tenon'sche Kapsel zur Schwellung, was sich durch das Auftreten eines für den Bestand des Auges verhängnissvollen Symptomes verräth: die Vorwärtsdrängung, Protrusion des Bulbus. In dieses Stadium angelangt, ist aus der Choroiditis suppurativa eine Panophthalmitis, Vereiterung des Auges, geworden, und das Auge repräsentirt nur mehr einen Abscess, aus welchem der Eiter unter Ausdehnung und Verdünnung der Sclerotica sich zu entleeren trachtet. Gewöhnlich tritt diese spontane Entleerung in der Gegend des Aequators auf, wo die Sclera am dünnsten ist, wenn nicht vorher die ulcerirte Cornea berstet.

Der ganze Process verläuft mit grosser Raschheit unter den aller-
heftigsten Schmerzen, grosser Depression und Fieberbewegungen. Der
Schmerz lässt nach, sobald der Eiter sich frei durch eine Oeffnung der Lederhaut entleeren kann.   .

Nach den heute giltigen pathologischen Anschauungen werden wir
über die Entstehung und das Wesen des Processes nicht mehr in Zweifel
sein können. Wenn wir z. B. nach einer Cataractoperation, nach irgend
einem anderen operativen Eingriff die Wundränder sich infiltriren und miss-
färbig werden sehen und dann unaufhaltsam Panophthalmitis auftritt; wenn
ein fremder Körper, z. B. ein Holzsplitter, ins Auge gedrungen, daselbst
eiterige Choroiditis erzeugt, so werden wir nur daran denken können, dass
eine Infection des Bulbus durch Mikroorganismen stattgefunden hat, eine
Annahme, welche dadurch noch an Halt gewinnt, dass wir in einer Reihe
von Fällen, die später besprochen werden, die Infection von innen auf dem
Wege des Blutstroms besorgt finden und die organischen Träger derselben
auch mit dem Mikroskope nachweisen können. Als Beweis mag man noch
jene Beobachtungen anführen, denen zufolge selbst geringfügige Wunden
der Hornhaut (wie bei Discission) zu Bulbusvereiterungen Veranlassung
gegeben haben, wenn zugleich Blennorrhoe des Thränensackes zugegen
war, von deren infectiösem Charakter bereits auf S. 49 Erwähnung gethan wurde.

Noch nicht hinreichend erklärt sind die Fälle, wo Panophthalmitis
sich in Augen entwickelt, in welchen bereits seit längerer Zeit eine Iriseinklemmung vorhanden war: hier genügt häufig eine ganz geringfügige
Reizursache oder Verletzung, um eiterige Choroiditis hervorzurufen.

Was die Therapie anbelangt, so sind wir, woferne der Process bereits
den Charakter der Panophthalmitis angenommen hat, vollkommen machtlos und wir müssen uns unter Verzichtleistung auf die Erhaltung des
Bulbus darauf beschränken, die Auseiterung möglichst zu beschleunigen,
um die Schmerzen des Kranken zu lindern. Der Ausgang ist immer
Phthisis bulbi, und er ist fast mit Sicherheit zu prognosticiren, sobald wir
Hypopyum und Vordrängung des Bulbus finden. Im Beginne des Processes
mag man noch einige Aussicht haben, die profuse Eiterung hintanzuhalten,
wenn man in die Lage kommt, die Entzündung erregende Ursache wegzuschaffen, z. B. einen fremden Körper zu extrahiren, eine Iriseinklemmung
zu beheben.

Wenn Wunden der Bulbuskapsel vorhanden sind, bei denen die
Möglichkeit einer Infection zu befürchten steht, so ist es am Platze, desinficirende Flüssigkeit einzuträufeln und in Umschlägen zu appliciren. Zu
diesem Zwecke empfiehlt sich die Borsäure (mindestens 4 %) und die Bor-
Salicylsäurelösung (3 acid. bor., 1 acid. salicyl. auf 100 Wasser) zu nehmen.
Seit längerer Zeit wird auch, aber ohne dass allgemeine Uebereinstimmung
bezüglich des Nutzens herrschen würde, Chininlösung (Chin. mur. 1 %)
in derselben Weise angewendet. Zum innerlichen Gebrauche wird Calomel

empfohlen, um rasche Mercurialisation herbeizuführen; schwächlichen Leuten wird statt des Mercurpräparates Chinin in grossen Dosen verabreicht.

Ist ausgesprochene Panophthalmitis vorhanden, dann wird der ganze Process wie jede andere Abscedirung behandelt; die Eiterung durch fortwährende Application warmer Umschläge befördert und die Onkotomie per scleram vorgenommen, um die Eitermasse zu entleeren. Zum Einschnitt wählt man, wie bei jedem Abscesse, am besten jenen Punkt, der durch die Vordrängung des Eiters am meisten verdünnt ist und gewöhnlich durch seine gelbliche Farbe auffällt. Wenn die Schmerzen des Kranken ein längeres Warten nicht gestatten, so muss man sich, schon ehe eine solche Verdünnung sich ausgebildet hat, zur Sclerotomie entschliessen, die man mit einem kleinen Scalpell oder Graefe'schen Messer in der Gegend des Aequators vornimmt und nicht zu klein anlegt; ist ein fremder Körper vorhanden, so wird man seine Eintrittsöffnung benützen und den Schnitt so zu legen trachten, dass die künstliche oder spontane Entfernung desselben je besser gelinge.

Die Extraction der fremden Körper soll nur dann versucht werden, wenn man auch Aussicht hat, ohne besonderes verletzendes Sondiren und Fassen seiner habhaft zu werden. In einem Eitersacke kleinere Splitter u. dgl. aufspüren und extrahiren zu wollen, ist, da der Erfolg sehr zweifelhaft ist, zum mindesten unpraktisch, kann aber auch gefährlich werden. Dagegen gelingt es manchmal, grössere Körper zu finden und zu extrahiren, worauf der Krankheitsverlauf erheblich abgekürzt wird.

So entsinne ich mich aus meiner Heidelberger Assistentenzeit eines Chemikers, bei dem eine Augenverletzung durch Explosion eines Porcellangefässes entstanden war. Es entwickelte sich Panophthalmitis mit den rasendsten Schmerzen, die aber sofort sistirten, als es Prof. B e c k e r gelang, einen Porcellansplitter zu extrahiren.

Die Enucleation vereiternder Augen ist deshalb verlassen worden, weil man Fälle beobachtet hat, in denen nach dieser Operation tödtliche Meningitis aufgetreten war.

S e p t i s c h - e m b o l i s c h e C h o r o i d i t i s. Bei septischen Processen jeder Art, vorwiegend jedoch bei puerperalen Erkrankungszuständen, werden Vereiterungen des Auges, von der Choroidea ausgehend, beobachtet. Der Verlauf der Augenaffection, bei dessen Schilderung wir uns an J. Hirschberg *) halten, ist im Wesentlichen folgender:

---

*) Ueber puerperale, septische Embolie des Auges, von Prof. J. Hirschberg, Arch. f. Augenheilkunde, IX, 3. In dieser Arbeit ist auch eine vollständige Literaturangabe zu finden.

Plötzlich entsteht bei Puerperalkranken (meistens in der zweiten oder dritten Woche nach der Entbindung oder dem Abortus) unter lebhaften Schmerzen eine Herabsetzung der Sehschärfe, die mit Glaskörpertrübung und Verschleierung des Augengrundes einhergeht. Sehr bald ist vollständige oder nahezu vollständige Erblindung eingetreten. Einige Zeit nach der Erkrankung des einen Auges kann auch das andere in ähnlicher Weise befallen werden. Schon in den ersten Tagen zeigt es sich, dass wir es mit einer eiterigen Iridochoroiditis zu thun haben, indem sich Hypopyum, Exsudate in der Pupille einstellen, worauf dann die Chemosis mit der Betheiligung der äusseren Gebilde des Augapfels nachfolgt und das Auge dann, wie oben bei der Panophthalmitis geschildert, phthisisch zu Grunde geht.

Therapeutisch sind wir vollständig machtlos. Uebrigens versetzen uns diese Fälle in die traurige Lage, eine letale Prognose stellen zu müssen. Hirschberg giebt an, dass alle sechs Puerperalkranke, die er beobachtete, der Grundkrankheit erlegen wären, trotzdem die Allgemeinerscheinungen zur Zeit der Augenerkrankung nicht so bedrohlicher Natur waren.

Etwas günstiger ist die Prognose quoad vitam bei embolischer Choroiditis in Folge anderer (als puerperaler) pyämischer Processe.

Gleichzeitig mit der Aderhaut kann auch die Netzhaut den Sitz der septischen Embolie abgeben. Wichtig in prognostischer Beziehung ist ein Symptom, auf welches Litten besonders aufmerksam gemacht hat, nämlich Netzhautblutungen, welche untrügliche Zeichen der stattgehabten Embolie sind. Auch hier pflegt das Grundleiden immer letal zu enden.

Was die embolische Natur des Choroidealprocesses anbelangt, so ist dieselbe durch einige Beobachtungen sichergestellt. Was aber die in die Choroidea geschleuderten Pröpfe selbst betrifft, so ist mit Sicherheit zu sagen, dass dieselben bacterielle Massen sind, die mit dem Blutstrom in die Choroidea geschwemmt werden und in Folge ihrer Vermehrungsfähigkeit bald die Capillaren erfüllen.

Dass bei puerperalen Processen Bacteriemassen in die Choroidea gelangen*) und daselbst die Gefässe förmlich prall erfüllen, dafür kann ich aus eigener Beobachtung Belege anführen. Es sind dies zwei Fälle von Puerperalerkrankung aus der Budapester Gebärklinik, beide am 6. resp. am 7. Tage letal endend, ohne dass es zu einer sichtbaren Augenerkrankung gekommen wäre. (Es wurde keine Augenspiegeluntersuchung vorgenommen.) In beiden Fällen war bei der Section Endometritis, Peritonitis und Nephritis parench. acut. bilat. gefunden worden. Bei der Untersuchung der Choroidea, die von meinem Hörer, stud. med. B. Alexander, vorgenommen wurde, zeigten sich die Capillaren fast durchgängig von Massen erfüllt, die aus punktförmigen Körperchen zusammengesetzt waren. Die letzteren waren stark lichtbrechend und durch Hämatoxylin

---

*) Ueber einen ähnlichen Befund siehe: Herzog Carl in Baiern, Centralblatt f. prakt. Augenheilk. 1880, S. 305.

sehr gut zu färben. Die Blutkörperchen sind von ihnen verdeckt und nur schwer aufzufinden. Diese Massen füllten die Capillaren in Gestalt von verzweigten Pfröpfen aus, an anderen wenigen Stellen waren sie nur spärlich und zwar in Haufen zu finden. Auch in den grösseren Gefässen waren streckenweise derartige Pfröpfe zu sehen. Die Körperchen zeigten mit Hartnack 10 Imm. kurze Stäbchengestalten, deren Dicke nicht weit hinter der Länge zurückstand.

2) Adhäsive (plastische) Choroiditis.

Die Choroidea wird häufig der Sitz von Entzündungen, welche nicht zur Bildung von Eiter, sondern einer circumscripten Zelleninfiltration, einer sogenannten entzündlichen Wucherung führen, wobei die benachbarten Partien vollständig normal bleiben können. Es ist demnach charakteristisch für diese Form, dass sie heerdweise auftritt und in vielen Fällen die Heerde über grössere Strecken der Aderhaut verstreut sind. Die anatomische Untersuchung lehrt, dass es Wucherungen giebt, die von beträchtlicher Ausdehnung sind und sich pilzähnlich über das Niveau des Augenhintergrundes erheben, aber auch solche, welche mit freiem Auge kaum wahrnehmbar sind. Alle diese Wucherungen haben, wie die entzündlichen Neubildungen überhaupt, die Tendenz, aus kleinzelligem Gewebe faseriges Gewebe zu werden und dann zu schrumpfen, welche Umwandlung dann immer mit einer theilweisen Atrophie und Einziehung des betroffenen Aderhauttheiles verbunden ist. Nur wenige, besonders ausgedehnte und succulente Wucherungen können sich erhalten, ja sogar noch eine weitere, active Umwandlung erfahren, und zwar die Verknöcherung, ein Vorgang, der aber verhältnissmässig selten und nur unter noch nicht hinlänglich gekannten Bedingungen stattfindet.

Bei der Diagnose dieser Krankheitsformen sind wir, da häufig äussere Symptome am Bulbus völlig fehlen, ganz und gar auf den Augenspiegel angewiesen. Mit demselben können wir zwar eine directe Anschauung der Choroidea nicht gewinnen, da dieselbe von der Retina bedeckt und überdies noch ihr Gefüge durch die Schichte des Pigmentepithels maskirt ist, welche zwischen der Retinal-Stäbchenschichte und der Lamina vitrea chor. ausgebreitet liegt. Wir sind aber berechtigt, Affectionen der Choroidea anzunehmen, wenn wir solche Veränderungen im Augenhintergrunde wahrnehmen, deren Sitz wir auf Grundlage unserer ophthalmoskopischen Erfahrungen hinter die Retina verlegen müssen. Wir gewinnen hauptsächlich durch das Verhalten der Retinalgefässe Anhaltspunkte hiefür, wenn wir dieselben mit dem Spiegel über die veränderten Stellen des Augenhintergrundes ziehen sehen. Wichtig sind ferner auch Niveaudifferenzen, welche, wenn sie einigermassen ausgeprägt sind, gleichfalls erkannt werden können. Zu den wichtigsten Symptomen der Choroiditis gehören jedoch die Pigmentveränderungen im Augenhintergrunde, weil sehr viele plastische Processe, welche bis zur Lamina vitrea der Aderhaut vordringen oder sich über sie erheben, zu Wucherungen und Zerstörungen der Pigment-Epithelschichte führen und dadurch einerseits weissliche Verfärbungen des meistens dunkelrothen Augenhintergrundes, andererseits klumpige Pigment-anhäufungen und Flecke bedingen. Ferner werden auch Pigmentmassen aus den zerfallenden Stromazellen frei, welche dann gleichfalls auf dem Wege des Saftstroms in die Retina gelangen.

Ophthalmoskopisch stellen sich im Beginne der Erkrankung die choroiditischen Heerde als Flecke von lichtrother Färbung dar, mit ver-waschenen Rändern und von verschiedener Ausdehnung. Diese Flecke (Plaques) blassen dann allmählig ab, bis sie ganz weiss werden und häufig den bläulich-weissen Schimmer der Sclera zeigen. An den Grenzen dieser Flecke pflegen sich Pigmenthaufen anzusammeln, welche die atrophische Stelle umsäumen. Im wesentlichen ist dies das Bild des Augengrundes bei vorgeschrittener plastischer Choroiditis, und ersterer sieht, wegen der durch einander gewürfelten weissen und schwarzen Flecke, häufig wie getigert aus.

Klinisch unterscheidet man innerhalb der Choroiditis plastica mehrere Formen, welche von einander bezüglich ihres Auftretens und ihrer Locali-sation differiren. Diese Formen sind:

a) Choroiditis disseminata. Die Plaques sind klein und un-regelmässig, die Färbung lichter; später verändern sie sich zu den beschrie-benen weissen (atrophischen) Heerden. Diese Heerde treten in grosser Zahl in der Gegend des Aequators auf und schreiten langsam gegen den hinteren Pol des Auges vor. Iridocyclitische Erscheinungen sind fast nie-mals vorhanden.

b) Choroiditis areolaris. Configuration der Plaques ähnlich den vorigen; dagegen sind dieselben viel grösser als in der Ch. disseminata. Die Veränderungen treten um den hinteren Pol auf und breiten sich von da weiter nach vorn aus. Merkwürdiger Weise bleibt die eigentliche Macula lutea sehr lange verschont.

c) Choroiditis centralis. Charakteristisch grosse, prominente Heerde, im hinteren Abschnitte der Choroidea entstehend, die sich in das Retinalgewebe hineindrängen und mit der Zeit unter Einziehung der Retina schrumpfen. Es bleiben grosse, atrophische, pigmentumsäumte Plaques zurück.

Die geschilderten Spiegelbilder sind so charakteristisch, namentlich in den vorgeschrittenen, der Atrophie schon zuneigenden Stadien des Processes, dass wohl niemand beim Anblick der weissen und pigmentirten Stellen des Augenhintergrundes im Zweifel sein wird, dass choroiditische Krankheits-zustände vorliegen.

Der Einfluss, den eine Choroiditisform auf das Sehvermögen hat, und die Eruirung dieser Verhältnisse ist prognostisch von der höchsten Wichtig-keit, hängt wesentlich davon ab, wie weit die Netzhaut afficirt ist. Bei der Choroiditis disseminata braucht das Sehvermögen gar nicht zu leiden, da die Hauptmasse der Heerde sehr peripher sitzt, also nur solche Retinalstellen afficiren kann, welche ohnedies nicht dem Zwecke des deutlichen Sehens dienen. Das Sehvermögen wird in der Regel um so mehr beeinträchtigt, je näher die Plaques zur Macula lutea rücken. Bei der Choroiditis areolaris sind schon merkbare Scotome vorhanden, die zum Verlust des centralen Sehens führen können, sowie die Macula von den Plaques eingenommen wird. Wenn die choroiditischen Heerde zur Papille rücken, so tritt ein Symptom auf, welches eine plötzliche Herabsetzung des Sehvermögens, wie sie dann beobachtet wird, erklärt: nämlich Schwellung des Sehnervenkopfes und der angrenzenden Retinalpartie. Dieses Symptom erklärt sich aus der Beeinträchtigung des Sehnervengefässkranzes, der mit den Choroidealgefässen anastomosirt.

Glaskörpertrübungen pflegen nicht bei allen Formen dieser Gruppe aufzutreten. Bei solchen fehlen sie, wo die choroiditischen Heerde sich in einer mittleren Zone zwischen Aequator und hinterem Pole halten. Wie jedoch der entzündliche Process nach vorne gegen die Ciliarfortsätze rückt oder nach hinten zu die Papille ergreift, treten Glaskörpertrübungen auf, ein Symptom, welchem eine Quote der Verschlechterung des Sehvermögens zuzuschreiben ist.

Das Symptom der Glaskörpertrübungen ist ein im höchsten Grade wichtiges, wenn es sich um die Beurtheilung einer Affection handelt, die man nach Förster*) wegen ihrer Aetiologie Choroiditis syphilitica nennt. Bei dieser Form, von der bis heute kein anatomischer Befund vorliegt, scheint eine plastische Entzündung mehr diffuser Natur vorhanden zu sein, wenigstens werden Plaques sehr selten beobachtet. Dagegen ist immer eine centrale Trübung der Retina vorhanden und eine eigenthümliche Glaskörpertrübung, die man am besten mit dem Namen des Glaskörperstaubes belegt. In den späteren Stadien der Erkrankung werden aus diesen feinen Trübungen gröbere, undurchsichtige Flocken, die häufig den Einblick ins Auge verhindern.

Die Therapie aller Formen der adhäsiven Choroiditis hat den Zweck, die choroiditischen Heerde zur Aufsaugung zu bringen, ehe sie durch ihre bindegewebigen Metamorphosen die lichtempfindlichen Elemente der Retina zerstört haben. Die Behandlung richtet sich nach der Intensität, der Ausbreitung und der Aetiologie des speciellen Falles.

Was die Intensität anbelangt, so wird es sich darum handeln, ob die Choroiditis in Verbindung mit einer acuten Reizung des Augapfels (Ciliarinjection, Betheiligung der Iritis) aufgetreten ist. In dem Falle müssen wir antiphlogistisch verfahren, und die Erfahrung hat gelehrt, dass Blutentziehungen in diesem Stadium von grossem Vortheile sind. Diese werden gewöhnlich mit dem Heurteloup vorgenommen, weil dabei des Quantum des entzogenen Blutes genau bestimmt werden kann.

---

*) Archiv f. Ophthalm. XX, 1.

Die Resorption der choroiditischen Heerde versuchen wir durch die
Quecksilberbehandlung zu erzielen, welche wir auch deswegen wählen, weil
ein sehr grosser Percentsatz der Aderhautentzündungen (nach W e c k e r gar
80 %) der Syphilis zugeschrieben werden muss. Aber auch bei jenen Formen,
wo Syphilis als ätiologisches Moment nicht angenommen werden kann,
übt das Quecksilber eine unbestritten günstige Wirkung auf die Aufsaugung
entzündlich-plastischer Producte im Augeninneren aus, die wohl durch
andere Mittel ergänzt und befördert, aber nicht übertroffen wird. Die Zu-
führung des Quecksilbers in den Organismus muss aber sowohl nach dem
Allgemeinzustand, als auch nach der localen Ausbreitung der Choroiditis
regulirt werden. Bei einer einfachen Choroiditis disseminata, wo das Sehvermögen nicht erheblich gesunken ist, die Heerde noch in der Peripherie
sitzen, kann man die Schmierkur umgehen und innerlich Sublimat in kleinen
Dosen reichen. Dabei leistet noch das J o d k a l i gute Dienste. Dagegen muss
das Quecksilber in grösseren Dosen, am besten in Form der Inunction,
angewendet werden, wenn es sich um centrale, ausgebreitete, das Sehvermögen rasch herabsetzende Heerde handelt, in welchen Fällen man hie
und da sich verpflichtet sieht, behufs rascher Mercurialisation zum Calomel
zu greifen.

Ueber die Anordnung der verschiedenen Quecksilberkuren siehe
S. 94—95.

Wie weit sich das P i l o c a r p i n als Resorbens chorioretinitischer Heerde
bewährt, darüber fehlen noch ausreichende Erfahrungen. Nach W e c k e r
soll es vortheilhaft sein gegen die leichte Form der disseminirten Choroiditis.
Man wird sich in f r i s c h e n F ä l l e n ernsterer Natur kaum veranlasst
fühlen, das Quecksilber mit irgend einem anderen Mittel zu vertauschen,
umsoweniger, als wir unter der Einreibungskur eine stark gesunkene Sehschärfe sich bis aufs normale wieder heben sehen, wie sich auch Scotome
vollständig wieder ausgleichen können.

Erst bei der Behandlung der Folgezustände abgelaufener Choroiditis,
wie bei restirenden Glaskörpertrübungen, oder in Fällen, in denen das
Quecksilber schon sehr lange angewendet wurde und eine Aenderung der
Behandlungsmethode nothwendig ist, wird das Pilocarpin versucht werden.

Es ist eine Thatsache, dass in sehr vielen, und namentlich den
schweren Fällen, die Behandlung völlig resultatlos bleibt, wenn der Kranke
sich nicht einer energischen D u n k e l k u r unterwirft. Die Abhaltung des
Lichtes soll womöglich eine t o t a l e sein, und oftmals gelingt es auch, und
namentlich in der Spitalpraxis oder bei wohlhabenden Leuten in der Privat-
praxis, die absolute Dunkelheit im Krankenzimmer durch mehrere Wochen
durchzuführen. Aber nur zu häufig ist der Arzt vor die Unmöglichkeit
gestellt, die Dunkelkur durchzuführen. Abgesehen von der furchtbaren
Aufregung, ja Verzweiflung, in welche die Kranken durch den Aufenthalt
im verfinsterten Raum, in welchem es ihnen auch nicht möglich ist, sich
vorlesen zu lassen, versetzt werden — wie viele Kranke selbst besser

situirter Familien giebt es, die bei den in grossen Städten herrschenden Wohnungsverhältnissen gezwungen sind, ihr Zimmer mit anderen, gesunden Menschen zu theilen, die nicht dazu verhalten werden können, durch Wochen sich des Lichtes zu enthalten! Wir müssen darum 'den Kranken durch dunkle Schutzgläser und überdies durch einen Augenschirm vor stärkerem Lichteinfall zu bewahren trachten und mögen der Ansicht sein, dass die Nachtheile der unvollständigen Lichtenthaltung durch den Vortheil aufgewogen werden, den Kranken durch die Ermöglichung des Verkehrs mit seiner Umgebung in besserer Stimmung und grösserer Zuversicht zu erhalten, ein Vortheil, der bei dem so langwierigen Verlaufe der Choroiditis plastica nicht gering anzuschlagen ist.

3) Choroiditis diffusa (serosa).
Seröse Aderhautentzündurg.

Jene Formen der diffusen Aderhautentzündung, deren Eigenthümlichkeit in einem erhöhten intraoculären Drucke besteht, der wahrscheinlich eine Folge der gesteigerten Secretion aus den Aderhautgefässen ist, werden gemeinsam mit den übrgen glaucomatösen Erkrankungen, wohin sie ohnedies in therapeutischer Beziehung gehören, abgehandelt werden.

Zu den diffusen Aderhautentzündungen müssen wir noch jene Choroiditisform rechnen, die sich so oft zur Scleritis und Episcleritis hinzugesellt. Wie S. 83 auseinandergesetzt wurde, ist die circumscripte Scleritis, wie wir sie als typisch hingestellt haben, nicht sehr häufig; in den meisten Fällen von Lederhautentzündung bleibt es nicht bei der isolirten Knotenbildung, sondern der entzündliche Process greift weiter um sich, sowohl der Fläche nach, indem er immer neue und neue Scleralpartien ergreift, als auch in die Tiefe, in welchem Falle die angrenzende Choroidea sich mitbetheiligt (diffuse Scleritis). Dann ist gewöhnlich der ganze vordere Abschnitt des Bulbus in einem mehr minder heftigen Reiz- und Entzündungszustande begriffen. Wir finden dann ausser den eigenthümlichen Veränderungen der Sclera Ciliarinjection, parenchymatöse Infiltration der Hornhaut mit sogenannten Randsclerosen, eine schleichende Iritis, und eine hochgradige Entzündung der Choroidea, die jedoch nicht zu plastischen Producten, sondern zu serösen Exsudationen, zu Trübungen des Glaskörpers führt. Im Anfange mag nur der vorderste Abschnitt der Choroidea ergriffen sein, und man hat darum diese Erkrankung Sclerochoroiditis anterior genannt, aber in den späteren Stadien dieser so überaus schleppenden Krankheit ist sicher der ganze Uvealtractus entzündet. Man erkennt dies durch die Spiegeluntersuchung: Wenn die Trübung der vorderen Medien noch nicht so dicht ist, dass es möglich ist, den Augenhintergrund zu erkennen, gewahrt man höchstgradige Hyperämie und leichte Schwellung der Papille, sowie diffuse Trübung auch in den hinteren Glaskörperabschnitten, Zustände, die mit der Choroidealentzündung eng verknüpft sind.

Auch die besondere Weichheit (Hypotonie) des Bulbus, eine Folge der gestörten Ernährungsverhältnisse, lässt auf ein Ergriffensein der gesammten Aderhaut einen fast sicheren Schluss ziehen.

Was die Behandlung dieser Affection anbelangt, so müssen wir auf das S. 83 und 84 gesagte, sowie auf die therapeutischen Grundsätze verweisen, welche bei der Besprechung der Iris und Choroidealerkrankungen aufgestellt wurden.

Wir können jedoch diesen Punkt nicht verlassen, ohne auf den Zusammenhang hinzuweisen, der zwischen der Entzündung der Lederhaut als der primären Ursache und gewissen Ektasien des Bulbus als Folgeerscheinungen besteht, wobei die Entzündung des Uvealtractus gewissermassen als Mittel- und Bindeglied dienen muss.

Der Ausgang einer Scleritis ist in der Regel die Atrophie der ergriffenen Partie, auch der mitbetheiligten Choroidea, in welcher die anatomische Untersuchung eine Verödung ihres Gefässlagers, sowie eine Umwandlung in fibröses Gewebe nachweist. Da nun an dieser Stelle die Bulbuswandung verdünnt ist, so muss sie daselbst nach den auf S. 78 entwickelten Gesetzen auch schon vom normalen intraoculären Drucke ausgebaucht werden. Wir finden dann Scleralektasien (Staphylomata sclerae) als Folgen der Scleritis. Sie sitzen dort, wo Scleritis überhaupt vorzukommen pflegt, nämlich in dem Gebiete zwischen Corneallimbus und dem Aequator. Nach einer diffusen Scleritis und Choroiditis kann die Ausdehnung manchmal grosse Strecken, ja in besonders excessiven Fällen den ganzen vorderen Bulbusabschnitt einnehmen. Dies kommt namentlich bei jüngeren Individuen vor, wo die Gewebe überhaupt noch nachgiebiger sind, dabei die Sclera während ihres chronischen Entzündungszustandes lange durchtränkt und erweicht war, und in den späteren Stadien die allmählige Ausdehnung mit der Atrophie derselben Hand in Hand ging.

Unter den Scleralstaphylomen nimmt das Staphyloma intercalare eine besondere Stellung ein. Ein genaues Verständniss seiner Genese ist unbedingt nothwendig, weil wir uns durch dasselbe einen Einblick in den Zusammenhang sehr complicirter pathologischer Vorgänge im Augeninneren erschliessen können.

Man vergegenwärtige sich die Conturen eines meridionalen Bulbusdurchschnittes und man wird finden, dass die Iris den gemeinschaftlichen Schenkel zweier Winkel vorstellt, von denen der vordere den Falz der vorderen Kammer, der hintere den der hinteren Augenkammer bildet. Der vordere Winkel (Kammerfalz) wird von der Cornea und dem Irisursprung begrenzt, sein äusserstes Ende wird von den Fasern des Ligamentum pectinatum iridis überbrückt, welche ein Lückensystem zusammensetzen, das unter dem Namen des Fontana'schen Raumes in der Ophthalmologie besondere Bedeutung gewonnen hat, weil übereinstimmende Untersuchungen lehren, dass diese Lücken einen der Hauptabflusswege der intraoculären Saftströmung bilden. Der hintere Winkel wird von der Uvealfläche der

Iris und der vordersten Fläche des Ciliarkörpers, sowie den vordersten Ciliarfortsätzen begrenzt. Denken wir uns nun die Iris nach vorne gedrängt, bis der vordere Winkel durch Berührung der Iris mit der Cornea aufgehoben wird, so muss der hintere Winkel zu einer von Uvealpigment ausgekleideten Fläche ausgeweitet werden. Wird nun diese Fläche ektasirt, so haben wir ein Staphylom der hinteren Kammer, oder weil dieses zwischen Iris und Corp. ciliare »eingeschaltet« ist, ein Staphyloma intercalare.

Eine Verlöthung des Irisursprungs mit der Cornea, demnach eine Aufhebung des Fontana'schen Raumes wird im Verlaufe einer Sclerochoroiditis sehr leicht stattfinden können. Diese dem Limbus der Hornhaut benachbarten Theile sind es eben, welche beim sclerochoroiditischen Processe in entzündlicher Infiltration und Schwellung begriffen sind. Diese Verlöthung stellt nichts anderes dar, als eine breite vordere Synechie, ist aber in ihren Folgen viel wichtiger, als jede andere, weil sie eine Verlegung der Abflusswege aus dem Augeninneren herbeiführt, und demnach eine Stauung der Binnenflüssigkeiten des Auges und in letzter Linie eine Erhöhung des intraoculären Druckes zur Folge haben kann.

Es ist klar, dass der erhöhte intraoculäre Druck die erweichten oder atrophischen Scleralpartien noch wirksamer ausbauchen wird, als dies unter normalen Druckverhältnissen ohnedies der Fall ist. Oft tritt dann in Folge der Ausdehnung der Bulbuskapsel ein gewisser Gleichgewichtszustand ein; es kann aber ein Zustand sich entwickeln, bei dem die Erhöhung des intraoculären Druckes eine ständige wird, wir es also mit einem Glaucome zu thun haben. In solchen Fällen finden wir dann bei der anatomischen Untersuchung eine hochgradige Atrophie der Choroidea mit gleichzeitiger beträchtlicher Erweiterung einzelner grösserer Gefässe. Der ganze hier geschilderte Process kann sich noch mit den durch die hinteren Synechien entstandenen Störungen der Ernährungsverhältnisse des Auges weiterhin compliciren.

Nach meiner Ueberzeugung wird durch die Atrophie der Choroidea eine weitere Ursache der erhöhten Spannung des Augapfels gegeben sein[*]). Es tritt nämlich bei Verödung eines Theiles des Gefässlagers dieser Membran eine collaterale Ausdehnung und Ueberfüllung der restirenden Gefässe ein, wodurch dann die Ursache einer beträchtlich gesteigerten Flüssigkeitsausscheidung vorhanden ist.

Die Therapie dieser Zustände wird sich immer nach den eben vorliegenden Erscheinungen richten müssen. Wie der Beginn dieser Erkrankung zu beheben ist, ist im Capitel der Scleritis bereits besprochen worden. Es muss nochmals betont werden, dass man sich aller reizenden, die Entzündung nur steigernden Mittel zu enthalten hat, und sorgfältig alle ätio-

---

[*]) S. Centralbl. f. med. Wiss. 1875, S. 886 und Centralbl. f. prakt. Augenheilk. 1877, S. 196.

logischen Momente erwogen werden müssen. Oft gelingt es dann, die
Krankheit zu beheben, ohne dass von ihr andere Spuren zurückbleiben
würden, als bläuliche Verfärbung der Sclera und eine Hornhautrandsclerose.

Wenn es nicht gelingt, die Krankheit in einem frühen Stadium zum
Abschlusse zu bringen, so ist das Auge unter sehr sorgfältige Ueberwachung
zu nehmen, damit eine Steigerung des. intraoculären Druckes der Aufmerksamkeit nicht entgehe. Tritt eine solche ein, so werden wir eine möglichst
breite und nicht zu periphere Iridectomie anlegen, auch wenn das Auge
noch im Reizzustande begriffen wäre.

Die Iridectomie ist jedoch nur am Platze, ehe sich ein Scleralstaphylom
ausgebildet hat oder wenn die Ektasie noch nicht zu weit gediehen ist,
eine partielle ist, überhaupt nur an einem Auge, das durch lange bestehende
glaucomatöse Spannung nicht völlig desorganisirt ist. Absolut verboten
ist sie, wenn die Ektasie bereits den ganzen vorderen Abschnitt des Bulbus
eingenommen hat. In solchen abgelaufenen Fällen pflegen der Operation
die heftigsten intraoculären Blutungen und Glaskörpervorfälle zu folgen,
worauf dann der Bulbus unter grossen Schmerzen vereitert oder phthisisch
wird. Den Schlussact des ektasischen Processes pflegt oft die Enucleatio
bulbi zu bilden, als das einzige Mittel, den Kranken von langem Siech-
thume zu befreien.

Sclerochoroiditis posterior.
(Staphyloma posticum.)

Am hinteren Pole des Augapfels werden häufig Ektasien beobachtet,
welche sich gewöhnlich ohne sichtbare entzündliche Symptome ausbilden, aber
mit atrophischen Veränderungen der Choroidea einhergehen, wie wir dieselben
sonst nur als Ausgang plastischer Choroiditis wahrnehmen. Aus diesen
Gründen hat diese eigenthümliche Erkrankung den Namen der Sclerochoroiditis
posterior erhalten, den sie so lange unberechtigt führen wird, als nicht
der anatomische Nachweis vorausgegangener entzündlicher Veränderungen
geliefert werden wird. Bisher ist diese so wichtige Frage noch nicht abgeschlossen; wichtig deshalb, weil diese Ektasien des hinteren Umfanges
des Bulbus einen der Hauptbefunde bei Myopie höheren Grades bilden, die
Ursache der Myopie selbst in einer Verlängerung der Augenaxe besteht, die
fortschreitende Myopie also die Folge eines Längerwerdens des Bulbus ist,
demnach die Frage nach der Entstehung des Staphyloma posticum gleichbedeutend ist mit der Frage nach der Ursache der Entwickelung der Myopie.

Wenn wir nun nach den Wahrscheinlichkeitsursachen des Staphyloma
posticum forschen, so fällt uns zunächst das Moment der Erblichkeit auf.
Kurzsichtigkeit höheren Grades ist erwiesenermassen hereditär; es muss
also wohl eine Disposition der Sclera überkommen sein, die vielleicht in
einer grösseren Zartheit oder Dünne derselben besteht, und sie dem Binnen-

augendrucke gegenüber nachgiebiger macht. Dass solche Zustände existiren können, erhellt aus dem Vergleiche mit einem ähnlichen, ebenfalls erblichen Processe der Cornea, dem Keratoconus (s. Seite 79), wo es ohne irgendwie manifeste Entzündungssymptome, ohne erhebliche Spannungszunahme im Auge, lediglich in Folge grösserer Nachgiebigkeit der Cornea zu ganz beträchtlichen Ektasien derselben kommt. Kommen nun noch zu dieser angeborenen Nachgiebigkeit der Sclera Momente hinzu, welche im Stande sind, den intraoculären Druck zeitweise zu erhöhen, so wird dadurch der ektatische Process noch befördert werden müssen. Zu diesen Momenten gehören habituelle Hyperämien in der Choroidea, wie sie in Folge angestrengter und fortgesetzter Augenarbeit sich ausbilden, weil jede Hyperämie zu serösen Ausscheidungen Veranlassung giebt, und ausserdem ein Lockererwerden des Gewebes zur Folge hat. Dazu wird noch von Einigen eine abnorme Action der Augenmuskeln gerechnet, insoferne, als bei Myopie gewöhnlich die Recti interni insufficient sind, die Recti externi daher das Uebergewicht haben müssen. Da nun bei der Augenarbeit die Augenaxen convergirt werden, so wird diese Convergenz immer nur unter erheblichen Anstrengungen aufgebracht werden, und nur unter Mitwirkung der übrigen Augenmuskeln, weil nur so das Uebergewicht der Externi besiegt werden kann. Diese übermässige Spannung der Augenmuskeln wird als ein Umstand betrachtet, der schon durch äusseren Druck die Spannung der Bulbuskapsel erhöht.

Uebrigens, alle diese Umstände in Betracht gezogen, lässt es sich ferner nicht in Abrede stellen, dass wir bei sehr entwickelten Graden des Staphyloma posticum auch Veränderungen im Augenhintergrunde vorfinden, die auf eine complicirende Entzündung der Choroidea deuten, und jedenfalls zu Atrophien dieser Membran führen.

Mit dem Staphyloma posticum nahe verwandt, aber in praktischer Beziehung von demselben zu trennen, ist der sogenannte Conus, auch stationäres Staphyloma posticum. Es ist dies eine weisse sichelförmige Stelle, die die äussere Peripherie des Sehnerven umgiebt, von ihm auch scharf getrennt ist, und deren äusserer, der Macula lutea zugewendeter convexer Rand immer einen Pigmentsaum besitzt. Diese Veränderung ist in den meisten Fällen eine stationäre, bedingt durch eine partielle Atrophie der Choroidea.

Ein Staphyloma posticum kann in dem Falle für ein progressives erklärt werden, wenn seine convexe Begrenzungslinie (gegen die Choroidea zu) nicht mehr scharf ist, sondern sich verwischt und allmählig in atrophische, unregelmässig pigmentirte Stellen übergeht. Wir sehen dann um den Sehnerven eine weisse Fläche, über welche die Retinalgefässe ziehen, und in der Umgebung derselben Bilder, welche am ehesten an die disseminirten Formen der Choroiditis erinnern. Allmählig wächst das Staphylom gegen die Macula lutea zu, und in besonders ausgeprägten Fällen sehen wir den Sehnerveneintritt in grosser Ausdehnung von einer weissen, oft zackenförmig gegen die Peripherie zu sich begrenzenden Fläche umgeben, während in den übrigen Partien des Augenhintergrundes das Pigmentepithel sich zerworfen und rareficirt zeigt. Das sind die Fälle, in denen es schon zu Ernährungsstörungen gekommen ist, was man aus den flockigen, namentlich in den hinteren Partien des Glaskörpers ausgespannten oder sich bewegenden Trübungen erkennt.

Die Gefahren, die dem Auge drohen, wenn das Staphylom so excessiv zunimmt, bestehen in Blutungen in der Gegend der Macula lutea, und Netzhautablösungen.

Was die ersteren anbelangt, so führen sie in Folge der Umgestaltung des ergossenen Blutes zu Pigmentbildungen, und zu centralen Retinalatrophien, die den Verlust des centralen Sehvermögens zur Folge haben. Die Ursachen der Netzhautablösung, von welcher noch später die Rede sein wird, sind bisher im grossen und ganzen noch unerforscht.

Alle die geschilderten Erscheinungen lehren, und das ist in praktischer Beziehung das Wichtigste, dass wir es mit einer allmähligen Ausdehnung, Verdünnung und Atrophisirung der Aderhaut in Folge der fortwährenden Ausdehnung des Bulbus zu thun haben, ohne dass manifeste entzündliche Zustände hierbei sich entwickeln.

Was nun unser therapeutisches Vorgehen gegen das Staphyloma posticum progressivum — denn das stationäre, der sogenannte Conus, kommt therapeutisch nicht in Betracht — anbelangt, so sind in erster Linie alle jene Momente zu berücksichtigen, von welchen wir S. 169 sagten, dass sie die Distension der Choroidea befördern. Es wird also, sowie bei jungen Individuen die Disposition zur progressiven Myopie festgestellt ist, und wir mit dem Spiegel die Anfänge der Choroidealverbildung wahrnehmen, das Auge von allen Schädlichkeiten, welche andauerndes und anstrengendes Arbeiten mit sich bringen, bewahrt bleiben müssen. Freilich ist dies bei den Anforderungen, welche das Leben an den Einzelnen stellt, und die eine Anspannung aller geistigen Kräfte erheischen, viel leichter zu verlangen, als von Seite des myopischen Individuums auf Geheiss des Arztes durchzuführen. Es giebt heute fast keine Berufsart mehr, die nicht ein erhebliches Maass von theoretischen Vorkenntnissen erforderte, und man wird von keinem Menschen ernstlich verlangen können, dass er sich der Bücher schon in seiner Jugend enthalte; abgesehen davon, dass es noch eine Anzahl von Handwerken und Beschäftigungen giebt, welche an die Augen der Menschen die grössten Anforderungen stellen. Der Arzt wird aber das Seinige thun, und sein Veto sowohl gegen das Uebermaass der Beschäftigung als gegen eine Berufsart einlegen, denen die Augen des Individuums von vornherein nicht gewachsen sind.

Bei Kindern und jüngeren Individuen kann versucht werden, durch eine längere Atropinkur die Accommodationsfähigkeit zu suspendiren, und dieses Vorgehen wird namentlich dann am Platze sein, wenn die Veränderungen im Augenhintergrunde in rascherem Zunehmen begriffen sind. In solchen Fällen thut man gut, das Auge wenigstens durch einige

Wochen als ein choroiditisches zu betrachten. Man hat angerathen, Personen von schwächlicher, anämischer Constitution innerlich Roborantien zu geben, wie Eisen, Chinin u. s. w. Was mich betrifft, so habe ich nach diesen Kuren, die ich auch, ut aliquid fieri videatur, anzuwenden gezwungen bin, niemals einen Stillstand in der Entwickelung des ektatischen Processes mit Sicherheit feststellen können.

Haben wir es bereits mit Glaskörpertrübungen und Blutungen, Plaques in der Gegend des hinteren Poles zu thun, so muss antiphlogistisch vorgegangen werden. Es treten dann das Quecksilber und die Blutenziehung in ihre Rechte. Wecker empfiehlt das Sublimat 0,01—0,02 pro die, vereint mit der Anwendung des Jodkaliums 0,50—1,0 pro die. Die Blutentziehungen empfiehlt er methodisch vorzunehmen, derart, dass einmal in der Woche des Abends eine bestimmte, je nach den speciellen Erscheinungen zu regelnde Blutquantität mit dem Heurteloup entzogen werde.

Der Vorschlag v. Graefe's, durch Tenotomie das Uebergewicht der M. externi zu beseitigen und dadurch eine der Hauptursachen des Uebels zu beheben, hat sich wegen des unsicheren Erfolges nicht einzubürgern vermocht.

Leider sind wir trotz aller dieser Mittel sehr oft nicht im Stande, die Augen mit excessivem Staphyloma posticum vor dem Ruin durch Netzhautablösung zu bewahren. Wir leisten jedoch schon viel, wenn wir in den mittleren Graden desselben den Kranken zu einem vernünftigen Gebrauch seiner Augen veranlassen, ihm passend gewählte Concavgläser, unter Umständen Prismen, geben, und so denselben vor weiteren Schädlichkeiten bewahren.

Glasdrusen der Choroidea. Praktisch von geringer Bedeutung, aber als pathologische Erscheinung von grossem Interesse sind hyaline Verdickungen der Lamina vitrea der Aderhaut, welche wie Knöpfe oder Drusen derselben aufsitzen, und in das Retinalgewebe ragen können. An den Stellen, wo sie sich vorfinden, ist das Pigmentepithel der Retina jedenfalls in Unordnung gerathen; wir können darum manchen Spiegelbefund von abnormer Pigmentirung des Augenhintergrundes, der an das Bild der Choroiditis disseminata gemahnt, aber sich ohne manifeste entzündliche Symptome und ohne Störungen des Sehvermögens entwickelt hat, auf die Anwesenheit dieser Glasdrusen (auch colloide Auswüchse genannt) zurückführen. Man nimmt an, dass sie ihre Entstehung Wucherungsprocessen des Pigmentepithels selbst verdanken; was mich betrifft, so bin ich eher geneigt, circumscripte Entzündungen innerhalb der Choriocapillaris anzunehmen, welche ein Exsudat liefern, das hyalinen Umwandlungen unterworfen ist.

Verknöcherungen der Choroidea. In erblindeten, phthisischen Augäpfeln findet sich nicht selten neugebildetes Knochengewebe vor, welches, wie die anatomische Untersuchung lehrt, sich aus den Exsudaten chronisch-plastischer Choroiditis oder Cyclitis entwickelt hat. Da diese Exsudate gewöhnlich auf die Oberfläche der Choroidea ergossen werden, so sitzt der Knochen auch der inneren Schichte dieser Membran oftmals in Form einer Schale auf, welche hie und da auch nach vorne zu durch Ossification cyclitischer, die Linse einhüllender Schwarten sich schliessen kann. Ja in einzelnen, wenn auch nicht übermässig seltenen Fällen, ergreift der Verknöcherungsprocess ausschliesslich nur die retroiritischen und cyclitischen Pseudomembranen, so dass sich eine Knochenkapsel bildet, welche die Form der Linse fast sklavisch nachahmt, und in ihrem Hohlraume auch die zu Detritus zerfallene Linse birgt.

Der Ossificationsprocess im Auge kann in praktischer Beziehung von höchstem Belange werden, da er unheilbare und nur durch die Enucleation des Bulbus zu beseitigende Ciliarreizung zu verursachen vermag. Es ist wahrscheinlich, dass diese Reizung am ehesten durch Knochensplitter im vorderen Abschnitt des Bulbus hervorgerufen wird, während Choroidealknochen lange bestehen kann, ohne das Auge irgendwie zu belästigen.

Man stellt die Diagnose auf intraoculäre Knochenbildung mit Wahrscheinlichkeit, sobald man in einem geschrumpften Augapfel bei der Palpation eine besondere Härte wahrnimmt. Man wird gut thun, die Enucleation anzurathen, wenn sich Ciliarschmerzen, sei es spontan, sei es bei Einlegung eines künstlichen Auges, einstellen sollten, um dadurch der Möglichkeit der sympathischen Irritation des anderen Auges vorzubeugen.

Blutungen, Einrisse und Ablösungen der Choroidea. Häufig nach Verletzungen (durch stumpfe Gewalt, Prellungen u. s. w.), seltener spontan, kommen Hämorrhagien aus der Choroidea zu Stande. Ist das ergossene Blut massenhaft, so löst es die Netzhaut ab, und stülpt sie vor, oder es durchbricht sie und erfüllt den Glaskörperraum. Kleinere Blutungen bleiben innerhalb des Stromas der Aderhaut oder verbreiten sich zwischen Ader- und Netzhaut. Die Diagnose wird in den meisten Fällen nicht schwierig sein, die Therapie richtet sich nach den speciellen Umständen, d. i. nach den anderen Folgen des Traumas. Bezüglich der Therapie der Blutergüsse des Augeninneren siehe S. 151.

Nach Einwirkung stumpfer Gewalt auf den Bulbus entdeckt man häufig als Ursache der Choroidealblutungen Einrisse der Aderhaut, welche immer in der Nähe der Schnervenpapille sitzen. Sie stellen sich im ophthalmoskopischen Bilde als mehr weniger breite, spitzig zulaufende Streifen dar, welche concentrisch zur Papillenperipherie gekrümmt sind. Die Streifen sind weiss, denn es ist die intacte Sclera, welche durch den Choroidealriss durchschimmert; die Retina erleidet gewöhnlich keine Continuitätstrennung.

Der Einfluss, den solche Choroidealrupturen auf die Function des Auges haben, hängt immer ab von Grösse der Ruptur, sodann von der Zerstörung, welche die Choroidealblutung in der Retina unmittelbar oder bei ihren späteren Metamorphosen zur Folge hat.

Die Therapie kann nur dahin gerichtet sein, die Resorption des ergossenen Blutes zu beschleunigen, und das Auge vor dem Hinzutritt entzündlicher Complicationen zu bewahren.

Ablösungen der Choroidea, die ophthalmoskopisch wahrzunehmen sind, gehören zu den grössten Seltenheiten; dagegen stellen sich bei Sectionen solche Ablösungen als durchaus nicht seltene Befunde dar. Namentlich sieht man sie in Augen, die wegen „Phthisis dolorosa" enucleirt wurden; man findet, dass der cyclitische Schrumpfungsprocess die Aderhaut von der Sclera losgelöst hat, und dass erstere mit letzterer oft nur durch die im hinteren Umfange der Sclera eintretenden Nerven und Gefässe zusammenhängt. Zwischen beiden Membranen befindet sich gewöhnlich eine seröse, manchmal blutige Flüssigkeit; ferner ein schwammiges, aus der Suprachoroidea hervorgegangenes Gewebe.

Die Netzhaut ist in solchen Fällen schon frühzeitig abgelöst, zwischen ihr und der Choroidea ist ein sulziges, formloses Exsudat.

Derartige Befunde sind höchst lehrreich, weil sie zeigen, dass die unerträglichen Ciliarschmerzen, die so häufig von solchen Augen ausgehen, durch die unausgesetzten Zerrungen grösserer Nervenstämme hervorgerufen werden, woraus auch hervorgeht, dass dieser Zustand endgültig nur durch die Enucleatio bulbi behoben werden kann.

Neuntes Capitel.

Krankheiten der Netzhaut und des Sehnerven.

A. Chorioretinitis. Pigmentdegeneration der Netzhaut.

In dem vorigen Capitel wurde auseinandergesetzt, dass zahlreiche entzündliche Processe der Choroidea daselbst nicht beschränkt bleiben, sondern auf die Retina übergreifen. Dies gilt sowohl von den Eiterungen, wobei die Retina sehr rasch von den eiterigen Producten überschwemmt wird, als auch von den diffusen Entzündungen, die gleichzeitig auch zu serösen Durchtränkungen der Netzhaut führen. Es ist betont worden, dass die Betheiligung der letzteren an den Choroidealerkrankungen ebenso sehr der anatomischen Nachbarschaft beider Membranen zuzuschreiben ist, als auch jenem Umstande, dass die hinteren (musivischen) Retinalschichten ihr Ernährungsmaterial von der Choriocapillaris beziehen, demnach zu dieser in einem nutritiven Abhängigkeitsverhältniss stehen, was von den vorderen, nervösen Schichten nicht gilt, die über ein eigenes, aus dem Sehnerven stammendes Gefässsystem verfügen, welches mit dem der Choroidea nur in der Gegend des Sehnerveneintrittes anastomosirt. In diesem Verhalten finden wir eine genügende Erklärung der klinischen Thatsache, dass in der Peripherie (der Aequatorialgegend) localisirte choroiditische Affectionen die Papille immer, wie das Ophthalmoskop lehrt, intact lassen, während jede centrale oder diffuse Choroiditis auch zu einer Infiltration und entzündlichen Trübung des intraoculären Sehnerven und der ihm benachbarten Netzhautpartie führt.

Was die plastischen Formen der Choroiditis anbelangt, so haben wir sie gerade wegen ihrer Tendenz, Verklebungen mit der Retina herbeizuführen, adhäsive Choroiditis genannt, und sie gehen immer mit einem Spiegelbilde einher, in welchem die Pigmentveränderungen, Pigmentanhäufungen neben atrophisch erscheinenden Stellen des Augenhintergrundes die Hauptrolle spielen, ein Befund, der auf weitgehende Veränderungen des Pigmentepithels und der hinteren Netzhautschichten deutet. Der Umstand jedoch, dass, wie manche anatomische Untersuchungen lehren, die Gewebsveränderungen nicht über die Netzhaut, zu der man genetisch auch die Pigmentepithelschichte rechnet, hinaus gingen, und die Choroidea, wenigstens scheinbar, intact gefunden wurde, hat einige Forscher bewogen, von einer eigenen Retinitis postica (Entzündung der hinteren Retinalschichten) zu sprechen, und sie von der mit gleichem Spiegelbefunde und identischen Symptomen einhergehenden Choroiditis oder Chorioretinitis plastica zu trennen. Was uns betrifft, so können wir mit um so grösserer Beruhigung beide Processe als eins betrachten, weil sie nicht nur vom Standpunkte der Symptomatologie, sondern, was für uns noch wichtiger ist, von dem der Therapie, die für beide dieselbe ist, völlig übereinstimmen.

Indem wir also bezüglich der Therapie der sogenannten Retinitis postica uns durchaus nur auf die S. 164 gegebenen Ausführungen berufen, müssen wir ein anatomisches Verhalten kurz besprechen, welches als Folgezustand dieser Krankheit zu betrachten ist. Es ist dies die Pigmentatrophie der Netzhaut. In den ausgeprägtesten Formen dieser Art finden wir, wenn wir den Bulbus etwa im Aequator eröffnen, schon mit freiem Auge den Augenhintergrund, der ganzen inneren Oberfläche der Retina entsprechend, gesprenkelt. Die Sprenkelung ist in der Peripherie dichter und verliert sich gegen den hinteren Pol, die Papille, zu; die Sprenkel, mit der Lupe betrachtet, stellen sich als schwarze Flecke dar, welche sich häufig sternförmig verästeln. Der Glaskörper ist meist verflüssigt. Unter dem Mikroskope finden wir jedem schwarzen Flecke entsprechend die Netzhaut zu einem fibrösen Häutchen entartet und mit der Choroidea verwachsen, an deren innerer Oberfläche sich hyaline, drusige Verdickungen und Warzen befinden, welche einen Mantel von Pigment tragen und in das Retinalgewebe hineinragen. Das normale Pigmentepithel ist untergegangen. Das Pigment dringt mit diesen hyalinen Körpern in die Retina ein und breitet sich daselbst aus. In dieser Weise kann der grösste Theil der Retina entartet sein; doch giebt es zahlreiche Abstufungen von den totalen bis zu nur partiellen Degenerationen, bei denen diese Veränderungen sich nur an wenigen umgrenzten Stellen ausgebildet haben, während die Nachbarpartien noch vollständig normal sind.

Die totalen Pigmentatrophien der Netzhaut sind ein durchaus nicht so seltener anatomischer Befund in Augäpfeln, deren Sehvermögen an langwierigen, chronischen Entzündungen zu Grunde gegangen war; die partiellen sind das Resultat plastischer Chorioretinitis, eine Vernarbung einer circumscripten Wucherung, die manchmal nur die innersten Choroidealschichten oder auch nur das Pigmentepithel ergriffen hatte.

Besonderes Interesse bietet jedoch eine Form der Pigmentdegeneration der Netzhaut, welche durch ihren eigenartigen, immer echt chronischen, genau bestimmten Verlauf, den markirten ophthalmoskopischen Befund eine scharf begrenzte klinische Form repräsentirt. Es ist dies die unter dem Namen der Retinitis pigmentosa bekannte Krankheit, welche ebenso, wie die morphologisch nahverwandte Choroiditis disseminata, ganz ohne sichtbare inflammatorische Zeichen sich ausbildet.

Bei der Retinitis pigmentosa handelt es sich um eine Augenkrankheit, welche man mit vollem Recht als eine congenitale bezeichnen kann. Meist sind mehrere Mitglieder einer Familie von ihr befallen, oft herrschen in derselben Familie noch andere angeborene Uebel, wie Bildungsanomalien, Taubstummheit u. s. w., und die Thatsache der Weitervererbung ist eine über jeden Zweifel erhabene. Anatomisch lässt sich diese Erkrankung, die immer doppelseitig vorkommt, als eine von der Netzhaut-Peripherie her immer mehr Macula lutea-wärts vorrückende Pigmenteinwanderung, verbunden mit bindegewebiger Atrophie, Sclerose der Gefässwände und Schwund der nervösen Elemente in der ergriffenen Netzhautzone definiren.

Die ersten Spuren dieser Krankheit verrathen sich bei jungen Individuen weniger durch einen positiven Spiegelbefund, als durch die subjectiven Beschwerden der Hemeralopie. Schon dieses Symptom belehrt uns, dass wir es mit einer Affection der hinteren, lichtpercipirenden Retinalschichten zu thun haben, wie dies als Complication der Choroidealentzündungen so oft vorkommt. Die Hemeralopie ist ein retinales Symptom der Choroiditis und besteht, wie S. 156 auseinandergesetzt wurde, in einer Unempfindlichkeit der Netzhaut gegen schwache Lichteindrücke. Dieser Torpor retinae äussert sich bei den Kranken darin, dass sie im Dämmerlicht unverhältnissmässig schlecht, bei Nacht gar nichts sehen, bei Lampenlicht

nur die direct beleuchteten Gegenstände wahrnehmen, während die weiter
von der Lichtquelle entfernten Dinge in Finsterniss gehüllt sind.

Mit der Zeit bildet sich nun ein eigenthümliches Aussehen des
Augenhintergrundes aus: es treten in der Peripherie der Netzhaut schwarze
Pigmentfleckchen auf, von zackiger, knochenkörperchenartiger
Configuration, welche sich oft längs der Gefässe, die sich als verengt
erweisen, centralwärts verbreiten und nach und nach immer näher gegen
die Papille und die Macula lutea rücken, welche Stellen aber in den überwiegend meisten Fällen von ihnen verschont bleiben. Das Bild ist ein so
charakteristisches, dass, wer es einmal gesehen, dasselbe sofort wieder-
erkennt.

Mit der centripetalen Ausbreitung der Pigmentdegeneration geht ein
bedeutsames Symptom Hand in Hand: die Einengung des Gesichtsfeldes. Da die peripheren Retinalpartien atrophiren, so fallen die ihnen
entsprechenden Stellen des Gesichtsfeldes aus, so dass die Kranken in den
ausgebildeten Fällen nur mehr über ein Gesichtsfeld verfügen, das nur in
geringer Ausdehnung den Fixirpunkt umgiebt. Die centrale Sehschärfe kann
auch bei engem Gesichtsfelde noch gut erhalten sein, mit der Zeit leidet
aber auch diese ganz beträchtlich, und die Ursache hievon ist die Atrophie
des Sehnerven, die sich immer mehr und mehr ausprägt, so dass die
Patienten endlich in ihren späteren Jahren völlig oder nahezu erblinden.

Der Glaskörper pflegt rein zu bleiben; in seltenen Fällen entwickelt
sich hinterer Polarstaar.

Was die Therapie der Retinitis pigmentosa anbelangt, so stehen uns,
rund heraus gesagt, absolut keine Mittel zu Gebote, die Pigmententartung in
ihrem Verlaufe aufzuhalten. Auch darin zeigt diese Affection ihre besondere
Eigenart gegen die übrigen Chorioretinitiden, mit denen sie anatomisch so viel
Uebereinstimmung zeigen, dass keines von den Mitteln, welches die Chorioretinitis plastica zu begrenzen und ihre Producte zur Aufsaugung zu bringen
vermögen, im Stande ist, den Process zu sistiren. Man hat weder von den
üblichen Resorbentien, wie Quecksilber, Jod u. a., noch von irgend welchen
Nervinis, noch auch von der Electricität je irgend welche wirkliche Erfolge
gesehen, wobei zu bemerken ist, dass bei der Langwierigkeit des Verlaufes,
dem Umstande, dass das Befinden des Kranken häufig für lange Zeit stationär
bleiben kann, schon oft Täuschungen bezüglich der Wirksamkeit verschiedener
Mittel vorgekommen sein mögen.

Dieses durch nichts aufzuhaltende Vorwärtschreiten der typischen
Pigmententartung der Retina, ihr Charakter als congenitale Affection lässt
wohl die Annahme als begründet erscheinen, dass es nicht ausschliesslich
locale, auf den Augenhintergrund beschränkte Processe sind, welche sich
hier abspielen. Um kurz zu sein: es liegt die Vermuthung nahe, dass eine
wahrscheinlich vom Centralorgane ausgehende, anatomisch noch nicht
erforschte eigenthümliche Degeneration der Ciliarnerven, als der Nerven,
welche die Ernährung der Choroidea und auch die Pigmentvertheilung in

derselben regeln, vorliegt. Es möge hiebei auf die schönen Versuche Berlin's*) aufmerksam gemacht werden, der nach Durchschneidung des Sehnerven bei Fröschen das Auftreten von Pigmentveränderungen im Augenhintergrunde als ständigen Befund beobachtet hat. Es kann aber nicht die Durchschneidung des Sehnerven selbst sein, welche diese Veränderungen nach sich zieht, denn wenn man denselben intracraniell durchtrennt**), so tritt dieser Befund nicht auf. Es muss sich demnach bei diesen Versuchen hauptsächlich um die bei der Durchtrennung des Sehnerven unvermeidlich erfolgenden Verletzungen und Durchschneidungen anderer retrobulbärer Gebilde handeln und zwar der Ciliargefässe und der Ciliarnerven. Da aber der Durchtrennung der hinteren Ciliargefässe keine so besondere Wichtigkeit beigelegt werden kann, weil sich in der Choroidea sehr bald ein Collateralkreislauf ausbilden muss, so sind es nur die Nerven, deren Verletzung als die Ursache der Pigmenteinwanderung angesehen werden muss.

Bei dem heutigen Stande unserer Kenntnisse vermögen wir uns gegenwärtig keine Vorstellung darüber zu bilden, in welcher Weise die gestörte Nerventhätigkeit innerhalb der Choroidea zu Wucherungen und Einwanderung des Pigmentes in die Retina führt.

Da es sicher ist, dass die functionellen Störungen der von Retinitis pigmentosa befallenen Augen, der Torpor retinae und die Einengung des Gesichtsfeldes nur Folgeerscheinungen der Atrophie der Stäbchenschichte sind, welche wieder secundär die Atrophie der zu ihnen gehörigen Nervenfasern nach sich zieht, und wir aus der klinischen Beobachtung folgern können, dass die Ausbildung der völligen Atrophie der nervösen Elemente, demnach die Paralyse derselben, eine gewisse Zeit in Anspruch nimmt, innerhalb derer die Nervenleitung als paretisch betrachtet werden muss, so ist die Anwendung des Strychnins versucht worden, als eines Mittels, die gesunkene Erregbarkeit der nervösen Faser zu heben. In der That wird von vielen Seiten übereinstimmend berichtet, dass das Strychnin insofern eine günstige Wirkung ausübt, als die herabgesetzte centrale Sehschärfe sich wieder etwas hebt und das eingeengte Gesichtsfeld sich etwas wieder erweitert. Freilich hält diese günstige Wirkung nicht lange an und muss das Mittel von Zeit zu Zeit wieder neu angewendet werden. Auf diese Weise mag die Arbeitsfähigkeit des Patienten etwas gehoben, das Eintreten der Erblindung etwas hinausgeschoben worden sein, ein Erfolg, der bei einer unheilbaren Krankheit immerhin erfreulich genannt werden muss.

Nach Prof. Nagel, dem wir die Einführung der Strychnininjectionen, welche eine wesentliche Bereicherung der oculistischen Therapie darstellen,

---

*) Zehender's Monatsblätter f. Augenheilk. IV, S. 278.
**) Krenchel, Archiv f. Ophthalm. XX, 1. S. 128.

verdanken, können wir folgende Anweisungen behufs des Gebrauchs des Strychninum nitricum geben:

Die Injectionen werden unter die Haut der Schläfegegend gemacht, meistens in Dosen von 0,001—0,003, selten höher, nie über 0,0075 g. (Wenn man also eine ¼ % Lösung verwendet, enthält eine volle Pravaz'sche Spritze gerade die mittlere Dosis von 0,0025 g.) Eine Gewöhnung an das Mittel tritt nicht ein, im Gegentheil cumulative Wirkung; die günstige Wirkung auf das Sehvermögen trat in der Regel in der ersten Stunde ein, der Anfang schon nach 10—15 Minuten, selten erst (vielleicht bei zu kleiner Dosis) nach der zweiten und dritten Injection.

Im Falle wir also in einem Falle von Retinitis pigmentosa nach der dritten Injection absolut keine Verbesserung finden sollten, ist das Mittel auszusetzen, hingegen insolange fortzusetzen, als bei den Sehprüfungen noch eine weitere Zunahme der Sehschärfe oder des Gesichtsfeldes nachweisbar ist — selbstverständlich nur im Falle der Organismus das Strychnin erträgt.

B. Retinitis.

Entzündung der Netzhaut.

Die Diagnose einer Netzhautentzündung setzt sich aus dem mit dem Ophthalmoskope objectiv zu erhebenden Befunde und aus gewissen, dem letzteren entsprechenden functionellen Störungen zusammen. Wie an anderen Körperstellen werden wir auch bei der Retina einen hyperämischen Zustand erst dann als entzündlichen ansprechen, wenn sich zur Hyperämie noch Exsudation und Gewebsschwellung hinzugesellt.

Sowohl die Hyperämie, als auch die geweblichen Veränderungen der Retina sind mit dem Augenspiegel sehr gut wahrzunehmen. Man beobachtet sie am besten an der Eintrittstelle des Sehnerven (Papilla nervi optici) und in den benachbarten Retinalpartien. Aus der Papille gelangen nämlich die Centralgefässe des Sehnerven in den Augenhintergrund, respective treten die Venen aus letzterem in den Nerven ein, es liegen also hier grössere Gefässstämme dem Blicke blos, der sie nun auch unter ophthalmoskopischer Vergrösserung erfassen kann; ausserdem hat die Papille noch ein reiches Capillarnetz, dessen Ueberfüllung sich sofort durch eine gesteigerte Röthe (»Capillarröthe«) wahrnehmbar macht.

Die entzündliche Exsudation muss ebenfalls sehr bald diagnosticirbar sein, da die Retina normaliter fast die Durchsichtigkeit der brechenden Augenmedien besitzt, demnach im entzündlichen Zustande sehr bald eine auf Verlust dieser Durchsichtigkeit beruhende Trübung eintreten muss. Auch die Nervenausbreitung der Papille ist im hohen Grade diaphan und lässt im normalen Zustande das Bindegewebsgerüst (lamina cribrosa) durchschimmern, sowie auch die Abgrenzung des Nerven gegen die Sclera scharf

erkennbar ist. Dieses normale Aussehen verwischt die entzündliche Trübung
in grösserem oder geringerem Maasse; was die entzündliche Schwellung
betrifft, so diagnosticiren wir sie theils aus dem Laufe der Retinalgefässe,
welche durch sie entweder verdeckt werden oder sich über dieselben
schlängeln müssen, theils mit dem Augenspiegel nach bekannten optischen
Gesetzen.

Die bei den verschiedensten, klinisch zu beobachtenden Formen der
Retinitis vorkommenden Bilder setzen sich in der Regel aus folgenden
Elementen zusammen, welche in grösserer oder geringerer Ausprägung
vorhanden sind, womit nicht gesagt ist, dass sie sämmtlich in einem
speciellen Falle auftreten.

1) **Trübung der Netzhaut.** Sie kann von verschiedener Intensität und Ausbreitung sein, bald über die ganze Netzhaut gebreitet, bald
nur auf die Papille und auf die Umgebung der grösseren Gefässe beschränkt
sein. Sie ist bald schleierförmig, bald streifig, im letzteren Falle mit der
Anordnung, dass die Streifen radiär von dem Gefässhylus der Papille aus-
strahlen.

2) **Schwellung der Papille.** Diese kann so minimal sein, dass
nur die Grenze des Opticus und der Scleralring verschwommen und die
Lamina cribrosa verdeckt ist; oder sie ist so beträchtlich, dass die Papille
wie ein Hügel vorragt, und die Gefässe, soweit sie nicht verdeckt sind,
einen Bogen beschreiben müssen, um auf die Netzhaut hinabzusteigen.
Bald ist die Schwellung nur auf die Papille beschränkt, bald breitet sie sich
auf die benachbarte Retina aus.

3) **Bildung von weissen Flecken, Plaques, Stippchen** in den
vordersten Netzhautschichten, wobei als wichtiges differentialdiagnostisches
Moment festzuhalten ist, dass diese Flecke nicht von Pigmentsäumen umgeben sind.

4) **Abnormes Verhalten der Gefässe.** Die Capillarröthe der
Papille ist gesteigert; die Venen sind erweitert und geschlängelt, die Arterien
häufig verengt, beides, weil die Gefässpforte durch die Schwellung des
Gewebes verengt wird. Die Erweiterung der Venen ist oft eine ungleich-
mässige, sack-, auch spindelförmige; die Gefässe sind in ihrem Lauf auch
unterbrochen, weil sie stellenweise von der Trübung verdeckt werden.

5) **Hämorrhagien,** welche in den vordersten Netzhautschichten,
in unmittelbarer Nachbarschaft der Gefässe liegen. Die Extravasate sind
oft in sehr grosser Zahl vorhanden.

Was nun die **subjectiven** Symptome anbelangt, die wir bei den
Netzhautentzündungen vorfinden — wobei wir noch erwähnen müssen,
dass sie wohl hie und da auch bei ausgeprägten Spiegelbefunden gering
sein oder ganz fehlen können — so werden hauptsächlich folgende beobachtet:

a) Umnebelung, Verschleierung des Sehens. Diese Störung beruht
höchst wahrscheinlich auf einer Blendungserscheinung, die in Folge der

diffusen Zerstreuung des Lichtes in· den getrübten oberflächlichen Netzhautschichten zu Stande kommt. Dabei kann die Sehschärfe noch eine
normale sein.

b) In Folge dieser Blendung wird das Sehen bei heller Beleuchtung
besonders sehlecht, und bei temperirtem Lichte gebessert. Es ist also
Ueberempfindlichkeit der Netzhaut vorhanden (Nyctalopie).

c) Herabsetzung der centralen Sehschärfe. Dieses Symptom steht sowohl mit der Trübung der Netzhaut, als mit der Affection
der Nervenfasern in Zusammenhang. Nicht immer lässt sich jedoch
der Grad des vorhandenen Sehvermögens mit dem ophthalmoskopischen
Befunde in Einklang bringen, da dasselbe bald geringer ist, als man nach
den sichtbaren Veränderungen vermuthen sollte, bald das umgekehrte Verhältniss stattfindet. In diesen Fällen kann also nicht aus dem ophthalmoskopischen Befunde, sondern nur aus den Ergebnissen der Funetionsprüfung
ein Rückschluss auf die feineren Veränderungen der Netzhautelemente gemacht werden.

d) Dasselbe gilt von der Prüfung des Gesichtsfeldes, welches
bald intact, bald in verschiedenster Weise beschränkt sein kann. Es wird
später der Zustand desselben in einem Endstadium der Retinitis, der
Atrophie, näher besprochen werden.

Alle die geschilderten Symptome beziehen sich auf die eigentliche
Retinitis, unter welcher man die entzündlichen Affectionen versteht, die
sich in den ihr eigenes Gefässsystem besitzenden vordersten Netzhautschichten abspielen, und lassen sich aueh zumeist aus dem pathologisch-
anatomischen Befunde erklären. Vergleichen wir dieselben mit jenen Affec-
tionen der hinteren Netzhautschichten, die, als von der Choroidea ausgehend,
Chorioretinitis genannt werden, so finden wir mehrere wesentliche
Unterschiede, deren genaue Kenntniss differentialdiagnostisch von höchster
Bedeutung ist. So ist unter den objectiven (ophthalmoskopischen) Symptomen der Retinitis zunächst die Abwesenheit des Pigmentes, um die
Plaques zu betonen, während die chorioretinitischen Plaques gewöhnlich von
Pigmentsäumen umgeben sind. Nur in späten Stadien der Retinitis antica
finden wir Pigmentirungen, welche aus den Extravasaten der Netzhaut-
gefässe hervorgehen, von sehr geringer Ausdehnung sind und durch die
Nähe der Gefässe ihren Ursprung verrathen. Noch wichtiger sind die Ergebnisse der Functionsprüfung in beiden Krankheitsgruppen. Die Sehstörungen
der chorioretinitischen Gruppe sind auf das Ergriffensein der lichtpercipirenden, der Stäbchen-Schichte zu beziehen: darum Herabsetzung des Lichtsinnes (Hemeralopie); Gesichtsfelddefecte verschiedener
Art, von flimmernden Scotomen bis zu grossen blinden Fleeken, aber alle
Flecken meist innerhalb der normalen Gesichtsfeldgrenzen, und jedesmal
von der Lage eines bestimmten, wenn auch nicht immer ophthalmoskopisch
sichtbaren Entzündungsheerdes abhängig; ferner Metamorphopsie, Mikropsie
und Makropsie, die auch nur Resultate der durch den Schrumpfungsprocess

bedingten Zerrung der Stäbchen und Zapfen sind. Dazu kommen noch die durch die Glaskörpertrübungen bedingten Sehstörungen. Dagegen finden wir in der Gruppe der Retinitis antica die Sehstörungen anfänglich nur von der Trübung der vorderen Netzhautschichten, später von den durch die Entzündung gesetzten Leitungshindernissen abhängig. In den späteren Stadien der verschiedenen Retinalentzündungen verwischen sich die Unterschiede immer mehr, da der entzündliche Process nicht immer in einer und derselben Schichtung isolirt bleibt und schliesslich die Atrophie der Sehnervenfasern dem Ganzen ihren Stempel aufdrückt.

Es ist bis heute noch nicht gelungen, die Entzündungen der Retina nach einem fixen Eintheilungsprincipe, sei es nun ein anatomisches oder ein ätiologisches, zu sondern, und so benennt man die einzelnen Formen theils nach den wichtigsten morphologischen, theils nach ätiologischen Momenten. Was eben die letzteren betrifft, so muss die Retina als ein Organ erklärt werden, in welchem idiopathische Entzündungen höchst selten vorkommen. Es sind meist Folgezustände von Allgemeinerkrankungen oder von Erkrankungen anderer Organe, mit denen wir es zu thun haben, so dass die Retinitis in sehr vielen Fällen direct als Symptom anderer Krankheitszustände angesprochen werden muss. Unter den letzteren sind die wichtigsten die Syphilis, verschiedene mit Albuminurie einhergehende Nierenkrankheiten, ferner Diabetes mellitus, Leukämie und septische Infection des Organismus, welche in Betracht kommen. Ausserdem sind es Hirnkrankheiten, die auf dem Wege des Sehnerven die Retina, welche genetisch als ein vorgeschobener Posten des Gehirnes betrachtet werden muss, in Mitleidenschaft ziehen.

Es gilt darum als Hauptregel, bei jedweder Form der Retinitis auf das ätiologische Moment zu fahnden und vor allem eine genaue Untersuchung des Harns vorzunehmen.

1) Retinitis simplex s. idiopathica.

Als Retinitis simplex mag eine Form erklärt werden, bei welcher es ausser einer mässigen Trübung der Netzhaut, Hyperämie der Papille und Schlängelung und Verschleierung der Gefässe zu keiner weiteren Veränderung des Augenhintergrundes kommt. Als causales Moment werden sogenannte rheumatische Schädlichkeiten, ferner Ueberanstrengung der Augen u. s. w. angegeben. Wenn dieser Form nicht, wie es oft vorkommt, unerkannte Syphilis zu Grunde liegt, so beschränkt sich die Behandlung auf Blutentziehungen, energische Dunkelkur, vollkommene Enthaltung von jeder Arbeit, zur Noth noch auf eine zweckmässig angeordnete Diaphorese. Es kann dann im Verlaufe von einigen Wochen restitutio in integrum stattfinden.

2) Retinitis haemorrhagica s. apoplectiformis.

Apoplexien der Netzhaut kommen auch unabhängig von eigentlichen entzündlichen Zuständen derselben vor. Jede Apoplexie wird mit einer mehr oder weniger gründlichen Zertrümmerung der Structur jener Partie verbunden sein, in welche das Blut ergossen wird. Demgemäss sind die Folgen für das Sehvermögen beschaffen, welche verschieden sind, je nach der Quantität des extravasirten Blutes und je nach dem Platze der Apoplexie. Während beispielsweise Apoplexien in der unmittelbaren Nachbarschaft der Papille oder in der Aequatorialgegend in optischer Beziehung keinen Schaden bringen, müssen solche, die sich nach der Macula lutea hin ausbreiten, für das directe Sehen vom grössten Nachtheile sein. Zu den letzteren gehören Blutungen, wie sie oft bei excessiver Myopie, in Augen mit Staphyloma posticum, auftreten und das directe Sehen vernichten können.

Abgesehen von diesen Blutungen, welche wir uns durch einen Riss der Gefässwandung zu Stande gekommen denken, giebt es noch solche, die wahrscheinlich durch Diapedesis — Auswanderung durch die unverletzte Gefässwand — entstanden sind. Man schliesst dies daraus, dass sie sehr leicht sich resorbiren, keine besondere Gewebsveränderung zurückbleibt und mit dem Ophthalmoskop an den Gefässen nichts Abnormes zu sehen ist.

Eine Hauptbedingung des Zustandekommens von Netzhautblutungen ist in erster Linie eine gewisse Brüchigkeit in den Gefässwänden. Eine solche Brüchigkeit entwickelt sich häufig aus Ursachen, die in den Ernährungs- und Druckverhältnissen des betreffenden Auges selbst liegen, wie in einer sehr perniciösen Form des Glaucoms, dem Glaucoma haemorrhagicum. Auch in anderen Fällen des gesteigerten intraoculären Druckes kann die plötzliche Herabsetzung des letzteren durch die Iridectomie Hämorrhagien der Retina veranlassen, welche übrigens sehr leicht wieder resorbirt werden.

Die Brüchigkeit der Retinalgefässe kann eine Folge der Atheromatose oder Sclerose der Arterienwandungen sein, wie sie so häufig bei älteren Leuten vorkommen. Dafür spricht sowohl das Ergebniss einiger anatomischer Befunde, als auch der Umstand, dass Apoplexien der Netzhaut bei weitem am häufigsten bei Individuen im höheren Lebensalter beobachtet werden. In diesen Fällen haben derlei Apoplexien eine hohe prognostische Bedeutung, da sie einen Schluss auf den Zustand der Arterienwandungen überhaupt gestatten. Ebenso in den Fällen, wo als Ursache derselben die Hypertrophie des linken Ventrikels, überhaupt eine hochgradige Spannung des gesammten Arteriensystems erkannt wird.

Jene kleinen miliaren Apoplexien der Retina, wie sie bei septischen und pyämischen Fiebern, Puerperalprocessen u. s. w. wahrscheinlich in Folge von bacteriellen Embolien vorkommen, sind gleichfalls quoad vitam von sehr übler Vorbedeutung (Litten, s. S. 160).

Compliciren sich die Blutungen in der Netzhaut mit einem entzündlichen Zustande der letzteren, so sprechen wir von Retinitis haemorrhagica. In solchen Fällen sehen wir von der geschwellten Papille zahlreiche Blutflecken und »Spritzer« sich ausbreiten, welche sich häufig radienförmig anordnen, oft bis in das Gebiet der Macula lutea reichen. Alles, was von der Aetiologie der einfachen Apoplexien gesagt wurde, gilt auch von der Retinitis apoplectiformis. Es ist daher ersichtlich, dass alle diese Fälle, da sie der Ausdruck einer Allgemeinerkrankung zu sein pflegen, eine sehr schlechte Prognose geben, und dass von einer directen Therapie in solchen Zuständen nicht die Rede sein kann. Die Behandlung beschränkt sich darauf, die Augen von jeder Arbeit abzuhalten und das Allgemeinbefinden zu berücksichtigen. Conventionell wird häufig ein sogenanntes »ableitendes Verfahren« (Diaphorese, Abführmittel u. s. w.) in Scene gesetzt, in der Hoffnung, die Resorption der Blutergüsse dadurch befördern zu können.

3) Retinitis syphilitica.

Das, was in den Lehrbüchern bisher als Retinitis syphilitica figurirte, deckt sich nahezu vollständig mit der von Förster*) so klassisch beschriebenen Choroiditis syphilitica, über welche in diesem Buche auf S. 163 gesprochen wurde.

Von A. v. Graefe wurde eine seltene Form von centraler Retinitis beschrieben**), so genannt, weil sich die Netzhauttrübung in der Gegend der Macula lutea localisirte. Anatomische Befunde sind nicht vorhanden. Die Behandlung ist die bei Syphilis übliche.

4) Retinitis nephritica (ex Morbo Brightii).

Bei den verschiedensten Formen von Nierenleiden, welche mit Albuminurie einhergehen, entwickelt sich ein entzündlicher Zustand der Retina, der ganz bestimmte anatomische und ophthalmologische Merkmale besitzt und darum wohl als eine eigene Form von Retinitis angesehen werden muss.

Nach der Vergleichung der Angaben verschiedener Kliniker lässt sich die Häufigkeit der retinitischen Complication der Nierenleiden auf etwas mehr als 10 % aller Fälle schätzen***). Am öftesten steht die Retinitis nephritica mit der chronischen Nephritis in Verbindung, doch kommt sie auch bei amyloider Degeneration der Nieren, sowie bei den nach Schwangerschaften und acuten Exanthemen sich acut entwickelnden Nierenentzündungen vor.

---

*) Archiv f. Ophthalm., XX. Bd., 1. Heft. S. 83.
**) Archiv f. Ophthalm., XII. Bd., 2. Heft, S. 211.
***) S. Leber in Graefe-Saemisch, Handb., 5. Bd. S. 585.

Ophthalmoskopisch tritt die nephritische Netzhautentzündung manch- mal nur unter dem Bilde der hämorrhagischen Retinitis auf; in den aus- gebildeten Fällen jedoch treten nebst den Blutungen weisse Flecke und Stippchen im Augenhintergrund auf, die die getrübte und hyperämische, hie und da auch geschwellte Papille umgeben und sich in der Gegend der Macula zu einer ganz eigenthümlichen Sternfigur anordnen. Uebrigens kommen wohl auch Fälle genug vor, in denen sich Albuminurie auch mit anders gearteten Netzhaut- und Sehnervenentzündungen verbindet.

Der anatomische Befund ergiebt wenigstens in jenen vorgerückten Fällen, die zur Untersuchung gelangen: hochgradiges Oedem der Netzhaut, besonders in ihrem peripapillaren Antheile, so dass derselbe oftmals wallartig hervorragt; Hypertrophie, Verdickung und Verglasung (Sclerosirung) sowohl der Müller'schen Stützfasern als auch der Nervenfasern, ferner Verfettung der Ganglienzellen und anderer zelliger Elemente, hämorrhagische, in verschiedenen Umwandlungsstadien begriffene Heerde um die gleichfalls verfetteten Gefässwände; Hohlräume im Retinalgewebe, die mit Fibrin oder in fettigen Detritus über- gegangenen Massen erfüllt sind.

Aus diesen Befunden erhellt, dass das so charakteristische Aussehen der Netzhaut auf einer Sclerosirung und Verfettung der Netzhautelemente und hämorrhagischen Infarcten beruht, welche Processe höchstwahrscheinlich mit der Anhäufung des Harnstoffes im Blute in genetischem Zusammenhang steht, ohne dass wir bisher über das Nähere dieses pathologischen Vorganges Kenntniss besässen. Die Ansicht Traube's, dass die bei der Schrumpf- niere vorkommende Hypertrophie des linken Ventrikels und die dadurch bedingte Zunahme des Druckes im Arteriensysteme die Netzhaut- blutungen veranlasse, in Folge welcher wenigstens ein Theil der geschil- derten Veränderungen, so weit man sie auf die Umwandlung der Blut- ergüsse beziehen könne, zu Stande komme, hat sich als nicht stichhaltig erwiesen, da zahlreiche ausgeprägte Fälle von Retinitis nephritica bekannt sind, in denen weder im Leben noch bei der Section Herzhypertrophie nachgewiesen wurde.

Da die Retinitis nephritica geradezu als ein Symptom eines Nieren- leidens betrachtet werden muss, so kann von einer eigenen Therapie der- selben nicht die Rede sein. Die Behandlung deckt sich vollständig mit der des Grundleidens. Wir sind nicht im Stande, die anatomischen Verände- rungen der Retina unabhängig vom Grundleiden rückgängig zu machen, und darum ist auch jeder Versuch, antiphlogistisch oder mit den üblichen Resorbentien gegen das Retinalleiden vorzugehen, aufgegeben worden.

Da die Therapie der Nierenkrankheiten nicht in den Rahmen dieses Buches gehört, so wollen wir uns um so eher der üblichen Empfehlung der Diaphoretica enthalten, als dieselben ohnedies nicht bei jeder Form und in jedem Stadium einer Nierenkrankheit anwendbar sind. Uebrigens ist die Sehschärfe der Kranken selten so sehr herabgesetzt, dass der Ver- such, die entzündliche und hämorrhagische Infiltration zur schleunigen

Resorption zu bringen, gewagt werden müsste. Den Kranken bleibt in den meisten Fällen noch so viel centrale Sehschärfe, um sich ungehindert bewegen zu können, ja sogar um mittlere Druckschrift zu lesen. Auch ist das Gesichtsfeld, sowie der Farbensinn immer intact; völlige Erblindung tritt überhaupt nur e n, wenn eine urämische Intoxication sich hinzugesellt.

Es muss demnach zum Schlusse vom Standpunkte des Augenarztes nochmals betont werden, dass es eine Behandlung der Retinitis nephritica nicht giebt, dass also unser Vorgehen bei Vermeidung alles dessen, was auf die Ernährung und den Kräftezustand der Kranken ungünstig einwirken könnte (wie z. B. Dunkelkuren, Blutentziehungen u. s. w.) ausschliesslich auf das Grundleiden gerichtet sein muss.

5) Retinitis diabetica.

Bei manchen Fällen von Netzhautentzündungen, worunter zumeist hämorrhagische Formen, aber auch solche, die ein der Retinitis nephritica ähnliches ophthalmoskopisches Bild darboten, beobachtet wurden, ist als ätiologisches Moment Diabetes mellitus aufgefunden worden. In einem von Leber genau beschriebenen Falle war Diabetes und Morbus Brightii mit einander complicirt. Von einer speciellen Therapie des Augenleidens kann auch hier in Anbetracht des gewöhnlich schweren und als unheilbar zu betrachtenden Allgemeinleidens keine Rede sein.

6) Retinitis leucaemica.

Veränderungen, wie sie die Leukämie im gesammten Organismus hervorbringt, finden sich auch in entsprechender Weise in der Retina. Sie drücken sich in einer weisslichen Verfärbung des ganzen Augenhintergrundes, in einem besonders blassen Aussehen der Gefässe, deren Contur oft von hellen Linien begleitet wird, ferner in dem Auftreten von kleinen Blutungen und weisslichen Heerden und Plaques aus. Sehstörungen sind nur vorhanden, wenn die Plaques in der Nähe der Macula lutea sitzen, wodurch centrale Scotome entstehen können.

In einem exquisiten Falle von lienaler Leukämie, den ich ophthalmoskopisch und anatomisch zu untersuchen Gelegenheit hatte, konnte ich mich unter dem Mikroskop davon überzeugen, dass in der Retina entzündlich zu nennende Veränderungen eigentlich nicht vorhanden sind. Das weissliche Aussehen des Augenhintergrundes beruht auf einer ganz kolossalen Anschoppung der Choroidealcapillaren mit farblosen Blutkörperchen; auch die Retinalgefässe sind ebenso ausgedehnt und angefüllt, ausserdem sind in den vorderen und mittleren Schichten der Retina grosse kugelförmige Haufen von lymphoiden Zellen vorhanden. Offenbar mussten sowohl durch die überfüllten, stellenweise kolbig sich ausbauchenden Gefässe, als auch durch die Plaques die nervösen

Elemente bedeutend gedrückt worden sein, so dass man billig sich darüber zu
wundern hatte, dass das Sehvermögen des Kranken bis zum letzten Momente
ein so gutes bleiben konnte.

C. Die Netzhautablösung.

Die Netzhautablösung ist ein Zustand, dem man bei der Section
pathologischer Augäpfel oft zu begegnen Gelegenheit hat, und der sich in
vielen Fällen auch mit dem Augenspiegel diagnosticiren lässt. Er besteht
darin, dass die Netzhaut entweder ihrer gesammten äusseren Oberfläche
entlang, oder nur theilweise, der entsprechenden inneren Oberfläche der
Aderhaut nicht anliegt, sondern von ihr durch eine meistens flüssige Masse
getrennt ist. Im ersten Falle, der totalen Ablösung, liegt die Netzhaut in einer mehr oder weniger ausgesprochenen Trichter- oder Kelchform
im Inneren des Auges, im zweiten Falle, der partiellen Ablösung,
ragt sie kuppel-, hügel- oder beutelförmig nach innen vor.

Was die Flüssigkeit anbelangt, welche den Raum zwischen Netz-
und Aderhaut ausfüllt, so ist dieselbe allemal eiweisshaltig, obzwar nicht
immer in derselben Concentration. Sie ist unter allen Umständen ein
Transsudat der Choroidea. Da in demselben Maasse, als die Retina sich
nach vorne wölbt, auch der für den Glaskörper bestimmte Raum verkleinert werden muss, so finden wir den ersteren auch in seiner Masse
verringert, bis er in den ausgeprägtesten Formen totaler Ablösung zu einem
fibrösen Strange entartet oder auch ganz verschwindet.

Ueber die letzten Ursachen der Netzhautablösung sind wir nur in
einer Reihe von Fällen vollständig im Klaren. Es sind dies gerade jene
Fälle, welche ein Ausgangsstadium von intraoculären Schrumpfungsprocessen
darstellen, gegen welche wir in therapeutischer Beziehung vollständig machtlos
sind. Das Zustandekommen dieser Formen von Netzhautablösung lässt sich
in folgender Weise erklären. Wenn sich aus welcher Ursache immer eine
Bindegewebsneubildung im Glaskörperraume etablirt, dieselbe mit der inneren
Oberfläche der Retina verwachsen ist, so wird, sobald die narbige Schrumpfung
der bindegewebigen Massen eintritt, jene von ihrer Unterlage abgezogen.
Dieser Vorgang wiederholt sich am häufigsten bei Iridocyclitis plastica, wo
die in Schrumpfung begriffenen Schwarten einen als starr zu betrachtenden
Fixpunkt an der vordersten Gegend des Corp. cil. besitzen, und der Zug häufig
so mächtig wird, dass nicht nur die leicht abzuziehende Retina, sondern
auch hinterher die Choroidea demselben folgt. Dieser Vorgang findet
bei Einkapselungen fremder Körper, reclinirter Linse u. s. w., kurz in
einer Reihe von Fällen statt, bei denen das ablösende Moment in einer
Schrumpfung bindegewebiger Massen zu suchen ist.

Dieser Gruppe von Netzhautablösungen steht nun eine andere gegenüber, in welcher die Abhebung nicht durch Zugwirkung, sondern durch

einen Flüssigkeitserguss zwischen Choroidea und Retina erfolgt ist. Das Zustandekommen eines solchen Flüssigkeitsergusses lässt sich nicht immer leicht erklären. Ohne Schwierigkeit gelingt dies nur in einem Falle, wo die Ablösung durch eine massenhafte Blutung aus der zerrissenen Choroidea erfolgt ist, wie dies bei Traumen vorkommt, noch dazu, wenn gleichzeitig auch die Bulbuskapsel eröffnet wird, wobei für den ausweichenden Glaskörper Raum geschaffen ist. Ebenso kann eine Choroiditis suppurativa mit copiöser Eiterabsonderung die Netzhaut zur Abhebung bringen. Aber schon bei jenen Netzhautablösungen, wie sie sich in Folge von Choroidealsarcomen entwickeln, begegnen wir Schwierigkeiten, das Zustandekommen der Ablösung zu erklären. Bildet sich nämlich eine Geschwulst, welche über die innere Fläche der Choroidea hervorragt, so muss die Retina entsprechend vorgestülpt werden. Aber es bleibt nicht bei dieser Vorstülpung, sondern es tritt in den allermeisten Fällen ein subretinaler Erguss hinzu, die ganze Netzhaut verlässt ihren Platz und zwar schon zu einer Zeit, in der die abhebende Geschwulst noch nicht sehr gross ist. Hier müssen wir annehmen, dass es zu einer passiven Hyperämie in den Choroidealgefässen gekommen sei, wodurch nun ein hydropischer Erguss und totale Ablösung erfolgte.

Praktisch von allergrösster Wichtigkeit und am häufigsten sind jene Ablösungen, welche sich dem Staphyloma posticum, der mit der Myopia progressiva einhergehenden Ektasirung der hinteren Augapfelwandung beigesellen, und gewissermassen den lezten Act der excessiv-myopischen Bulbusveränderungen darstellen.

Ueber den genetischen Zusammenhang der Ablösung mit der Zunahme der Länge, der Ektasirung des Bulbus sind wir noch völlig im Unklaren; wahrscheinlich ist es, dass der ersteren immer eine sogenannte Verflüssigung des Glaskörpers, also eine chemische Veränderung derselben vorhergeht, und möglich daher, dass es Störungen der Diffusion sind, welche zur Ablösung führen.

Die Schwierigkeit der Erklärung der Netzhautablösung durch Hyper-Transsudation aus den Choroidealgefässen liegt jedoch hauptsächlich darin, dass sonst die ergossene Flüssigkeit sich dem Glaskörper beimischt, zu einer Vermehrung seiner Masse und dadurch zu einer Erhöhung des intraoculären Druckes führt. Durch den erhöhten Druck muss aber die Retina erst recht an die Choroidea angepresst werden. In der That begegnen wir auch bei den glaucomatösen Erkrankungen nie einer Netzhautablösung während des eigentlichen glaucomatösen Stadiums, sondern erst bei Nachlass des Druckes, wenn das Auge der Sitz secundärer cyclitischer Veränderungen geworden ist. Andererseits ist der Druck in Augen mit Netzhautablösungen immer ein sehr niedriger — die Fälle von intraoculären Tumoren ausgenommen, wo in Folge der massenhaften Secretion aus den Aderhautgefässen der Druck enorm steigt.

Wenn demnach die Hypertranssudation der Choroidea nicht zum Glaucome, sondern zur Netzhautablösung führt, so müssen hier Factoren wirken, welche die Zuströmung des Transsudates zum Glaskörper unmöglich machen, und die Flüssigkeit zwingen, sich hinter der Netzhaut anzusammeln. Ob hier chemische, oder aber anatomische Verhältnisse im Spiele sind, ist bis heute noch unerforscht.

Was die Diagnostik der also meist myopischen Netzhautablösung, denn um diese handelt es sich therapeutisch in erster Linie, anbelangt, so beruht dieselbe einerseits auf den Ergebnissen der Schprüfung, andererseits auf dem ophthalmoskopischen Befund.

Das wichtigste diagnostische Merkmal liefert uns die Thatsache, dass jedes von der Choroidea abgehobene Netzhautstück sofort im Momente der Ablösung eine Einbusse an Functionsfähigkeit erleiden muss. Diese Einbusse drückt sich unzweifelhaft in einer Beschränkung des Gesichtsfeldes aus, in einem Scotom, welches seiner Configuration nach genau der Form und der relativen Lage der abgelösten Netzhautpartie entspricht. Die Functionsherabsetzung der letzteren kann bis zur völligen Unempfindlichkeit gehen, so dass ein totaler Gesichtsfeldausfall daraus entsteht; oder — und so ist es namentlich im Beginne der Fall — die Kranken klagen nur über Wolken und Schatten, die sich an gewissen Stellen über die betrachteten Gegenstände breiten, und schildern noch andere subjective Symptome, welche sich ohne weiteres aus dem Schwanken der abgelösten Partie erklären lassen. Ebenso lassen sich die Metamorphopsie (das Verzerrtsehen) und die Hemeralopie, die erstere aus den Faltungen der Netzhaut, die letztere aus der Affection der hinteren Netzhautschichten erklären.

Das Sehen innerhalb des erhaltenen Gesichtsfeldes kann ein gutes sein, wofern die Ablösung noch nicht die Macula-lutea-Gegend ergriffen hat, und Glaskörpertrübungen und Retinalblutungen dasselbe stören.

Das ophthalmoskopische Bild wird durch die Refractionsdifferenz des Augenhintergrundes charakterisirt. Die vorgelagerte Netzhaut wird fast immer stark hypermetropisch sein, während die Papille und die noch anliegende Netzhaut myopisch ist. Man wird in ausgeprägten Fällen schon in einiger Entfernung von der erleuchteten Pupille die vorgewölbte Netzhaut als weissliche, von Gefässen überzogene Kuppel erkennen, deren optische Contur das Pupillargebiet oftmals halbirt. Bei genauerer Betrachtung sieht man die Membran häufig bei Bewegungen des Bulbus in Erzitterung gerathen. Die Gefässe derselben sind durch ihre Vertheilung und ihren Lauf als Retinalgefässe zu erkennen, verfolgt man sie papillenwärts, so kann man sie an der Stelle, wo die Grenzen der Ablösung sind, abknicken sehen. Die Farbe der Gefässe ist, und das gehört zu den Hauptmerkmalen, schwärzlich, manchmal tiefschwarz.

Die Ablösung nimmt in den meisten Fällen den unteren Theil des Augenhintergrundes ein. Dieses Factum ist schon aus einfachen physikalischen Ursachen zu erklären, da der an irgend einer Stelle entstandene Flüssigkeitserguss nach den Gesetzen der Schwere sich nach unten senken muss, und bei dieser Bewegung die noch anliegende Netzhaut nach und nach ablöst.

In den überwiegend meisten Fällen geht der ganze Process ohne irgend welche entzündliche Complication vor sich. Die grauliche Färbung der abgelösten Netzhaut wird theils durch die dahinter befindliche Flüssigkeit, theils durch eine wahrscheinlich moleculare Trübung der Membran in Folge mangelhafter Ernährung bedingt. Nur in den späteren Stadien des Uebels findet man Pigmentirungen und andere auf die Metamorphosen von Extravasaten deutende Veränderungen der Netzhaut.

Die Prognose der sich selbst überlassenen Netzhautablösung ist eine sehr trübe. Spontane Heilungen, d. i. Wiederanlegung der abgelösten Partie, sind sehr selten; dagegen ist es der gewöhnliche Ausgang, dass aus einer partiellen Ablösung mit der Zeit eine totale wird. In dergestalt erblindeten Augen treten weitere auf irodochoroiditische Processe beruhende Umgestaltungen ein. Was nun die Prognose der Ablösung myopischer Provenienz noch trüber macht, ist der Umstand, dass — da excessive Myopie sich gewöhnlich beiderseits vorfindet, beide Augen demnach unter denselben pathologischen Bedingungen stehen — auch das zweite Auge von der Netzhautablösung ergriffen zu werden pflegt.

Unter diesen Umständen muss es gerade als ein nicht genug hoch zu schätzender Fortschritt erscheinen, wenn in neuerer Zeit Methoden cultivirt werden, welche die Heilung der Netzhautablösung zum Ziel haben, und wie es erwiesen ist, auch wirklich im Stande sind, eine solche wenigstens für einige Zeit herbeizuführen. Bisher ist es nicht gelungen, die Heilung zu einer ständigen zu machen.

Das therapeutische Vorgehen gegen die Netzhautablösung entspringt aus der Erfahrung, dass wenigstens in frischen Fällen, mit Wiederanlegung der abgelösten Partie an die Choroidea die Functionsfähigkeit jener wieder zurückkehrt. So hat man in einigen, wenn auch höchst seltenen Fällen, eine Naturheilung eintreten gesehen dadurch, dass die durch den subretinalen Erguss gezerrte Membran Risse bekam, durch welche die Flüssigkeit sich in den Glaskörper entleeren und die Netzhaut sich wieder anlegen konnte. Es handelt sich also darum, diesen Vorgang nachzuahmen und das subretinale Transsudat zu entfernen, damit die Wiederanlegung wieder stattfinden könne. Freilich würde die dauernde Heilung nur dann verbürgt werden können, wenn wir gleichzeitig auch die Wiederkehr der abnormen Choroidealtranssudation zu verhindern in der Lage wären. Da wir aber die Bedingungen und Ursachen der letzteren nicht kennen, so folgt daraus, dass unser therapeutisches Vorgehen nur einen halben Erfolg gewähren kann.

Um die subretinale Flüssigkeit zu entfernen, hat man medicamentöse und nichtoperative, ferner operative Methoden geübt.

Was die ersteren anbelangt, so bestehen dieselben im wesentlichen in Schwitzkuren. Es soll durch die eingeleitete, sehr energische Diaphorese eine Resorption des subretinalen Ergusses bewirkt werden. Man hat auch auf diese Weise sicherlich Besserung, möglicherweise auch Wiederanlegung erzielt; der Erfolg bleibt aber ein ungewisser, wozu noch kommt, dass die Dauer der Kur eine sehr langwierige, auf viele Wochen sich erstreckende ist, und dabei an den Kranken die Anforderung gestellt werden muss, die Rückenlage beizubehalten und die Augen vor jedem Lichteinfall zu bewahren.

In der neueren Zeit hat man im Pilocarpin ein mächtiges Diaphoreticum und Resorbens gewonnen; doch fehlen noch genügende Erfahrungen über seinen Nutzen bei der Behandlung der Netzhautablösungen.

Die permanente Rückenlage des Kranken durch einige Wochen scheint eine unentbehrliche Bedingung der Heilung zu sein, was sich schon daraus erklären lässt, dass bei derselben eine Senkung der subretinalen Flüssigkeit und eine weitere Abziehung der noch anliegenden Netzhaut physikalisch unmöglich ist. Um die weitere Secretion zu verhüten, hat man energische Blutentziehungen (Heurteloup), ferner den Druckverband anempfohlen, und dem letzteren sogar eine directe Heilkraft vindicirt *).

Bei der Anpreisung des permanenten Druckverbandes ist man von der Voraussetzung ausgegangen, dass der herabgesetzte intraoculäre Druck eine Bedingung des Zustandekommens einer Netzhautablösung sei, und von der noch unstichhaltigeren Voraussetzung, dass der Druckverband den intraocularen Druck erhöhe. Es ist aber, wie schon einmal bemerkt (S. 32) gerade das Gegentheil der Fall. Es wäre nun denkbar, dass eine weitere Spannungsherabsetzung durch den Druckverband die Ernährung des Auges so weit beeinträchtigte, dass eine Secretion aus den Choroidealgefässen überhaupt nicht mehr stattfinden kann, wodurch dann die Wiederanlegung der abgelösten Stelle ermöglicht wird.

Die operativen Methoden zur Heilung der Netzhautablösung bezwecken entweder 1) die Entleerung der subretinalen Flüssigkeit in den Glaskörperraum, oder 2) nach aussen durch eine Punctionsöffnung der Sclerotica.

Was die erste Methode betrifft, so hat v. Graefe versucht, die Netzhaut einzuschneiden, indem er wie bei der Discissio per scleram (Scleronyxis) in der Gegend des flachen Theiles des Corpus ciliare mit einer Discissionsnadel einging, durch die Netzhaut bis in den Glaskörper drang, und die erstere einzureissen versuchte. Diese Methode ist mit Recht verlassen worden, ebenso die Modification Bowman's, der dasselbe mit zwei Nadeln bewirken wollte.

Von den sub 2) zusammenzufassenden Methoden wollen wir nur als die rationellste jene Alfr. Graefe's **) erwähnen. Sie besteht darin, ein schmales Staarmesser an einer der Netzhautablösung entsprechenden Stelle tief durch die Sclera einzustechen, ohne die Netzhaut und den Glaskörper zu verletzen, und durch eine leichte Drehung des Messers die subretinale Flüssigkeit abzulassen.

---

*) Samelsohn, Med. Centralbl. 1875, S. 833.
**) Kries, Behandlung der Netzhautablösung. Archiv f. Ophthalm. XXIII, Band I, S. 239.

Wie die bisherigen Erfahrungen lehren, kommt nach dieser Operation, welche die Kranken ohne Reizerscheinungen vertragen, wohl eine vorläufige Wiederanlegung der Netzhaut zu Stande, aber ohne dass sie vor Recidiven schützen würde, da die subretinale Flüssigkeit sich wieder erneuert.

Um letzteres zu verhüten, hat Wecker in Paris ein Verfahren ersonnen, das wohl ein geniales genannt zu werden verdient. Es besteht darin, dass ein feiner Golddraht unter der abgelösten Netzhaut durch die Sclera durchgeführt, und auf der Oberfläche des Bulbus geknüpft wird. Dieser Draht kann lange Zeit liegen bleiben, ohne das Auge erheblich zu reizen, und gewährt gleichzeitig der subretinalen Flüssigkeit die Möglichkeit, durch die Punctionsöffnungen fortwährend auszurieseln. (Filtrationsschlinge.) Man hat sich aber überzeugt, dass diese Methode, was die Sicherheit der Ausführung betrifft, doch hinter der Scleralpunction zurücksteht, so dass die letztere wohl die Grundlage weiterer operativer Versuche gegen ein bisher als unheilbar gehaltenes Uebel bilden wird.

Es ist noch zu bemerken, dass um die Recidive einer Netzhautablösung zu verhüten, anempfohlen wurde, einen Druckverband durch das ganze Leben und zwar bei Nacht, während des Schlafes, tragen zu lassen.

D. Embolie der Arteria centralis retinae.

Eine der Ursachen plötzlicher einseitiger Erblindung wird durch Embolie der Centralarterie der Netzhaut gegeben, wie sie in allen jenen Krankheitszuständen vorkommen kann, in welchen Gerinnsel sich dem arteriellen Blutstrom beimischen. Dazu gehören sämmtliche Klappenfehler des Herzens, Aortenaneurysmen, Endocarditis, Atheromatose der Arterien, sowie zahlreiche fieberhafte Krankheiten.

Die Erblindung ist eine vollkommene, wenn der Hauptstamm der Papille obturirt ist; sie kann eine partielle sein, wenn nur ein grösserer Ast der Retinalarterie verschlossen ist. In diesem Falle tritt ein Gesichtsfelddefect auf, welcher jenem Theile der Retina entspricht, der von der obturirten Arterie versorgt wird.

Das Aufhören der Retinalfunction ist leicht zu erklären aus der Hemmung des Blutkreislaufes: die Centralarterie kann als eine Endarterie betrachtet werden, da weder die Capillaranastomosen der Papille (Circulus Halleri) noch jene in der Ora serrata ausreichend sind, einen Collateralkreislauf zu ermöglichen.

Da einseitige plötzliche Erblindungen auch in Folge anderer Ursachen auftreten können (Netzhautablösung, Neuro-Retinitis, centrale Processe) so kann die Diagnose auf Embolie der Centralarterie nur mit Hilfe des Augenspiegels gemacht werden, der aber auch einen höchst charakteristischen Befund liefert. Wir finden bei Abwesenheit jeglicher entzündlichen Erscheinung die Netzhautarterien blutleer, zusammengefallen, höchstens blassrothen oder durchscheinenden Streifen gleichend, die Venen, besonders in der Peripherie gefüllt, während sie sich in der Richtung zur Papille verschmälern; oft ist die Blutsäule unterbrochen, und die einzelnen Stücke in zeitweisem Schwanken begriffen; die Netzhaut ist weisslich getrübt, in der Gegend der Macula lutea ein ausgedehnter, kirschrother Fleck zu sehen. Ueber die Natur dieses letzteren, ob er als Extravasat oder als eigenthümliche Contrasterscheinung zu deuten, ist man noch nicht im Klaren.

In Fällen von Embolie nur eines Astes der Centralarterie muss man den Embolus im Gefässe direct stecken sehen.

Der Ausgang der Embolie ist totale Atrophie der Sehnerven und der Retina. Es kann als ein höchst seltener Glücksfall angesehen werden, wenn bei hohem Sitze des Embolus (unmittelbar vor der Abgangsstelle der Centralarterie) derselbe durch den Blutstrom weggeschwemmt wird, worauf sich die Circulation und Function wieder einstellen kann.

Es ist klinisch von höchster Bedeutung diesem Krankheitsbilde, das wir nach Hirschberg's Vorgang blande Embolie nennen*), die septische Embolie der Retina entgegenzusetzen. Wir haben bereits auf S. 160 von septischen Embolien des inneren Auges, besonders der Aderhaut als einer Quelle von panophthalmitischer Vereiterung gesprochen. Die Panophthalmitis tritt auf, gleichviel ob eine Bacterienembolie der Netzhaut oder der Choroidea stattgefunden hat. Es liegt in der Natur des bacteriellen Embolus, dass es am Verlauf des Processes nichts ändert, wenn auch nur ein kleines Arterienästchen obturirt wird. Bei einer blanden Embolie würde sich eine so minimale Kreislaufstörung der Retina vielleicht gar nicht durch Sehstörungen manifestiren können.

Bei der septischen Embolie der Retina begegnen wir schon im Beginne Blutungen der Netzhaut. Diese sind pathognomonisch, und rühren wahrscheinlich daher, dass es bei der Obturirung kleinster Arterienzweige in Folge rückläufiger Blutströmung zu Extravasaten kommen muss, ein Vorgang, der bei der Embolie des Hauptstammes nicht eintreten kann, weil die Blutströmung innerhalb der Netzhaut überhaupt sistirt wird.

Die Prognose ist in diesen Fällen mit grösster Wahrscheinlichkeit eine letale.

E. Die Entzündung des Sehnerven.
(Neuritis optica und Neuroretinitis.)

Bei jeder einigermassen intensiven Retinitis ist die Sehnervenpapille entzündlich afficirt. Diese als Mitbetheiligung anzusehende Affection äussert sich in einer Hyperämie und Trübung im Bereiche des Sehnervenquerschnittes, dazu gesellt sich noch eine auf lymphoide Infiltration beruhende

---

*) Hirschberg, Ueber puerp. sept. Embolie. Arch. f. Augenh. IX, 3. H.

unerhebliche Schwellung des Gewebes, wodurch die normalen Grenzen der Papille verwischt werden.

Diese durch die Entzündung der Retina inducirte Entzündung des intraocularen Sehnervenendes bleibt jedoch in der Regel auf letzteres beschränkt, d. h. es findet kein Fortkriechen der Entzündung von der Papille längs des Nervenstammes in centripetaler Richtung statt. In dieser Weise vermögen wir uns wenigstens auf Grundlage der bisherigen klinischen Erfahrungen auszusprechen, obwohl vom Standpunkte der Anatomie das Gegentheil nicht ausgeschlossen werden könnte, ja in neuester Zeit sogar ein Uebergreifen der Entzündung vom Uvealtractus auf den Opticusstamm bis zum Chiasma und von da auf den anderen Opticus — mit anderen Worten: die Entstehung einer sympathischen Ophthalmie in Folge einer Inflammatio ascendens nerv. opt. zu beweisen gesucht wurde *).

Dagegen ist es eine über jeden Zweifel erhabene Thatsache, dass umgekehrt krankhafte Processe, die sich längs des Nervenstammes oder in der Nähe seines Ursprunges abspielen, demnach orbitale und intracranielle Erkrankungen (im weitesten Sinne), sich durch Veränderungen der Sehnervenpapille ophthalmoskopisch wahrnehmbar anzeigen. Dabei haben wir uns nicht vorzustellen, dass in jedem Falle die als primär anzusehende Krankheit in der Orbita oder innerhalb des Craniums immer eine ähnliche Erkrankung des Sehnerven inducirt — ähnlich, wie Geschwülste, entzündliche Gewebswucherungen oder Eiterungen durch directes Weitergreifen oder Metastasen sich ausbreiten, sondern die Veränderung der Papille ist oft nur der Ausdruck einer Ernährungs- oder Circulationsstörung, die sich wegen der eigenthümlichen anatomischen Structur der intraoculären Nerveneinpflanzung in bestimmter Weise markirt. Das Wesentliche an diesen Veränderungen der Papille ist die Schwellung derselben, ein Symptom, wie es in solchem Grade sich in den Fällen von Retinitis niemals ausbildet, und sie allein ist es, welche uns zu der Diagnose einer Entzündung des Sehnerven berechtigt, obwohl wir in den seltensten Fällen im Stande sein werden, ein Urtheil darüber abzugeben, wie weit die Entzündung im Sehnervenstamme selbst vorgeschritten ist, oder welchen histologischen Charakter dieselbe darbietet u. s. w., Fragen, die sich wohl immer unter dem Mikroskope, aber kaum je gewissenhaft mit dem Augenspiegel entscheiden lassen. Und darum hat auch eine Abgrenzung verschiedener Formen von Neuritiden, ein Aufstellen von auf anatomischen Befunden gegründeten Kategorien, so werthvoll dieselbe in Hinblick auf die weitere Ausbildung unserer Kenntnisse in theoretischer Beziehung sein mag, keinen praktischen Werth; für die Bedürfnisse der Praxis genügt es vollkommen, folgende zwei Typen aufzustellen, von denen namentlich der erste in ganz charakteristischer Weise ausgeprägt vorkommt, während es aber auch Misch-

---

*) M. Knies, Beiträge zur Kenntniss der Uvealerkrankungen, Archiv f. Augenheilk., IX. Band, 1. Heft, S. 1.

formen giebt, so dass die scharfe Abgrenzung beider Typen häufig zur Unmöglichkeit wird.

Diese Typen sind:

1) **Neuritis optica simplex**, besser die **Stauungspapille** (v. Graefe); Papillitis (Leber). Bei dieser Form stellt die Papille wirklich einen Hügel vor, der in den Glaskörperraum vorragt. Also eine Papillenschwellung, welche mit Hilfe des Ophthalmoskops in Zifferwerthen bestimmt werden kann; die normalen Grenzen des Sehnervenquerschnittes sind nicht mehr zu sehen, weil das Gewebe weit über dieselben hinaus infiltrirt ist. Die Prominenz hat eine grauröthliche Farbe, und zeigt häufig bei stärkster Spiegelvergrösserung neugebildete feinere Gefässe. Die Netzhaut, jenseits des infiltrirten Antheiles, ist vollständig normal, nur durch ein eigenthümliches Verhalten der Venen ausgezeichnet: dieselben sind beträchtlich überfüllt und stark geschlängelt. Dagegen sind die Arterien oft viel enger, als normal. Verfolgt man die Gefässe bis zur Sehnervenprominenz, so findet man sie am Rande derselben oft wie abgeknickt, jedenfalls überdeckt vom geschwollenen Gewebe, oft auch sich eine Strecke hügelaufwärts schlängelnd. Dabei ist die Oberfläche des Hügels radiär gestreift, entsprechend der normalen Ausbreitungsweise der Sehnervenfasern. Zwischen den Streifen sind Extravasate häufige Vorkommnisse.

Charakteristisch sind an diesem Bilde die offenbaren Zeichen der Circulationsstörung: Verengerung der Arterien, Erweiterung der Venen; man hat darum die Schwellung der Papille von einer ödematösen Durchtränkung des Sehnervenantheiles diesseits des Scleralringes abgeleitet, und dem Bilde den Namen der Stauungspapille gegeben, oder auch der Neuritis ascendens, weil man annahm, dass von der geschwellten Papille aus sich ein entzündlicher Zustand in centripetaler Richtung im Nervenstamme vorwärts schiebe.

2) **Neuroretinitis oder Neuritis descendens** (v. Graefe). Charakteristisch ist mässige Schwellung der Papille, die Zeichen der Stauung sind weniger, dagegen die Zeichen der Entzündung (grauliche Infiltration, Extravasate) stärker ausgeprägt. Die Entzündung hat auch die umgrenzende Retina ergriffen, welche oft ein der Retinitis nephritica oder apoplectiformis ähnliches Bild zeigt. Wir finden oft die bereits geschilderten weisslichen Heerde und Stippchen namentlich in der Gegend der Macula lutea.

Den Namen der descendirenden Neuritis führt diese Form aus dem Grunde, weil man den entzündlichen Zustand der Papille als fortgeleitet von einem irgendwo oberhalb im Nervenstamme befindlichen Heerde betrachtet.

Wenn wir nun die **Aetiologie** der Neuritis optica und Neuroretinitis in Betracht ziehen, so wird ein Bruchtheil der Fälle, wenn auch ein sehr geringer, idiopathischen Entzündungen zur Last gelegt werden müssen; dazu müssen noch eine Anzahl von Fällen gerechnet werden, in denen es durch Orbitalkrankheiten zu directen Läsionen oder Circulationsstörungen im Nervenstamme gekommen ist; in der grossen Mehrzahl der Fälle sind es aber intracranielle Processe, welche zur Neuritis optica Veranlassung geben. Zu diesen Processen gehören Tumoren innerhalb der Schädelhöhle, dann alle möglichen Formen von Eiterungen, wie encephalitische Abscesse, Meningitis, sodann Flüssigkeitsansammlungen (Hydrocephalus), Exsudate der Schädelbasis, kurz eine grosse Reihe von Krankheitszuständen, welche theils mit Vermehrung der in der Schädelhöhle befindlichen Masse, theils mit Gehirnreizung einhergehen. In allen diesen Krankheitszuständen kann es zur Ausbildung von Papillenschwellung von bald mehr ödematösem, bald mehr entzündlichem Charakter kommen; man ersieht demnach, eine wie ungeheure Reihe von Krankheitszuständen oft ganz verschiedenen Charakters mit einem und demselben ophthalmoskopischen Symptome verknüpft sein kann, ohne dass wir aus dem Augenspiegelbefunde irgend eine Aussage über die Natur, den Sitz oder den Ursprung des Grundprocesses machen könnten. Trotzdem aber ist dieses Symptom eines der wichtigsten der gesammten Pathologie, weil wir aus demselben die Anwesenheit einer Hirnkrankheit fast mit Bestimmtheit erschliessen können, und die Erfahrung lehrt sogar, dass Hirntumoren sich so oft mit der echten Stauungspapille verknüpfen, dass die letztere als eines der wichtigsten Symptome eines Hirntumors gelten kann *), wenn auch oft genug Hirntumoren beobachtet werden, bei denen es nicht zur Ausbildung einer Stauungspapille kommt, andererseits, wie aus dem obigen hervorgeht, die letztere wohl auch anderen und peripheren Ursachen ihre Entstehung verdanken kann. Wir können uns vorläufig über dieses Symptom nur so aussprechen, dass jeder Arzt nach Constatirung einer beiderseitigen echten Stauungspapille sofort an einen Hirntumor, nach Diagnosticirung einer Neuroretinitis aber an ein Gehirnleiden im weitesten Sinne zu denken hat.

Den diagnostischen Werth dieses Erfahrungssatzes verkleinert selbst die Thatsache nicht, dass wir über den ursächlichen Zusammenhang des Gehirnleidens und der Papillenveränderung noch gar nicht im Klaren sind, ein Umstand, der uns eigentlich bei der Inconstanz des intraocularen Symptomes, ferner der noch schwankenden anatomischen Basis unserer Kenntnisse über die Hirnkrankheiten nicht Wunder nehmen kann. Am einfachsten ist die Erklärung noch in diesen Fällen, in welchen direct die Propagation der entzündlichen Gewebswucherung längs der Scheiden des Sehnerven angenommen werden kann. Ohne uns hier in eingehendere Darlegungen anatomischer Details, welche der Tendenz dieses Buches ferne liegen, einzulassen, muss die bekannte anatomische Thatsache hier erwähnt werden, dass die Scheiden, welche den Sehnervenstamm von seinem Ausgange aus dem Schädelraume durch das Foramen opticum bis zum Auge hin begleiten, directe Fortsetzungen der drei Hirnhäute sind, sowie die Räume zwischen

---

*) Annuske, Archiv f. Ophthalm. XIX, 3 und M. Reich, Zur Statistik der Neuritis optica bei intracraniellen Tumoren, Zehender's Mon.-Bl., XII. Bd.

diesen Scheiden mit den entsprechenden Räumen zwischen den Hirnhäuten
communiciren. Diese Räume, welche den Sehnervenstamm mantelförmig
umgeben, findet man bei neuritischen Processen oftmals ausgedehnt und
manchmal mit Lymphe, manchmal wieder mit fibrinös-plastischem oder
zelligem Gewebe gefüllt. In dem letzten Falle haben wir, was man anatomisch
Vaginitis nervi optici bezeichnen könnte, vor uns einen Zustand, wie
er sich zweifellos bei der Continuität der Nervenscheiden mit den Meningen
in Folge einer Meningitis entwickeln kann. Bei dem anatomischen Zusammenhange, in welchem das intrafibrilläre Bindegewebsgerüst des Seh-
nervenstammes mit der inneren Nervenscheide steht, braucht die Möglichkeit, ja Wahrscheinlichkeit der Ausbildung der Neuritis interstitialis mit
allen Folgezuständen, der Bindegewebswucherung und des endlichen
Schwundes der Nervenfasern aus der oberwähnten Vaginitis nicht erst
lange bewiesen zu werden.

Die Ausdehnung des Intervaginalraumes durch seröse Flüssigkeit
kann hinwieder in allen jenen Fällen nach einfachen physikalischen Gesetzen
bewirkt werden, in welchen es zu einer Vermehrung des intracraniellen
Druckes (in Folge von Neubildung u. dgl. oder seröser Durchtränkung des
Gehirnes) gekommen ist. Es sind mit höchster Wahrscheinlichkeit die
Fälle von echter Stauungspapille, welche auf diese Weise zu Stande gekommen sind. Durch die Drucksteigerung im Intervaginalraum muss es zu
einer Stauung in den mit demselben zusammenhängenden Saftgefässen des
Nerven kommen, und in weiterer Folge zur Behinderung der Circulation,
woraus dann wieder Oedem der Papille sich ausbildet, durch welche sich,
wie oben bemerkt, alle ophthalmoskopischen Zeichen der Stauungspapille
leicht erklären lassen. Auf diese Weise würde die Drucksteigerung im
intracraniellen Raume, am ehesten bewirkt durch Neubildungen, zur Ausbildung einer Papillenveränderung führen, eine Theorie, welche ungleich
mehr Wahrscheinlichkeit für sich hat, als jene ältere von A. v. Graefe,
welcher meinte, dass durch die Druckzunahme im Gehirne Compression des
Sinus cavernosus, dadurch Erschwerung des Rückflusses aus der Centralvene
der Netzhaut, und in letzter Linie Oedem des Sehnervenendes, was durch
den starren, eine Ausdehnung erschwerenden Scleralring noch überdies sehr
befördert werde, entstände. Diese Theorie Graefe's ist aber durch die
anatomischen Arbeiten Sesemann's in ihren Grundfesten erschüttert
worden, und zwar durch den Nachweis, dass wegen der Anastomose der
Vena centralis retinae mit der Ophthalmica superior, welche wieder mit der
Vena facialis anterior communicirt, auch bei Compression des Sinus cavernosus der Rückfluss des Blutes aus der Retina, resp. Papille unmöglich
wesentlich behindert sein kann.

In vielen Fällen sind wir übrigens gar nicht im Stande, bei der
Autopsie eine wesentliche Druckzunahme im Cranium nachzuweisen, weshalb auch die erstgenannte Lymphstauungstheorie zur Erklärung der Thatsachen nicht ausreichend ist. Hier mag nun einer Ansicht Benedikt's

gedacht werden, welcher die Stauungspapille als eine durch Gehirnreizung bedingte vasomotorische Störung im Sehnervende erklärt.

Was den Ausgang der Sehnervenentzündung anbelangt, so sind, wie aus der bunten Reihe der bedingenden Krankheitsursachen hervorgeht, vollständige Heilungen möglich und auch vielfältig beobachtet worden. So werden Neuritiden, welche von Processen abhängen, die einer Ausgleichung fähig sind, in Heilung übergehen können. In erster Reihe steht hier wieder die Syphilis mit ihren gummösen Tumoren, ferner Encephalitis und Meningitis, das ganze dunkle Gebiet der Menstruationsanomalien u. s. w. In sehr vielen Fällen aber, wo das primäre Leiden ein unheilbares ist, werden die geweblichen Veränderungen der Papille, wenn nur das Uebel lange genug dauert, endlich zu Sehnervenatrophie führen.

Dass der Atrophie Neuritis vorhergegangen, lässt sich, im Falle der Process noch nicht gar zu alt ist, leicht erkennen, ihre besonderen Merkmale lassen sich aus der Umwandlung der Sehnervenprotuberanz in ein atrophisches Gewebe ableiten. Die Papille ist nicht sehnenweiss und flach excavirt, sondern mehr graulich und verschleiert; der Gefässbaum sieht wie zerworfen aus und hat seine abnorme Schlängelung noch beibehalten.

Was die Sehstörungen anbelangt, welche bei Inflammatio n. opt. vorkommen, so sind dieselben sehr verschieden nach dem Stadium, sodann nach der Intensität der entzündlichen Erscheinungen. Bei einer frischen Stauungspapille kann das Sehvermögen in vollkommenem Maasse intact sein, herabgesetzt ist es jedenfalls bei Neuroretinitis in Folge der entzündlichen Complicationen von Seiten der Retina. Es liegt in der Natur der Sache, dass im Laufe der Krankheit, ohne dass uns das Ophthalmoskop über die Ursache Aufschluss ertheilen würde, plötzliche Verschlimmerungen, ja Erblindungen eintreten können, welche höchstwahrscheinlich in Folge des Uebergreifens der Entzündung auf das Nervengewebe selbst zu Stande kommen, abgesehen von jenen Sehstörungen, welche direct in Folge der centralen Läsionen auftreten. In späteren, atrophischen Stadien der Neuritis optica sind Sehstörungen unvermeidlich, die bis zur totalen Erblindung gehen können, je nach dem Grade des Schwundes der Nervenfasermasse.

Da das Vorhergehende die Inflammatio nervi optici als Symptom meist intracranieller Leiden auffasst, so erhellt daraus, wie unmächtig unsere Therapie derselben gegenüber bleiben muss. Eine Neubildung im Schädelraume können wir nicht beseitigen, es sei denn, dass dieselbe syphilitischen Ursprunges sei. Darum muss auf die Eruirung der Aetiologie unser Hauptaugenmerk gerichtet sein, denn die Berichte über Heilungen, welche die Literatur aufbewahrt, beziehen sich meist auf Gummen, überhaupt syphilitische Leiden, welche durch eine energische Kur gedeckt werden konnten. Ist die syphilitische Herkunft des Uebels wahrscheinlich geworden, so müssen, da es sich darum handelt, rasch einen Erfolg zu erzielen, die wirksamen Mittel, Quecksilber und Jodkali, in energischen Dosen gereicht werden, denn geringe Quecksilber- und Jodkaligaben bleiben vollständig wirkungslos.

Ist die syphilitische Provenienz nicht anzunehmen, so kann nicht anders als symptomatisch vorgegangen werden, keinesfalls darf irgend eine Kur angewendet werden, welche die Kranken in ihren Kräften noch mehr herabbringen könnte. Am besten, die sogenannten ableitenden Mittel und Hautreize ganz zu lassen und nach dem Vorgange von B e n e d i k t die Electricität anzuwenden. Rationell ist der Gebrauch der Electricität behufs Galvanisation des Sympathicus nur bei eigentlicher Stauungspapille und richtet sich dieses Vorgehen wohl hauptsächlich gegen die begleitenden Kopfschmerzen, wie auch gegen die Augenmuskellähmungen aus denselben centralen Ursachen. Man wendet den constanten Strom an, in 6—8 Elementen, den positiven Pol fix auf den Nacken, den negativen Pol abwechselnd auf das Ganglion cervicale supremum und die geschlossenen Lider. Die Sitzung soll nur einige Minuten dauern und dieselbe, sowie die ganze Kur aufgehoben werden, sobald die Kranken keine Erleichterung, sondern Schwindelgefühl und andere beunruhigende Hirnerscheinungen verspüren.

Bei Atrophien, welche nach Sehnervenentzündungen zurückgeblieben sind, kann man, wofern noch Spuren von Lichtempfindung zurückgeblieben sind und das Grundleiden erloschen zu sein scheint, versuchen, durch S t r y c h n i n - I n j e c t i o n e n das Sehvermögen zu heben. (Ueber die Methode S. 178.)

Die Strychninkur darf nicht angewendet werden, sobald noch manifeste Symptome eines Gehirnleidens vorliegen. Unter diesen letzteren ist in erster Linie die E p i l e p s i e zu nennen, welche häufig bei jungen Individuen sich ausbildet, die unter meningealen Erscheinungen oder auch ohne dieselben in Folge abnormen Wachsthums der Schädelknochen (wodurch Schädelverbildungen und Compression des Gehirns und vielleicht auch des Nervus opt. im Foram. opt. zu Stande kamen) erblindeten. Man erkennt noch lange nachher an dem eigenthümlichen Aussehen der atrophischen Papille, dass Stauungspapille vorhanden war. Vom Sehvermögen pflegt sich ein sehr schwacher Rest in einem kleinen excentrischen Theile des Gesichtsfeldes noch sehr lange Zeit zu erhalten.

Zum Schlusse muss noch betont werden, dass es Fälle echter Stauungspapille giebt, die von selbst heilen. Es sind dies jene, bei denen irgend eine transitorische Störung der Circulation vermuthet werden muss — bei weiblichen Patienten werden hiebei immer Menstruationsanomalien hervorgesucht oder auch künstlich supponirt — welche sich ohne Therapie wieder ausgleichen.

So sah ich bei einem blühenden, vollkommen gesunden 16jährigen Mädchen ohne jede nachweisbare Ursache und ohne irgendwelche Gehirnsymptome Neuritis optica mit bedeutender Herabsetzung des Sehvermögens sich ausbilden. Nach mehreren Wochen trat vollständige Heilung ein. Ut aliquid fiat war Oefner

Bitterwasser und Kalium jodatum verordnet worden. Es ist bis heute (beinahe
5 Jahre) kein Recidiv eingetreten.

Dass in Folge von beträchtlichen Erschütterungen des Bulbus, wobei
vielleicht in Folge einer Blutung in die Sehnervenscheiden Compression des
Nervenstammes stattfindet, sich eine ausgeprägte Stauungspapille ausbilden
kann, die einer vollkommenen spontanen Rückbildung fähig ist, ist bekannt
und habe ich selbst beobachtet.

Ein 5jähriger Knabe fiel von einem hölzernen Pferde zu Boden und
brachte sich wahrscheinlich durch Prellung an einer scharfen Kante eine Ruptur
in regione ciliari super. oc. sin. in einer Ausdehnung von ca. 5 mm bei. Prolapsus iridis, Blut in der vorderen Kammer. Augenspiegeluntersuchung nach
einer Woche ausführbar: Stauungspapille. Das Auge sieht gut. Der Augenspiegel-
befund einige Wochen nachher noch unverändert.

Neuritis in Folge orbitaler Entzündungen. In Folge
Entzündung innerhalb der Orbita treten ähnliche Formen der Neuritis auf,
wie in Folge intracranieller Processe. Die Diagnose wird, wenn die Aetio-
logie nicht hilft, in den Fällen erleichtert sein, in welchen man manifeste
Entzündungssymptome oder Schwellung des orbitalen Gewebes wahrnimmt.
Die letztere muss sich sehr bald durch Protrusion des Bulbus äussern.

Die Therapie richtet sich nach allgemein gültigen chirurgischen
Grundsätzen. (S. Capitel über Orbitalkrankheiten.)

F. Atrophie des Sehnerven.

Ebenso wie die Entzündung des Sehnerven, verräth sich auch die
Atrophie desselben durch ophthalmoskopisch wahrnehmbare Veränderungen
an der Papille. Dazu kommen noch Functionsstörungen verschiedener Art,
wie Herabsetzung der centralen Sehschärfe, Einschränkungen des Gesichtsfeldes und Störungen des Farbensinnes. Die Functionsstörung kann bis
zur völligen Blindheit gehen, ein sehr häufiges Endstadium der Atrophie.

Der Sehnerv wird atrophisch, wenn sein Endorgan, der Bulbus, aus
welchen Ursachen immer functionsunfähig wird, oder wenn die Leitungsfähigkeit der Nervensubstanz selbst auf irgend eine Weise vernichtet wird,
sei es im Opticusstamme selbst oder in seinen Wurzeln im Centralorgane.
Demnach ist die Provenienz der Atrophie entweder eine bulbäre oder eine
retrobulbäre. Die letztere kann wieder, den anatomischen Abschnitten
des Nerven entsprechend, eine orbitale und eine intracranielle (resp. cerebrale) sein.

Die bulbäre Atrophie ist immer eine aufsteigende (centripetale), da
der Schwund der Nervensubstanz sich Chiasma-wärts weiter ausbreitet; die

retrobulbäre Atrophie ist in anatomischem Sinne eine auf- und absteigende, da sie von dem ursprünglichen Krankheitsheerde sich sowohl retinalwärts als cerebralwärts weiter verbreitet, in klinischer Beziehung aber eine absteigende, da sie nur dann diagnosticirbar wird, wenn sie sich an der Papille manifestirt, also in centrifugaler Richtung sich ausgebreitet hat.

Was die bulbäre Atrophie anbelangt, mögen jene sehr häufigen Fälle als lehrreiches Beispiel dienen, in denen der Augapfel schon in frühem Lebensalter functionsfähig wurde oder enucleirt worden war. Man findet dann, wenn die einseitige Blindheit nur lange genug gedauert hatte, bei der Section den entsprechenden Sehnerven von der Sclera bis über das Chiasma hinaus in hochgradigster Verdünnung, dem makroskopischen Zeichen des Schwundes.

Diese Atrophien sind nicht Gegenstand der Therapie.

Den Bedürfnissen der Klinik entsprechend haben wir die Sehnervenatrophien einzutheilen

a) in solche, die den Folgezustand eines Leidens darstellen, das sich in irgendwelchen entzündlichen Veränderungen des Auges offenbarte,

b) in Fälle, wo niemals entzündliche Veränderungen vorangegangen waren, die Atrophie sofort als solche auftrat.

In die Gruppe b) gehören jene Formen, die wir idiopathische nennen, nur ein Ausdruck für das Bekenntniss, dass wir keinerlei Vermuthung über ihre Ursache haben, ferner jene Atrophien, als deren Ursache Gehirn- und Rückenmarkskrankheiten vorliegen. Dabei ist jedoch nicht gesagt, dass bei den Atrophien der ersten Gruppe nicht auch centrale Ursachen thätig waren. Im Gegentheile folgt aus dem über Neuritis optica Gesagten, dass sogar in sehr vielen Fällen centrale, sowie orbitale Processe der verschiedensten Art direct als Entzündungserreger gelten. Aber dies ist für unsere Eintheilung das Entscheidende, dass die Entzündung dem atrophischen Endstadium gegenüber im intraoculären, also ophthalmoskopisch sichtbaren Nervenantheile das primäre, die Entartung des Nerven das consecutive Moment darstellt.

In die erste Gruppe gehören demnach die ascendirenden, in die zweite Gruppe die descendirenden Atrophien.

Was die ophthalmoskopischen Merkmale der Sehnervenatrophie im Allgemeinen anbelangt, so ist allen Formen gemeinsam das Blässerwerden der Papille. Es ist diese Blässe, die Entfärbung der Papille, das einzige Zeichen, das wir nie vermissen dürfen, wenn wir Atrophie diagnosticiren. Es beruht auf dem Schwunde eines Theiles der Gefässe, namentlich der kleineren und capillaren in Folge der Bindegewebshypertrophie. Diese Blässe kann bis zu einem sehnenweissen und bläulichweissen Reflex gehen, den man gewöhnlich der optischen Wirkung des wegen des Nervenschwundes frei liegenden, noch dazu pathologisch verstärkten Bindegewebsgerüstes zuschreibt. Hand in Hand damit ist gewöhnlich die Papille abgeflacht, ja seicht excavirt, die Retinalgefässe verengert, ihre Zahl verringert. Uebrigens modificirt sich das Bild je nach der Herkunft der Atrophie, constant bleibt unter allen Umständen die Entfärbung und Gefässarmuth der Papille.

a) Die ascendirenden Atrophien.

In diese Gruppe gehören die Nervenatrophien in Folge aller bereits beschriebenen Choroideal- und Netzhautkrankheiten. Die in Folge der Chorioretinitis sich entwickelnde Atrophie hat das Besondere, dass die Papille niemals in ihrer Entfärbung ein reines Sehnenweiss, auch keine besondere Flachheit oder Aushöhlung zeigt; die Farbe ist vielmehr gelblich, die Conturen der Papille häufig verwaschen, die Netzhaut zeigt die Spuren der Pigmententartung. Die Gefässe sind sehr stark verdünnt.

Von der neuritischen Atrophie und dem eigenthümlichen Spiegelbilde derselben wurde bereits auf S. 197 gesprochen.

Die glaucomatöse Atrophie als Ausgangsstadium einer glaucomatösen Erkrankung, kenntlich durch das Bild der tief ausgehöhlten Papille, ist kein Gegenstand der Therapie, ebensowenig wie die nach Embolie der Centralarterie der Netzhaut sich entwickelnde.

Was die Therapie der choroiditischen Atrophien anbelangt, so wird es als Regel betrachtet, die gegen die Choroiditis und Chorioretinitis erforderliche Behandlungsweise so lange fortzusetzen, als noch entzündliche Symptome oder resorptionsfähige Massen bestehen oder vermuthet werden. Die gesunkene Nerventhätigkeit wird dann etwa noch durch Strychnin-Injectionen oder Electricität zu heben gesucht.

Wie man gegen die Atrophie nach Retinitis pigmentosa (typische Pigmententartung der Netzhaut) vorgeht, wurde an geeigneter Stelle schon besprochen (S. 177 und 178).

b) Die descendirenden Atrophien.

Unter den descendirenden Atrophien muss hauptsächlich die progressive Sehnervenatrophie, auch progressive Amaurose, genannt werden. Ihr ophthalmoskopisches Bild wird charakterisirt durch stark ausgeprägte Verfärbung der Papille mit ausgesprochener Sehnenweisse. Bei schwacher Beleuchtung des Augenhintergrundes nimmt die Papille einen bläulichen Teint an. Dabei verflacht sich der Sehnerveneintritt und bekommt mit der Zeit eine seichte, muldenförmige Excavation, aus deren Grund die Lamina cribrosa scharf hervorscheint. Die Grenzen der Papille sind deutlich vorhanden, die Retina hat ihre volle Durchsichtigkeit bewahrt, der Durchmesser der Arterien ist erheblich verringert.

Die Functionsstörungen, welche mit diesem Spiegelbefunde zusammen zum Wesen der progressiven Atrophie gehören, sind, wie bereits Eingangs erwähnt, die Abnahme der Sehschärfe, die Einschränkung des Gesichtsfeldes

und die Störung des Farbensinnes. Diese functionellen Störungen treten
gleich Anfangs, im Beginne des Processes, auf und schreiten unaufhaltsam
weiter, nach einem Endpunkte convergirend, der totalen Amaurose.

Die Abnahme der centralen Sehschärfe ist nebst der Entfärbung
der Papille das früheste Symptom; bald tritt die Gesichtsfeldbeschränkung
hinzu. Was diese letztere charakterisirt, ist, dass sie — wenigstens in den
meisten Fällen — in der Peripherie beginnt, jedoch nicht concentrisch zum
Fixirpunkte vorwärtsschreitend, sondern sich zungenförmig, in Gestalt von
einspringenden Winkeln von der Peripherie zum Centrum weiter vorschiebt.
Während sich das Gesichtsfeld dergestalt von der Peripherie her einengt,
nimmt die centrale Sehschärfe gleichfalls ab, so dass wir manchmal in
einem ringförmigen Gesichtsfelde noch ein centrales Scotom finden.

Die Abnahme des Farbensinnes äussert sich im Beginne durch das
Auftreten von Roth-Grün-Blindheit. Grün wird am frühesten unrichtig
angegeben und mit Grau verwechselt. Am längsten hält sich die Empfindung des Blau — in den letzten amblyopischen Stadien der Atrophie ist
sogar nach neueren Beobachtungen eine Ueberempfindlichkeit für
Blau vorhanden. Später, wenn auch das quantitative Sehvermögen schon
grossentheils verloren gegangen ist, ist auch dieser Rest des Farbensinns
bereits erloschen.

Was den Verlauf des Sehnervenleidens anbelangt, so ist derselbe ein
exquisit chronischer, oft mehrere Jahre lang dauernder, in der Regel zu
vollständiger Amaurose führender. Es werden in den meisten Fällen beide
Augen ergriffen, wenn auch der Beginn des Leidens nicht für beide Augen
in dieselbe Zeit fällt. Wo wir nur einen Sehnerv atrophisch, den anderen
aber normal und das Auge intact finden, können wir mit grösster Wahrscheinlichkeit annehmen, dass die Ursache der monolateren Atrophie entweder eine bulbäre, wie Embolie u. s. w. sei, oder mindestens eine peripherische, d. h. zwischen Chiasma und Bulbus gelegen sei.

Die düstere Prognose der Sehnervenatrophie wird kaum durch die
Thatsache etwas freundlicher, dass oftmals längere Stillstände in der Ent-
wicklung der Amaurose eintreten. Eine wirkliche Heilung, endgültiger
Stillstand des atrophischen Processes mit Erhaltung eines Restes von
Sehvermögen kommt wohl vor, muss aber als relativ selten betrachtet
werden.

Was die Aetiologie der descendirenden Schnervenatrophie betrifft, so
ist vor allem der Zusammenhang mit chronischen Processen des Rücken-
markes zu constatiren. Auf Grundlage der reichen Erfahrungen v. Graefe's
kann angenommen werden, dass circa ein Drittel sämmtlicher Fälle mit
Tabes dorsualis verknüpft ist. Es lässt sich keine Regel dafür aufstellen,
welche Symptome der Zeit nach früher beobachtet werden, ob die Sehstörungen oder die Spinalerscheinungen. In vielen Fällen sind Sehstörungen
das früheste Symptom, und erst lange nachher, oft erst nach der Erblindung, kommen tabetische Erscheinungen zum Vorschein. In anderen

Fällen wiederum sind es Spinalerscheinungen, allen voran die Myosis, die den Reigen eröffnen. Auch Augenmuskellähmungen können sehr frühe schon vorhanden sein.

Nach Uhthoff (Archiv f. Ophthalm. XXVI, 1. S. 245) fehlt das Kniephänomen in den Fällen von spinaler Sehnervenatrophie in der Regel. In den genuinen Atrophien war es nur in zwei Drittel der Fälle noch nachzuweisen, während es in den Atrophien peripherischer Herkunft ausnahmslos vorhanden war. Es würde demnach das Fehlen des Kniephänomens ein wichtiges diagnostisches Merkmal des spinalen Ursprungs einer Sehnervenatrophie sein.

Eine weitere Anzahl von Sehnervenatrophien wird durch cerebrale Ursachen bedingt. Dazu gehören alle Processe, welche die Nervensubstanz durch Druck leitungsunfähig machen, wie Tumoren der Schädelbasis, Exostosen, Wucherungen verschiedener Art; sodann Sclerosen des Gehirns und zahlreiche Gehirnkrankheiten, über deren causalen Zusammenhang mit dem Sehnervenleiden wir ebensowenig Genaues wissen, wie über den Zusammenhang desselben mit der Tabes.

Ausser mit Rückenmarks- und Gehirnkrankheiten kommt die Atrophie des Sehnervens noch idiopathisch vor. Das männliche Geschlecht ist hiebei in überwiegendem Maasse betheiligt.

Die Therapie der Sehnervenatrophie gehört zu den dunkelsten Capiteln der praktischen Medicin. Wir sind nicht im Stande, den Verlauf derselben mit Sicherheit aufzuhalten oder nur den Eintritt völliger Amaurose zu verhindern. Es gehört die Behandlung eines Atrophikers zu den traurigsten und schwierigsten Aufgaben des Arztes, denn dieser muss sich in vielen Fällen ausschliesslich darauf beschränken, einen sonst sich eines relativen Wohlseins erfreuenden Menschen mit der Idee der völligen Erblindung vertraut zu machen. Da man solche Individuen nicht ohne Medication lassen kann, so wird man zu den verschiedensten Methoden greifen, wobei man sich aber stets vor energischen Kuren — wie Schmierkuren, Haarseilen, Blutentziehungen u. s. w., als den Kranken schwächend und seine üble Laune vermehrend — hüten soll. Von inneren Mitteln räth man Jodkalium, Argentum nitricum, Aurum chloratum, die man alle nach einander in passender Dosirung anwenden kann; eine besondere Wirkung kann man von denselben nicht erwarten, ebensowenig wie von der Electricität, welche man (als constanten Strom) schon deshalb anwenden möge, weil man damit den Kranken am längsten fristen und bei Hoffnung erhalten kann.

Ich halte es für erwähnenswerth, dass ich in einem Falle von idiopathischer Sehnervenatrophie — wenigstens waren keine anderen complicirenden Erscheinungen vorhanden, als ganz im Beginne hochgradigste Körperschwäche — nachdem alle üblichen Mittel schon angewendet waren, solatii causa noch Pilocarpin injiciren liess. Nach ca. 18 Injectionen war eine auffällige Besserung vorhanden, welche noch heute — zwei Jahre nachher — fortbesteht.

Zehntes Capitel.

Die glaucomatösen Erkrankungen (Glaucoma).

Allgemeine Vorbemerkungen über das Glaucom.

Als Begleiterscheinung mehrerer krankhafter Processe haben wir bereits die Vermehrung des intraoculären Druckes kennen gelernt. Letzterer giebt sich kund in der Spannung der Bulbuskapsel (S. 78), und wir messen ihn auch durch die Betastung derselben.

Die Betastung des Bulbus behufs Prüfung der Druckverhältnisse des Auges wird ähnlich wie die Untersuchung auf Fluctuation, am besten mit zwei Zeigefingern an den geschlossenen Lidern, vorgenommen. Will man die Druckverhältnisse beider Augen mit einander vergleichen, so betasten wir beide gleichzeitig mit dem ersten und zweiten Finger jeder Hand. Verlässliche Resultate können nur auf Grundlage längerer Uebung erhalten werden. Untersuchungsinstrumente, Tonometer, haben sich bisher für die Zwecke der Praxis nicht bewährt.

Wir können uns eine dauernde Vermehrung des intraoculären Druckes nur auf dem Wege der Hypersecretion — besser gesagt — der Hypertranssudation ins Augeninnere, also in Folge der Vermehrung der Binnenaugenflüssigkeit zu Stande gekommen denken. Eine Erhöhung des Druckes könnte zwar auch dadurch erzielt werden, dass der Blutdruck im Augeninneren, etwa durch Behinderung des Rückflusses aus den Wirbelvenen, steigt. Aber dieser Zustand kann wegen der hochgradigen Ernährungsstörung, die er mit sich bringt, nicht lange währen, und der Zerfall der Gewebe würde dem erhöhten Drucke bald ein Ende bereiten. Ebenso vermöchte der Druck erhöht zu werden, wenn die Transsudation etwa auf ihrer normalen Höhe bliebe, die Abflusswege aber eingeschränkt würden, und in der That scheinen manche klinische Beobachtungen auf ein solches Zustandekommen hinzuweisen. Doch kann auch diese Möglichkeit nicht für genügend erachtet werden, den dauernd vermehrten Druck zu erklären. Man muss immer in Betracht ziehen, dass, so wie die durch Unterbindung grosser Körperarterien bewirkte Circulationsstörung sich unzähligemale durch Collateralkreisläufe ausgleicht, ebenso die Absperrung der Lymphabflusswege sich durch Ausbildung von Collateralabflusswegen ausgleichen kann. Eine unausgleichbare und totale Absperrung der Abflusswege würde übrigens wegen der dadurch bedingten Ernährungsstörung das Auge ebenso zum Schwunde bringen, sowie eine Drüse atrophirt, deren Ausführungsgang unterbunden ist.

Nur die Annahme einer Hypertranssudation kann uns zur Erklärung eines ständig vermehrten intraoculären Druckes genügen, und dies auch nur in dem Falle, wenn eine Ausgleichung durch vermehrte Ausfuhr nicht möglich ist. Wenn die Ausfuhr absolut oder relativ insufficient sich erweist, dabei aber die vermehrte Flüssigkeitsausscheidung fortdauert, muss es zur Erhöhung des Druckes kommen, welche, wie die Erfahrung lehrt, genau bestimmte Folgezustände nach sich zieht.

Alle jene Krankheiten des Auges, in welchen der erhöhte intraoculäre Druck das hervorstechendste Symptom ist, von dem sich eine Reihe anderer Symptome ableiten lassen, gehören in die Gruppe der Glaucome.

Die Folgen des erhöhten Druckes werden sich zuerst an der Bulbuskapsel durch vermehrte Resistenz ausprägen. Da nun schon der normale Druck die Bulbuskapsel so weit auszudehnen trachtet, als es physikalisch möglich ist, demnach weniger widerstandsfähige Partien über das Niveau der übrigen hervorgetrieben werden müssen, wodurch eben die Ektasien und Staphylome zu Stande kommen, so wird dieser Vorgang bei der Vermehrung des Druckes um so eher stattfinden und Ektasirungen um so leichter sich ausbilden können.

Eine Partie der Bulbuswand, welche im normalen Zustande weniger Resistenz besitzt als die umgebende Sclera, ist, wie schon der Augenschein lehrt, die Eintrittsstelle des Sehnerven. Der letztere tritt durch ein Loch der Sclera, welches eine ganz scharfe und starre Begrenzung besitzt, ins Augeninnere, er steckt locker in seinen Scheiden, wird also nicht von ihnen gestützt — ein physiologisches Postulat, damit bei den Bewegungen des Bulbus keine Zerrung des Nerven stattfinde. Ausserdem sind sowohl die Nervenfasern als auch das intrafibrilläre Gewebe um vieles zarter als die Gewebselemente der Sclera, wozu noch der Blutreichthum an dieser Stelle kommt, welche der Region der Papille einen ausgesprochen succulenten Charakter verleiht. Aus diesen anatomischen Voraussetzungen erklärt sich die pathologische Thatsache, dass bei erhöhten intraoculären Druckzuständen die Papille ektasirt, das heisst nach rückwärts (orbitalwärts) ausgebaucht wird. Dieser anatomische Zustand wird mit dem Namen Papillenexcavation bezeichnet, und er bildet sich, wie aus dem Vorigen leicht zu begreifen ist, schon in solchen Fällen aus, in welchen der Druck nur wenig über die Norm erhöht ist, ja oft nur in so geringem Maasse, dass der tastende Finger nicht immer im Stande ist, die Druckerhöhung nachzuweisen. Es kann aber auch nicht in Abrede gestellt werden, dass in Fällen von abnormer Weichheit des Sehnervengewebes schon der normale Druck eine Sehnervenexcavation erzielen könnte, ähnlich wie die Ektasirung der Region des hinteren Poles beim Staphyloma posticum zu Stande kommt, nur dass die Mehrzahl der klinischen Beobachtungen für solche Zustände noch kein hinlängliches Material geliefert hat, sondern mehr dafür spricht, dass wir es in allen Fällen von Sehnervenexcavation mit erhöhtem Drucke zu thun haben, die erstere demnach das anatomische und ophthalmoskopische Symptom des letzteren ist.

Der letzte Satz folgt übrigens auch aus der Betrachtung mikroskopischer Präparate von excavirten Papillen mit fast zwingender Nothwendigkeit. Wer nur einen einigermassen anatomisch geschulten Blick besitzt, wird nicht im mindesten darüber im Unklaren sein, warum die Nervenfasern des Opticus um die starre Scleralkante sich herumknicken und wird sich die tiefe Höhlung der Papille nur durch eine Druckursache erklären können. Keinerlei S c h r u m p f u n g s p r o c e s s wäre je im Stande, ein ähnliches Bild zu erzeugen. Die im Grunde der Excavation hie und da vorkommenden Gewebswucherungen sind meiner Ueberzeugung nach Reste und Folgezustände von Hämorrhagien, wie sie so oft in glaucomatösen Augen vorkommen.

Mit der Erkenntniss dessen, dass der erhöhte intraoculäre Druck das ausschlaggebende Moment in der Pathologie der glaucomatösen Erkrankungen ist, um welches die übrigen Symptome sich gruppiren, sind wir dem Wesen des Glaucoms zwar näher gerückt, aber wir können uns insolange eines wirklichen Verständnisses desselben nicht rühmen, als wir nicht wissen, was die letzte Ursache der Drucksteigerung ist. Wir wissen nur, dass eine ständige Druckerhöhung nur eine Folge einer Hypertranssudation ist und dass diese nur von der Choroidea geliefert werden kann. Was aber die Choroidea in jedem einzelnen Falle zur Hypertranssudation veranlasst, ist noch Gegenstand von Vermuthungen, die sich kaum zur Würde von Hypothesen emporgeschwungen haben, und bleibt die endgültige Lösung dieser Frage den Arbeiten einer späteren Zeit vorbehalten.

Die weiteren Symptome, welche allen zu den Glaucomen gehörigen Krankheiten gemeinsam sind, sind: Pulsationserscheinungen an den Netzhautarterien in Folge behinderten Einströmens des Blutes, ferner functionelle Störungen (Accommodationsbeschränkung, Herabsetzung der Sehschärfe und Gesichtsfeldbeschränkung); in einer Anzahl von Fällen sind noch entzündliche Complicationen vorhanden.

Bei der Besprechung der einzelnen klinisch bemerkenswerthen glaucomatösen Erkrankungsformen folgen wir im wesentlichen den Lehren v. G r a e f e 's, dessen Arbeiten über Glaucom die Basis und den Ausgangspunkt aller neueren und zukünftigen Forschungen über diesen Gegenstand bilden.

Man unterscheidet folgende Formen des Glaucoms:

a) das acute Glaucom,
b) das chronisch-entzündliche Glaucom,
c) das Glaucoma simplex.

An diese schliesst sich noch

d) das Glaucoma secundarium.

a) Das acute Glaucom.

Das ausgeprägte Krankheitsbild des acuten Glaucomes zeigt sich während eines ausgebildeten glaucomatösen Anfalles: Der Bulbus ist hart; die heftigsten Ciliarschmerzen quälen den Kranken; es ist ausgesprochene

Ciliarinjection vorhanden; Conjunctiva und Lider sind etwas ödematös geschwellt. In heftigen Anfällen ist der Bulbus etwas nach vorne getreten. Die Pupille ist weit und starr; die Cornea ist angehaucht, trübe, wie cadaverös, auf Berührung unempfindlich. Das Kammerwasser ist trübe. Die Spiegeluntersuchung ist während des Anfalles wegen der Medientrübung gewöhnlich unmöglich; nach demselben zeigt sie ausser Arterienpuls (in Folge des intermittirenden Einströmens des Blutes) an der Papille nichts Abnormes, im Falle wir es mit den ersten Anfällen zu thun haben. Im Beginne ist noch keine Papillenexcavation vorhanden.

Das Sehvermögen ist während des Anfalles höchstgradig herabgesetzt, das Allgemeinbefinden ist gestört.

In den meisten Fällen gehen die glaucomatösen Anfälle zwar wieder vorüber und es tritt eine Ruhepause ein, während welcher das Sehvermögen wieder zurückkommen kann, als auch sonst das Auge wieder ein normales Aussehen gewinnt. Doch bleiben neue Anfälle nicht aus, welche in immer kürzeren Pausen auf einander folgen und jedesmal das Sehvermögen, nun dauernd, beeinträchtigen. Auch das Gesichtsfeld wird erheblich eingeengt, und zwar am häufigsten von der nasalen Seite her.

Jene übrigens sehr seltenen Fälle, in denen das Sehvermögen nach einem Anfall dauernd zu Grunde gerichtet wird, werden fulminante Glaucome genannt.

Die Excavation der Papille, welche sich innerhalb der ersten Anstürme des vermehrten Druckes noch nicht ausbilden konnte, entsteht nach Nachlass der stürmischen glaucomatösen Attaken, während des Ueberganges des acuten Glaucomes in einen mehr chronischen Zustand. In demselben kommt es nun zu tiefen Excavationen.

In der Majorität der Fälle (nach v. Graefe in ca. 75 % derselben, nach Laqueur in einem geringeren Procentsatze und hauptsächlich bei jüngeren Individuen) beginnt das Glaucom mit einem Prodromalstadium, welches demnach dem eigentlichen ersten grossen Anfalle vorausgeht. Die glaucomatösen Vorboten sind subjectiver und objectiver Natur. Die ersteren bestehen in einem Nebel- und Farbensehen, und zwar wird bei Tageslicht, überhaupt diffuser Beleuchtung mehr der Nebel wahrgenommen, während die Betrachtung eines Lichtpunktes dem Kranken einen Hof von Regenbogenfarben zeigt, welche den leuchtenden Punkt umgeben. Die Sehschärfe kann vollkommen intact sein, dabei wird aber ein Hinausrücken des Nahpunktes, demnach das Auftreten einer Presbyopie beobachtet.

Objectiv ist im Prodromalstadium nur die vermehrte tastbare Härte des Bulbus, ferner eine leichte Cornealtrübung nachzuweisen. Die letztere kann auch fehlen, dann muss angenommen werden, dass eine objectiv nicht nachweisbare moleculare Trübung der Hornhaut, sicher auch des Glaskörpers vorhanden ist, auf welcher das Nebelsehen und die Farbenringe (Interferenz- und Diffusionsphänomene) beruhen.

Der prodromale Anfall kann zu jeder Zeit auftreten, am häufigsten

jedoch nach Gemüthsaufregungen, gastrischen und Schwächezuständen.
Er verschwindet während des ruhigen Schlafes. Laqueur*)
stellt es als Regel auf, dass alle Zustände, welche mit Erweiterung der
Pupille einhergehen, den prodromalen Anfall hervorrufen, während die Verengerung der Pupille denselben sistirt, eine Angabe, welche zufällig auch
ex juvantibus herzuleiten wäre, wie aus der Wirkung des Eserins, das, wie
wir sehen werden, den Anfall coupirt, erhellt.

b) Das chronisch-entzündliche Glaucom.

Wir bezeichnen mit diesem Namen jene Form der intraoculären
Drucksteigerung, welche das Auge nicht anfallsweise ergreift, sondern
welche einmal ausgebildet unter mässigen Reizsymptomen weiter anschwillt
und dem Bulbus jenen Habitus verleiht, den wir κατ' ἐξοχὴν einen glaucomatösen nennen: getrübte Hornhaut, trübes Kammerwasser; vordere
Kammer sehr seicht, indem die Iris weit nach vorne gerückt ist, Pupille
weit, nur zögernd gegen Licht reagirend, nicht kreisrund. Die Sclera ist
graulich gefärbt, die Venen der Episclera ausgedehnt und geschlängelt. Die
Tension des Auges ist zweifellos gesteigert und nimmt auch fortwährend
zu. Dabei verfällt das Sehvermögen immer mehr und das Gesichtsfeld
wird eingeschränkt: die Einschränkung hat in den meisten Fällen etwas
ganz Charakteristisches, da sie gewöhnlich von der nasalen Seite her beginnt
und temporalwärts weiter fortschreitet. In den längere Zeit bestehenden
Formen wird durch diese Vorrückung der Gesichtsfeldeinschränkung über den
Fixirpunkt das centrale Sehen vernichtet, und es bleibt dem Kranken nur
mehr ein temporal gelegenes streifenförmiges (schlitzförmiges) Gesichtsfeld
übrig, in welchem noch ein Rest von Sehvermögen vorhanden ist.

Die oben geschilderte Trübung der durchsichtigen Medien kann von
verschiedener Intensität sein, sie verhindert manchmal den Einblick ins
Augeninnere, manchmal aber ist sie geringer, hie und da gleicht sie sich
für einige Zeit aus, und man kann dann mit dem Spiegel die bereits ausgebildete Sehnervenexcavation sehen, ferner die Pulsation der Arterien
nächst der Papille, die häufig spontan ist, unter allen Umständen aber
sichtbar wird, wenn während des Ophthalmoskopirens ein Fingerdruck auf
das untersuchte Auge einwirkt.

Das nicht zu verkennende Bild der glaucomatösen Excavation des
Sehnerven und der Unterschied zwischen ihr und der sogenannten physiologischen (angeborenen) einerseits und der atrophischen Excavation andererseits beruht auf folgenden anatomischen Verhältnissen.

Die angeborene Excavation nimmt immer die Mitte der Papille
ein und lässt, wenn sie noch so tief ist, stets eine Zone normaler Papillen-
oberfläche vom Excavationsrande bis zum Papillarrande übrig. Dabei kommt

---

*) Das Prodromalstadium des Glaucoms, Archiv f. Ophth. XXVI. 2. S. 1.

sie fast immer und in gleicher Entwickelung beiderseitig vor; kein Arterienpuls. Eine einseitige physiologische Excavation hat immer etwas Verdächtiges, mindestens in prognostischer Beziehung. Die atrophische Excavation geht zwar bis zum Papillenrand, ist aber muldenförmig und seicht, lässt demnach die Papillargefässe bis zum Hilus in nahezu einer Ebene (besser gesagt: in sehr geringen und darum nicht zu berücksichtigenden Niveauunterschieden) verfolgen. Die glaucomatöse Excavation ist eine kesselförmige Vertiefung, die von einem vorspringenden Rande, dem Umfange des Scleralloches, begrenzt ist, über welchen die Gefässe hinabsteigen müssen, um ihren Hilus in der Tiefe zu suchen. Daher erscheinen die Gefässe am Excavationsrande wie abgehackt und schimmern nur undeutlich aus der Tiefe herauf, in der sie nur bei veränderter optischer Einstellung schärfer gesehen werden können. Zugleich sind sie etwas gegen die Excavationsperipherie verschoben. Die Papillarenden der Venen sind verbreitert, die Arterien pulsiren. Die ausgehöhlte Papille umgiebt eine weissliche Zone — offenbar eine Folge der Druckatrophie der Choroidea.

Nach einfachen optischen Gesetzen wird die sogenannte parallaktische Verschiebung der Netzhautgefässe — d. h. die Verschiebung der noch im Netzhautniveau und im Excavationsgrunde liegenden Gefässpartien gegen einander bei Bewegungen des Spiegels nicht fehlen dürfen. Dieselbe ist selbstverständlich auch bei einigermassen tiefen angeborenen Excavationen vorhanden, hat also, obwohl sie zur Vervollständigung des Bildes dient, nichts eigentlich für Glaucom Charakteristisches.

Wenn man unter »entzündlichen Erscheinungen« hauptsächlich das Auftreten von plastischen Producten versteht, so hat das chronisch-entzündliche Glaucom allerdings — in den meisten Fällen — nichts Entzündliches an sich; indessen kommen solche plastisch-entzündliche Complicationen auch hie und da vor*), andererseits bietet uns die allgemeine Pathologie noch zu wenig Kennzeichen, um einen Reizzustand von einem entzündlichen Zustande sondern zu können. Jedenfalls präsentirt sich die Glaucomform in höherem Maasse als entzündlich, als so viele Fälle von Iritis oder Choroiditis serosa, denen bisher Niemand ihre inflammatorische Natur streitig machte.

Im Verlaufe des chronischen Processes kommen subacute, den Zustand verschlimmernde Anfälle mit heftigen Ciliarschmerzen öfters vor. Während derselben nähert sich das Aussehen des Bulbus dem geschilderten beim acuten glaucomatösen Anfalle.

Unter den Symptomen ist noch die Insensibilität der Hornhaut zu erwähnen, die namentlich während ausgesprochener Drucksteigerung nach-

---

*) Jacobson, Zur Entwickelung der Glaucomlehre seit Graefe in »Mittheilungen aus der Königsberger Augenklinik«, Berlin, Peters, 1880. Eine der besten und klarsten Schriften über Glaucom, zugleich unbefangene kritische Würdigung moderner Arbeiten über die Pathologie des Glaucoms.

zuweisen ist. Es muss aber bemerkt werden, dass bei alten Leuten die
Cornea auch in normalen Zuständen sehr unempfindlich ist, daher dieses
Symptom in zweifelhaften Fällen für mich seinen differential-
diagnostischen Werth eingebüsst hat.

c) Das Glaucoma simplex.

Während bei den beiden geschilderten Glaucomtypen, von welchen
übrigens zahlreiche Uebergangsformen vorkommen, entzündliche (oder um
nicht zu präjudiciren: irritative) Symptome nicht mangeln, bezeichnen wir
mit dem Namen des einfachen Glaucoms einen Typus, der zur glaucomatösen Degeneration des Sehnerven und den daraus entspringenden
functionellen Störungen führt, ohne dass wir an dem Habitus des Bulbus
oder in den brechenden Medien desselben etwas Abnormes entdecken
könnten — ja ohne dass es zu solchen auffälligen Drucksteigerungen
kommen würde, wie dies in der Gruppe des entzündlichen Glaucoms der
Fall war. Was das letztere betrifft, so ist die Druckzunahme in vielen
Fällen nur von sehr geübten Fingern nachzuweisen, in einigen jedoch auch
den geübtesten zweifelhaft. Was äusserlich wahrgenommen werden kann,
ist eine leichte Trägheit der Iris mit mässiger Pupillenerweiterung. Das
einzig verwerthbare Symptom, welches uns die glaucomatöse Natur des
Leidens enthüllt, ist der Spiegelbefund, der uns die Papille excavirt, die
Arterien pulsirend zeigt. Entsprechend der geringen Steigerung des intraoculären Druckes braucht auch die Ausbildung der Excavation längere Zeit,
dafür aber kommt es zu Excavationen von einer Tiefe, wie man sie sonst
nur in Augen mit Ektasia universalis beobachten kann. Die excavirte
Papille nimmt vollständig den Charakter der Atrophie an, sie wird sehnenweiss — ein sicheres Zeichen, dass die Nervenfasern in Folge des lang
anhaltenden Druckes in Schwund übergehen.

Was das Sehvermögen betrifft, so leidet dasselbe im Beginne nur
unmerklich, nur das Gesichtsfeld wird von der Peripherie her immer mehr
eingeschränkt, aber durchaus nicht constant von der Nasenseite her, wie
im entzündlichen Glaucom. Es ist klar, dass die allmählige Atrophie der
Nervenfasern, die sich auch mit der Zeit durch die Farbenuntersuchung
(Auftreten von Roth-Grün-Blindheit) nachweisen lässt, das Gesichtsfeld nach
ihrer Weise (in Form von einspringenden Winkeln) beschränkt. Das Erlöschen des Sehvermögens erfolgt durch Vorrücken der Gesichtsfelddefecte
über den Fixationspunkt.

Ausser durch die Papillenexcavation wird die Abhängigkeit dieses
Leidens von der Drucksteigerung noch durch jene Fälle klar bewiesen, in
welchen ein wahres Glaucoma simplex in ein entzündliches Glaucom
überging.

Glaucoma absolutum. Der Verlauf des glaucomatösen Leidens wird durch den Zeitpunkt der Erblindung des ergriffenen Auges naturgemäss in zwei grosse Stadien eingetheilt. Mit der Erblindung ist der glaucomatöse Process abgelaufen (Glaucoma absolutum), was das Sehvermögen, aber nicht was das Auge selbst betrifft. Denn dieses steht noch weiterhin unter der Einwirkung der intraoculären Drucksteigerung. Der Zustand des Auges entspricht in diesem Stadium dem Typus des ersten Stadiums. War ein entzündliches Glaucom vorhanden, so besitzt der Bulbus den ausgeprägtesten glaucomatösen Habitus: sehr bedeutende Härte, graue Verfärbung der Sclera, kranzartig geschlängelte Episcleralvenen; trübe, gestichelte Cornea; ad maximum erweiterte Pupille mit hochgradiger Atrophie der Iris, welche sich auf ein schmales Reifchen reducirt; Trübung der Linse; Unempfindlickeit des ganzen Auges. In diesem Zustande kann das Auge, ohne dem Kranken Schmerzen zu bereiten, lange fortbestehen; sehr oft jedoch treten periodische Schmerzanfälle auf, verbunden mit subjectiven Lichtempfindungen, die dem Kranken sehr peinlich sind. Hämorrhagien in die vordere Kammer sind nicht selten.

Bei längerem Bestande des Uebels wird das Auge so sehr in seiner Ernährung beeinträchtigt, dass es phthisisch zu Grunde geht. Dies kann durch eiterige Keratitiden (wahrscheinlich mycotscher Natur in Folge Unempfindlichkeit der Hornhaut) geschehen, wobei sich die Eiterung auf die Choroidea weiter ausbreitet; oder durch eine Art Cyclitis, welche durch die fortwährenden intraoculären Blutungen entfacht wird.

Augen, welche an Glaucoma simplex erblindet sind, können auch im Stadium absolutum in ihrer Reizfreiheit verharren. Nur die excavirte Papille unterscheidet ein solches Auge von einem an gewöhnlicher Sehnervenatrophie erblindeten.

d) Das Glaucoma secundarium.

In den eben geschilderten Typen des Glaucoms war das Auge von der Drucksteigerung befallen worden, ohne dass früher ein anderes Augenleiden mit sichtbaren Symptomen vorhergegangen wäre. Es war also scheinbar der glaucomatöse Process primär aufgetreten. Nach den Vorbemerkungen über Drucksteigerung braucht aber nicht erst erwähnt zu werden, dass die Drucksteigerung auch im primären Glaucom eine Ursache haben muss, welche zur Hypertranssudation aus den Choroidealgefässen führt, dass wir aber nicht in der Lage sind, diese Ursache in jedem einzelnen Falle bestimmen zu können. Unsere Therapie gegen das Glaucom ist darum auch, wie sich später ergeben wird, keine causale, sondern eine symptomatische, denn sie richtet sich ausschliesslich gegen das Hauptsymptom, die Drucksteigerung.

Wenn wir nun der Gruppe der primären Glaucomformen die secundären Glaucome entgegensetzen, so ist das nicht so zu verstehen, als wenn

wir hier in der Lage wären, die Drucksteigerung in ihrer directen Abhängigkeit von bestimmten ätiologischen Momenten nachzuweisen. Im
Gegentheil stellt der abnorm erhöhte Druck auch hier nur ein letztes Glied
einer Kette von pathologischen Processen vor, deren erste Glieder wir allerdings kennen, während die Zwischen- und Verbindungsglieder in den meisten
Fällen unserer Kenntniss sich entziehen.

Intraoculäre Drucksteigerung kann als Symptom zu den verschiedensten Augenkrankheiten hinzutreten. Sie wird zum Glaucom, wenn sie sich
dauernd zur Geltung bringen kann. Das Glaucom wird darum als secundäres aufgefasst, weil vor seiner Ausbildung andere nicht glaucomatöse
Krankheitserscheinungen vorhanden waren. Die Thatsache, dass zu den
verschiedensten Augenkrankheiten sich Glaucom hinzugesellen kann, ist für
die Therapie darum von grösster Wichtigkeit, weil sie uns auffordert, unter
allen Umständen die Tension des Bulbus genau zu überwachen, damit man
von den deletären Folgen einer Drucksteigerung nicht überrascht werde.

Die Processe, welche besonders häufig zu Secundärglaucom führen,
sind folgende:

1) Alle Fälle, in denen der Uvealtractus durch Zerrung der Iris oder
des Corpus ciliare in einen Reizungszustand versetzt ist. Dazu gehören
ektatische Hornhautnarben mit Iriseinwachsung; Iriseinheilung in Narben
des Corneallimbus; Scleral- und Intercalarstaphylome. Ausserdem Reizungen
der Iris durch luxirte Linsen oder Linsenfragmente.

2) Jene Zustände, in welchen, wie bei traumatischem Staar, eine
rasche Aufquellung von Linsenbröckeln stattfindet, welche einerseits mechanisch die Iris reizen, andererseits durch ihre beträchtliche Volumszunahme
den im Augeninneren herrschenden Druck acut steigern müssen. Beide
Momente scheinen nothwendig wirksam sein zu müssen, um jene so deletär
wirkenden Drucksteigerungen hervorzubringen. Vielleicht kommt noch der
Umstand in Betracht, dass Linsendetritus die vorderen Abflusswege des
Bulbus mechanisch verschliesst und auf diese Weise die Drucksteigerung
sich auch nicht durch erhöhte Ausfuhr ausgleichen kann.

Ein von mir beobachteter Fall spricht klar für die letztere Möglichkeit.
Ich operirte eine angeborene Cataract bei einem 9jährigen Knaben. Die Cataract
war vollkommen flüssig, milchweiss, mit einem winzigen Kern, der unten lag.
Ich discindirte, eine sehr kleine Kapselöffnung anlegend; die milchweisse, offenbar kalkhaltige Flüssigkeit ergoss sich sofort in die vordere Kammer. Am anderen
Morgen ausgeprägter Glaucomanfall mit Protrusio bulbi; sofortige Iridectomie.
Abends wieder ganz normale Verhältnisse. In diesem Falle konnte weder durch
die minutiöse Cornealstichwunde, noch durch Quellung von Linsenmasse, noch
durch irgendwelche Abnormität der Sclera der Glaucomanfall bedingt sein. Ich
kann nur eine Verstopfung der Lymphwege durch eingeschwemmte Kalkpartikel
annehmen.

3) Stauungen im hinteren Kammer- und Augenraum durch Pupillar-
verschluss in Folge von ringförmigen hinteren Synechien. Diese Zustände

sind bereits auf S. 93 geschildert und dasclbst auch die diagnostische Be-
dcutung der Iris-Buckelung auseinandergesetzt.

4) Intraoculäre Tumoren. Ueber diesen Punkt wird später eingehend gesprochen werden (zwölftes Capitel).

5) Iridochoroiditis serosa. Nach den von uns vertretenen Anschauungen ist die Iritis und Iridochoroiditis serosa im Grunde genommen
ein echter, primärer Glaucomtypus. Unzweifelhafte Uvealentzündung —
hinzutretende Drucksteigerung, die mit der Zeit in ein echtes Glaucoma
chronicum übergehen kann. Indessen ist die pathologische Anatomie dieser
Form noch zu dürftig, um sie für die Pathologie des Glaucoms verwerthen
zu können.

Das klinische Bild einer in schleichendes Glaucom übergegangenen
Iridochoroiditis serosa ist im wesentlichen folgendes: Die Cornea ist in
ihren vorderen Schichten durchsichtig, auf der Descemetischen Membran sind
unzählige feine Präcipitate. Das Kammerwasser braucht nicht besonders trübe
zu sein. Die Iris hat in vielen Fällen ein ganz normales Aussehen, in anderen
wieder ist sie verfärbt oder atrophisch. Die Pupille ist mittelweit, sehr träge
reagirend oder ganz starr; keine Synechien, der Glaskörper ist flockig und
diffus getrübt, der Einblick mit dem Ophthalmoskop unmöglich. Es ist häufig
gar keine Spur von Ciliarinjection vorhanden. Der Bulbus ist hart, übrigens
in seiner Tension häufig wechselnd, doch immer über die Norm gespannt.
Das Sehvermögen beträchtlich herabgesetzt, das Gesichtsfeld von der Peripherie her eingeschränkt; auch temporale Defecte sind beobachtet. In dieser
Weise hält sich der Zustand des Auges viele Monate wesentlich unverändert,
mit nur langsamem weiteren Verfall des Sehvermögens. Charakteristisch
sind übrigens die häufigen Veränderungen, denen das letztere unterworfen
ist, wobei oft mehrmals im Tage bedeutende Verdunkelungen mit erheblichen Besserungen wechseln.

6) Von besonderer theoretischer Bedeutung sind sämmtliche Formen
von Ektasien des Bulbus. Wir können sagen, dass jeder hochgradig
ektatische Bulbus mit der Zeit ein glaucomatöser wird, und die Enucleation,
denen diese erblindeten Augäpfel so oft unterworfen werden, giebt uns
genug Material in die Hand, um diesen Satz zu beweisen. In solchen
Bulbis wird die Papillenexcavation am tiefsten gefunden; ferner ist ausgebreitete Atrophie des Choroidealtractus vorhanden.

7) Eine besonders perniciöse Form unter den Glaucomen ist die-
jenige, welche sich mit Blutungen der Netzhaut zu compliciren pflegt
(Glaucoma haemorrhagicum). Sie ist nicht besonders häufig (ca. 3 %
aller Fälle). Die Retinalapoplexien treten gewöhnlich im Umkreis der Papille
auf und sind höchst wahrscheinlich durch Zerreissungen der brüchigen Gefässwände bedingt, welche ihrerseits wieder eine Folge tiefgehender, wenn auch
noch unbekannter Ernährungsstörungen des Bulbus vorstellen. Das Auftreten
der Blutungen geht gewöhnlich der Drucksteigerung um einige Zeit voraus.
Das Glaucom ist ein entzündliches und trotzt jeder Therapie.

Therapie des Glaucoms.

Ein glaucomatöser Zustand kann dauernd auf dem Wege der Operation behoben werden. Jedes sich selbst überlassene glaucomkranke Auge verliert sein Sehvermögen und verfällt der glaucomatösen Degeneration.

Die gegen Glaucom am meisten erprobte und darum auch indicirte Operation ist die Iridectomie, welche wir zu dem ausgesprochenen Zwecke anlegen, den abnorm erhöhten intraoculären Druck dauernd herabzusetzen. Die Operation richtet sich demnach nicht gegen die letzte Ursache der Erkrankung, welche die Iris nur entfernt tangirt, sondern nur gegen das Hauptsymptom derselben.

Auf welche Weise die Iridectomie ihren Zweck, wie dies in unzähligen Fällen erprobt ist und demnach keines klinischen Beweises mehr bedarf, erfüllt, ist bis heute ebenso wenig bekannt, als die letzte Ursache des Glaucoms. Am wahrscheinlichsten erscheint uns die Annahme, dass die Wirkung der Iridectomie in Bezug auf die Spannungsherabsetzung eine combinirte ist. In erster Linie steht die momentane Entlastung des Bulbus durch die ausgiebige Paracentese, wodurch mit der Zeit jedenfalls ein besserer Ernährungszustand und die Möglichkeit einer Ausgleichung von Kreislaufstörungen (im weitesten Sinne genommen) angebahnt wird. Ob wir nicht bei der Anspannung der Iris, überhaupt bei dem Zug, den wir behufs Abschneidens derselben, etwas einer Nervendehnung Analoges üben, mag nur von ferne angedeutet werden. Das wesentliche und bleibende Moment scheint aber auf der Anlegung einer Narbe in der Gegend der Cornea-Scleralgrenze, als jenem Orte, in welchem die Hauptabzugskanäle liegen, zu beruhen, wodurch vielleicht ein der Filtration der Binnenaugenflüssigkeit günstiges Gewebe geschaffen wird, demnach eine Compensation der vermehrten Secretion durch erleichterte Ausfuhr ermöglicht ist.

Wie dies auch immer sei, die Thatsache der günstigen Wirkung der Iridectomie gegen den glaucomatösen Zustand wird durch den Umstand nicht beeinträchtigt, dass wir keinen rechten Einblick in den Mechanismus der Heilwirkung haben.

Die operativen Methoden, welche man ausser der Iridectomie gegen das Glaucom noch besitzt, sind die einfache Paracentese der vorderen Kammer und die Sclerotomie. Die einfache Paracentese hat nur einen höchst beschränkten palliativen Werth und kommt nur in Ausnahmsfällen zur Anwendung; dagegen hat die Sclerotomie sich Anerkennung und einen Wirkungskreis verschaffen können, so dass sie als selbstständige Glaucomoperation heutzutage neben der Iridectomie geübt wird.

Von anderen Heilmethoden oder Kuren hat man bis in die neueste Zeit keinen wie immer gearteten Erfolg gesehen, so dass das Glaucom bis zu Graefe's unsterblicher Entdeckung der Heilwirkung der Iridectomie als unheilbares Leiden galt. Erst die jüngste Zeit hat in den pupillenverengenden

Mitteln, dem Eserin und Pilocarpin, Stoffe erkannt, welche, ins Auge geträufelt, den Druck für eine Weile zu ermässigen, ja sogar einen glaucomatösen Anfall zu beseitigen im Stande sind, ohne jedoch auf den Gang und den Fortschritt des Glaucoms einen erheblichen Einfluss auszuüben.

Die Verwendbarkeit des Eserins — ähnlich, wenn auch nicht so sicher, wirkt das Pilocarpin — beginnt schon im Prodromalstadium, welches durch die Anwendung des Mittels verlängert wird, so dass der Ausbruch der echten Glaucomanfälle dadurch auf längere Zeit hinausgeschoben wird. Nach Laqueur, dem wir diese Bereicherung unserer Therapie verdanken, genügt ein Tropfen einer halbprocentigen Eserinum sulfuricum-Lösung, alle 2 Tage in das Auge geträufelt, dem Patienten, welcher sonst berufsunfähig wäre, durch Monate, ja Jahre ein erträgliches Dasein zu verschaffen und seine Arbeitsfähigkeit zu sichern. Es ist erwiesen, dass durch die methodische Anwendung des Eserins der Ausbruch schwererer Glaucomanfälle lange Zeit hintangehalten werden kann, aber eben so sicher ist es, dass trotz der wohlthätigen Wirkung des Eserins das Sehen nach jedem coupirten Anfalle trotzdem seinen Leck erhalten hat, auch die Excavation sich ausbildet und demnach unter dem Eserin trotz des relativen subjectiven Wohlbefindens des Kranken das Sehvermögen allmählig erlischt, wenn keine Operation vorgenommen wird.

Auch die ausgebildete glaucomatöse Attaque wird durch Eserin sicher gemässigt, ja in vielen Fällen coupirt. Bei der Anwendung dieses Mittels muss in Berücksichtigung gezogen werden, dass nach der Einträuflung desselben ein ungefähr eine halbe Stunde währender Stirn-Kopfschmerz auftritt, der sich zwar beim echten Glaucomanfall mit den Ciliarschmerzen deckt, beim prodromalen Anfall aber von den Kranken übel vermerkt wird. Man muss darum die Patienten auf diesen Punkt aufmerksam machen.

Wir sind nun bei der Frage angelangt, wann wir den Kranken die Operation als unaufschiebbar oder dringlich vorzustellen haben. Wir haben gesehen, dass das Prodromalstadium sich lange hinausschieben lässt, und wir können den ersten Act des Glaucoms so lange als prodromal gelten lassen, als der erhöhte intraoculäre Druck noch nicht zu bleibenden Veränderungen im Auge geführt hat. Sowie wir solche bemerken, bestehen sie nun in einer Abnahme der Sehschärfe, Beschränkung des Gesichtsfeldes oder den ersten Spuren der Papillenexcavation, ist die Operation zur Verhütung weiterer unheilbarer Schäden geboten.

Dabei ist vorausgesetzt, dass die Kranken fortgesetzt unter verlässlicher oculistischer Aufsicht stehen. Mangelt diese, so thut man am besten, den Kranken schon im Prodromalstadium zur Operation zu rathen. Jedenfalls ist die Operation auszuführen, wenn das Glaucom schon im Stadium evolutionis begriffen ist.

Ehe wir über den Werth der Iridectomie bei Glaucom, wie er aus verlässlichen Statistiken hervorgeht, sprechen, müssen einige Worte über

die Ausführung dieser Operationsmethode vorausgeschickt werden, wenn
sie antiglaucomatös wirken soll. Die Details darüber giebt die Operationslehre.

Es ist nothwendig, dass der Schnitt zur Eröffnung der vorderen
Kammer möglichst peripher, d. h. im Sclerallimbus angelegt werde. Der
Schnitt darf nicht zu klein sein, er betrage 6—8 mm an Länge. Von der
Iris muss ein möglichst breites Stück ausgeschnitten und dasselbe möglichst
hoch, d. h. nahe den Ciliarfortsätzen abgeschnitten werden. Das Colobom
wird, wo es nur angeht, nach oben angelegt.

Die Ausführung der Operation erfordert eine besondere Uebung und
ist schwieriger als die einer gewöhnlichen Iridectomie zu optischen Zwecken,
weil die vordere Kammer bei Glaucom sehr enge, die Linse also der Cornea
nahe gerückt und die Gefahr vorhanden ist, dieselbe anzustechen, womit
das Auge dem Untergange geweiht wäre. Ausserdem ist darauf zu sehen,
dass der Schnittkanal nicht zu lange sei (d. h. der Schnitt nicht zu schief
durch die Hornhautlamellen geführt werde), weil in diesem Falle das periphere Ausschneiden der Iris eine Unmöglichkeit wäre. Wesentlich gefördert
wird die Operation, wenn vor derselben durch Eserineinträuflung Myosis
erzeugt wird, weil dadurch das Fassen der Iris erleichtert wird.

Die Erfahrungen, welche Albrecht v. Graefe über die Wirksamkeit der
Iridectomie machte, sind kurz diese: Das entzündliche Glaucom wird durch
die Iridectomie dauernd geheilt; es ist eine Ausnahme, wenn trotz derselben
progressiver Verfall des Sehvermögens und Erblindung eintritt. Ungünstiger
steht das Verhältniss beim einfachen, nicht entzündlichen Glaucom (Glaucoma simplex). Hier wird nur etwa in der Hälfte der Fälle der abnorme
Druck durch die Iridectomie dauernd behoben, in einem Bruchtheil ist zur
dauernden Heilung eine zweite Iridectomie nöthig. In einer kleinen Zahl
von Fällen des Glaucoma simplex ist nach der Iridectomie rascher Verfall
des Sehvermögens beobachtet.

v. Arlt in Wien stimmt (auf S. 358 seiner Operationslehre) vollständig mit Graefe überein.

Da nun in neuerer Zeit von einzelnen Forschern direct Nachtheiliges
über die Iridectomie zu Gunsten der Sclerotomie vorgebracht wurde, so
muss es als eine dankenswerthe That Hirschberg's *) bezeichnet werden,
wenn er den festen Boden, welchen der ausübende Arzt im Besitze einer
bisher als rettend erachteten Operation unter den Füssen zu haben glaubte,
durch Veröffentlichung einer in jeder Beziehung werthvollen Statistik noch
weiter stützte. Diese Statistik, welche 76 gut und längere Zeit nach der
Operation hindurch beobachtete Glaucomfälle betrifft, ergiebt folgende
Daten:

Von 18 Fällen von acut entzündlichem Primärglaucom wurden 17
dauernd (die Beobachtung erstreckt sich auf ein Minimum von $1\frac{1}{2}$ bis zu

*) Zur Prognose der Glaucomoperation, Archiv f. Ophthalm. XXIV, 1.

8 Jahren) geheilt. Der wenig befriedigende Erfolg des 18. Falles ist auf individuelle Ursachen zurückzuführen. Von höchster Wichtigkeit ist die Thatsache, dass in keinem Falle der acute Anfall nach der Iridectomie in chronisches Glaucom überging, demnach dauernde Heilung erzielt wurde. In 10 Fällen von chronisch entzündlichem Glaucom wurde die dauernde Heilung 9 Mal erzielt. In den Fällen von Glaucoma simplex stimmten die Resultate Hirschberg's so ziemlich mit den oben erwähnten Angaben Graefe's.

Es liessen sich an diese Daten noch andere günstige Belege für die dauernde und optisch auch zufriedenstellende antiglaucomatöse Wirkung der Iridectomie reihen; indessen sind diese positiven Angaben genügend, der Graefe'schen Operation auch fernerhin ihren Werth zu sichern.

Was die Sclerotomie anbelangt, so wurde diese Operationsmethode hauptsächlich mit der theoretischen Begründung in die Praxis eingeführt, dass durch dieselbe eine ausgiebige Filtrationsnarbe angelegt und dadurch der glaucomatöse Process, der auf einem Missverhältniss zwischen Secretion und Filtration beruhe, am wirksamsten zur Ausgleichung gebracht werde. Die Methode verdankt ihre Popularität hauptsächlich der Einführung Wecker's, ferner der Empfehlung Mauthner's und anderer Kliniker; um sie lege artis durchzuführen, ist vorhergängige Pupillenverengerung durch Escrin unbedingt nothwendig. Der Gang der Operation ist folgender: Einstich in die vordere Kammer mit dem Graefe'schen Messer, wie zur Bildung eines Sclerallappens, von 2—3 mm Höhe. Ausstich, langsames Auf- und Vorwärtsbewegen des Messers, damit das Kammerwasser nicht abfliesse und die Iris nicht herausschleudere. Der Lappen wird nicht beendet, sondern eine Scleralbrücke übrig gelassen. Abermalige Eserineinträuflung. Druckverband.

Nach den Erfahrungen über die Sclerotomie ist die Operation wohl im Stande, den intraoculären Druck herabzusetzen, sie schützt aber durchaus nicht vor Recidiven, ist darum minder sicher als die Iridectomie.

Dagegen ist die Sclerotomie als ein wirklicher Fortschritt in der operativen Therapeutik zu betrachten in Fällen, wo Iridectomien sich als nutzlos erwiesen haben; dort, wo eine Iridectomie wegen der zu befürchtenden Nachblutung verderblich wäre, wie bei Hydrophthalmus und allgemeiner Ektasie; ferner bei Glaucoma absolutum, um die Tension des Bulbus herabzusetzen, etwa als Versuch, der Enucleation des nutzlosen Bulbus auszuweichen. Bei Glaucoma haemorrhagicum haben sich beide Operationsmethoden, selbst das Escrin als schädlich erwiesen.

Die Erfahrung lehrte, dass sehr häufig fast unmittelbar nach der Iridectomie des einen Auges wegen Glaucom noch unter dem Verband das zweite annoch gesunde Auge an Glaucom erkrankte. Es hat dieser Connex als ein ungelöstes Räthsel gegolten, welches sich aber durch die Beobachtung Laqueur's zu lösen beginnt, dass überhaupt alle Zustände, welche bei zu Glaucom neigenden Augen Pupillenerweiterungen erzeugen, auch den

Ausbruch eines Glaucomanfalles nach ziehen können. Da nun unter dem
Verband die Pupille sich immer erweitert, so wäre eine Erklärung hiemit
gegeben, ohne dass man zur Annahme einer durch die Operation geweckten
sympathischen Uebertragung seine Zuflucht zu nehmen brauchte. Damit
ist aber auch die Prophylaxe gegeben, denn man braucht nur in das noch
gesunde Auge Eserin einzuträufeln, um den Glaucomausbruch zu verhindern.

Die Kenntniss der palliativen antiglaucomatösen Wirkung der Myotica
Eserin und Pilocarpin hat die Aufmerksamkeit in erhöhtem Maasse wieder
auf den Gegensatz gelenkt, der zwischen diesen und ihrem Antagonisten,
dem Atropin, auch in ihrer Beziehung zu den intraoculären Druckverhältnissen besteht. Es ist erwiesen, dass das Atropin, trotzdem man dasselbe
durch Experimente als ein druckherabsetzendes Mittel befunden, dennoch
auf zu Glaucom disponirenden Augen den Glaucomanfall provocirt, so dass
es eines der wichtigsten Gesetze der Ophthalmotherapie ist, niemals in
Augen, bei denen man die Neigung zu Glaucom vermuthet, noch weniger,
wo ein entfernter Verdacht auf Glaucom besteht, Atropin einzuträufeln.
Gegen dieses Verbot wird im Interesse der Augenspiegeluntersuchung, die
durch die Pupillenerweiterung unbedingt erleichtert wird, sehr häufig ge-
sündigt. Desgleichen wird oft durch die Anwendung des Atropins bei verschiedenen entzündlichen und ulcerösen Processen der Hornhaut secundäres
Glaucom provocirt. Es ist darum in Fällen, wo das Atropin lange angewendet wird, unumgänglich nothwendig, die Tension des Auges genau
zu überwachen, und dies gilt namentlich bei jenen Processen, die sich
bekanntermassen oft mit Glaucoma secundarium compliciren, ferner bei
Augen bejahrter Individuen überhaupt, weil die senilen Metamorphosen des
Auges seit jeher als glaucomverursachend gelten.

Nach dem Gesagten gilt es als selbstverständlich, dass in Fällen von
Atropin-Glaucom sofort das Eserin als Gegenmittel instillirt werden muss.

Warum das Eserin den erhöhten Druck herabsetzt, ist bis heute noch
unerforscht.

Was die Therapie der secundären Glaucome anbelangt, so
gilt im Princip dasselbe, was für die primären Formen massgebend ist.
Auch hier gilt die Iridectomie als das souveräne Mittel, den Druck dauernd
herabzusetzen, nur dass wir hier bei dem Zusammenhange des secundären
Glaucomes mit einer speciellen Form eines primären Augenleidens unser
Vorgehen mehr zu individualisiren veranlasst sind. Es wird sich Niemand
bedenken, z. B. bei Vorbuckelung der Iris nach Ringsynechien, die Iridectomie anzulegen, während bei Glaucom nach Aderhauttumoren die Enucleation eine Indicatio vitalis ist. In vielen Fällen mag wieder die Anwendung
des Eserins vollständig zum Ziele führen.

Was das absolute Glaucom betrifft, so wird man sich nur dann zur
Operation entschliessen können, wenn das Auge schmerzhaft ist und den
Kranken in seiner Berufsfähigkeit behindert. Die Iridectomie ist hier jedoch
oftmals gefährlich, weil heftige Blutungen ihr nachfolgen, oder aber nicht

ausführbar, wenn die Iris auf ein schmales, mit der Pincette kaum zu fassendes Reifchen reducirt ist. In solchen Fällen ist die Sclerotomie am Platze.

Die Enucleation wird nothwendig, wenn das Auge nicht zur Ruhe kommen will, ja sogar das Zwillingsorgan sympathisch gefährdet.

Pathogenetische Schlussbemerkungen.

In der vorophthalmoskopischen Zeit wurde das Glaucom als eine Art der Choroidealentzündung aufgefasst, da man die nicht entzündlichen Formen des ersteren nicht erkannte, sondern sie in den grossen Topf der Amaurosen (schwarzen Staare) warf, während beim entzündlichen Glaucom die Symptome der Stauung im Augeninneren so augenfällig sind, dass sie dem nicht durch den Augenspiegel verwöhnten Blick der Kliniker nicht entgehen konnten und ausschliesslich auf ein Leiden der Aderhaut bezogen werden mussten. Diese Ansicht beherrschte noch v. Graefe und beherrscht noch heute jene Forscher, deren Anfänge in der vorophthalmoskopischen Zeit wurzeln, z. B. v. Arlt, der dieselbe auch bei verschiedenen Gelegenheiten offen bekannte. Erschüttert musste diese Ansicht naturgemäss werden, als man im Mittelpunkte der glaucomatösen Symptome die Drucksteigerung sah, erkennen musste, dass eine Drucksteigerung auch ohne manifeste Entzündungssymptome möglich sei (Glaucoma simplex), als ferner unter dem Einfluss der Virchow'schen Entzündungslehre der Schwerpunkt der Entzündung in die cellulären (plastischen) Veränderungen verlegt wurde, und die seröse Secretion nur schwer in den Rahmen einfacher entzündlicher Vorgänge zu pressen war. Dazu kam noch die Thatsache von der momentanen Heilwirkung der Iridectomie bei entzündlichen und nicht entzündlichen Glaucomformen, welche sich mit der Annahme geweblicher Veränderungen in der Choroidea nicht gut vereinigen liess. Auch die mikroskopischen Forschungen wiesen die Aderhaut als wenig verändert nach, so dass auch die anatomische Basis der Choroiditis nicht vorhanden war. Es wurde darum die Mehrzahl der Kliniker leicht durch Donders' Lehren der Neurosen-Theorie geneigt gemacht, welche das Glaucom als eine durch Trigeminus-Neurose bedingte Hypersecretion der Aderhaut erklärte, als Typus das Glaucoma simplex aufstellte und die entzündlichen Erscheinungen nur als Complication auffasste. Diese Lehre konnte sich aber nur so lange in den Lehrbüchern behaupten (ins Fleisch und Blut konnte sie nie recht dringen, weil Niemand im acuten entzündlichen Glaucom eine Neurose als das Wesentliche und die Entzündung als nebensächlich betrachten konnte), als die pathologische Anatomie als constanten Befund bei Glaucom nur die Sehnervenexcavation kannte. Mit den Fortschritten der pathologischen Anatomie, ferner mit dem Bekanntwerden der Forschungen über die Lymph- und Abflusswege der intraoculären Flüssigkeiten, letztere hauptsächlich auf

Leber's grosse und epochemachende Arbeiten zurückzuführen, wurde die
Neurosen-Theorie immer mehr in den Hintergrund gedrängt, weil man die
endliche Aussicht zu haben glaubte, an Stelle dunkler Nervenerkrankungen
greifbare Veränderungen als Ursache der glaucomatösen Druckerhöhung
nachzuweisen.

Unter all den neuen pathologisch-anatomischen Thatsachen, welche
nun auf diesem Gebiete gefunden wurden, hat keine so allgemeinen Anklang
gefunden, als die Entdeckung M. Knies', dass ein nahezu constanter Befund
bei Glaucom die Verwachsung des Irisursprunges mit der Cornealperipherie
(Cornealfalz) sei, also dass jene unter dem Namen des Fontana'schen Raumes
bekannte Rinne, ein Hauptabflussweg des inneren Auges, obliterirt sei.
Wenn auch die Folgerungen, die Knies hierauf aufbaute, nicht alle
acceptirt werden können, so ist die von ihm gefundene Thatsache dennoch
als eine wesentliche Bereicherung unserer Kenntnisse zu betrachten, um
so mehr, als sie zeigt, wie viel noch auf dem Wege der anatomischen
Forschung, welche man früher als unfruchtbar für die Lehre vom Glaucom
zu betrachten geneigt war, zu holen sei.

Der Knies'sche Befund ist übrigens nicht neu*), nur seine Verwerthung
für die Erklärung der Drucksteigerung ist originell. Der Druck muss in
die Höhe gehen, wenn die Abflusswege der Binnenflüssigkeit verschlossen
sind und die Secretion weiter anhält. Die Iridectomie löst auf irgend eine
Weise diese Verwachsung, man muss demnach durch Eröffnung eines
Ventils helfen.

Diese Ansicht, sowie die Weber'sche Lehre, welche sich theils an
Knies anschliesst, theils ihre eigenen Wege geht, deren Erörterung leider
an dieser Stelle nicht möglich ist, musste aber auf Widerspruch stossen.
Schon die eine Thatsache stösst sie um, dass in einer, wenn auch beschränkten Zahl von Glaucomfällen der Fontana'sche Raum nicht obliterirt
gefunden wurde. Es ist also Glaucom ohne Verschluss der Knies'schen
Abflusswege möglich. Daran reihen sich die Fragen: was für ein pathologischer Process die Obliteration veranlasst hat, warum der Verschluss der
Abflusswege nicht durch Ausbildung von collateralen Wegen ausgeglichen
werden konnte, um so eher, als wir Obliterationen des Fontana'schen
Raumes vorfinden, ohne dass Drucksteigerung sich ausgebildet hätte.

Eine Erklärung, welche sich ausschliesslich auf den Befund der Verschliessung der Abflusswege stützt, wird nie genügen können, so lange
noch nicht nachgewiesen ist, dass es Momente giebt, welche die Secretion
mindestens in derselben Höhe, wahrscheinlich aber in mehr als normaler
Höhe unterhalten.

Und diese Momente glaube ich schliesslich doch in Veränderungen
der Choroidea erkannt zu haben, welche höchstwahrscheinlich als das

---

*) S. Fr. Raab's und meine Fälle in Becker's Atlas der path.
Topogr. des Auges, II. Heft, T. 18, Fig. 1—3. Dazu den Text auf S. 58.

Product einer schleichenden, ohne wesentliche klinische Merkmale einhergehenden Choroiditis, vielleicht nur als Resultat seniler Metamorphosen, die überall mit Gewebschwund einhergehen, zu betrachten sind. Die Veränderungen bestehen in einer weitgehenden Atrophie der Choroidea mit Verödungen im Stroma und im Capillarlager. Ich habe derlei Veränderungen constant in ausgebildeten Fällen unter dem Mikroskop (in manchen Fällen auch mit dem Ophthalmoskop) gefunden, während Fuchs in Wien sie bei dem reichen Materiale der Arlt'schen Klinik ophthalmoskopisch in sehr zahlreichen Fällen nachweisen konnte.

Die Annahme einer vorhergehenden schleichenden Choroiditis ohne besonders auffällige klinische Merkmale und subjective Beschwerden ist durchaus gerechtfertigt im Hinblick auf die so oft vorkommenden peripherischen »disseminirten« Choroidealentzündungen, welche ohne Medientrübung und Sehstörung verlaufen können und überhaupt nur mit dem Spiegel erkannt werden. Uebrigens lässt die Untersuchung glaucomatöser Augen, wenn namentlich die Peripherie des Augenhintergrundes gut durchmustert werden kann, sehr häufig Pigmentveränderungen in dieser Region erkennen. Dass atrophische Processe im Uvealtractus vorhanden sein müssen, lehrt schon die Inspection der Iris in zahlreichen glaucomatösen Augen, in welcher man ausgedehnte atrophische Flecke erkennt, worauf ich von einem der besten Beobachter, Hirschler in Budapest, aufmerksam gemacht wurde.

Wie hängt nun die Atrophie der Choroidea mit der Drucksteigerung, dem Glaucom, zusammen? Es ist der Gedanke nicht abzuweisen, dass durch die streckenweise Verödung des Choroidealgefässlagers eine Ueberfüllung in den noch durchgängigen Gefässen entstehen muss, dass diese Ueberfüllung die Gefässwände unter einen höheren Druck setzt, und dass hieraus eine vermehrte Ausscheidung entspringen muss. Wir fassen demnach das Wesen des Glaucoms als Hydrops intraocularis, oder besser, als Oedema corporis vitrei auf, dessen Ursache in atrophischen Zuständen der Choroidea zu suchen ist.

Die anatomische Untersuchung erweist, dass die collaterale Ueberfüllung der Uvealgefässe hauptsächlich in den Ciliarfortsätzen, dann auch im Stroma der Aderhaut zu finden ist. Durch die Ueberfüllung, resp. Schwellung der Processus ciliares wird der Irisursprung an den Cornealrand angepresst und dadurch die Ausbildung einer ringförmigen Flächensynechie angebahnt, wodurch dann die Obliteration des Fontana'schen Raumes zu Stande kommt.

Auf diese Weise wird die Ausgleichung der vermehrten serösen Ausscheidung in den Glaskörperraum immer schwieriger werden, welche, so lange die Abflusswege noch intact waren, immerhin noch statthaben konnte, was später noch durch die Ausbildung von collateralen Abflusswegen ermöglicht ist. Geht das letztere mit Hindernissen vor sich, so muss es zeitweilig zu Flüssigkeitsstauung und erhöhtem Druck im Glaskörperraum kommen, wodurch klinische Erscheinungen, welche dem Prodromalstadium entsprechen, provocirt werden. Hält die Stauung lange an, sind die Hindernisse in der Ausfuhr lange nicht zu überwinden, so kommt es zum glaucomatösen Anfall. Unter allen Umständen ist aber die Fortdauer der Hypersecretion durch den Bestand der abnormen Kreislaufsverhältnisse der Choroidea gesichert und dadurch die spontane Unheilbarkeit des Glaucoms erklärt.

Dem Einwurfe, warum bei der Häufigkeit atrophisirender Processe und seniler Metamorphosen der Choroidea Glaucom so relativ selten vorkomme, kann man durch die Replik begegnen, dass sicherlich in sehr zahlreichen Fällen die Hypersecretion durch vermehrte Ausfuhr ausgeglichen wird, die Natur selbst eine Compensation besorgt. Viel hängt wahrscheinlich von dem Verhalten der Ciliarfortsätze ab, und dem Drucke, unter dem die Irisperipherie steht, in der Weise, wie dies oben angedeutet ist.

Diese eben skizzirte Theorie lässt sich auf zahlreiche Formen des Glaucoms anwenden. Freilich bleibt vieles noch in Dunkel gehüllt, was die nächste Zukunft unseres Erachtens erhellen wird.

Elftes Capitel.

Hemianopsie, Amblyopien und Amaurosen.

---

a) Hemianopsia.

Unter Hemianopsie (früher Hemiopie) versteht man eine Gesichtsstörung, die darin besteht, dass eine bestimmte Hälfte des Gesichtsfeldes auf beiden Augen fehlt. Die Hemianopsie, welche immer ein untrügliches Symptom eines intracraniellen Leidens ist, ist als solches ein binoculärer Zustand, aus Gründen, die später auseinandergesetzt werden. Eine Hemianopsie, die nur auf einem Auge vorkommt, kann zwar auch in Folge eines centralen Leidens entstanden sein, aber auch periphere Ursachen haben. Nehmen wir z. B. an, dass ein Bluterguss die untere Hälfte der Retina ablöst, oder dass die Embolie eines Zweiges der Arteria central. retinae einen Theil der Retina functionsunfähig macht, oder auch, dass etwa ein Tumor, ein Bluterguss einen Theil der Fasern eines Nervus opticus lähmt, oder die Peripherie eines Tractus opticus in seiner Leitungsfähigkeit beeinträchtigt, so kann es in dem entsprechenden Auge wohl zur Bildung eines Scotoms kommen, das gerade eine Hälfte des Gesichtsfeldes umfasst. Freilich wird es ein ganz besonderer Zufall sein, wenn einmal die Grenzlinie zwischen Scotom und restirendem Sehfelde gerade mitten durch den Fixationspunkt läuft,

was sein muss, wenn das fehlende gerade die Hälfte betragen soll. Eben
dies ist aber bei der Hemianopsia bilateralis der Fall: das Gesichtsfeld ist
halbirt, die Halbirungslinie läuft durch den Fixationspunkt, und diese Halbblindheit ist auf beiden Augen vorhanden. Nehmen wir, um das klar zu
machen, den Fall einer rechtsseitigen Hemianopsie. Da wird der Kranke
für alles, was rechts vom Fixationspunkte liegt, blind sein, sowohl wenn
er mit dem rechten, als wenn er mit dem linken Auge fixirt. Dasselbe
gilt, mutatis mutandis, von der linksseitigen Hemianopsie. Da bei den Kranken
in diesen Fällen beiderseits dieselbe Gesichtsfeldhälfte fehlt, also beiderseits
die rechte oder beiderseits die linke, so nennt man diesen Zustand eine
h o m o n y m e Hemianopsie, und zwar ist sie lateral, weil wir es mit seitlichen Hälften, nicht etwa mit der oberen oder unteren zu thun haben.
Da die heteronymen, wie die nicht lateralen (z. B. oberen und unteren) Hemianopsien ungemein selten sind, so beschränken wir uns — namentlich da die
symptomatische Bedeutung aller Formen identisch ist — auf die homonymen
Hemianopsien, die also zweierlei sind, eine rechtsseitige und eine linksseitige.

Da die Augenspiegeluntersuchung absolut keine Anhaltspunkte dafür
liefert, dass der Gesichtsfeldausfall eine peripherische, d. h. im Auge oder
der Orbita gelegene Ursache habe, die zufällig beiden Augen gemeinsam
und deren Wirkung von gleicher räumlicher Ausdehnung wäre, so müssen
wir schon a priori für dieses Leiden eine Ursache annehmen, welche an
einem solchen Punkte wirkt, wo die Sehnervenfasern beider Augen auf
einen Fleck zusammengedrängt sind. Zu diesen Localitäten gehören das
Chiasma nervorum opticorum, vielleicht auch nach dem Schema Charcot's *)
eine Region im Gehirne unweit von den Vierhügeln, an welchen Stellen
Kreuzungen von Sehnervenfasern stattfinden, eventuell die Tractus optici,
im Falle die Annahme der Semi-Decussation die richtige ist.

Es ist bekannt, dass im Chiasma die Sehnervenfasern sich kreuzen;
über die Modalität dieser Kreuzung, sowie überhaupt über die feinere
Anatomie des Chiasma ist jedoch noch keine endgültige Entscheidung
erflossen. Jedoch ist die H a l b k r e u z u n g von der Majorität der Ana-
tomen und Kliniker als das wahrscheinlichste erklärt worden, d. h. man
hält dafür, dass die Fasern jedes Tractus opticus sich in zwei Portionen
theilen, von denen die innere (der idealen Körper-Längsaxe näher gelegene)
im Chiasma mit der gleichgelegenen Portion des anderen Tractus sich
kreuzt und demnach im Nervus opticus der entgegengesetzten Seite weiter
zieht bis zur Papille, wo ihre Fasern umbiegen und die Faserschichte der ·
inneren Netzhauthälfte bilden. Demnach würde die nasale Hälfte der Netzhaut jederseits von den gekreuzten Bündeln versorgt sein **), und die des

---

*) S. F u n c t i o n e n d e s G e h i r n s, v. F e r r i e r, übers. v. Obersteiner. S. 183.
**) Unter »nasal« verstehen wir die innere, unter »temporal« die äussere
Netzhautpartie. Was nasal ist, ist am rechten Auge links, am linken rechts
gelegen; mutatis mutandis für die Bezeichnung »temporal« anzuwenden.

rechten Auges ihre Fasern vom linken Tractus, die des linken Auges vom rechten Tractus erhalten. Dagegen bleiben die äusseren, lateralen Portionen des Tractus auch im Chiasma auf ihrer Seite, ziehen dann im Nervus opticus gradaus weiter bis zur Papille, wo sie die Nervenfasern der äusseren, temporalen Netzhauthälfte liefern. Die temporalen Hälften sind in Folge dessen von den Tractus derselben Seite versorgt.

Nehmen wir nun an, es würde der rechte Tractus opticus durchschnitten, so müsste bei der Annahme, dass jeder Tractus für jedes von beiden Augen Fasern liefere, sowohl im rechten als auch im linken Auge. ein Abschnitt der Retina ausser Verbindung mit dem Gehirn gesetzt sein. Nach unserem Schema würde im rechten Auge die temporale, also rechte Netzhauthälfte, im linken Auge die nasale, also gleichfalls die rechte Hälfte functionsunfähig werden. Die Functionsunfähigkeit der rechten Netzhauthälfte bedingt aber linksseitigen Gesichtsfeldausfall — es würde demnach die Durchschneidung des rechten Tractus auf beiden Augen eine linksseitige Halbblindheit, Hemianopsia sinistra, erzeugen.

Ebenso würde eine Hemianopsia dextra auf Durchschneidung des linken Tractus opticus eintreten müssen.

Wenn die Durchschneidung das Chiasma genau in der Mittellinie (in sagittaler Richtung) träfe, so würde der Schnitt ausschliesslich die Continuität der gekreuzten Bündel aufheben, die ungekreuzten aber intact lassen. Da aber die gekreuzten Bündel auf beiden Seiten je die innere Netzhauthälfte versorgen, so müssten begreiflicherweise die inneren Netzhauthälften functionsunfähig werden, also den Gesichtsfeldern beiderseits die temporalen Hälften ausfallen. Das wäre der Typus einer ungleichnamigen Hemianopsie.

Was im Experimente die Durchschneidung des Tractus zu vollbringen vermöchte, bringen in vollkommener Weise verschiedene pathologische Processe zu Wege, welche die Leitungsunfähigkeit der Tractusfasern bedingen. Es sind vor allem Geschwülste der Schädelbasis, welche durch Druck den einen oder anderen Tractus lähmen, oder aber Geschwülste in der Gegend der Sehhügel, welche die Ursprungsfasern des ersteren zu Grunde richten. Ebendasselbe leisten auch Blutergüsse, meningitische Producte, Erweichungsheerde im Gehirne, welche aber immer eine solche Localität einnehmen, dass sie die Summe aller Fasern eines Tractus vernichten.

Ob im Chiasma selbst eine Geschwulst gerade so einwirken könnte, dass sie nur die gekreuzten Bündel lähmt, die ungekreuzten aber intact lässt, wird wohl behauptet, ist aber noch weiterer Belege bedürftig.

Wir haben demnach in der Hemianopsie — ebenso wie in der Neuritis optica — ein äusserst wichtiges Symptom einer schweren Gehirnerkrankung, die sogar in Bezug auf die Localisation des Processes diagnostisch verwerthbarere Daten liefern kann, als diese. Interessant ist, dass wir wenigstens in frischen Fällen von Hemiopie einen völlig negativen

Spiegelbefund constatiren müssen. Bei veralteter Hemianopsie soll jedoch immer jener Sehnerv ein atrophisches Aussehen haben, welcher gleichnamig ist der Seite des Gesichtsfeldausfalles, während der andere seine völlige ophthalmoskopische Integrität bewahrt hat; bei rechtsseitiger Hemiopie ist also der rechte, bei linksseitiger der linke Sehnerv atrophisch *) (Mauthner).

Innerhalb der intacten Gesichtsfeldhälfte ist die Sehschärfe gewöhnlich eine gute. Die Störung, welche der Gesichtsfeldausfall individuell hervorbringt, pflegt gewöhnlich grösser zu sein bei rechtsseitiger als bei der entgegengesetzten Hemianopsie, da unsere Schrift von links nach rechts läuft und deshalb die Scotome, die rechts vom Fixationspunkte liegen, störender wirken, als andere.

Die Prognose ist insoferne günstig, als der Zustand lange Zeit hindurch stationär bleiben kann, aber im höchsten Grade ungünstig, wenn wir die Aetiologie und den Sitz des Leidens in Betracht ziehen. Von einer Therapie kann natürlich keine Rede sein, jene Fälle ausgenommen, wo man eine syphilitische Grundlage der Gehirnkrankheit vermuthet.

Hemianopsia fugax. Unter diesem Namen (auch H. scintillans, hemianopisches Flimmerscotom) bezeichnen wir eine halbseitige Anästhesie der Retina auf beiden Seiten, einen wahren hemianopischen Anfall, der ganz acut aufzutreten pflegt und oft als Begleiterscheinung heftiger Migräne, anderer nervöser Zufälle, dann nach grossen körperlichen Anstrengungen, die mit starker Erhitzung einhergingen, beobachtet wird. Vor dem Anfalle pflegt eine kurze Zeit ein Flimmern in der später ausfallenden Gesichtsfeldhälfte aufzutreten. Der Anfall geht, wenn er nicht der Vorbote eines apoplectischen Insultes ist, gewöhnlich ohne alle Therapie vorüber. Bei öfterer Wiederholung muss eine Therapie, welche sich nach den muthmasslichen Gelegenheitsursachen richtet, eingeschlagen werden.

Die centralen Amblyopien.

Unter dem Namen der centralen Amblyopien, Schlechtsichtigkeiten, fassen wir eine Reihe von Krankheitszuständen zusammen, welche sich weniger durch den objectiven Befund, der häufig ganz negativ ist oder nichts Charakteristisches bietet, als durch bestimmte functionelle Symptome auszeichnen. Diese Symptome sind:

1) Eine Hyperästhesie der Retina, die sich darin äussert, dass die Kranken das diffuse Tageslicht, überhaupt keine starke Beleuchtung vertragen können, sich durch dieselbe geblendet erklären und bei abgedämpfter Beleuchtung besser sehen (Nyctalopie). Diese Verbesserung des Seh-

---

*) Mauthner, Gehirn und Auge, Wiesbaden 1881.

vermögens in der Dunkelheit ist nicht immer auch mit einer wesentlichen Verbesserung der centralen Sehschärfe verbunden; die Kranken sehen nur distincter, weil die störende Blendung weggefallen ist. Das Symptom der Nyctalopie ist immer ein Zeichen, dass der Lichtsinn mindestens nicht abgenommen, und darum als differentialdiagnostisches Moment wichtig, da chorio-retinale Affectionen immer mit Hemeralopie und Schwächung des Lichtsinnes einhergehen.

2) Das centrale Scotom. Das Schlechtsehen beginnt im Centrum des Gesichtsfeldes, und zwar auf beiden Augen. Es ist also grade in der Mitte eine Zone, in welcher die Sehschärfe erheblich herabgesetzt ist, während die Peripherie noch mässig gut functionirt. Dem Kranken gelangt sein centrales Scotom oft nicht zum Bewusstsein, wahrscheinlich deshalb, weil die Hyperästhesie der Netzhaut, das Blendungsgefühl, den Zustand verdeckt. Man weist jedoch das Scotom durch die Untersuchung nach, indem man dem Kranken einen kleineren Gegenstand, z. B. eine weisse Kugel oder ein Papierquadrat (2 cm Seite) vorhält, damit zuerst die Grenzen des Gesichtsfeldes prüft und von diesen immer näher dem Centrum rückt. Sollte sich auf diese Weise die centrale Amblyopie noch nicht verrathen, so geschieht dies sicher, wenn man die Farbenuntersuchung vornimmt. Die amblyopische Stelle des Gesichtsfeldes ist immer farbenblind und zwar roth-grün-blind. Zuerst nimmt die Empfindlichkeit für Grün ab, dann erst für Roth, während die Farben peripherisch noch erkannt werden.

Es ist von grosser Wichtigkeit für die Diagnose, sich bei dieser Farbenprüfung nicht täuschen zu lassen. Man richtet sich am besten nach den allerersten Angaben der Kranken. Hält man ihnen Grün vor, so wird die erste Antwort gewöhnlich negativ ausfallen. Sie erkennen einfach die Farbe nicht. Erst wenn man nach dem Charakter der Farbe dringlich sich erkundigt, verlegen die Kranken sich aufs Rathen und treffen oft das Richtige, namentlich wenn man ihnen eine andere Farbe zum Vergleich daneben hält. Die Unbestimmtheit der Farbenbenennung ist das erste Symptom der erworbenen Farbenblindheit. Es ist nicht zu erwarten, dass der Kranke bestimmt grün für grau, dann rosa und purpur für blau erklärt. Die Gesichtsfelduntersuchung auf Farben muss mit kleinen Papierquadraten (10—20 mm Seite) vorgenommen werden.

3) Bei längerem Bestande des Uebels kann das centrale Sehen ganz erlöschen und ein Rest von Sehschärfe nur in der Peripherie des Gesichtsfeldes erhalten sein.

Alle diese functionellen Symptome sind vorhanden ohne eigentlich charakteristischen Spiegelbefund. Das Centrum der Retina ist vollkommen normal. Im Beginne des Uebels sieht man wohl in einzelnen Fällen die Grenzen der Papille etwas undeutlich, aber dies scheint so wenig constant zu sein und ist auch so wenig ausgeprägt, dass man aus dieser Erscheinung keine besonderen Schlüsse zieht. Dagegen tritt bei langem Bestande der Amblyopie eine atrophische Entfärbung der Papille in ihrer temporalen (äusseren) Hälfte auf. Da die grösste Wahrscheinlichkeit dafür spricht, dass die Nervenfasern, welche die Macula lutea versorgen, sich über den temporalen Papillenrand schlagen, so ist diese partielle Atrophie wohl erklärlich. Dagegen ist es nicht ausgemacht, ob diese Atrophie der Ausdruck eines primären Sehnervenleidens ist, welches die centrale Amblyopie zur Folge hatte oder nur secundär sich entwickelte, in Folge Nichtgebrauchs der Fasern wegen der centralen Amblyopie.

Das erstere wird für manche Fälle angenommen, welche man auch unter dem Namen der r e t r o b u l b ä r e n N e u r i t i s c h r o n i c a beschrieben hat, wobei man einen entzündlichen Process im Opticus-Nervenstamme annimmt. So lange jedoch die anatomische Basis mangelt, können diese Formen wegen der Aehnlichkeit des Symptomencomplexes nicht von den sogenannten I n t o x i c a t i o n s - A m b l y o p i e n getrennt werden, mit denen sie auch oft die Aetiologie gemein haben, welche höchstwahrscheinlich auf bisher noch unbekannten centralen Gewebsveränderungen beruhen.

Zu den am öftesten vorkommenden Intoxications-Amblyopien gehört die durch den A l k o h o l m i s s b r a u c h hervorgebrachte, bei Gewohnheitssäufern zu beobachtende (Amblyopia alcoholica). Sie entwickelt sich allmählig auf beiden Augen, und lässt das eben geschilderte centrale Scotom in seiner Ausbildung vom Farbenscotom bis zum totalen blinden Fleck in exquisiter Weise nachweisen. Ganz ähnlich wie diese verhält sich die T a b a k - A m b l y o p i e, vielleicht auch deswegen, weil bei dieser als ätiologisches Moment auch der Alkoholmissbrauch nicht auszuschliessen ist. Was in beiden chronischen Intoxicationen noch als wichtige Begleiterscheinung vorhanden ist, ist ein chronischer Magenkatarrh, Neigung zu Obstructionen, überhaupt Zustände, die auf eine gestörte Verdauung und Ernährung schliessen lassen.

Was die Therapie anbelangt, so hat diese einen Spielraum, wenn die Krankheit im Beginne ist, die Amblyopie sich eben erst ausbildet und secundäre Atrophien noch nicht vorhanden sind. Es ist selbstverständlich die Eruirung der Aetiologie von der allerhöchsten Wichtigkeit. Bei Tabak- und Alkoholintoxication ist es als erste Bedingung aufzustellen, dass der Gebrauch der schädlichen Genussmittel eingestellt oder mindestens eingeschränkt werde. Die wichtigste Aufgabe bleibt es, in diesen Formen die Ernährung zu reguliren und den chronischen Magenkatarrh zu heilen. In diesen Fällen hat sich nach den Versicherungen von Klinikern, welche oft in die Lage kommen, Personen mit Alkohol-Tabak-Amblyopie zu behandeln, das N i t r a s a r g e n t i innerlich sehr gut bewährt. Man giebt dieses Mittel in Lösung

> Rp. Nitr. arg. cryst.   0,5,
>   Aq. dest.   200,0,
>   d. in vitr. nigr. S.
> In 3 Tagen zu nehmen

Pillen bewähren sich nicht, da das Salz sich zu rasch zersetzt.

Ausserdem ist es unumgänglich nothwendig, auf die Nyctalopie Rücksicht zu nehmen und dunkle Gläser tragen zu lassen.

In Fällen, wo die Aetiologie keinen Anhaltspunkt für die Therapie bietet, ist die Aufgabe der letzteren allerdings erschwert. Es sind dies solche Fälle, in welchen man in Ermangelung von haltbaren Vermuthungen über den Sitz und das Wesen der Krankheit sich dem Empirismus in die Arme wirft und auf gut Glück eine Kurmethode nach der anderen versucht. Unerlässlich ist jedenfalls, die Hyperästhesie der Retina zu berücksichtigen, indem man dem Kranken das Tragen dunkler Brillen und die Enthaltung von jeder Arbeit anräth; wo man vollblütige Individuen vor sich hat, kann eine Blutentziehung vorgenommen und ein »ableitendes« Verfahren eingeschlagen werden. Es ist üblich, in solchen Fällen innerlich Kalium jodatum zu verordnen. Wenn der amblyopische Process einen Stillstand zeigt, was aus der öfters und mit grosser Genauigkeit vorzunehmenden Functions- und Gesichtsfeldprüfung hervorgeht, so kann, um noch leitungsfähige Fasern vor dem Schwunde zu bewahren, die Electricität, das Strychnin, das Pilocarpin versucht werden.

***

Oftmals kann man als Ursache einer Amblyopie die chronische Blei-Intoxication nachweisen. Auch diese Amblyopie ist doppelseitig. Sie äussert sich in sehr verschiedener Weise: bald wie eine reine Intoxications-Amblyopie nach dem eben geschilderten Typus, bald als peripherische Gesichtsfeldbeschränkung ohne die geringsten ophthalmoskopisch wahrnehmbaren Veränderungen, bald als beiderseitige Amaurose, ohne anderes Netzhautsymptom als Hyperämie der Papille.

Diagnostisch wichtig ist, dass diese Form der Amblyopie gewöhnlich erst auftritt, wenn die Symptome der Bleikolik im Erlöschen begriffen sind.

In vielen Fällen ist übrigens auch eine echte Neuritis oder Neuroretinitis vorhanden.

Die Therapie fällt ganz mit der bei Bleiintoxication üblichen zusammen.

c) Die Amaurosen.

Eine Ursache plötzlich auftretender Erblindung, die wir aber ophthalmoskopisch zu erkennen vermögen, haben wir bereits in der Embolie der Centralarterie der Netzhaut (sei es mit insonten oder septischen Massen) kennen gelernt. Diese Form der Amaurose ist jedoch in den seltensten Fällen eine transitorische, da es kaum vorkommt, dass die Circulation der Netzhaut sich in genügender Weise wieder herstellt. Nach verschiedenen Krankheitszuständen werden jedoch plötzliche Erblindungen beobachtet, die wieder schwinden können, und deren Ursache man theils in central ge-

legenen vorübergehenden Ernährungsstörungen, theils in passagerer Leitungsunfähigkeit der Sehnervenfasern in Folge unbekannter Neurosen vermuthet.

Die wichtigsten Formen dieser Art sind:

1) Amaurosen durch reichliche Blutverluste. Unter
den letzteren sind es in erster Reihe Hämorrhagien der Unterleibsorgane
und namentlich die Hämatemesis, das Blutbrechen, welche zu Erblindungen Veranlassung geben. In zweiter Linie sind es Metrorrhagien,
und nur sehr selten Blutungen aus dem Respirationstract, die man mit der
Amaurose in Zusammenhang bringt. Auf welche Weise die Erblindung
zu Stande kommt, ist um so räthselhafter, als der Eintritt der Erblindung
nicht plötzlich erfolgt, sondern erst nach einigen Tagen, zu einer Zeit, da
die Erschöpfung nach Blutverlust sich wieder ausgeglichen hat. Auch die
Gefässzerreissung innerhalb der Sehnerven und der Netzhaut in Folge der
Erschütterung beim Brechacte kann kaum beschuldigt werden, da man oft
viel bedeutendere Hämorrhagien der Netzhaut sehen kann, welche das Sehvermögen nicht in dem Maasse vernichten. Man kann vielleicht noch
eine Gehirnanämie vermuthen — doch stehen uns bisher noch gar keine
Anhaltspunkte zu Gebote, uns für die eine oder die andere Ansicht aussprechen zu können.

Die Therapie beschränkt sich auf die Darreichung von Roborantien
und die Behandlung des Grundleidens.

2) Amaurosen durch urämische Intoxication. Alle Zu-
stände, die zu Urämie führen, können Erblindung zur Folge haben, welche
jedoch in den meisten Fällen schwindet. Ophthalmoskopische Erscheinungen fehlen gänzlich, wenn nicht früher zufällig Retinitis nephritica an-
wesend war.

3) Hysterische Amaurosen und Amblyopien. Diese compliciren sich gewöhnlich mit Hemianästhesien oder hystero-epileptischen
Anfällen, überhaupt den mannigfachsten, in das dunkle Gebiet der Hysterie
gehörigen nervösen Erscheinungen. Die Erblindung braucht keine totale
zu sein, oft ist nur eine mehr oder weniger ausgeprägte Amblyopie mit
Gesichtsfeldeinengungen und Farbenblindheit vorhanden. Ueberhaupt wechseln die Erscheinungen in besonderem Maasse.

Ein für alle Formen der Amaurosen hochwichtiges diagnostisches
Merkmal ist die Reactionsfähigkeit der Pupille. Es ist charakteristisch, dass
oft trotz totaler Amaurose die Pupille noch reagirt, und es ist dies auch
ein günstiges prognostisches Moment. Ebenso wichtig, wenn auch nicht
so constant, ist das Erhaltensein der Phosphene. Die letzteren sind
subjective Lichterscheinungen, hervorgebracht durch Druck auf den Bulbus.
Aus beiden Zeichen kann mit Recht ein Schluss auf den transitorischen
Charakter der Amaurose, resp. Amblyopie, gezogen werden, denn sie fehlen
ausnahmslos, wenn wir es mit irreparablen Functionsstörungen, mit Atrophien der Sehnervensubstanz zu thun haben.

Die Therapie ist sowohl bei der urämischen als auch bei der

hysterischen Amaurose eine auf das Grundleiden gerichtete. Bei der letzteren, wie überhaupt bei allen sogenannten Anästhesien der Netzhaut
— Zustände, von deren genauer Kenntniss wir noch weit entfernt sind —
kann, wenn der Allgemeinzustand es erlaubt, versucht werden, durch
Strychnin-Injectionen die Thätigkeit der Sehsubstanz wieder anzuregen.

Zwölftes Capitel.

Die Geschwülste des Augapfels und des Sehnerven.

Wir betrachten die Geschwülste des Auges, die wir der leichteren
Uebersicht ihrer klinischen Erscheinungsweise halber in ein Capitel zu-
sammengestellt haben, topographisch nach den drei Hauptstandorten.
Diese sind die vordere Oberfläche des Auges, das innere Auge und der
Sehnervenstamm.

1) Geschwülste der vorderen Oberfläche des Auges.

Wenn wir von den weniger wichtigen Neoplasmen der Conjunctiva
palpebrarum, die zumeist gestielte Granulationsgeschwülstchen sind, sodann
von den von der äusseren Bedeckung auf dieselbe übergehenden Tumoren
absehen, so haben wir vorwiegend folgende klinisch wichtige Formen zu
berücksichtigen:

Zunächst Dermoide, welche an einem Hornhautrande, gewöhnlich
dem unteren, entstehen und sich bis zu einer mässigen Grösse erheben
können. Gewöhnlich wird nur das Randgebiet der Hornhaut von ihnen
bedeckt. Sie sind sehr lange stationär und sollen nur dann entfernt werden,
wenn sie, was sehr selten vorkommt, eine Tendenz zum Wachsthume zeigen,
oder wenn sie entstellend wirken.

An Thieraugen (Kalb, Schwein) sieht man oft Dermoide, welche die ganze
Hornhaut einnehmen und an ihrer Oberfläche einen dichten Haarbüschel tragen.

Eine nicht selten vorkommende Geschwulstart ist ferner das Cancroid,
welches gleichfalls am Hornhautrande beginnt, um in seinem weiteren
Wachsthume sich auch auf die Oberfläche der Cornea zu begeben.

Da das Cancroid ein Geschwulsttypus ist, dessen Studium uns das
Verständniss der übrigen an dieser Stelle entstehenden Geschwülste erschliesst,
so wollen wir das Wesentlichste über seinen Bau mittheilen, um so eher,

als wir dadurch sehr wichtige therapeutische Anhaltspunkte gewinnen. Es
ist zuvörderst festgestellt, dass es in fast allen Fällen aus dem Limbus-
gewebe sich entwickelt und zwar da, wo die Conjunctivalepithelschichte sich
verdickt, um auf die Cornea überzugehen. Es wurzelt jedoch, wie sich
aus der Betrachtung der Präparate mit Gewissheit ergiebt, nicht in der
Epithelschichte, sondern im mucösen und submucösen Bindegewebe, welches
mächtig wuchert, um das Gerüst zu liefern. Dieses Gerüst ist ein röhren-
förmiges. Hätte man ein Mittel, den Gerüstinhalt auszuwaschen, so würde
man ein bienenwaben- oder schwammähnliches Gebilde zurückbehalten.
In diesem Gerüste nun stecken die Cancroidzellensäulen, welche aus der
mächtigen oberflächlichen, theilweise verhornten Schichte sich nach einwärts
senken, um zwischen den Gerüstseptis weiter zu wuchern. Demnach stellt
das Cancroid eine Mischform dar, eine combinirte Bindegewebs- und epitheliale Geschwulst, von denen, wenigstens ursprünglich, die erstere entschieden das Uebergewicht hatte. Je mehr nun der bindegewebige Antheil
an Succulenz und Zellenreichthum zunimmt, desto sarcomatöser wird das
Aussehen der Geschwulst, und desto mehr wird das Fortwuchern der
Cancroidzapfen beschränkt, bis die ganze Geschwulst endlich S a r c o m
geworden ist. Andererseits kann wieder in einem frühen Stadium der
Geschwulstentwickelung die primäre Bindegewebswucherung in ihrem
Wachsthum zu Gunsten der Epithelzellenvermehrung aus bisher noch unbekannten Ursachen gehemmt werden und der Tumor einen ausgeprägteren
carcinomatösen Habitus gewinnen.

Eigentliche ulcerirende Epithelialcarcinome kommen auf der vorderen
Oberfläche des Auges allerdings nur sehr selten vor. Ich habe ein solches,
welches sich über dem Limbus eine grosse Strecke weit auf die Cornea fortsetzte
und das Aussehen eines Geschwürs mit erhabenen Rändern hatte, gesehen und
nach der Abrasio untersucht.

Aehnlich ist die Entwickelung der M e l a n o m e der Cornea-Conjunc-
tivalgegend. Sie entstehen häufig aus kleinen Pigmentflecken der Limbus-
region, welche sehr lange stationär bleiben, um sich dann später ähnlich
wie die Cancroide und sarcomatösen Geschwülste als knollige, schwärzliche
Neoplasmen über die Hornhaut auszubreiten. Was die pathologische Anatomie von der Bösartigkeit der Melanome überhaupt lehrt, gilt in vollem
Maasse auch von den Hornhautmelanomen.

Was das weitere Wachsthum dieser Geschwulstarten anbelangt, so
breiten sie sich einerseits äquatorwärts, andererseits, wie bemerkt, hornhaut-
wärts aus. Sie wurzeln ursprünglich im Conjunctival- und Subconjunctival-
gewebe, darum geht auch dasselbe immer in die Geschwulstmasse auf,
während diese nur sehr schwer in die Sclera dringt, ja in vielen Fällen
nur sehr locker mit ihr verwachsen ist. Erst in sehr späten Stadien tritt
durch Vermittelung von Gefässen, welche durch die Sclera ziehen, eine
sehr innige Verwachsung zwischen Tumor und Membran auf.

Dasselbe Verhältniss ist bei der Cornea der Fall. Die Geschwulst schiebt sich auf der Cornealoberfläche nur vorwärts, ohne innig mit derselben zu verwachsen; erst spät oder bei sehr zellenreichen Formen verschmelzen die vorderen Lamellen der Hornhaut, während die hinteren, namentlich die Membrana Descemetii eine sehr grosse Resistenzfähigkeit besitzen, bis sie dann endlich auch durch Usur zu Grunde gehen können.

Die Untersuchung einer nahezu hühnereigrossen, die vordere Oberfläche des Bulbus deckenden Cancroidgeschwulst zeigte mir nur die vordersten Schichten eines Theiles der Hornhaut als mit der Geschwulst verschmolzen, während ein grosser Theil der Geschwulst der Hornhaut einfach nur anlag. An der Verwachsungsstelle war die Bowman'sche Membran abgelöst und von Geschwulstmasse umwuchert. Der beiweitem grösste Theil der Hornhaut war vollkommen intact, trotzdem sie von der Geschwulst bedeckt war; ebenso unversehrt waren die inneren Gebilde des Bulbus. (Goldzieher, Nagel's Jahresbericht, VI. Bd. S. 141.)

Da die meisten der hier besprochenen Geschwulstarten sich aus kleinen Gewebsverdickungen des Conjunctivallimbus, welche viele Jahre hindurch stationär bleiben können, entwickeln, und derlei Processe am ehesten in den reiferen Jahren vor sich gehen, so trifft man Hornhautgeschwülste meist auch bei älteren Leuten.

Aus dem Gesagten ergiebt sich nun, welches Princip uns bei der Entfernung der Geschwülste zu leiten hat. Es giebt hier nur zwei Möglichkeiten: entweder das Neoplasma mit dem Bulbus zusammen, durch die Enucleation des letzteren zu entfernen, oder aber zu versuchen, die Geschwulst von der Unterlage abzulösen und den Bulbus zu erhalten. Das letztere ist nicht etwa allein aus cosmetischen Rücksichten wünschenswerth, sondern, weil — wie man sich überzeugt hat — selbst bei sehr grossen Cancroiden die inneren Organe des Bulbus unversehrt blieben. Da nun die pathologische Anatomie lehrt, dass die Geschwulst in der That mit Sclera und Cornea nur locker verwachsen ist, so wird man, wo immer es nur angeht, die Erhaltung des Augapfels anstreben müssen*), woferne nur die Conjunctiva nicht auf so grosse Strecken hinaus infiltrirt ist, dass man Recidive befürchten oder schon das orbitale Zellgewebe als infiltrirt annehmen müsste. Im Ganzen ist es viel günstiger betreffs Erhaltung des Augapfels, wenn die Geschwulst sich weiter auf die Cornea als auf die Sclera verbreitet zeigt, wegen der zahlreichen Gefässanastomosen, die sich in letzterer ausbilden.

---

*) Eine sehr lehrreiche Literatur-Uebersicht über Cornea-Scleraltumoren findet sich bei Noyes im Archiv für Augenheilkunde von Knapp und Hirschberg IX, 2. Heft, S. 127. — Noyes plaidirt auf Grund seiner Zusammenstellung energisch für die Erhaltung des Augapfels und will die Enucleation so lange vermeiden, als keine Mitaffection des Bulbus vorhanden ist.

2) Die intraoculären Geschwülste.

Die intraoculären Geschwülste nehmen ihren Ursprung entweder im Uvealtractus oder in der Retina. Dem klinischen Charakter nach sind es sowohl benigne als auch maligne Neoplasmen, von denen einige rasch wuchernd den Augapfel erfüllen, nach Durchbrechung der Sclera das orbitale Zellgewebe infiltriren und ferner zu Geschwulstmetastasen in den verschiedensten inneren Organen des Körpers führen können.

Es ist fernerhin erwiesen, dass in sämmtlichen Häuten des Auges primäre und secundäre tuberculöse Wucherungen vorkommen.

Die Uvealtumoren können ihren Ausgangspunkt sowohl in der Iris, dem Corpus ciliare, als auch in der eigentlichen Choroidea nehmen.

Was die Iristumoren gutartiger Natur anbelangt, so sind es vorwiegend die Iriscysten, welche vom praktischen Standpunkte eine Besprechung verdienen. Sie entwickeln sich in den allermeisten Fällen nach perforirenden Traumen, und sehr oft lässt sich auch direct nachweisen, dass auf der Oberfläche der Iris fremde Bestandtheile, namentlich Cilien, durch das Trauma ins Auge geschleudert, haften bleiben. Um diese Körper bildet sich dann eine Form von Geschwülsten aus, welche man am besten als Epidermoidome bezeichnen könnte, denn sie bestehen aus einer Hülle von Irisgewebe, deren innere Oberfläche mit Irisendothel versehen ist, und einem Inhalte aus epidermoidalen Gebilden und Zellwucherungen. Dem Blicke präsentiren sie sich als kleine gelblichweisse, der Irisoberfläche aufsitzende und manchmal ein rasches Wachsthum zeigende Geschwülste.

Ebenfalls als Folge von Verletzungen bilden sich auch Cysten, welche im Gegensatze zu den oben erwähnten einen rein flüssigen Inhalt haben, demnach die Hülle durchscheinend ist und bei seitlicher Beleuchtung häufig Scheidewände erkennen lassen, welche aus der Cyste eine multiloculare Form machen.

Was die Entstehungsart dieser Cysten anbelangt, so kann absolut gar kein Zweifel darüber obwalten, dass sie direct eine Folge der stattgehabten Verletzung darstellen. Für die Epidermoide glaube ich diesen Satz durch das Experiment endgiltig bewiesen zu haben*). Es gelang mir, durch Implantation eines Stückes Schleimhaut auf die Iris eine Iriscyste zu erzeugen, deren Höhlung von einer mehrfach geschichteten Endothelzellenlage ausgekleidet war, während der Inhalt aus jungen Epithelzellen bestand. Es liess sich auch der Hergang der Geschwulstentwickelung genau beobachten und zeigen, dass sich um den fremden Körper wallartig eine Irisfalte erhob, die ihn zu umhüllen strebte; war der implantirte Körper wucherungsfähig, wie z. B. frisches Epithel, so erfüllten die Wucherungsproducte desselben die von der Irisfalte

---

*) Implantationen in die vordere Augenkammer, Archiv f. experim. Path. II, p. 388.

gebildele Höhlung. Meine Versuche, sowie die daran geknüpften Ansichten wurden dann später von anderen, namentlich von Schweninger bestätigt.

Schwieriger wohl ist die Erklärung der serösen Iriscysten. Es lässt sich vor allem die geistreiche Ansicht v. Wecker's nicht abweisen, der dieselben als von einer Absackung von Irisgewebe, wie sie durch Synechien, Faltungen der Membran in Folge des Traumas u. s. w. hervorgebracht sein kann, in welchen Falten später das fortwährend abgesonderte Kammerwasser die Höhlung ausweitet und zur Cyste macht. Wir begegnen diesem Vorgange in anderer Form zu oft, als dass wir an seiner Möglichkeit zweifeln könnten. Es ist aber auch denkbar, dass die seröse Cyste, ebenso wie epidermoidale, in Folge einer wallartigen Iriswucherung entstanden ist, die sich um einen nicht proliferationsfähigen Körper — z. B. das Mittelstück einer Cilie — herum bildete; die Höhlung der Cyste konnte dann nur von Serum ausgefüllt werden, das sich aus dem Irisgewebe fortwährend ausscheiden muss.

Die Iriscysten werden durch ihr Wachsthum dem Auge gefährlich. Abgesehen von den functionellen Störungen, die sie verursachen, stellen sie einen permanenten Reizerreger im Uvealtractus vor. Sie müssen darum auf dem Wege der Operation entfernt werden, um so eher, als sympathische Reizungszustände des anderen Auges erfolgen können.

Bei der Operation der Iriscysten wird es, namentlich was die epidermoidalen betrifft, am Zweckmässigsten sein, die ganze Irispartie, auf der sie sitzen, durch die Iridectomie zu entfernen, was um so gerechtfertigter ist, als die Wucherungsfähigkeit des Cysteninhaltes durch die Pathogenese erwiesen ist, und darum bei unreiner Operation Recidive zu befürchten ist. Seröse Cysten werden, nach dem Vorgange von Arlt, mit der Iridectomielanze, nach vollbrachtem Hornhautschnitte, angestochen, und von der vorderen Wand, was nur von der Irispincette zu erfassen ist, mit der Scheere abgetragen.

Die einfache Punction der Iriscysten erweist sich als ungenügend.

Dass die Iris der Sitz von kleinen in die Gattung der Syphilome gehörigen Granulationsgeschwülstchen wird, Irisgummen, wurde bereits im vierten Capitel bemerkt. Solche Tumoren pflegen oft zu bedeutender Grösse zu gelangen, ja derart zuzunehmen, dass sie, die Kammer erfüllend, bis zur Rückwand der Cornea reichen. Häufig schützt die genaue Aufnahme der ätiologischen Momente vor diagnostischen und therapeutischen Irrthümern, da man leicht auf die Idee eines rasch wuchernden kleinzelligen Sarcoms oder Granuloms kommen kann. Diese Wucherungen bilden sich auf energische antisyphilitische Behandlung allmählig zurück, indem sie zu einem sehnenartigen Fasergewebe schrumpfen.

Die Iris ist ein Organ, welches im Uebrigen grosse Neigung zu granulösen Excrescenzen und Wucherungen besitzt. Jeder Irisprolaps bildet sich rasch zu einem granulösen, gefässreichen, rasch wachsenden Gewebe aus, in welchem die mikroskopische Untersuchung Riesenzellen nachweisen kann. Die Bildung der Riesenzellen betreffend, scheint die vordere Kammer ein ähnlich günstiger Boden zu sein, als etwa der Peritonealraum oder welcher Lymphraum immer, da alles was in der vorderen Kammer, in specie auf der Iris eine Wucherung erzeugt, sehr bald zur Production von wahrhaft enormen, ja fast makroskopischen Riesenzellen führt, wie man sich auf dem Wege des Experimentes überzeugen kann. Es hat die Anwesenheit der Riesenzellen in Iriswucherungen eine grosse theoretische Bedeutung, seitdem man das Vorkommen von miliaren Tuberkeln in der Regenbogenhaut constatirt hat, in welchen derartige Gebilde keine kleine Rolle spielen. Es wird demnach die Anwesenheit von Riesenzellen allein in grossen, die vordere Kammer erfüllenden, ja die Hornhaut perforirenden Granulomen uns noch nicht berechtigen, von Tuberkelknoten zu sprechen. Freilich wird eine ganz sichere Diagnose auf Granulom erst dann gemacht werden können, wenn die ursprünglich excessiv wuchernde Geschwulst in Schrumpfung übergeht.

Das Granulom der Iris bildet sich theils spontan (namentlich bei Kindern), theils nach Traumen. Es führt in seinem Schrumpfungsstadium zu Phthisis des Augapfels.

Therapeutisch wird unsere Hauptaufgabe darin bestehen, die Aetiologie der Geschwulst möglichst sicher zu stellen, um eine eventuelle Verwechselung mit einem wuchernden Gumma, oder mit einem bösartigen Neugebilde, das vielleicht von hinten her in die Iris wuchert, zu vermeiden. Wir haben kein Mittel, das Wachsthum des Granuloms zu beschränken, die Enucleation des Auges ist bei der Gutartigkeit der Geschwulst überflüssig.

Melanosarcome, die sich auf der Iris primär entwickeln, sind äusserst selten. Sie erfordern die Enucleatio bulbi.

Das, was man als Iritis tuberculosa (Tuberculosis iridis) beschreibt — Fälle, die nicht insgesammt, bezüglich der Richtigkeit der Diagnose, über jeden Zweifel erhaben sind — beruht auf dem Befund, dass sich auf der Iris u. s. w. an Stellen, wo Gummen nicht zu sitzen pflegen, in der Peripherie Knötchen bilden, welche bis an die Hornhaut wachsen können, und sich mit der Zeit in eine speckige, gelblich weisse Masse verwandeln. Die Knötchenbildung ist in einigen Fällen eine massenhafte, dabei ist Ciliarinjection vorhanden.

Es ist vorläufig noch nicht möglich, aus den bisher publicirten Krankengeschichten therapeutische Gesetze von unbestrittener Giltigkeit zu abstrahiren. Wenn wir uns z. B. in der Lage befänden, eine primäre Iristuberculose unzweifelhaft als solche zu erkennen, und zwar in den frühesten Stadien ihres Bestehens, ehe noch Lymphdrüsenanschwellungen vorhanden sind, so wäre uns — allerdings nur auf Grundlage noch nicht feststehender theoretischer Erwägungen — die Möglichkeit geboten, durch Enucleatio bulbi den Organismus vor allgemeiner tuberculöser Infection zu bewahren. Die Cohnheim'schen Versuche, durch Impfung tuberculöser Massen in die vordere Kammer Iristuberculose zu erzeugen, worauf dann

allgemeine Tuberculisirung folgt, haben den Beweis erbracht, dass wir allerdings berechtigt sind, von einem Incubationsstadium als erstem und von einer
localen Tuberkelbildung als zweitem Stadium zu sprechen, auf welche erst
die universelle Tuberculosis als Endstadium folgt. Indessen stehen wir erst
im Beginne unserer Erfahrungen über diesen Punkt. Auffallend muss es
jedoch dem Praktiker immerhin sein, wie selten im Vergleich zur unge-
heuren Verbreitung der Tuberculose der primäre Iristuberkel ist, und dass
gerade aus den grossen Bevölkerungscentren, den Weltstädten wie Paris
und Wien, so wenig Fälle dieser Art publicirt werden, wo doch die Tuberculose eine wahre Volkskrankheit repräsentirt.

Länger bekannt, als die Iristuberkeln, sind die miliaren Tuberkel der
Choroidea, welche zuerst von Eduard Jäger mit dem Augenspiegel gefunden und von Manz histologisch untersucht wurden. Die miliaren
Eruptionen sitzen gewöhnlich um den Sehnerveneintritt herum, in der
Choriocapillaris, über deren Niveau sie sich erheben, wodurch die Netzhaut
an dieser Stelle nach vorne gedrängt wird. Sie können bei einiger Grösse
nur dann sichtbar werden, wenn sie das Pigmentepithel zum Schwunde
bringen. Aus den miliaren Heerden entwickeln sich durch Confluirung
grössere Knoten, welche die ganze Aderhaut durchsetzen und selbst bis in
die Sclera reichen.

Der diagnostische Werth der Aderhauttuberculose, soweit diese nämlich ophthalmoskopisch erkennbar ist, muss auf ein sehr bescheidenes Maass
herabgedrückt werden, da sie sich nichts weniger als constant bei allgemeiner Tuberculose entwickelt, auch nicht immer im selben Stadium
des Allgemeinleidens zur Beobachtung kommt, ja in sehr vielen Fällen erst
kurze Zeit vor dem Tode sichtbar wird. Auch kann das ophthalmoskopische
Bild, das in exquisiten Fällen aus blassgelblichen, rundlichen Plaques mit
verwaschenen Rändern sich zusammensetzt, in vielen Fällen, namentlich
bei Papillenschwellung und bestehender Retinitis so undeutlich werden,
dass es nichts für Aderhauttuberculose Charakteristisches mehr enthält.

Jene Fälle von grösseren Aderhauttumoren, welche sich bei der
histologischen Untersuchung als tuberculöse Bildungen erweisen, haben
mehr ein anatomisches als therapeutisches Interesse.

Diejenigen Geschwülste, welche in der Aderhaut am häufigsten beobachtet werden, und auch in praktischer Beziehung von höchster Wichtigkeit sind, sind die Sarcome, welche sich in allen Theilen des Uvealtractus entwickeln, und schon in einem frühen Stadium ihrer Entwickelung
sich durch functionelle Störungen und Veränderungen verrathen können,
so dass wir in die Lage versetzt sind, zu ihrer gründlichen Entfernung
schon zu einer Zeit schreiten zu können, ehe sie durch Metastasen in innere
Organe des Körpers tödlich geworden sind. Es hat darum die Diagnostik
der Aderhauttumoren ein eminent praktisches Interesse.

Die Aderhautsarcome, die sich gewöhnlich aus dem Stroma und der
Lamina fusca choroideae entwickeln, demnach von Geweben ihren Aus-

gang nehmen, die pigmentirt sind, zeigen in den meisten Fällen mehr oder weniger intensive Beimischung von Pigment, so dass wir Knoten von intensivstem Schwarz bis zu scheckigen und streifigen Pigmentirungen beobachten können. Uebrigens kommen auch ungefärbte Sarcome vor, welche wahrscheinlich aus der nicht pigmenthaltigen Choriocapillaris ihren Ursprung nehmen. Was ihre Malignität betrifft, so können wir, uns auf die Angaben Hirschberg's, eines der erfahrensten Beobachter auf diesem Gebiete, stützend, wohl angeben, dass dieselbe nicht, wie Viele meinen, von der melanotischen Beimischung abhängig ist.

Die histologischen Elemente des Aderhautsarcoms sind Spindelzellen oder auch rundliche Zellen, ein spärliches Gerüst und Pigment. Das letztere ist entweder in den Zellen enthalten, oder in grösseren formlosen Klumpen angesammelt. Verknöcherungen kommen manchmal vor.

Das Aderhautsarcom ist eine Krankheit des reiferen Alters. Sarcome, die Kinder betreffen, sind als grosse Seltenheiten zu betrachten, und diese sind gewöhnlich weiss, unpigmentirt.

Leicht wird die Diagnose des Tumors nur dann, wenn dieser sehr weit vorne, in der Gegend des Corpus ciliare sitzt. Hier verräth sich der Tumor leicht dadurch, dass er die Iris buckelig vordrängt und im Pupillargebiete bei seitlicher Beleuchtung oder bei ophthalmoskopischer Durchleuchtung als prominenter, höckeriger Körper direct sichtbar wird. Jeder Zweifel schwindet, wenn man ein Wachsthum des Gebildes constatiren kann.

Auch Tumoren, welche im Augenhintergrunde sitzen, können durch den Augenspiegel erkannt werden, wenn nicht ein Symptom hinzutritt, das die ophthalmoskopische Betrachtung der Geschwulstoberfläche unmöglich macht. Dieses Symptom ist die Netzhautablösung, welche sich zu den meisten Aderhautgeschwülsten hinzugesellt. Nur selten ist die abgelöste Membran so durchscheinend, dass sie den Anblick auf den dahinter befindlichen Knoten gestatten würde.

Die Anhaltspunkte, die wir besitzen, um trotz der Ablösung die Diagnose zu machen, beruhen auf folgenden Erwägungen. Benigne Netzhautablösung kommt in den allermeisten Fällen bei hochgradiger Kurzsichtigkeit mit Staphyloma posticum vor, ihr Sitz ist die untere Hälfte des Augenhintergrundes, und die Tension des Auges ist vermindert. Wenn nun bei einem älteren, nicht myopischen Individuum, bei dem die Untersuchung mit dem Spiegel (bei Undurchleuchtbarkeit des Auges hilft die Untersuchung des anderen aus) kein Staphyloma posticum nachweist, eine Netzhautablösung auftritt und diese an einer ungewöhnlichen Stelle sitzt oder total ist, so ist Verdacht auf einen Choroidealtumor vorhanden, der sich der Gewissheit nähert, wenn das Auge hart ist.

Selbstverständlich muss die Anamnese genau aufgenommen werden. Bei langbestehenden Netzhautablösungen jugendlicher Personen bildet sich ringförmige hintere Synechie aus, welche mit der Zeit zu secundärem Glaucom führen kann. Der oben skizzirte Gedankengang ist nur für früher functionstüchtige Augen giltig.

Die Zunahme des intraoculären Druckes ist eine Erscheinung, die zu den bekanntesten Symptomen des Aderhautsarcoms gehört. Dieses tritt oftmals in einem Krankheitsbilde auf, das von exquisitem Glaucoma absolutum gar nicht zu unterscheiden ist. Wenn man erst in diesem Stadium ein Auge zur Behandlung bekommt, ist die Diagnose auf Tumor nicht zu machen, und letzterer wird erst bei der anatomischen Untersuchung des der unerträglichen Schmerzen halber enucleirten Auges erkannt.

Im allgemeinen ist der Verlauf des sarcomatösen Processes in der Aderhaut kein rascher, und es giebt Fälle, wo der Zustand lange ein stationärer bleibt. Trotzdem aber ist die Gefahr im höchsten Grade vorhanden, dass es zu Geschwulstmetastasen, besonders in die Leber, kommt. Aus diesem Grunde kann die Enucleation nicht früh genug gemacht werden, obzwar auch eine frühzeitig vorgenommene Enucleation vor der Lebermetastase nicht immer schützt.

Trotz der immerhin etwas zweifelhaften Prognose quoad vitam muss die Entfernung des Augapfels in jedem Stadium des Uebels den Kranken energisch vorgeschlagen werden, weil sonst der tödtliche Ausgang ein sicherer ist und ausserdem die unerträglichen Schmerzen während des Stadium glaucomatosum die Operation dringend indiciren.

Während das Sarcom der Choroidea eine Krankheit der reiferen Jahre bildet und bei Kindern nur ausnahmsweise vorkommt, ist die sarcomatöse Entartung der Retina direct eine Krankheit des kindlichen Alters. Man bezeichnet diese Geschwulstbildung, die histologisch wie klinisch bestimmt ausgeprägte Merkmale besitzt, mit dem Namen des Netzhautglioms. Die zelligen Elemente dieses Glioms sind, wenigstens in jungen Stadien der Geschwulstbildung, von den Körnern der Netzhautschichten nicht zu unterscheiden, erst bei vorgeschrittener, besonders extraocularer Wucherung des Tumors sind die zelligen Elemente grösser (Gliosarcom). Das Gliom beginnt auch in den Körnerschichten, häufiger in der äusseren als inneren Schichte, in Form von kleinen Knoten oder einer diffusen Verdickung der Retina. Die kleinen Knoten confluiren sodann zu grösseren und werden dann zu weichen, markähnlichen, gefässreichen, manchmal intensiv rothen Geschwülsten, welche einen hohen Grad von Bösartigkeit besitzen. Dieser äussert sich durch das rasche Wachsthum, wodurch eine Durchwucherung des inneren Auges zu Stande kommt; später kommt es zur Durchwachsung der Cornea und Sclera und Infiltration des orbitalen Zellengewebes und der Nachbarpartien der Orbita (Gesichtsknochen), Uebergang ins Gehirn auf der Bahn des Sehnerven, Metastasen in inneren Organen des Körpers, wie Lymphdrüsen, Leber und Knochen, worauf das letale Ende erfolgt.

Was die Fürchterlichkeit dieser Krankheit noch erhöht, ist der Umstand, dass sie (nach Hirschberg in mehr als ein Sechstel der Fälle) auch doppelseitig vorkommt. In manchen Fällen ist das Gliom angeboren.

Eine besonders krankhafte Disposition des Körpers, irgend eine Dyskrasie zählt nicht zu den ätiologischen Momenten des Glioms; man muss es als ein im Beginne völlig locales Leiden der Retina ansehen.

Was die klinischen Zeichen des Glioms anbelangt, so wird dieses wohl, da die kindlichen Patienten auf die functionellen Störungen, welche sich sicherlich schon im frühesten Beginne der Wucherung einstellen müssten, nicht aufmerksam werden, erst dann zur Beobachtung kommen, wenn sich schon ein grösserer Geschwulstknoten gebildet hat, der sich durch seinen eigenthümlichen Reflex häufig schon den Laien verräth. Man sieht dann mit dem Ophthalmoskop einen Buckel in das Augeninnere vorragen, von höckeriger Oberfläche, der in den allermeisten Fällen auf seiner Oberfläche die wohlbekannte Verzweigung der Netzhautgefässe trägt, ein Bild, das sich um so schärfer von den gewöhnlichen Formen der Netzhautablösung unterscheidet, als die gliomatösen Knoten eine röthlich gelbe, ja entschieden rothe Farbe haben, während die benigne Ablösung sich durch die grauweisse Farbe der Membran und die Schwärze der Gefässe auszeichnet. Im weiteren Verlaufe wird die ganze zum Tumor degenerirte Netzhaut kelchförmig nach vorne gedrängt und erscheint durch die weite Pupille und durchsichtige Linse als eigenthümlich reflectirender, ja metallisch glänzender Körper.

Dieses Bild, das man charakeristisch genug mit dem (von Beer stammenden) Namen des amaurotischen Katzenauges bezeichnet, kann übrigens auch durch choroiditische Processe hervorgebracht werden, wenn diese nur ein massiges, der Consistenz nach dickliches Exsudat liefern, welches zur Vordrängung der Retina führt. Bestimmte, auf alle Fälle passende differentialdiagnostische Momente lassen sich nicht anführen, so dass schon oft ein nicht Gliom enthaltendes »amaurotisches Katzenauge« unter der Diagnose Glioma retinae enucleirt wurde. Doch ist selbst an einem eventuellen Irrthume nicht viel gelegen, da jedes amaurotische Katzenauge functionell als verloren zu betrachten ist und im besten Falle schmerzlos in Phthisis übergeht*).

Sobald der wuchernde Tumor das Augeninnere erfüllt hat, wird der Bulbus härter und es tritt auch hier ein Stadium glaucomatosum ein. Es ist jedoch, und dies ist ein Umstand, der für die Pathogenese des Glaucoms von besonderer Bedeutung ist, die gliomatöse Drucksteigerung durchaus nicht von denselben Ursachen abhängig, wie die auf voriger Seite besprochene sarcomatöse. Das Stadium glaucomatosum bei Gliom ist bedingt durch die Massenzunahme des Tumors, ist also eine von rein mechanischen Ursachen abhängige Zunahme der Bulbushärte, während wir es beim Aderhautsarcom mit einer Hypersecretion zu thun haben, welche schon zu einer Zeit eintreten kann, wo das Neugebilde noch von geringer Ausdehnung ist. Höchstwahrscheinlich ist diese Flüssigkeitszunahme des

---

*) Fritz Raab, Ueber einige dem amaurotischen Katzenauge zu Grunde liegende entzündliche Erkrankungen des Auges. Archiv f. Ophthalm. XXIV, 3. Abth., S. 163—184.

Bulbusinneren wieder nur als hydropischer Erguss, bedingt durch Kreislaufstörungen der Choroidea, aufzufassen.

Man betrachtet den Opticusstamm als die wichtigste Strasse, auf
welcher die Weiterwucherung des Glioms in der Richtung der Schädelhöhle
stattfindet. Es hat diese Thatsache eine besondere therapeutische und
prognostische Tragweite, da sie uns mahnt, bei Exstirpation des Tumors
auf die möglichst ausgiebige Neurectomie des Opticus bedacht zu sein, und
uns ermächtigt, in Fällen, wo wir ein vom Bulbus entfernteres Nervenstück
unter dem Mikroskop geschwulstfrei finden, eine gute Prognose quoad vitam
zu stellen. Trotzdem ist es nicht unwichtig, noch einen andern, wenn
auch nicht so häufigen Weg der gliomatösen Propagation kennen zu lernen,
auf den bisher nur wenig Gewicht gelegt wurde. Es sind dies die Ciliarnerven, in deren Bahn die Geschwulstbildung gleichfalls centripetal vorwärtsschreiten kann.

Die Nerven der Suprachoroidea haben sich mir schon zu einer Zeit entartet gezeigt, wo die Choroidea selbst noch nicht besonders angegriffen schien.
Wer übrigens die gliomatöse Wucherung des Nerven-Scheidengewebes schon
in möglichst jungen Stadien studiren will, benütze die Suprachoroidea gliomatöser
Augen als Studienobject. Man erhält durch Hämatoxylin und Goldfärbung die
prachtvollsten Bilder. Durch diese Befunde gewarnt, wird man selbst bei intactem
Opticus die Prognose nach der Enucleation nicht absolut günstig stellen können.

Die Therapie des Netzhautglioms besteht in möglichst frühzeitiger
Enucleation des Augapfels, verbunden mit einer grösseren Ausschneidung
des Sehnerven, als man dies bei gewöhnlichen Enucleationen zu thun pflegt.
In vorgeschrittenen Stadien muss man den Sehnerven möglichst nahe zum
Foramen opticum abzuschneiden trachten. Je früher die Entfernung des
Augapfels vorgenommen wird, desto sicherer ist die Aussicht auf völlige
Heilung. Zeigt sich das Orbitalgewebe bereits infiltrirt, so ist zwar die
möglichst gründliche Exstirpation des Orbitalinhaltes (Exenteratio orbitae)
angezeigt, die Möglichkeit der Recidive aber nicht mehr auszuschliessen.
Nicht mehr operirbar sind die Fälle, wo es bereits zu secundären Ge-
schwülsten in den Gesichts- und Schädelknochen gekommen ist.

Ob man bei doppelseitigem Netzhautgliom den grausamen Vorschlag
der Enucleation beider Augen machen solle, muss dem Ermessen jedes
Einzelnen anheimgestellt werden.

3) Geschwülste des Nervus opticus.

Die Geschwülste des Sehnerven werden in primäre und secundäre
eingetheilt. Die primären sind diejenigen, welche sich innerhalb der äusseren
Scheide des Sehnerven entwickelten, gleichviel an welcher Stelle oder aus
welchem histologischen Elemente des Nervenstammes sie ursprünglich gewachsen sind. Die secundären Tumoren jedoch nehmen ihren Ursprung

entweder in der Orbita (sei es in dem Zellgewebe oder an den Wänden derselben), müssen also, wenn sie den Sehnerven ergreifen, jedenfalls die äussere Scheide desselben durchdringen; oder aber sie traten zuerst intraoculär auf, um sodann längs des Nerven sich weiter orbitalwärts zu verbreiten, wie wir dies beim Glioma retinae gesehen haben.

Das genaue Studium der primären Sehnerventumoren hat uns die Kenntniss gewisser klinischer Zeichen gebracht, welche diese Neubildungen sehr scharf von anderen in der Orbita sich abspielenden ähnlichen Processen unterscheiden, und auf welche wir, trotz der geringen Häufigkeit der Sehnervengeschwülste, deshalb genauer eingehen, weil uns durch ihre Würdigung das Verständniss vieler Orbitalkrankheiten erleichtert wird.

Dasjenige Symptom, welches sich uns beim Sehnerventumor zunächst aufdrängt, ist die Vorwärtsdrängung des Bulbus, Protrusio bulbi oder Exophthalmus. Wir werden diesem Symptom immer begegnen, so oft wir mit einer Krankheit zu thun haben, welche zu einer Vermehrung der Masse des Orbitalinhaltes führt. Diese Vermehrung kann durch entzündliche Gewebsschwellung, Tumorenbildung, Aneurysmen, ja blosse Ausdehnung der Blutgefässe oder durch Eiterinfiltration — wie wir die letztere z. B. im Verlaufe der Panophthalmitis beobachteten — erzielt werden. Je nachdem der Process, der zur Vermehrung des Orbitalinhaltes führt, ein acuter oder ein chronischer ist, wird auch der Exophthalmus rascher oder langsamer erfolgen; die auf entzündlicher Schwellung beruhenden werden ausserdem in der überwiegenden Mehrzahl der Fälle noch weitere entzündliche Begleiterscheinungen wahrnehmen lassen, während die in Folge von Blutgefässerkrankungen in der Regel noch auscultatorische Phänomene bieten, wie dies im nächsten Capitel noch einmal betont werden wird. Es wird demnach ein Exophthalmus in Folge eines Tumors sich auszeichnen durch eine relativ langsame Entwickelung, bei Abwesenheit von entzündlichen Symptomen. Ferner wird die Einseitigkeit des Vorkommens schon gegen eine Protrusion aus vasomotorischen Ursachen (s. S. 249) sprechen.

Wenn wir nun bedenken, dass der Sehnerv so ziemlich in der Sagittalaxe der Orbita liegt, so wird es klar sein, dass eine Massenzunahme des Opticus den Bulbus auch in dieser sagittalen Richtung vorwärtsschieben muss, während Tumoren, die nicht im Opticus wachsen, mehr weniger seitlich von der Mittellinie der Orbitalpyramide liegen und darum auch nebst der Vordrängung auch eine Seitwärtsverschiebung des Bulbus hervorbringen. Da der Opticus auch in der Mittellinie des »Muskeltrichters«, der um das Foramen opticum entspringenden Augenmuskeln liegt, welche die Rotationen des Auges versehen, so werden die Augenmuskeln wohl durch das Wachsthum des Opticustumors eventuell verschoben werden können, sie werden aber dadurch nicht functionsunfähig werden. Es ist ausserdem kaum noch beobachtet worden, dass eine primäre Sehnervengeschwulst die äussere Nervenscheide durchbrochen und die Muskeln durchwuchert hätte. Orbitalgeschwülste jedoch, die ausserhalb des Muskeltrichters wurzeln, ziehen später die

Augenmuskeln in ihre Masse ein oder durchwuchern sie, wodurch dieselben aufhören zu functioniren. Es muss demnach bei einem primären Sehnerventumor der Augapfel zwar vorwärtsgedrängt, aber jedenfalls noch beweglich sein, und zwar muss die Beweglichkeit nach allen Richtungen vorhanden sein, wenn sie auch, was sich aus der Zerrung der Muskeln erklärt, immerhin etwas beeinträchtigt ist. Ferner pflegen Schmerzen immer zu fehlen, im Gegensatze zu Orbitalgeschwülsten bösartiger Natur, welche das Fettgewebe rasch infiltriren und die zahlreichen sensibeln Nerven der Orbita bald in ihr Bereich ziehen, was wieder bei Sehnervengeschwülsten, die von der Scheide umschlossen bleiben, nicht vorkommen kann. Der Bulbus selbst bleibt in seiner Gestalt vollkommen intact, mindestens für sehr lange Zeit; es sind nur Ausnahmsfälle bekannt, wo derselbe von dem wachsenden Neugebilde plattgedrückt wurde.

Wir können uns übrigens die Diagnose des Tumors noch durch Palpation mit dem kleinen Finger erleichtern. Man kann ziemlich tief mit demselben in die Orbita eindringen und fühlt dann die vorderste Wölbung des Tumors. In zweifelhaften Fällen muss die Palpation in der Narkose vorgenommen werden.

Was die Function des mit einem Sehnerven-Neugebilde behafteten Auges anbelangt, so kann das Sehvermögen entweder sehr bald erlöschen oder frühzeitig geschwächt werden und in diesem herabgesetzten Zustande noch viele Jahre verharren. Im letzteren Falle muss es auch, wegen der Verrückung des Augapfels, zu binoculären Doppelbildern kommen, die erst dann schwinden, wenn die Amblyopie schon sehr hochgradig geworden ist.

Die Untersuchung mit dem Spiegel ergiebt entweder ein der Neuritis oder Neuroretinitis ähnliches Bild, welches sich bei langem Bestande des Leidens zu einfacher Atrophie der Papille umgestalten kann — oder wir finden mächtige Schwellungen und Plaques innerhalb der Retina, welche die Papille gewöhnlich umwuchern. Es rühren dieselben, wie die anatomische Untersuchung bewiesen hat, von Geschwulstmetastasen in der Netzhaut*) her.

Der Spiegelbefund, verbunden mit den Ergebnissen der Sehprüfung, erlaubt uns einen nahezu sicheren Rückschluss auf die Benignität oder Malignität des Tumors zu ziehen. Wenn das Sehvermögen rasch nach dem Auftreten oder der Entwickelung des Exophthalmus vollständig geschwunden ist, so lässt sich annehmen, dass der Tumor ein maligner ist. Diese Annahme wird zur Gewissheit, wenn wir Plaques in der Retina sehen, die wir nur für secundäre Knotenbildungen ansehen können. Dagegen spricht das lange Bestehen eines, wenn auch nur minimalen Sehvermögens, noch mehr das längere Bestehen von Doppelbildern, ein einfacher

---

*) So habe ich in der Netzhaut Gliom- und Sarcomknoten, Sattler Tuberkelknoten gefunden und abgebildet. In allen diesen Fällen war eine entsprechende primäre Opticusneubildung vorhanden.

hyperämischer, entzündlicher oder atrophischer Zustand der Netzhaut und Papille für einen benignen Tumor.

Diese für die Prognose, sowie die Therapie gleich wichtigen diagnostischen Sätze beruhen auf folgenden anatomischen Thatsachen:

Die Geschwülste des Sehnerven sind entweder f i b r ö s e N e u b i l d u n g e n mit mehr oder weniger Beimischung von Schleimgewebe (Fibroma und Myxoma oder Fibroma myxomatoïdes) oder S a r c o m e und G l i o m e. (Von dem als Unicum zu betrachtenden Neurom, ferner von der Tuberkelneubildung sehen wir ab, obwohl sie ganz gut in unser Schema hineinpassen.) Die ersteren, die Fibrome, sind gutartige Neubildungen, welche sich zwar innerhalb der äusseren Scheide, aber excentrisch am Nervenstamme entwickeln, so dass ein grosser Theil des letzteren nur auf die Seite gedrängt wird, während eine geringe Portion der Fasern zerstreut durch die Geschwulst, wie aufgefasert, zieht. Der neoplastische Process erdrückt darum nur einen kleinen Theil der Fasern, während ein grosser Theil des Nerven intact bleibt. Die bösartigen Tumoren, Sarcom und Gliom, entwickeln sich concentrisch um den Nerven, so dass derselbe axial durch die Geschwulst läuft. In diesem Falle ist der Sehnerv von allen Seiten einem Drucke ausgesetzt, dem er nicht ausweichen kann und der nothwendig seine Function aufheben muss. Ausserdem führen die gutartigen Neubildungen nie zu intraoculären Metastasen, was bei den bösartigen, wie bemerkt, nicht der Fall ist.

Die Therapie der Sehnervengeschwülste kann nur in der Exstirpation derselben bestehen. Auch gutartige Tumoren müssen rechtzeitig entfernt werden, weil man bereits nach langem Bestehen derselben ein Eindringen derselben in das Cranium längs des Opticus beobachtet hat.

Seit K n a p p gezeigt hat, dass man Sehnervengeschwülste entfernen kann, ohne den Bulbus mitzuentfernen, hat die Bestimmung, ob benigner oder maligner Tumor, eine erhöhte Wichtigkeit gewonnen. Man wird auf Grundlage obiger Auseinandersetzungen eine hinlängliche Zahl von Anhaltspunkten gewinnen, für welche Annahme man sich zu entscheiden hat.

Dreizehntes Capitel.

Krankheiten der Orbita.

Der Bulbus dreht sich in der Orbita, wie ein Gelenkkopf in seiner Pfanne nach Art der Kugelgelenke. Das Material, aus welchem die Gelenkpfanne construirt ist, liefert das Gewebe der Orbita, histologisch zumeist aus Fettzellgewebe zusammengesetzt, welches die verschiedenen Augenmuskeln, Nerven und Gefässe einschliesst und gegen den Bulbus zu durch die Faseia Tenoni abgeschlossen wird.

Die Entzündungen, welche innerhalb der Orbita vorkommen, sind theils durch periostitische Processe bedingt, die die Orbitalwandungen betreffen, theils als genuine Phlegmonen aufzufassen. Freilich wird es in vielen Fällen schwer sein, zu entscheiden, was als primärer Process aufzufassen ist, denn zweifellos kann' eine eiterige Entzündung des Orbitalgewebes secundär auf das Periost übergreifen und die Folgeerscheinungen der Periostitis hervorrufen. Bei der Abgeschlossenheit, in welcher die Orbita sich befindet, wird man wohl in den allerseltensten Fällen Gelegenheit haben, den ursprünglichen Heerd der Knochenhautentzündung nachzuweisen.

Die klinischen Zeichen der Orbitalphlegmone werden in erster Linie durch die Schwellung des Orbitalgewebes geliefert. Eine solche tritt oft unter Fieber- und gastrischen Erscheinungen, heftigen periorbitalen und Kopfschmerzen auf und manifestirt sich durch eine Hervordrängung des Augapfels, der dadurch auch in seiner Beweglichkeit gehemmt ist. Eine entzündliche Mitbetheiligung des oberen Lides und der Conjunctiva bulbi ist die Regel. Pathognomonisch ist der Schmerz, den man hervorrufen kann, wenn man einen Druck auf das entzündete Orbitalgewebe vermittelst des vorgedrängten Bulbus ausübt. Palpirt man zwischen letzterem und Orbitalrand, so wird man das geschwollene Gewebe von allen Seiten gleichmässig fühlen können.

Der Ausgang der Orbitalphlegmone ist in den allermeisten Fällen der in Eiterung. Freilich wird sich im Verlaufe dieses Processes, wie bei jeder Zellgewebsentzündung, die Infiltration auch zertheilen können, aber dieser Ausgang ist der seltene im Vergleich zur Abscedirung. Man wird, und darin besteht die Hauptaufgabe der Therapie, den Process erheblich abkürzen können, wenn man rechtzeitig, in vielen Fällen, wo keine Fluctuation nachweisbar ist, sogar probatorisch die Punction macht, um den Eiter zu entleeren. Oftmals bricht sich der letztere an mehreren Punkten Bahn, und man hat die Aufgabe, mehrere Incisionen zu machen. Die Stelle, wo die Eitermasse am frühesten sich vordrängt, ist unterhalb des oberen Orbitalrandes, die Gegend der Faseia tarso-orbitalis.

Nach der Entleerung des Eiters hat man häufig erst Gelegenheit, durch Sondirungen die Periostitis nachzuweisen. Indessen ist es eine Hauptregel, mit den Sondirungen innerhalb der Orbita so sparsam und vorsichtig als möglich umzugehen, da man leicht Verletzungen der Venenwände, ja directe Fortsetzung der Entzündung auf die Meningen hervorrufen kann.

Einen Anhaltspunkt, ob man den Process als genuine Phlegmone oder als Periorbitis (Periostitis orbitae) aufzufassen hat, liefert in manchen Fällen die Form der Bulbusprotrusion. Wenn nämlich in Folge einer localen Periostitis die Entzündung auf die benachbarten Zellgewebspartien

beschränkt bleibt, so ist es möglich, dass die Hervordrängung des Bulbus
nur nach einer Seite, und nicht, wie bei diffuser Schwellung des Orbital-
zellgewebes, in der Richtung der Orbitalaxe geschieht. In den allermeisten
Fällen ist aber eine Differentialdiagnose weder zu machen, noch von besonderem Vortheile.

Nach Entleerung des Eiters wird die weitere Behandlung nach
allgemeingiltigen chirurgischen Gesetzen stattfinden. Sie besteht in der
Hauptsache darin, den freien Abfluss des Eiters zu erleichtern, was man
durch warme Umschläge erzielen kann, und wo es Noth thut, durch
Einlegen von Drainröhren unterstützt. Ausspritzungen werden mit der
üblichen Vorsicht vorgenommen, damit man nicht schade. Absolute Bett-
ruhe ist nothwendig, und wer den Heilungsprocess noch auf medicamentösem Wege zu beschleunigen für nothwendig findet, kann Einreibungen
von Unguentum cinereum anordnen.

Die Hauptsache bleibt es unter allen Umständen, die Eiteransamm-
lungen, die sich oft in der Tiefe der Orbita bilden, nicht zu dulden, sondern
frühzeitig eine Punction oder nach Umständen ausgiebige Spaltung mit dem
Bistouri zu machen.

Der Ausgang der Orbitalphlegmone ist der in Resorption, wonach der
Bulbus wieder in seine Lage zurücktritt und das gestörte Sehvermögen
oft wieder vollständig restituirt wird. Bei stürmischen Entzündungen kann
jedoch das Auge durch Ulceration oder Vereiterung zu Grunde gehen,
höchstwahrscheinlich deswegen, weil die Ernährung desselben durch den
Druck, unter dem es steht, und die Affection der in dasselbe eintretenden
Gefässe und Nerven zu sehr beeinträchtigt wird. Dieser Ausgang stellt
eine Art Nekrosirung des Bulbus vor. Oder es geht der Sehnervenstamm,
welcher entzündlich mitbetheiligt war, in Atrophie über. Thatsache ist,
dass man oft mit dem Augenspiegel die Neuritis diagnosticiren kann, wenn
auch wieder Atrophien des Sehnerven beobachtet werden, ohne irgend
welche vorhergehende ophthalmoskopische Zeichen der Entzündung.

Die Ursachen der Orbitalphlegmone lassen sich zum Theil nicht
eruiren, zum Theil sind Verletzungen, Metastasen und Uebergreifen der
Entzündung von den Nachbargebilden, namentlich der Knochen und ihrer
Höhlen zu beschuldigen. Auch scheint dieselbe bei scrophulösen Kindern
öfters vorzukommen.

Nach Mooren kommen Orbitalphlegmonen bei Säuglingen in den ersten
Lebenswochen häufig vor. Als Ursache wird Quetschung bei der Geburt vermuthet. Die Eiterbildung ist eine massenhafte. Die Therapie besteht in der
möglichst früh vorzunehmenden Incision und Entleerung des Eiters.

In Folge von Orbitalphlegmonen oder auch spontan bilden sich
namentlich bei scrophulösen Kindern cariöse und nekrotische Processe
der knöchernen Wandungen der Orbita aus. Diese Processe sind, was mit
dem dyskrasischen Ursprung des Leidens innig zusammenhängt, ungemein

schleppend, und das Ende pflegt eine vertiefte Knochennarbe zu sein, in welche die Haut der Lider eingezogen ist, wodurch dann sehr entstellende Ektropien zu Stande kommen.

Die Behandlung dieser Zustände kann nur eine rein chirurgische sein, die hauptsächlich die Entfernung (Ausschabung) des cariösen Knochens bezwecken wird. Dabei werden die üblichen antiscrophulösen Heilmethoden versucht werden.

Die Heilung des consecutiven Ektropiums kann nur auf dem Wege der Plastik erfolgreich durchgeführt werden.

Von den Geschwülsten, die innerhalb der Orbita vorkommen, sind jene, die vom Bulbusinneren ausgehen, besonders die Gliome, ferner die Sehnerventumoren bereits besprochen worden, bei welcher Gelegenheit auch bereits einige Anhaltspunkte zur Diagnose des Ausgangspunktes der Geschwulst gegeben wurden. Ausserdem kommen, wenn wir von der Orbital-Encephalocele, als von einem angeborenen Uebel, absehen wollen, in der Orbita noch Geschwülste vor, welche theils im Zellgewebe selbst entstehen, theils von den knöchernen Wänden ausgehen. Zu den ersteren gehören Cysten verschiedener Art, dann Angiome, ferner bösartige und rasch recidivirende Geschwülste von sarcomatösem Charakter (unter welchen die Cylindrome eine besondere histologische Stellung einnehmen); epitheliale, krebsige Geschwülste gehen nur von der Haut und den Nachbargebilden der Orbita in dieselbe über. Zu den Geschwülsten der zweiten Gruppe, den von der Orbitalwandung ausgehenden, gehören in erster Reihe Osteome und Osteosarcome.

Bei dieser Gelegenheit muss als in praktischer Beziehung besonders wichtig erwähnt werden, dass an den Orbitalrändern manchmal Exostosen beobachtet werden, welche unzweifelhaft syphilitischen Ursprunges sind und auf eine passende antisyphilitische Kur auch völlig zurückgehen.

Unter dem Namen des pulsirenden Exophthalmus*) bezeichnen wir verschiedene Gefässerkrankungen, welche das Gemeinsame haben, zu Exophthalmus (Hervordrängung des Bulbus), zu hörbaren Geräuschen im Umkreis der Orbita und zu Pulsationen des Bulbus zu führen. Was den Sitz dieser Erkrankungen anbelangt, so kann derselbe entweder in der Orbita oder innerhalb der Schädelhöhle sein. Gewöhnlich sind es Aneurysmen verschiedener Art in der Orbita, in der Schädelhöhle Aneurysmen der Arteria ophthalmica bei ihrem Abgange aus der Carotis interna, ferner das Aneurysma der letzteren selbst, oder eine Ruptur derselben innerhalb

---

*) Da dieser Gegenstand ein wesentlich chirurgisches Interesse darbietet, so sei desselben nur mit wenigen Worten gedacht und auf die erschöpfende Monographie Sattler's (Handb. d. ges. Augenheilk. VI. Band) verwiesen.

des Sinus cavernosus, welche den Symptomencomplex des pulsirenden Exophthalmus hervorrufen.

Die Therapie besteht in der Digitalcompression der Carotis, und wo diese nicht zum Ziele führt, in der Unterbindung der Carotis communis der afficirten Seite.

Die Verletzungen, welche die knöcherne Orbita und deren Weich-teile betreffen, sind bei all ihrer Vielgestaltigkeit und Mannigfaltigkeit in oculistischer Beziehung in zwei grosse Gruppen zu sondern, in die, welche die Bulbuskapsel in irgend einer Weise beschädigen und in solche, welche den Bulbus völlig intact lassen. Bei der Mannigfaltigkeit der Zufälle, welche hier im Spiele sein können, ist es unmöglich, die verschiedenen Combi-nationen dieser Verwundungen innerhalb des Rahmens dieses Buches zu besprechen. Hier sollen nur jene, den Augenarzt in erster Linie in-teressirenden Traumen Erwähnung finden, welche zu einer Verletzung der Gebilde hinter dem Bulbus, wobei dieser vollkommen unversehrt bleibt, führen, zugleich aber zur Entwickelung von Sehstörungen Veranlassung geben. Solche Verletzungen werden z. B. durch spitze Gegenstände her-beigeführt, welche mehr oder weniger senkrecht auf die sagittale Axe der Orbita hinter dem Augapfel eindringen, sehr häufig auch durch Projectile, welche die äussere Orbitalwand zerschmettern oder durchfliegen und längs der oberen Wand bis in die gegenüberliegenden knöchernen Gebilde, das Thränenbein und die Siebbeinzellen, ja sogar in die Orbita der anderen Seite dringen, woselbst sie liegen bleiben können und durch reactive Entzündung eingekapselt werden, oder wie dies in mehreren Fällen sicher constatirt wurde, durch die äussere Orbitalwand wieder das Freie gewinnen. Was für Weichteile, namentlich von den Augenmuskeln, hiebei verletzt werden, hängt natürlich von der Richtung des eindringenden fremden Körpers, resp. von der Schussrichtung ab. In einigen Fällen von Schussverletzung wurde eine Verletzung des Gehirns (in Folge Zertrümmerung der oberen Orbital-decke) beobachtet, welche nach der Heilung zu psychischen Störungen Veranlassung gab.

Die Sehstörungen nach solchen Traumen sind zum Theil durch die Verletzung des Sehnerven, zum Theil durch die der Ciliargefässe und Nerven, welche im Umkreise des hinteren Augenpoles die Sclera durchdringen, be-dingt. Gewiss ist, dass beides oft der Fall ist, wenn der Sehnerv nahe bei seinem Papillarende getroffen wird, wohingegen eine mehr isolirt bleibende Verletzung desselben nur dann erfolgen kann, wenn derselbe nahe dem Foramen opticum getroffen wird, z. B. durch ein Schrotkorn. Das Sehen wird entweder völlig aufgehoben, oder es bleibt noch ein Rest Sehvermögen in irgend einer Partie des Gesichtsfeldes übrig, was sich natürlich hauptsächlich danach richtet, ob der Nerv in seiner Gänze, oder nur partiell durchtrennt wurde. Die Spiegeluntersuchung ist, wenn sie sehr bald nach dem Trauma

vorgenommen wird, entweder negativ, im Falle der Opticusstamm hoch oben
getroffen wurde, oder sie zeigt eine frische Papillar- und Netzhautblutung,
wenn das Trauma jenen nahe dem Bulbus ereilte. In letzterem Falle bilden
sich später Veränderungen des Augenhintergrundes aus, welche nur von
einem chorioretinitischen Processe herrühren können, wie dies auch durch
die Section bestätigt wurde. Sie bestehen nämlich in mächtigen Wucherungen
und Plaques, ferner in Pigmentanhäufungen, die über den ganzen Augenhintergrund ausgebreitet und zerstreut sein können und sehr ähnlich jenen
Veränderungen sind, welche man experimentell nach Sehnervendurchschnei-
dungen erhält, und oft auch nach einer Neurotomia optico-ciliaris *) beobachten kann. Dieses merkwürdige Augenspiegelbild ist ohne Zweifel ausschliesslich als eine Folge der Zertrümmerung der hinteren Ciliargefässe
und Nerven zu betrachten, wodurch Ernährungsstörungen des Bulbus
schwerster Art eintreten müssen. Die Annahme, dass diese ophthalmoskopischen Veränderungen durch Choroidealrupturen bedingt würden, ist
mindestens für die meisten Fälle dieser Art eine irrige, wie aus folgendem
hervorgeht:

Bekanntlich kommen Aderhautrupturen ziemlich oft zur Beobachtung,
wenn stumpfe Gewalt auf den Bulbus eingewirkt hat. Gewöhnlich wirkt
aber die stumpfe Gewalt von vorne her, und die Risse der Choroidea sind
unter dem Bilde von weissen, schmalen Streifen, die mit der Papillenperipherie concentrisch laufen, am hinteren Pole des Augenhintergrundes
wahrzunehmen. Wie man aber immer die Entstehung dieser Risse erklären
mag, nothwendig ist es, anzunehmen, dass die hintere Bulbusfläche an das
incompressible Orbitalgewebe angestossen werde. In den Fällen von retro-
bulbären Verletzungen, in specie Schussverletzungen, fährt das Trauma
immer hinter dem Bulbus vorbei, daher ist eine derartige, das Auge gegen
eine starre Wand drückende Gewalt nicht vorhanden, und die directe
Einwirkung eines Projectils auf die Sclera wird sicher eher eine Ruptur
der letzteren, als eine isolirte Ruptur der Aderhaut zur Folge haben.

Gegenwärtig steht ein ca. 26j. Mann unter meiner Beobachtung, dem eine
Revolverkugel in beide Orbiten drang und in der rechten Orbita auch eingekapselt liegt. Protrusio bulbi dextr. Das Augenspiegelbild beiderseits in ausgeprägter Weise, wie oben beschrieben, vorhanden.

---

*) S. ausser einer älteren Arbeit R. Berlin's noch Poncet in den Archives
d'ophthalmologie I, 2. H. Exquisite Fälle meiner Beobachtung über Schussverletzungen habe ich in der Wiener med. Wochenschrift, Jahrg. 1881, Nr. 16
publicirt, wobei die theoretische Wichtigkeit dieser ophthalmoskopischen Veränderungen zu beleuchten versucht wurde.

Die Basedow'sche Krankheit.

(Morbus Basedowii, Goître exophthalmique.)

Das Symptom des Exophthalmos wird auch durch eine Neurose sehr complicirter Art hervorgebracht, welche unter dem Namen Morbus Basedowii eigentlich in den Wirkungskreis der internen Medizin gehört. Es ist bekannt, dass zu dem Symptomencomplex dieser Krankheit ausser dem »Glotzauge«, dem Exophthalmus, noch eine Vergrösserung der Schilddrüse (Kropf) und eine in unregelmässigen Herzpalpitationen sich äussernde abnorme Innervation des Herzens, ohne nachweisbares Vitium cordis gehört.

Als die wichtigsten oculären Symptome des Morbus Basedowii ergeben sich:

· 1) Der Exophthalmos. Er besteht in einer meist beiderseitigen Vorwärtsdrängung der Augäpfel, wobei aber dieselbe nicht auf beiden Seiten eine gleichmässige sein muss. Auch ist der Grad des Exophthalmus in verschiedenen Fällen verschieden; in frischen Fällen lassen sich wohl die Augäpfel durch Druck zurückbringen, kehren aber bei Nachlass desselben in ihre frühere Stellung zurück. Auch schwankt die Protrusion manchmal von einem Tag auf den anderen.

2) Eine wichtige Erscheinung ist eine krampfhafte Erhebung des oberen Augenlides, wodurch die Senkung des Lides bei Abwärtsdrehung des Auges nicht ermöglicht ist, wodurch auch für gewöhnlich eine Zone der Sclera unbedeckt bleibt. Die Augen haben dann einen Ausdruck, als ob sie, wie dies im Schrecken oder in der Wuth geschieht, »aufgerissen« wären. Man bezeichnet dieses Symptom mit dem Ausdrucke »Visus horridus«. Höchst wahrscheinlich haben wir es hier mit einem Krampf des Levator palpebrae superioris oder der glatten, vom Sympathicus innervirten Musculatur des oberen Lides zu thun. Es kann vorkommen, dass der Exophthalmus kaum auffällig ist, und nur dieses Symptom allein vorhanden ist.

Das Symptom des Kropfes hat höchst wahrscheinlich dieselbe Ursache, wie der Exophthalmus, nämlich die Erweiterung der Gefässe, wenigstens wird sowohl über dem Auge, wie über der Schilddrüse ein eigenthümliches blasendes oder schwirrendes Gefässgeräusch gehört.

3) Ein von Becker entdecktes Symptom muss hier ebenfalls noch angeführt werden: es besteht in einer echten Pulsation der Arterien der Retina, die nicht etwa zu vergleichen ist mit dem Papillarpulse bei Glaucom, sondern an den grösseren Arterienästen über die ganze Retina verbreitet ist. Dieser Arterienpuls ist sonst nur bei Herzkranken (Aorteninsufficienz und Stenose) wahrzunehmen.

Den Verlauf des Morbus Basedowii, einer überaus schleppenden Krankheit, zu schildern, gehört nicht zu den Aufgaben dieses Buches, es soll nur noch darauf aufmerksam gemacht werden, dass, obzwar im Allgemeinen die Functionen des Auges keine Gefahr laufen, dennoch bei langem

Bestande des Exophthalmus und hohen Graden desselben der Cornea die
Gefahren der Verschwärung drohen können. Dies beruht auf der mangelhaften
Befeuchtung der Hornhaut in Folge des mangelhaften und erschwerten
Lidschlages, oder des Unvermögens, die Cornea mit den Lidern zu decken.
Es ist dies demnach eine Xerosis corneae, gegen welche Vorkehrungen
getroffen werden müssen, die, in extremen Fällen, operativer Natur sind und
in einer Tarsoraphie (Verengerung der Lidspalte durch Naht) bestehen.

Der Morbus Basedowii wird im allgemeinen als Leiden des sympathischen Nervensystems aufgefasst, und zwar als Paralyse desselben. In
neuerer Zeit sind Einwendungen gegen diese Auffassung erhoben worden,
und nach Sattler drängen die Symptome des Exophthalmus und des
Kropfes direct zur Annahme einer Läsion an ganz umschriebenen Stellen des
κατ’ ἐξοχήν sogenannten vasomotorischen Centrums oder einer selbst noch
mehr central gelegenen Partie des Hirns, von welchem aus die Gefässnerven
der Schilddrüse und des Orbitalinhaltes unmittelbar beherrscht werden *).

Die Krankheit kommt in der Mehrzahl bei Frauen vor.

Die Therapie soll in erster Linie eine roborirende sein, und die
Hebung der Ernährung, des Gemüthszustandes und des Allgemeinbefindens
des Patienten bezwecken. Alle schwächenden und ableitenden Kuren sind
untersagt. Die wichtigste Rolle spielt jedoch die Electrotherapie, welche
man in Form der Galvanisirung des Sympathicus in Verwendung zieht.
Chvostek **) räth, schwache Ströme zu benützen, und leitet sie so durch
den Halssympathicus, dass der Kupferpol oberhalb des Processus jugularis
sterni, und der Zinkpol auf das Ganglion cervicale supremum aufgesetzt
wird. Ausserdem leitet er den Strom durch das Hinterhaupt von Warzenfortsatz zu Warzenfortsatz, ferner durch das Rückenmark und das Struma.
Eine Besserung sämmtlicher, auch der schwersten Symptome erfolgte bei
dieser Behandlung schon nach sehr kurzer Zeit.

Da gleich günstige Resultate auch von anderen Klinikern berichtet
werden, so wird man interne Mittel nur secundär in Gebrauch ziehen.

Vierzehntes Capitel.

Krankheiten der Thränenorgane.

Die Thränenorgane im weitesten Sinne lassen sich in zwei Gruppen
eintheilen, von denen die eine der Thränenbereitung, die andere der Ableitung
der Thränen in die Nase dient. Zur ersten gehört die eigentliche Thränen-

---

*) Sattler, Handb. d. ges. Augenheilk. (Graefe-Saemisch) VI. Bd. S. 993.
**) Citirt nach Sattler, l. c. S. 1009.

drüse (Glandula lacrymalis) und die im Fornix conjunctivae verstreuten
secundären Thränendrüschen, zur letzteren die Thränenröhrchen und der
Thränenschlauch, der wieder in den Thränensack und den Thränenkanal
(Nasengang) eingetheilt wird. Der Mechanismus der Ableitung wird durch
die Muskelaction des Lidschlages und die Heberwirkung der Thränenröhrchen
besorgt.

Von den Krankheiten der Thränendrüse soll vorläufig abgesehen und
dafür ein Symptom erörtert werden, welchem wir bei den Anomalien der
Thränenableitungsorgane sehr oft begegnen werden. Es ist dies das Thränenträufeln, die Epiphora.

Unter Thränenträufeln versteht schon der gemeine Sprachgebrauch einen
Zustand, bei dem die Thränenflüssigkeit nicht durch die Thränenröhrchen,
die natürlichen Abflusswege hinab, sondern über die Lid- und Wangenhaut
abfliesst. Es kann dasselbe sowohl bei Hypersecretion der Thränenflüssigkeit, als auch dann stattfinden, wenn durch irgend ein Hinderniss in den
Kanälen der Abfluss gehemmt ist. Das erste, wobei die Kanäle sich der
überreichlich secernirten Flüssigkeit gegenüber als insufficient erweisen, findet
statt bei dem, den Ausdruck einer Gemüthsbewegung bildenden Weinen,
ferner als Reflexwirkung bei den verschiedensten Reizen des Trigeminus.

Was den Thränenfluss als Reflexerscheinung einer Trigeminusreizung
anbelangt, so haben wir denselben bereits als Symptom zahlreicher Augen-
entzündungen beobachtet. Doch ist Alles, was eine Reizung der sensiblen
Nerven in dem vordersten Abschnitt des Auges bewirken kann, so haupt-
sächlich die Anwesenheit fremder Körper im Conjunctivalsacke u. s. w., im
Stande, reflectorisch Thränenfluss auszulösen, ebenso wie wir auch eine
Reizung der Trigeminusendungen in der Nasenschleimhaut mit derselben
Reflexsecretion beantwortet finden. Die höchsten Grade von Thränenfluss
finden wir jedoch mit einem anderen, gleichfalls als Reflex zu deutenden
Symptome vergesellschaftet, und das ist der Lidkrampf, eine vom
N. facialis innervirte Muskelaction, welche durch einen Trigeminusreiz aus-
gelöst wird. Auch bei dem clonischen Krampfe des Schliessmuskels der
Lider ist Thränenfluss ein beinahe ständiges Symptom.

Die Physiologie der Thränensecretion ist noch ziemlich dunkel. Weder
die Anatomie noch die Physiologie haben bisher Gewissheit über den Secretions-
nerven der Drüse gebracht. Zwar wird angenommen, dass derselbe der unter
dem Namen N. lacrymalis bekannte Zweig des ersten Trigeminusastes sei.
Indessen erklärt Henle[*]), dass die Frage, ob die Thränendrüse selbst Zweige
vom N. lacrymalis erhalte, auf anatomischem Wege kaum lösbar sei. Und was
den experimentellen Weg anbelangt, so haben die Versuche von M. Reich[**])
klar ergeben, dass centrifugale Thränensecretionsnerven nicht in den Trigeminus-
wurzeln verlaufen und der N. lacrymalis daher seine secretorischen Fasern aus
einer anderen Quelle entlehnen müsse.

---

*) Henle, Handbuch der Nervenlehre, 1871, S. 365.
**) M. Reich, Archiv f. Ophthalm., XIX. Bd., 3. Heft, S. 38.

Da, wobei ich auf Stricker's bekannte Arbeit verweise, die Drüsenthätigkeit als eine rein motorische Action der Drüsenzellen aufzufassen ist, welche auf Reiz des motorischen Nerven direct ausgelöst wird, ein Vorgang, der von Stricker unter dem Mikroskop direct beobachtet wurde, so können wir annehmen, dass auch die Thränendrüse ihre secretorische Innervation von einem motorischen Nerven enthält. Wer dieser Nerv sei, darüber herrscht nichts weniger als Sicherheit. Es wird darum ein rein praktischer Beziehung von Vortheil sein, wenn wir auf die Möglichkeit hinweisen, dass der N. facialis der Secretionsnerv der Thränendrüse sei. Dafür spricht sowohl eine unzweideutige Beobachtung, die ich in der »Pester med.-chir. Presse« (Jahrg. 1876) publicirte, dass eine Person mit completer monolateraler Facialislähmung nur monolateral, auf der nicht gelähmten Seite weinte; noch mehr aber eine Beobachtung Schüssler's*), der bei operativer Dehnung des N. facialis (zur Heilung eines mimischen Gesichtskrampfes) im Momente der Dehnung eine so reichliche Thränensecretion aus dem Auge dieser Seite erhielt, »als ob ein Esslöffel voll Wasser aus dem linken Auge gegossen würde«. Eine ähnliche Erscheinung beobachtete Lumnitzer in Budapest (mündliche Mittheilung) bei derselben Operation. Es scheint demnach, dass die Thätigkeit der eigentlichen Thränendrüse, die sich vorwiegend beim Weinen und reflectorischen Thränenfluss manifestirt, vom Facialis abhängig sei, wobei natürlich nicht gesagt ist, dass das Flüssigkeitsquantum, welches in continuo aus dem Conjunctivaltractus sickert, behufs Benetzung der vorderen Bulbusoberfläche, nicht einen anderen Innervator besässe, und deshalb widerspricht auch die Anwesenheit der Epiphora bei Lagophthalmus paralyticus durchaus nicht der hier entwickelten Annahme.

Bei normalem Quantum des Thränensecretes muss ein Thränenträufeln stattfinden, wenn die Ableitung der Flüssigkeit durch die Kanäle gestört ist. Es kann der Sitz des Leitungshindernisses sowohl in der Gegend der oberen, als auch der unteren Mündung des Thränenschlauchs sich befinden. Was den letzteren Fall betrifft, so sind es Obliterationen des Thränennasenkanals durch Tumoren der Nasenhöhle, durch Narbenbildungen und Zerstörungen der Nase in Folge Syphilis, Lupus, Verbrennungen u. s. w., welche zu unheilbarem Thränenträufeln führen, ein Zustand, der als Theilerscheinung schwerer Processe an dieser Stelle nicht weiter in Betracht gezogen wird. Die Leitungshindernisse des oberen Endes des Thränenkanals können 1) schon in den Thränenröhrchen, 2) im Thränensack liegen.

Die fehlerhafte Stellung der Thränenpunkte ist eine der häufigsten Ursachen der Epiphora. Sie wird oft bei Personen höheren Alters angetroffen, welche in Folge langbestehender, chronischer Katarrhe an einer Wulstung und Gewebsverdickung der Conjunctiva leiden, in Folge derer das untere Lid ein wenig vom Bulbus absteht. Kommt dazu noch die senile Schlaffheit der Gewebe, so bildet sich ein minimales Ektropium heraus, welches aber gerade hinreichend ist, die Mündung des unteren Thränen-

---

*) Berliner klin. Wochenschr. 1879, Nr. 46, S. 685.

röhrchens, das in hervorragender Weise der Thränenableitung dient, in die capillare Flüssigkeitsschichte (Thränensee) nicht eintauchen zu lassen. Derselbe Zustand wird noch durch chronische Entzündungen des Lidrandes, die mit Excoriationen einhergehen und allmählig zu oberflächlichen Narbenbildungen führen, bewirkt.

Wir heilen diesen Zustand nach dem Vorgang Bowman's dadurch, dass wir die hintere (dem Bulbus zugekehrte) Wand des Thränenröhrchens spalten und dergestalt das Rohr in eine Rinne verwandeln, welche ihrer anatomischen Lage gemäss von der Thränenflüssigkeitsschichte bespült wird. Wir haben durch dieses einfache Vorgehen den Thränenpunkt gleichsam nach hinten an eine Stelle verlegt, der nicht mehr vom Bulbus abgezogen werden kann.

Aus dem Gesagten folgt, dass wir die Schlitzung des unteren Thränenröhrchens nur in einer solchen Ausdehnung machen, als es die speciellen Verhältnisse des Falles erfordert. Eine maximale Aufschlitzung, d. h. bis zur Thränensackmündung, wird für gewöhnlich überflüssig sein.

Das Operationsverfahren ist ein sehr einfaches. Am zweckmässigsten wird hierzu ein sog. Weber'sches Messerchen verwendet, doch kann in Ermangelung desselben eine passende Schere genommen werden. Das Webersche Messerchen ist geknöpft, es wird mit nach hinten gerichteter Schneide in das Röhrchen eingeführt, und letzteres in genügender Ausdehnung geschlitzt. Man muss dann die nächsten Tage, da die Schnittränder leicht mit einander verkleben, noch eine dünne konische Sonde einführen, und die Verklebung lösen.

Eine Obliteration der Thränenpunkte kann in Folge verschiedener entzündlicher und ulceröser Processe eintreten. Gewöhnlich pflegt diese Verwachsung in der That nur auf die Mündung des Röhrchens beschränkt zu sein, und man kann ganz gut den Ort erkennen, wo sie sich früher öffneten. Man löst die Verwachsung durch vorsichtiges Einstechen einer spitzen Sonde, und schlitzt dann die Röhrchen von dieser künstlichen Oeffnung aus. Sollte man jedoch diesen Ort nicht gut finden können, so kann man wohl mit einem Scheerenschlage das Thränenröhrchen senkrecht auf seine Axe spalten, und durch die Schnittwunde die Schlitzung vornehmen.

Verstopft kann das untere Thränenröhrchen noch durch fremde Körper, ferner durch Pilzmassen werden, die sich im Lumen desselben ansammeln. Man wird dieselben zu entfernen suchen müssen, wobei man jedenfalls die Schlitzung der Röhrchen, so weit es durch die speciellen Verhältnisse gestattet ist, vornehmen wird. Als Folgezustand des Lagophthalmus, der Lähmung des Sphinkters der Augenmuskeln, ist das Thränenträufeln eines der Symptome der Facialislähmung. Da das untere Lid vermöge seiner Schwere herabsinkt, wird der Thränenpunkt in den Lacus lacrymalis nicht tauchen können, und in Folge dessen Epiphora entstehen müssen. (S. oben Seite 252, Physiologie der Thränensecretion.)

Das Thränenträufeln ist ferner ein Symptom von Leitungshindernissen, die sich im Thränensack oder dem Thränennasengange befinden. Diese Leitungshindernisse können entweder durch Verengerung des Kanallumens in Folge entzündlicher Schwellung der Schleimhaut bedingt sein, oder sie bestehen in narbigen oder häutigen Stricturen, welche eben als Resultat vorausgegangener Entzündungen des Thränenganges (Thränenschlauch), unter welcher Bezeichnung wir den Thränensack und den Nasenkanal zusammenfassen, zu betrachten sind.   •

1) Dacryocystitis catarrhalis.
(Katarrhalische Thränenschlauchentzündung.)

Das physiologische Secret der Schleimhaut des Thränenschlauchs können wir nicht kennen, weil dasselbe im normalen Zustande durch die abfliessenden Thränen fortwährend in die Nasenhöhle geschwemmt wird. Wenn es uns gelingt, durch Druck auf den Sack ein Secret aus demselben zu entfernen, welches aus den Thränenpunkten quillt, so sprechen wir von einer Schleimhautentzündung in diesem Organe, und betrachten diese als katarrhalisch, wenn das Secret ungefähr dem Schleimsecret bei Conjunctivitis gleicht, als blennorrhoisch, wenn dasselbe durch Eiterzellen-Beimischung das purulente Aussehen angenommen hat.

Schon der Umstand, dass es uns gelingt, durch Druck auf die Thränensackgegend das krankhafte Secret in den Conjunctivalsack zu entleeren, lässt uns den Schluss ziehen, dass eine namhafte Schwellung der Schleimhaut vorhanden sein müsse, welche das Lumen des Kanals so weit verengt, dass auf den Druck das angesammelte Secret nicht nach abwärts in die Nase, sondern nach oben, durch die offenen Thränenröhrchen sich entleert. Es ist darum auch die Schwellung der Schleimhaut, welche den katarrhalisch-blennorrhoischen Process begleitet, eine der Ursachen, dass einestheils das Secret staut, anderntheils auch der Abfluss der Thränen nicht mehr von Statten gehen kann. Da nun immerwährend Thränenflüssigkeit abgesondert wird, so wird diese theilweise über die Haut abfliessen, zum Theil aber durch den Lidschlag in den Thränensack gepresst werden, der in Folge dessen einem fortwährenden Reize ausgesetzt ist, welcher noch wahrscheinlich dadurch vermehrt wird, dass das gestaute Secret sich zersetzt. Die Ueberfüllung des Thränensackes zeigt sich auch darin, dass mit der Zeit die vordere häutige Wand desselben nachgiebt, und so eine Ausdehnung zu Stande kommt, die sich als Vorwölbung der Hautdecke in der entsprechenden Gegend manifestirt (Tumor lacrymalis). Hält die Undurchgängigkeit des Kanals lange Zeit an und dauert dabei die krankhafte Secretion gleichzeitig fort, so kann auf diese Weise die Schleimhaut des Thränensacks immer mehr ausgedehnt und schliesslich in ihrer Structur so sehr verändert werden, dass sie ihren mucösen Charakter verliert, die

Haut darüber ebenfalls verdünnt wird, so dass wir eine Art cystöser Geschwulst vor uns haben. (Atonia, oder Hydrops sacci lacr.)

Dass bem einfachen Katarrh des Thränenschlauches von membranösen Widerständen, Stricturen nicht die Rede ist, beweist am besten die leichte Sondirung desselben, welche man durch ein Thränenröhrchen mit mitteldicken Bowman'schen Sonden vornehmen kann, ohne vorher das Röhrchen auf blutigem Wege zu erweitern. Wenn man nach dem Vorgange O. Becker's ein Thränenröhrchen durch eine konische Sonde erweitert, kann man durch dasselbe hindurch Bowman Nr. 2 und 3 (ja sogar eine konisch zugeschliffene Nr. 6) bis in den Thränennasenkanal führen. Man überzeugt sich auf diese Weise, dass von einem ernsthaften Widerstande, der etwa mit Gewalt überwunden werden müsste, keine Rede ist, sondern dass man durch minimale Wendungen der Sonde den Hindernissen, welche ausschliesslich durch die sich berührenden Falten der geschwellten Schleimhaut gegeben sind, ausweichen kann.

Es ist in therapeutischer Beziehung von Wichtigkeit, die Aetiologie des Thränenschlauchkatarrhs mit einigen Worten zu besprechen. Ein Zusammenhang des Leidens mit einem entzündlichen Zustande der Conjunctiva kann nicht angenommen werden, da es kaum vorkommt, dass eine Augenblennorrhoe, ein chronischer Katarrh sich auf die Schleimhaut des Thränensackes fortsetzt. Umgekehrt kommt es jedoch sehr oft vor, dass ein chronischer, ja an Trachom gemahnender Entzündungszustand der Conjunctiva an dem Auge sich einstellt, dessen Thränensack an einem chronischen Katarrh oder einer Blennorrhoe laborirt. Ebenso ist der Umstand, dass eine ulcerösseptische Infection der Hornhaut durch zersetzte Stoffe aus einem blennorrhoischen Thränensack sehr häufig vorkommt, bereits genügend gewürdigt worden.

Dagegen ist die Annahme nicht abzuweisen, dass die Schleimhaut des Thränenschlauches von entzündlichen Veränderungen der Nasenschleimhaut, deren directe Fortsetzung sie ist, sehr abhängig ist. Wahrscheinlich ist schon bei jedem heftigeren Schnupfen der Thränensack mitafficirt; entschieden ist dies der Fall, und schon mit dem Geruchssinne nachzuweisen bei chronischen Nasenkatarrhen mit Ozoena, wo man verhältnissmässig oft chronische Thränensackblennorrhoe findet. Begünstigende Momente scheinen auch jene Difformitäten des Schädels zu liefern, welche eine Verengerung des knöchernen Antheils des Thränenschlauchs bedingen, wie wir solche bei den »Plattnasen« und den Gesichtern mit hohem und schmalen Nasenrücken vorfinden. Es ist wegen des Mangels einer pathologisch-anatomischen Grundlage der Thränensackleiden nicht möglich, die Ursachen dieses Zusammenhanges genügend aufzufinden, er mahnt uns jedoch, in keinem Falle die Inspection der Nasenschleimhaut zu versäumen, und die Entzündung der letzteren lege artis zu behandeln.

Es muss noch erwähnt werden, dass der Thränenschlauchkatarrh in den meisten Fällen einseitig vorkommt (der linke Thränenschlauch erkrankt häufiger als der rechte), und dass überhaupt derlei Leiden das weibliche Geschlecht besonders häufig befallen.

Das Princip der Therapie in den katarrhalisch·blennorrhoischen Zuständen des Thränenschlauches besteht darin, in erster Linie auf die Entfernung des katarrhalischen Secretes bedacht zu sein, um dadurch die Stauung und Zersetzung desselben zu verhindern; sodann den ungestörten Abfluss der Thränenflüssigkeit in die Nasenhöhle möglich zu machen.

Beides kann durch eine rationelle Sondenbehandlung des Thränenschlauches erzielt werden, welcher eine Schlitzung eines Thränenröhrchens vorangehen muss. Durch Verwandlung des Röhrchens in eine Rinne gewähren wir nicht allein der Sonde einen bequemeren Zugang in den Sack, wir führen auch durch Druck auf die Haut über demselben leicht die Entleerung des Eiters oder Schleims durch, der sich durch eine offene Rinne leichter entfernen kann, als durch das enge Röhrchen. Durch die Einführung der metallenen Sonde bis zur Nasenöffnung des Ganges erweitern wir das Lumen des letzteren durch Ausglätten der Schleimhautfalten, so dass auch der Abfluss der Thränen nach unten ermöglicht wird.

Die nähere Beschreibung der Ausführung der hier in Betracht kommenden Operationen und Kunstgriffe gehört zwar in das Bereich der Operationslehre, doch soll hier in Kürze das Wesentlichste davon angegeben werden, weil im Grunde genommen der Gegenstand einem jeden Praktiker geläufig sein sollte, und viele Patienten sogar darauf eingeübt werden müssen, die Sondirung selbst an sich vorzunehmen.

Man wählt zur Erweiterung respective Schlitzung das obere Thränenröhrchen, weil das untere, wie es scheint, vorwiegend der Thränenableitung dient, und darum so lange als möglich intact gelassen werden solle. Zu dem Behufe spannt man das obere Lid so an, dass dasselbe nach oben und aussen gezogen wird, und das Röhrchen möglichst in eine Flucht mit der Linie des Schlauches gebracht werde. Man führt dann entweder eine feine, geknöpfte Sonde in den Thränenpunkt ein, um diesen zu erweitern, oder man thut dasselbe gleich mit dem stumpfen Schnabel des Weber'schen Messerchens, welch letzteres dann vorgeschoben wird, bis der Schnabel des Instrumentes die knöcherne Begrenzung des Sackes erreicht hat, was sich dem Gefühle des Operateurs sofort kundgeben muss. Diese Einführung genügt schon, um das Röhrchen gehörig zu erweitern, durch Senken des Griffes bei beibehaltener Lidspannung wird die Schlitzung vollzogen, welche bis zur Caruncel reichen soll. Man ist wohl im Stande eine mässig dicke Sonde auch durch das einfach erweiterte Thränenröhrchen einzuführen, aber die gründliche Entleerung des Sackes ist nur nach ausgiebiger Schlitzung ermöglicht, worauf allein schon in vielen Fällen Heilung eintritt.

Mit der Einführung der Sonde wird nach vollzogener Schlitzung bis zum nächsten Tage gewartet. Sollte das Röhrchen wieder verklebt sein, was oft geschieht, so muss die Verklebung durch den Schnabel des Messerchens wieder gelöst werden, was leicht gelingt. Hierauf wird die Sonde eingeführt (man wählt im Beginne eine mittlere Bowman'sche, die dickere konische Weber'sche Sonde ist unnöthig, und soll nur zur Bewältigung wirklicher Stricturen verwendet werden), indem man das Lid wieder wie zur Schlitzung anspannt, bis dass das Ende der Sonde hart an der knöchernen Wand sich befindet, worauf die entsprechende Wendung vorgenommen, und das Instrument mit möglichster Schonung nach abwärts vorgeschoben wird. Man lässt dasselbe ungefähr eine Viertelstunde im Kanale stecken, und entfernt es dann im langsamen und schonenden Zuge.

Die hier nur sehr kurz skizzirte Manipulation muss jedoch gut eingeübt werden, um sie sicher ausführen zu können. Sie kann selbst aus den besten Beschreibungen nicht erlernt werden, hier handelt es sich darum, eventuelle Widerstände beim Sondiren exact durch das Tastgefühl abschätzen zu können. Nur wo diese Operation sicher und schonend vorgenommen wird, erfüllt sie ihren Zweck, ein rohes und verletzendes Verfahren kann nur schaden, ja etwas hervorbringen, was in der Regel bei nicht zu lange bestehenden Thränenschlauchkatarrhen kaum vorkommt, nämlich narbige Stricturen durch die Verletzung der Schleimhaut.

Manche pflegen durch das geschlitzte Röhrchen hindurch noch Ausspritzungen des Sackes vorzunehmen. Man benützt hiezu am zweckmässigsten gut gearbeitete Metallspritzen mit kurzem, geradem Ansatzrohr, welches in den Sack eingeführt wird, oder man führt katheterartige Sonden ein, welche man, während durch dieselben eingespritzt wird, langsam auszieht, damit jeder Theil der Schleimhaut mit der Flüssigkeit in Berührung komme. Zu den Injectionen hat sich Sulfas zinci (1 %/o Lösung) am nützlichsten erwiesen.

Die Injectionen sind jedoch nur indicirt beim Tumor sacci lacrymalis, wo schon eine Atonie der Schleimhaut vorliegt, überhaupt bei veralteten, reichlich secernirenden Blennorrhoeen, wo ein Adstringens unerlässlich ist; bei jüngeren Formen ist sie unnöthig, weil man mit der Sondenbehandlung vollkommen ausreicht.

Bei der Wahl der Injectionsflüssigkeit muss immer auf die Conjunctiva Rücksicht genommen werden, die stets mit der eingespritzten Flüssigkeit in Berührung kommt, weshalb zu stark reizende oder ätzende Substanzen in flüssigem Zustande nicht in den Thränensack eingeführt werden dürfen.

2) Dacryocystitis phlegmonosa.

Die Entzündung der Schleimhaut des Thränenschlauches kann — höchstwahrscheinlich in Folge der Ansammlung putrider Stoffe im zersetzten Secrete — zu einer Phlegmone der Umgebung des Thränensackes führen, und wir finden dann einen Tumor lacrymalis, der nicht so sehr der Ansammlung von Secret und Thränenflüssigkeit im Thränensack, als der entzündlichen Schwellung der Haut und des submucösen Zellgewebes seine Entstehung verdankt. Der weitere Verlauf des Processes ist der, wie wir ihn bei jeder phlegmonösen Infiltration beobachten können. Stürmische Betheiligung der benachbarten Haut und Organe — so können die Lider beträchtlich anschwellen — heftige Schmerzen und endlicher Ausgang in Eiterung.

Was die Therapie anbelangt, so wird diese zunächst die gründliche Entleerung des Sackes vom Secret bezwecken. Wir erreichen dies durch die Schlitzung eines Thränenröhrchens, welche aber diesmal ausgiebig in Verbindung mit der Spaltung des Ligamentum canthi internum vorgenommen wird. Man wird diese kleine Operation nur dann unterlassen dürfen, wenn die Lider so sehr geschwollen wären, dass der Zugang zu einem oder dem anderen Thränenpunkte unmöglich geworden wäre. In diesem Falle wird man die Schwellung durch fortwährende Application von warmen Umschlägen zu mässigen suchen, ein Verfahren, das auch nach gelungener Spaltung eingeschlagen werden muss. Während des Stadiums der Schwellung ist eine Sondirung des Thränenschlauches nicht gestattet, weil die Sonde nur schwer, ohne zu verletzen, an der hochgradig geschwollenen Schleimhaut hinabgleitet. Ebenso muss vor Einspritzungen in diesem Stadium gewarnt werden, da das Gewebe hierdurch noch mehr gereizt wird. Erst wenn die Schwellung gefallen ist, muss die Sondenbehandlung durchgeführt werden.

Einer der häufigsten Ausgänge des Thränensack-Abscesses ist der in Vereiterung der Haut. Man kann diesen Ausgang nur in den allerseltensten Fällen verhindern, und wird darum gut thun, eine Incision zu machen, sobald man Fluctuation fühlt. Bezüglich der Wahl der Stelle, wo man zu incidiren hat, muss man sich ausschliesslich von dem Symptome der Fluctuation bestimmen lassen. Man verhindert durch rechtzeitige Entleerung des Eiters einen weitgehenden Zerfall der Haut, aus welchem entstellende Narben, sowie Fisteln des Thränensackes resultiren können. Durch schonende Sondirung von der äusseren Wunde aus hat man sodann zu eruiren, ob nicht cariöse oder nekrotische Processe des Thränenbeins vorhanden sind, welche den Krankheitsverlauf unter allen Umständen ungünstig beeinflussen, und in sehr vielen Fällen zu lange dauernden Eiterungen Veranlassung geben.

Ist die Phlegmone abgelaufen, so richtet sich die weitere Behandlung gegen das Thränensackleiden, nach den Grundsätzen, die früher aufgestellt wurden. Unter dieser Behandlung, welche die Passage der Thränen in die Nasenhöhle sichert, schliessen sich etwa zurückbleibende Fisteln in sehr vielen Fällen von selbst, und man hat kaum nöthig, besonders gegen sie vorzugehen. Nur solche Fisteln heilen schwer, die fortwährend durch bei jedem Lidschlage hineingepresste Thränenflüssigkeit ausgedehnt werden, was wieder nur eine natürliche Folge des Bestehens von Passagehindernissen im Thränenschlauche ist. Vor jeder operativen Behandlung der Fisteln steht darum die rationelle Sondenbehandlung.

Was die Prognose der Thränenschlauchleiden anbelangt, so ist dieselbe für die frischen Formen eine günstige zu nennen. Es ist dies entschieden ein Resultat der schonenden Behandlungsweise, welche in der Neuzeit — im Gegensatz zu den früheren, eingreifenden und nutzlosen Behandlungsmethoden — sich eingebürgert hat. Einfache Thränenschlauchkatarrhe können vollständig heilen, sogar ältere blennorrhoische Formen werden bei ausdauernder Behandlung entschieden gebessert, ja geheilt. Fälle mit Atonia und Tumor sacci lacrymalis werden durch die Sondenbehandlung, Ausspritzung des Thränensackes gebessert, müssen aber fortwährend unter Beobachtung stehen, und darf die Sondirung nicht vernachlässigt werden. Es sind dies solche Fälle, in welchen fast immer hochgradige Stricturen vorhanden sind, die der zeitweiligen Erweiterung unbedingt bedürfen.

Trotz des Fortschrittes, der demnach in der Behandlung der Thränensackleiden erzielt wurde, und den man nur dann genügend würdigen kann, wenn man einerseits die Grausamkeit der früheren Methoden kennt, andererseits unbefangene Schilderungen von den Leiden der Patienten, die sich letzteren unterwerfen mussten, liest*), giebt es noch immer Fälle, in welchen die Sondenbehandlung nichts mehr auszurichten vermag. Es sind dies jene, wo der Thränenschlauch so beträchtlich stricturirt ist, dass er nicht mehr durchgängig gemacht werden kann. Wahrscheinlich handelt es sich hier um Verwachsungen gegenüberliegender Schleimhautflächen, oder um Verlegung des Lumens durch rigides Narbengewebe. In solchen Fällen wird keine Sondenbehandlung mehr etwas zu leisten vermögen, und da sich alle Methoden, einen künstlichen Kanal der Thränenableitung zu bohren, bisher als nutzlos erwiesen haben, so muss das Thränenträufeln als ein nicht mehr zu beseitigender Uebelstand betrachtet werden. Man hat nun versucht, den Kranken dadurch Erleichterung zu verschaffen, dass man die obere Partie des Thränenschlauchs, die nicht obliterirt ist, nämlich den Thränensack, zum Verschluss bringt, um auf diese Weise wenigstens die

---

*) Als ein klassisches Zeugniss führen wir die Stelle Goethe's über Herder's Augenleiden an. (Aus meinem Leben u. s. w., II. Theil, 10. Buch): »Dieses Uebel ist eines der beschwerlichsten und lästigsten, und um desto lästiger, als es nur durch eine schmerzliche, höchst verdriessliche und unsichere Operation geheilt werden kann. Das Thränensäckchen nämlich ist nach unten zu verschlossen, so dass die darin enthaltene Feuchtigkeit nicht nach der Nase hin und um so weniger abfliessen kann, als auch dem benachbarten Knochen die Oeffnung fehlt, wodurch diese Secretion naturgemäss erfolgen sollte. Der Boden des Säckchens muss daher aufgeschnitten und der Knochen durchbohrt werden, da denn ein Pferdehaar durch den Thränenpunkt, ferner durch das eröffnete Säckchen und durch den damit in Verbindung gesetzten neuen Kanal gezogen und täglich hin und wieder bewegt wird, um die Communication zwischen beiden Theilen herzustellen, welches alles nicht gethan, noch erreicht werden kann, wenn nicht erst in jener Gegend äusserlich ein Einschnitt gemacht worden.« (Siehe auch die weiteren Stellen.)

üblen Folgen, welche aus der chronischen Entzündung desselben entspringen können, hintanzuhalten. Ausserdem hat man noch beobachtet, dass nach Verschluss des Thränensacks auch das Thränenträufeln mässiger und weniger lästig wird, wahrscheinlich, weil der chronisch-katarrhalische Zustand der Conjunctiva sich bessert. Man sucht die Verödung des Thränensackes durch Aetzmittel zu erzielen, welche entweder durch ein geschlitztes Thränenröhrchen, oder durch eine Hautöffnung in das Lumen desselben eingeführt werden. Man verwendet hierzu Nitras argenti, Chlorzink, sowie eine Reihe anderer ähnlich wirkender chemischer Stoffe; die Erfolge sind jedoch unsicher. Bessere Resultate hat man von der Anwendung des Ferrum candens und von der Galvanocaustik gesehen, welche schon deshalb vorzuziehen ist, weil man ihre Wirkung sicherer berechnen kann, und weil sie die für den Kranken am wenigsten schmerzhafte ist.

Die Exstirpation der Thränendrüse, welche man als letztes Mittel gegen Thränenträufeln noch vorgeschlagen hat, hat sich noch weniger Anerkennung errungen. Gegen diese Operation spricht noch der Umstand, dass, wie Eingangs bemerkt, Thränenflüssigkeit ausser von der eigentlichen Glandula lacrymalis noch von anderen accessorischen Drüsen secernirt wird, deren Exstirpation unmöglich ist, und somit aus anatomischen Gründen ein Erfolg nicht recht zu erwarten ist.

Dacryoadenitis. Die Entzündung der Thränendrüse ist eine sehr selten vorkommende Krankheit. Ihr Verlauf wird folgendermassen geschildert: Spannendes Gefühl in der Gegend der Drüse, hierauf Schmerzen, Schwellung der äusseren Hälfte des Lides; Betheiligung des orbitalen Zellgewebes. Uebergang in Eiterung, Durchbruch des Eiters entweder durch das obere Lid, oder die obere Uebergangsfalte; aus der Durchbruchstelle kann Thränenflüssigkeit sickern. Aus diesem Krankheitsbilde ersieht man, dass der Verlauf der acuten Dacryoadenitis sich weder im wesentlichen von dem einer circumscripten Orbitalphlegmone unterscheidet, noch einer, von der bei Orbitalabscedirungen üblichen, verschiedenen Therapie bedürftig ist.

Häufiger als die acute soll die chronische Entzündung der Thränendrüse vorkommen, und sind es namentlich Verletzungen, von denen dieselben herbeigeführt werden.

Was die Verletzung der Drüse betrifft, so wird diese hie und da beobachtet, meistens nach Stichwunden, die in die äussere Hälfte der Orbita eindringen. Ein Ereigniss, das bei solchen Gelegenheiten vorkommen kann, ist der Prolapsus der Thränendrüse. Es ist interessant, dass in den beiden Fällen von Vorfall der Drüse, die in der Litteratur aufbewahrt sind, und von denen der eine von A. v. Graefe, und der andere von mir publicirt wurde, beide Male die Verletzung durch eindringende Glassplitter bedingt wurde. In dem Graefe'schen Falle gelang es, die Drüse zu reponiren, während sie in dem meinigen abgekappt werden musste. Was den Mechanismus des Prolapsus, die Vis expellens, wie sich v. Graefe ausdrückt, anbelangt, so wurde in dem ersten Falle die Hämorrhagie beschuldigt, dass sie die durch die Verletzung locker gewordene Drüse hervorgetrieben hätte; in meinem Falle konnte ich mir den Prolaps nur so erklären, dass der Bulbus durch den in die Orbita eindringenden Glasscherben nach unten und hinten gedrückt wurde, demnach das Orbitalgewebe in dieser Richtung comprimirt werden musste. Da aber das Orbitalgewebe, das zum grössten Theile aus wasserhaltigem Gewebe besteht, als incompressibel zu betrachten ist, so musste die Thränendrüse, als lockerste, der äusseren Wunde zunächst liegende Partie des Orbitalinhaltes, einfach expulsirt werden.

Dacryops. Unter diesem Namen bezeichnet man eine cystöse Erweiterung eines Thränendrüsen-Ausführungsganges, welche sich in Form einer blasenartigen Geschwulst unter dem oberen Lide nahe dem äusseren Lidwinkel präsentirt. Aus der Geschwulst sind durch Druck manchmal Thränen zu entleeren. Sie pflegt beim Weinen sowie beim reflectorischen Thränenfluss anzuschwellen.

Der Dacryops wird durch Punction geheilt.

Fünfzehntes Capitel.

Die Erkrankungen der Augenlider.

Bei zahlreichen Krankheitszuständen der Conjunctiva sind auch die Lider in toto betheiligt. So die hochgradige Schwellung und Infiltration der Augenlider, ein Symptom der Conjunctivalblennorrhoe und anderer acuter Entzündungen der Bindehaut; als Folgezustand der chronisch-infectiösen Augenentzündung wird der Tarsus, ein Gebilde des Lides, der Sitz von Narbenbildungen, welche zu Verkrümmungen desselben führen. Ebenso ist bei Krankheiten, welche in diesem Capitel als dem Lide zugehörig geschildert werden, die Conjunctiva bulbi immer mehr oder weniger entzündlich mitbetheiligt. Aus alle dem folgt, dass es, wenn wir einen streng pathologisch-anatomischen Standpunkt einnehmen, kaum möglich ist, die Krankheiten des Lides von denen der Conjunctiva zu trennen. Aus praktischen Gründen empfiehlt es sich jedoch, diese Scheidung vorzunehmen, wobei also hauptsächlich die Krankheiten der drüsigen Organe im Lide, dann die des Lides als Ganzes und als Bedeckungs- und Schutzorgan des Augapfels in Berücksichtigung gezogen werden.

1) Blepharitis ciliaris, Blepharadenitis.

(Die Entzündung des Lidrandes, Liddrüsenentzündung.)

Die Entzündung des Lidrandes kann verschiedene Grade erreichen. Der einfachste Grad derselben äussert sich in einer mässigen Röthe des marginalen Theiles, der hie und da auch etwas dicker als im normalen Zustande ist, und einer leichten Epidermisabschuppung, wobei die Borken zwischen den Cilien haften, aber leicht entfernt werden können. Die äussere Haut pflegt etwas gereizt zu sein, und die Conjunctiva palpebrarum ist hyperämisch oder gar katarrhalisch afficirt. Das Uebel ist gewöhnlich auf beiden Augen, wenn auch nicht beiderseits in demselben Grade vorhanden.

Nimmt die Entzündung eine grössere Intensität an, so ist zunächst die Schwellung der Haut und des Lidrandes eine grössere und augenfälligere; die Epidermisabschuppung in eine Borkenbildung verwandelt, wobei die Borken fest an den Cilien haften, dieselben zur Verklebung bringen, so dass sie in Büscheln ragen. Sie sind auf trockenem Wege nur mit Gewalt zu entfernen, und immer gehen bei dieser Procedur zahlreiche Cilien mit. Nach der Entfernung der Borke bleibt eine von Epidermis entblösste Partie, ein blutendes, oberflächliches Geschwürchen zurück. Charakteristisch ist, dass ein solches Geschwürchen concentrisch um eine Cilie sitzt. Stellenweise sieht man statt des Geschwürs eine kleine, eitergefüllte Pustel.

Diese Form von Blepharitis, die man zum Unterschiede von der früher geschilderten (B. simplex) Blepharitis ulcerosa nennt, kann den ganzen Lidrand ergreifen, oder sich nur auf einen Theil desselben beschränken, während die zwischenliegenden Partien intact sind.

In besonders heftigen Graden der Blepharitis leidet nicht allein der eigentliche intermarginale Lidtheil, sondern auch die äussere Haut, welche mit Borken und Krusten bedeckt ist, nach deren Entfernung blutende Hautpartien zum Vorschein kommen. Auch kann das ganze Gesicht, ja die Kopfhaut ekzematös erkrankt sein.

Die anatomische Untersuchung*) lehrt, dass die Blepharitis ciliaris die Bedeutung eines Ekzems der Lidränder, mit oder ohne Betheiligung der Lidhaut, besitzt. Zunächst findet man weitgehende Veränderungen der Augenwimpern, welche hauptsächlich in der Ansammlung von Eiterkörperchen zwischen äusserer und innerer Wurzelscheide bestehen, sodann fehlen auch jene Veränderungen nicht, welche man gewöhnlich bei Ekzem an welcher Hautstelle immer findet.

Was den Verlauf der Blepharitis anbelangt, so tritt bei zweckmässiger Behandlung, die, wie wir sehen werden, aus einer Local- und Allgemein-

---

*) Michel, Krankheiten der Lider, im Handbuch der gesammten Augenheilkunde.

behandlung besteht, Restitutio ad integrum ein. In vernachlässigten Fällen, oder in solchen, die sehr häufig recidiviren, und demnach lange bestehen, was bei einer gewissen Disposition bei der besten Behandlung vorkommen kann, bleiben jedoch Verdickungen der Lidränder, namentlich des oberen Lides zurück, welche sehr hartnäckig und manchmal einer Rückbildung nicht mehr fähig sind. Folgenschwerer sind die Veränderungen, welche die Augenwimperreihen erleiden. Es veröden in Folge der Entzündung und Eiterung in den Cilienwurzeln die Haarbälge, die Bewimperung des Lides wird eine spärliche, ja kann gänzlich mangeln (Madarosis), oder die einzelnen Wimperhaare erhalten eine falsche Stellung, mit der Zeit verkürzt sich auch die den intermarginalen Theilen benachbarte Haut des Lides, in Folge dessen der Lidrand evertirt und die Conjunctivalfläche nach aussen gewendet wird (Ektropium). Durch das Blossliegen der Schleimhaut wird nun der bei jeder Blepharitis schon ohnehin anwesende Katarrh gesteigert, und das katarrhalische Secret, welches sich nun leicht auf die Lidhaut ergiessen kann und die entzündeten Theile noch mehr reizt, steigert nun seinerseits wieder die Intensität des ganzen Processes. Zu dem Ganzen kann sich noch eine Eversion der Thränenpunkte fügen (s. S. 252), welche das Thränenträufeln zu einem ständigen Uebelstand macht.

Dieser ganze, hier geschilderte Symptomencomplex tritt nur in den Formen von Blepharitis ulcerosa in seiner ganzen Prägnanz auf, und nach Ausbildung derselben wird eine völlige Wiederherstellung nicht gut mehr möglich sein.

Ehe wir die Therapie der Blepharitis erörtern, muss noch auf die Aetiologie derselben hingewiesen werden. Wenn wir die Krankheit, fussend auf den anatomischen Merkmalen, einfach nur als Ekzem des Lidrandes auffassen, so sind wir gezwungen, zwei Gruppen zu unterscheiden. Die eine entsteht in Folge von Reizen und Schädlichkeiten, welche vorwiegend den Lidrand treffen. So bei langbestehenden Katarrhen, oder Thränenflüssen, wobei derselbe einer fortwährenden Benetzung ausgesetzt ist, die Epidermis demnach unausgesetzt gebäht wird, und der entzündliche Process der Haut ein Folgezustand anderer, namentlich conjunctivaler Erkrankungen ist. Diese Blepharitis wäre also ein Ekzema consecutivum oder arteficiale, gerade so wie etwa ein Ekzem der Gesichtshaut in Folge fortwährender Benetzung mit Thränenflüssigkeit oder Schleim. Es ist jedoch in der überwiegenden Mehrzahl der Fälle die Blepharitis in ihren verschiedenen Abstufungen eine Krankheit sui generis, als deren hauptsächlichstes ätiologisches Moment sich die Scrophulose bezeichnen lässt. Sie kommt darum auch am häufigsten im Kindesalter vor, oder nimmt in dieser Periode wenigstens ihren Anfang, um von da in das spätere Leben als veraltetes Leiden hinübergenommen zu werden, und complicirt sich sehr häufig mit anderen Erkrankungen, die wir bereits als lymphatische kennen gelernt haben und zwar mit der Kerato-Conjunctivitis phlyctaenularis, ferner mit Drüsenschwellungen, Ekzemen anderer Körperstellen u. s. w.

Häufig ist der leichteste Grad der Blepharitis, der sich als eine zarte
Röthung und sehr mässige Schwellung der Lidränder, bei nur geringer
Epidermisabschuppung markirt, bei Personen vorhanden, welche eine überaus
zarte Haut besitzen, dann bei solchen, welche, ohne gerade an scrophulösen
Ernährungsstörungen zu laboriren, doch den sogenannten lymphatischen
Typus besitzen. In solchen Fällen pflegt die Blepharitis sehr hartnäckig
zu sein, und wenn sie auch nicht gerade erhebliche Störungen verursacht,
muss sie dennoch fortwährend Gegenstand der Therapie sein, um so mehr,
wenn die Patienten auch auf die cosmetische Seite der Sache sehen.

Was die Therapie der Blepharitis anbelangt, so müssen zunächst die
ursächlichen Momente berücksichtigt werden. Dies wird vornehmlich dann
der Fall sein müssen, wenn wir als die Ursache des Lidekzems übermässigen
Thränenfluss erkennen, wie er als Folge chronischer Bindehauterkrankungen
oder Thränenschlauchleiden auftritt. In solchen Fällen die Lider ausschliesslich
zu behandeln, ohne die Conjunctiva oder den Thränenableitungsapparat in
erster Linie zu berücksichtigen, wäre ein Widersinn, da auch das Lidekzem
heilt, wenn das ursächliche Leiden verschwindet. Demgemäss muss namentlich die phlyctänuläre Augenerkrankung, als häufigste Begleiterin der Blepharitis, in der Weise, wie dies an geeigneter Stelle angegeben wurde,
behandelt werden.

Wenn wir es mit einer spontanen Blepharitis zu thun haben, die auf
scrophulöser Diathese beruht, so wird jedenfalls die interne und diätetische
Behandlung derselben geboten sein, wenn auch betont werden muss, dass
die locale Behandlung niemals verabsäumt werden darf, ja dass die letztere
eine grössere Wichtigkeit besitzt, als die medicamentöse, gegen die Scrophulose gerichtete. Denn es handelt sich immer darum, die Folgezustände
der Lidrandentzündung, die Schwielenbildung und Verkrümmung der
Wimpern hintanzuhalten, und das kann nur eine zweckmässige locale Behandlung bewirken.

Die letztere besteht in der Entfernung der Borken und directer Behandlung der unter den Krusten und Borken etwa befindlichen Geschwüre
oder Hautexcoriationen, ferner des begleitenden Conjunctivalkatarrhes. Die
Erfahrung hat überdies bewiesen, dass Quecksilberpräparate in Salbenform
fast unersetzliche Mittel zur Heilung der Lidrandentzündung sind.

Das therapeutische Vorgehen ist folgendes:

Haben wir es mit einer leichten, nur mässig schuppenden Blepharitis
zu thun, so verordnen wir die bekannte gelbe Salbe.

> Rp. Praecip. rubr. via hum. parata 0,05,
> Ung. emoll. (oder Vaselin)   5,0.
> Mfung.

Man lässt die Salbe ungefähr linsengross jeden Abend auf die Cilien-
ränder der geschlossenen Lider auftragen.

Ist eine namhafte Conjunctivalhyperämie oder Katarrh vorhanden, so wird noch Zinksulfatlösung zum Einträufeln verordnet.

Rp. Sulf. Zinc. 0,10,
Aq. focnic. 40,0.
M. D. S. Jeden Morgen 1—2 Tropfen einzuträufeln.

Sollte, was nur selten vorkommt, das Quecksilberpräcipitat nicht vertragen werden, so kann man versuchsweise Oxydum zinci (0,05 auf 10 Ung.) verordnen. Besteht auch dagegen noch übergrosse Empfindlichkeit der Haut, so verordnet man eine indifferente Salbe, um die Lidränder einfach zu befetten.

Bei Blepharitis ulcerosa entfernt man die Borken am zweckmässigsten ohne Anwendung von Gewalt und ohne Anwendung von Wasser, indem man dieselben durch Fette zu erweichen trachtet. Man kann zu dem Behufe die geschlossenen Lidränder mit einem weichen Leinwandlappen reiben auf welchem die (oben präscribirte) Präcipitalsalbe aufgestrichen ist, bei welcher Procedur die Borken sich leicht ablösen. Oder man verordnet, was bei starker Borkenbildung namentlich auf der Lidhaut vorzügliche Dienste leistet, das Unguentum Hebrae:

Rp. Ung. Diachyl. alb.
Olei oliv.
ana partes aequales,

welches man einsalben lässt, worauf die Borken sich leicht lösen. Rohes Herunterreissen der letzteren ist schmerzhaft und nachtheilig.

Ist, was in solchen Fällen die Regel ist, ein stark secernirender Bindehautkatarrh vorhanden, so wird die Conjunctiva täglich lege artis mit einer 1 % Lapislösung touchirt. Man überzeugt sich beim Umstülpen der Lider, dass gewöhnlich eine Verdickung des dem Margo zunächst liegenden Conjunctivaltheiles vorhanden ist, welche unter dem Touchiren zurückgeht, was auf die rasche Heilung der Lidrandentzündung von grossem Einflusse ist. Als vorzüglich wirksam hat sich mir jedesmal die Touchirung der blepharitischen Ulcerationen mit der 1 % Lapislösung erwiesen, was ich combinirt mit der Hebra'schen Salbe in Anwendung bringe.

Neigt der Process dem Ende zu, sind die Ulcerationen geheilt und ist nur noch Verdickung des Lidrandes und einfache Abschuppung vorhanden, so kommt abermals das rothe Präcipitat (dem man aber hie und da das weisse Präcipitat, aber in 2mal so starker Dosis substituiren kann) an die Reihe. Man lässt dasselbe vom Kranken noch sehr lange, zur Verhütung von Recidiven, anwenden.

2) Erkrankungen der Meibom'schen Drüsen.

a) Hordeolum (Gerstenkorn).

Unter diesem Namen bezeichnet man eine entzündliche Anschwellung des Lidrandes, welche unter mitunter heftigen Schmerzen sich acut entwickelt, oft eine entzündlich-ödematöse Betheiligung des Lides zur Folge hat, um dann in Eiterung überzugehen. Die Eiterung wird durch warme Umschläge befördert; wenn der spontane Eiterdurchbruch länger auf sich warten liesse, kann man durch eine Incision den ganzen Process beenden.

Man nimmt an, dass das Hordeolum eine acute Entzündung des Ausführungsganges der Meibom'schen, vielleicht auch der Haarbalgdrüsen sei.

Häufig pflegt bei verschiedenen Individuen eine Neigung zur Ausbildung von Gerstenkörnern einzutreten; diese kommen dann nach einander zum Vorschein. Ich habe in einigen Fällen constatiren können, dass eine hartnäckige Obstipatio alvi mit dem Leiden im Zusammenhange stand oder wenigstens zeitlich zusammenfiel, und habe durch die Verordnung von Ofener Bitterwässern bei gleichzeitiger Anwendung von Präcipitatsalbe den Process abzukürzen geglaubt.

b) Chalazium (Hagelkorn).

Das Hagelkorn ist eine circumscripte Geschwulst innerhalb des Tarsus des Lides, die sich ganz ohne entzündliche Erscheinungen ausbildet und bei ihrem Wachsthum sowohl die äussere Haut, welche übrigens immer über ihr verschieblich sein muss, hervorwölbt, als auch die innere Tarsalfläche und die Conjunctiva palpebrarum verdünnt. Man erkennt die verdünnte Stelle ganz gut bei Umstülpung des Lides und benützt dieselbe auch zur Incision auf die Geschwulst.

Das Chalazion entwickelt sich höchstwahrscheinlich in der Höhlung einer Meibom'schen Drüse. Die Geschwulstmasse besteht aus einem grauen, gallertartigen Brei, der aus zelligem Gewebe und zarten Gefässen zusammengesetzt ist. Ob wir es mit einer Retentionsgeschwulst oder einer sarcomatösen Bildung zu thun haben, ist bis heute noch nicht endgültig entschieden.

Man entfernt die Chalazien radical durch die Operation. Diese besteht in einer Incision von der Conjunctivalfläche her in die oben beschriebene markirte Stelle; selbstverständlich wird der Schnitt senkrecht auf den Lidrand, also parallel mit dem Verlaufe der Meibom'schen Drüsen gelegt, auf welche Weise diese Drüsen möglichst verschont bleiben können. Sodann wird in derselben Richtung das Lid zusammengedrückt, indem man den Lidrand der Umschlagstelle zu nähern trachtet, bei welchem Manœuvre der Chalazionsinhalt gewöhnlich ausgequetscht wird. Man stillt hierauf die

Blutung durch kalte Umschläge und geht dann in die Chalazionhöhle mit dem zugespitzten Lapismitigatus-Stifte ein und ätzt tüchtig die Wandungen derselben. Auf diese Weise kommen die Wände der Chalazionhöhlung am sichersten zur Verschliessung.

Bei nicht gründlicher Entleerung der Geschwulstmasse findet in der Regel eine Recidive statt.

Aus der Höhlung sprosst manchmal ein Granulationsgewebe hervor, welches pilzförmig über die Conjunctiva ragt. Dies pflegt dann aufzutreten, wenn die Höhlung nicht ausgeätzt, sondern mit dem Daviel'schen Löffel bearbeitet wurde.

Die Chalazien können sowohl verflüssigen als verkalken. Kleine Körner pflegen lange stationär zu bleiben, ja auf Jod- oder Quecksilbersalben einigermassen zurückzugehen. Doch kann man als Regel aufstellen, dass das Chalazion nur durch Operation beseitigt wird.

3) Blepharitis phlegmonosa.

(Der Lidabscess.)

Ein Abscess im Lide entwickelt sich aus verschiedenen Ursachen. Man beschuldigt zunächst Verletzungen verschiedenster Art; dann sind es Erysipele, phlegmonöse Entzündungen der Orbita und der Nachbartheile, welche sich auf das Lid fortpflanzen können, und endlich sind es noch pyämische Metastasen, welche im Lide sowie an anderen Körperstellen zu Eiterungen führen.

Sowohl was den Verlauf als auch die Therapie betrifft, gelten jene Thatsachen und Regeln, die für Phlegmonen an welchen Stellen immer passen. Ein antiphlogistisches Verfahren wird kaum je den Process coupiren können; man befördert die eiterige Schmelzung durch warme Ueberschläge, und sucht frühzeitig zu incidiren, um den Eiter zu entleeren. Betreffs aller Incisionen, die in das Lid gemacht werden, gilt die Regel, wo es nur angeht, so zu schneiden, dass weder eine entstellende Narbe noch etwaige Functionsstörungen daraus entstehen können. Man schneidet darum, wenn man die supratarsale Lidhaut zu spalten hat, horizontal parallel zum Orbitalrand ein, weil die eventuelle Narbe dann von den in gleicher Richtung laufenden Hautfalten maskirt wird; hat man von der Conjunctivalfläche aus zu incidiren, so wird senkrecht auf den Lidrand geschnitten, um eine Verletzung der Meibom'schen Drüsen, welche für die Function des Lides von grosser Wichtigkeit sind, zu vermeiden.

Was den Punkt betrifft, wo die Entleerung des Lidabscesses vorgenommen werden soll, so richtet sich das Vorgehen ausschliesslich nach der Stelle der Fluctuation. Wenn der Eiter die Tarsalfläche des Lides bereits verdünnt haben sollte, ist die Eröffnung am besten daselbst vorzunehmen.

4) Syphilis der Augenlider.

An den Augenlidern kommen sowohl primäre Geschwüre, als auch constitutionell syphilitische Affectionen vor.

Primäre Geschwüre entwickeln sich an den Augenlidrändern in Folge directer Ansteckungen oder greifen eventuell auf dieselben von den Nachbargebilden über. Dasselbe gilt von den syphilitischen Exanthemen, welche die Augenlider gerade so, wie andere Hautstellen befallen können. Wenn wir von diesen Veränderungen, welche an sich nichts bemerkenswerthes bieten, hier absehen wollen, so interessiren uns vom oculistischen Standpunkte desto mehr jene syphilitischen Ulcerationen, die sich ursprünglich schon im Lide entwickeln und aus der Schmelzung gummöser und anderer diffuser Infiltrate syphilitischer Natur hervorgegangen sind. Wir verdanken eine vortrefflich zu nennende, in praktisch medicinischer Hinsicht viel Interessantes bietende Schilderung dieser Zustände einer Arbeit Hirschler's *), auf die wir uns hier in erster Reihe beziehen.

Charakteristisch für secundär syphilitische Geschwüre des Augenlides ist der Umstand, dass sie das Lid in seiner ganzen Dicke destruiren, und dass an der Zerstörung eine jede Schichte desselben, also Haut, Tarsus und Conjunctiva gleichmässig participirt. Es findet also eine Durchlöcherung des Lides statt, und wenn dieselbe durch Narbenbildung ausgefüllt wird, so wird in der Narbe selbstverständlich keines der normalen Lidgebilde mehr vorhanden sein, und was am auffälligsten ist, es werden an dieser Stelle die Cilien vollkommen fehlen. Wenn das syphilitische Ulcus daher am Lidrande gesessen ist, so stellt sich die Narbe als ein dünner fibröser Strang dar, welcher einen ungefähr halbmondförmigen Ausschnitt des Lidrandes überbrückt, und der vollkommen wimperlos ist, während in der Nachbarschaft die Augenwimpern in der gesetzmässigsten Anordnung vorhanden sein können. Nach Hirschler ist diese Narbe so sehr charakteristisch, dass man aus ihr allein, auch bei Mangel ausreichender anamnestischer Momente, auf vorhergegangene Syphilis mit grosser Sicherheit schliessen kann.

Die Geschwüre entstehen in der Regel derart, dass eine knotenförmige Verdickung des Lides, die entweder circumscript ist, und darum manchmal mit einem Chalazion verwechselt werden kann, oder aber mehr diffus in die Lidgebilde übergeht, zerfällt. Es bildet sich dann mit grosser Raschheit eine Vertiefung aus, mit schmutzigem Grunde, zackigen Rändern und speckiger Oberfläche. Wenn der Zerfall begonnen hat, hört auch der Knoten auf circumscript zu sein, und verschwindet in der gleichmässigen Infiltration des Lides. Der Ulcerationsprocess greift dann weiter, bis das

---

*) Hirschler, Blepharitis syphil. Wiener med. Wochenschr. 1866, Nr. 72 und die Fortsetzung.

Lid durchlöchert ist, und endlich reisst noch die marginale Brücke durch, so dass ein ulceröser Ausschnitt bei der Heilung durch die oben charakterisirte Narbe ersetzt wird.

Aus der Schilderung Hirschler's möchte ich noch als differential-diagnostisches Moment (zur Unterscheidung des gummösen Lidknotens vom Chalazion) den Umstand hervorheben, dass während die äussere Haut über dem Chalazion vollkommen normal und leicht verschieblich ist, dieselbe über dem Gumma geröthet und anhaftend ist, was im weiteren Verlaufe natürlich noch mehr auffallen muss.

Nicht immer geht die Ulceration aus einem Knoten hervor, der die ganze Dicke des Lides durchsetzt hat; die gummöse Infiltration sitzt auch mitunter ursprünglich in der Haut des Lides, zerfällt ulcerös und breitet sich sodann über den Lidrand auf die Conjunctiva aus. In solchen Fällen ist der diagnostische Irrthum, als hätte man es mit einer Conjunctivitis membranacea (crouposa) zu thun, welche ebenfalls zu Excoriationen der Haut mit schmutzigem Belage führt, immerhin möglich.

Was die Therapie betrifft, so wird dieselbe eine energische antisyphi-litische sein müssen, in Anbetracht des Umstandes, dass irreparable Zer-störung des Lides sehr rasch erfolgen kann. Hirschler macht jedoch darauf aufmerksam, dass eine gründliche Merkurialisirung, welche in vielen Fällen von constitutioneller Syphilis rasch zum Ziele führt, nicht für alle Fälle anwendbar ist, sondern dass der Umstand immer zu berücksichtigen ist, ob der Kranke in etwa vorangegangenen Kuren mit Quecksilber bereits übersättigt wurde, oder nicht. So machte der Zerfall des Lides in einem seiner Fälle reissende Fortschritte, trotz der grossen Sublimatdosen, bis es endlich unter dem Gebrauch von Jodkalium zu einer raschen Heilung kam; in einem anderen ähnlichen Falle erwies sich das Decoctum Zittmanni als wirksam, während es in einem dritten Falle, wobei früher noch nicht Merkur verabreicht wurde, durch eine energische Schmierkur gelang, Heilung zu erzielen. In diesem Falle war das früher verabreichte Protojoduret voll-ständig unwirksam geblieben.

5) Stellungsanomalien und Verbildungen der Lider.

a) Lagophthalmus.

Die Paralyse des Facialnerven, welche gewöhnlich eine monolaterale ist, führt auch zu einer Lähmung des Schliessmuskels des Augenlides; in Folge dessen wird die Lidspalte nicht mehr geschlossen werden können, und das Auge wird selbst im Schlafe unbedeckt bleiben. Wir haben bereits erwähnt, dass bei diesem Zustande ein lästiges Thränenträufeln eintritt, welches hauptsächlich dadurch bedingt ist, dass das gelähmte untere Lid vermöge seiner Schwere nach abwärts sinkt, und der Thränenpunkt ausser

Contact mit dem Bulbus geräth. Es kann darum die Conjunctivalfeuchtigkeit nicht mehr auf dem Wege der Thränenableitungskanäle abfliessen, sondern muss über die Wange abträufeln.

Die Therapie ist eine gegen die Facialislähmung gerichtete. Sie besteht zuvörderst in der Anwendung der Electricität, ferner in der durch das ätiologische Moment der Paralyse gebotenen medicamentösen Behandlung. Man wird also manchmal eine Quecksilberkur, manchmal Schwitzkuren etc. anrathen müssen. Bei länger bestehenden Lähmungen, oder zu dem Zwecke, die Heilung zu beschleunigen, ist ein Verfahren anzurathen, das meines Wissens zuerst von Feuer*) bei Augenmuskellähmungen überhaupt in Anwendung gezogen wurde. Es besteht in subcutanen Injectionen von Strychninum nitricum in Dosen von 0,003 bis 0,01 in die Schläfengegend, welche durch längere Zeit gegeben werden, in der Absicht, durch das Strychnin die schlummernde Functionsfähigkeit der Nerven wieder anzuregen.

In Fällen, in welchen die Lähmung als eine unheilbare zu betrachten ist, nimmt man seine Zuflucht zu einem operativen Verfahren, welches den Zweck hat, durch Verengerung der Lidspalte den Bulbus möglichst gut zu bedecken, und ihn dadurch vor den schädlichen Folgen der Austrocknung seiner Oberfläche, welche häufig zu Cornealverschwärungen führt, zu bewahren. Diese Operation ist die Tarsoraphie. Man wird sich übrigens erst dann zu derselben entschliessen, wenn trotz regelrecht angelegter Schutzverbände Reizung des Auges und oberflächliche Hornhauttrübung eintritt.

Die Tarsoraphie kann auch in Fällen von Exophthalmus, der so bedeutend ist, dass die Lider den Bulbus nicht mehr bedecken können, aus denselben Gründen nothwendig werden, wenn die Ursache der Protrusio bulbi nicht zu entfernen ist.

Ist an dem Offenbleiben der Lidspalte narbige Anheftung eines oder des anderen Augenlides am Orbitalrande schuld, so muss dieser Zustand durch Excision der Narbe und plastischen Ersatz des Substanzverlustes beseitigt werden.

b) Ptosis.

Mit diesem Namen bezeichnet man jenen Zustand, wobei das obere Lid schlaff herabhängt, und die Fähigkeit nicht vorhanden ist, dasselbe bis zur normalen Grenze zu erheben. Die Ptosis kann eine vollkommene und eine unvollkommene sein, und beruht auf einer Paralyse resp. Parese des Levator palpebrae superioris, des Hebemuskels des oberen Augenlides. Es kann dieser Zustand ein angeborener und ein erworbener sein. Was die erworbene Ptosis anbelangt, so ist sie manchmal durch eine Massenzunahme des Lides bedingt, eine Folge von entzündlichen oder

---

*) Centralbl. f. prakt. Augenheilk. 1878, S. 38.

degenerativen Processen, wie trachomatöse Infiltrationen, Amyloidentartung u. s. w., wobei also der Muskel sich als insufficient erweist, die vergrösserte Last zu heben; in den meisten Fällen jedoch ist sie ein Symptom der Lähmung des Nervus oculomotorius und wird in diesem Falle sich gewöhnlich mit Lähmungen anderer vom Oculomotorius versorgten Augenmuskeln vergesellschaften.

Die Therapie der Ptosis fällt demnach mit der Therapie des ursächlichen Momentes zusammen. Wir werden also in dem einen Falle die Oculomotoriuslähmung behandeln, in dem anderen den entzündlich-hypertrophischen Zustand des Augenlides zu beseitigen trachten. Fälle angeborner Ptosis sind gewöhnlich unheilbar. Um nun die Gebrauchsfähigkeit des Auges, dessen Pupille soweit durch das herabhängende Lid gedeckt ist, dass der Kranke, um zu sehen, letzteres mit der Hand erheben muss, einigermassen wieder herzustellen, kann man ein operatives Verfahren einschlagen, das im wesentlichen auf der Excision einer Hautfalte aus dem Oberlide, eventuell Ausschneidung eines Streifens Schliessmuskel beruht. Das Verfahren, dessen nähere Beschreibung und genauere Indicationen Gegenstand der Operationslehre ist, hat nur einen sehr beschränkten Werth und darf nur mit Vorsicht geübt werden, da leicht dadurch der entgegengesetzte Zustand, ein Lagophthalmus künstlich in Folge Verkürzung des Lides hervorgerufen werden könnte, und Ptosis dem Lagophthalmus jedenfalls vorzuziehen ist, weil der Bestand des Auges selbst bei ersterem Zustande nicht gefährdet ist.

c) Blepharospasmus.

Der Lidkrampf, als Symptom zahlreicher entzündlicher und Reizungszustände wurde bereits des öfteren besprochen. Er ist in diesen Fällen als ein Reflexsymptom, bedingt durch Reizung der Trigeminusenden, anzusehen, und verschwindet mit Ablauf der Ophthalmie oder Reizung, wie letztere oftmals durch Fremdkörper, welche sich längere Zeit im Conjunctivalsack verborgen halten, verursacht werden. In nicht seltenen Fällen ist es eine leichte, sehr oberflächliche Epithelabschürfung der Cornea, welche zu den heftigsten Graden des Blepharospasmus führen kann und zu ihrer Heilung einer durch längere Zeit fortgesetzten Immobilisirung des Bulbus durch den Druckverband bedarf. Ausser diesem Blepharospasmus, der im allgemeinen zu seiner Beseitigung nur der Mittel bedarf, welche gegen das Grundleiden angewendet werden, was an seinem Orte bereits angegeben wurde, zieht eine andere Form von Lidkrampf unsere Aufmerksamkeit auf sich, welche von Anbeginn an als ein mehr selbstständiges Uebel, unabhängig von Entzündungen des Augapfels, auftritt. Freilich ist auch hier das Leiden als ein reflectorisches anzusehen, nur dass wir über die Entstehung des Krampfes, das auslösende Moment desselben, nicht im Reinen sind: in manchen Fällen sind freilich traumatische

Veranlassungen (namentlich stumpfe Gewalt auf das Auge) mit Sicherheit
nachzuweisen, sehr oft aber ist das veranlassende Moment absolut nicht
aufzufinden, und wir müssen einen Reiz annehmen, der unbekannt wo und
wie auf sensible Nervenfasern des Auges oder seiner Umgebung einwirkt
und reflectorisch den Lidkrampf anregt. Dass wir es in diesen letzteren,
aus Unkenntniss der Ursachen idiopathisch genannten Lidkrämpfen mit
einer Neurose reflectorischen Ursprungs zu thun haben, ist schon wegen
der Anwesenheit von Druckpunkten mit Sicherheit anzunehmen, d. i.
solcher Localitäten der Haut, von welchen aus ein Druck auf die hier oberflächlich verlaufenden Zweige sensibler Nerven alle Erscheinungen des
Krampfes für längere oder kürzere Zeit sistirt.

Bekannt ist der Fall A. v. Graefe's, wo doppelseitiger Blepharospasmus
durch eine Ulceration des weichen Gaumens ausgelöst wurde und der Krampf
durch Druck auf den linken Arcus glossopalatinus zum Schwinden gebracht
werden konnte.

Was das klinische Auftreten des Blepharospasmus anbelangt, so äussert
sich derselbe in den meisten Fällen anfallsweise, um durch eine gewisse,
bei verschiedenen Personen sehr wechselnde Zeitdauer anzuhalten. Es kann
diese Zeit zwischen Minuten und Tagen schwanken; in einem von mir
beobachteten Falle, der in Folge eines Schlages aufs Auge aufgetreten war,
bestand der Krampf schon mehrere Tage. Die begleitenden Beschwerden
sind ebenfalls sehr verschieden und gipfeln in consecutiven Krämpfen
benachbarter Gesichts-, ja Kopf- und Halsmuskeln.

Im höchsten Grade wichtig, weil für die Therapie von entscheiden-
dem Einflusse, ist der Ort und das Verhalten der oben erwähnten Druckpunkte, welche in den meisten Fällen vorhanden und zum Theil identisch
sind mit den in der Lehre der Neuralgien eine so wichtige Rolle spielenden
points douloureux (Valleix'sche Druckpunkte). Am häufigsten sind
es die Austrittstellen des Nervus supraorbitalis, dann des infraorbitalis,
sodann zahlreiche andere Stellen der Haut des Gesichtes, des Halses, der
Zähne, ja des Thorax und des Rachenraumes, welche zum Theil von den
Kranken selbst aufgefunden werden, und welche alle das Charakteristische
bieten, dass ein beträchtlicher Druck auf dieselben den Krampf coupirt.
Dass das Auffinden der Druckpunkte eine Richtschnur für die Therapie ist,
ist selbstverständlich. Es ist beobachtet worden, dass ein lange und energisch ausgeübter Druck auf dieselben den Krampf definitiv beseitigte; mindestens bekamen die Kranken ein Mittel in die Hand, sich selbst im Momente
des Anfalls von dem Leiden zu befreien, resp. dasselbe zu mässigen.
Leider ist die Hilfe, welche durch die Anwendung des Druckes auf den
Druckpunkt den Kranken gewährt werden kann, in den meisten Fällen
nur eine kurz dauernde; dieselbe Wirkung haben auch die Morphiuminjectionen, welche sich übrigens hier sowohl, als bei den Blepharospasmen
ex Ophthalmia als ein ausgezeichnetes palliatives Mittel erweisen.

Wenn der Blepharospasmus sich auch gegen den constanten Strom hartnäckig erweist, den man nach Remak derart anwendet, dass der negative Pol auf das spastische Lid und der positive Pol auf den fünften Halswirbel aufgesetzt wird*), so ist es, im Falle der Druckpunkt die Austrittstelle des N. supra- oder infraorbitalis ist, angezeigt, die Neurotomie der letzteren zu machen. Ob es nach den Erfolgen, die wir von den Nervendehnungen haben, nicht zweckmässig wäre, die Dehnung der Nerven statt der Neurotomie zu machen, oder ob die Dehnung des Facialnerven nicht am ehesten angezeigt wäre, darüber fehlen bis jetzt die Erfahrungen.

Zum Schlusse muss noch eines Mittels Erwähnung gethan werden, das von Wecker empfohlen wurde und, wie es scheint, von ihm selbst nur mit Reserve besprochen wird. Es ist das Eserinum sulfuricum, welches innerlich genommen werden soll nach folgender Verordnung:

Rp. Eserin sulf. 0,01,
    Aq. dest. 200,0.
S. 1—4 Esslöffel (= 0,001—0,004) täglich zu nehmen.

Wecker bemerkt, dass in Folge der Nausea und des Erbrechens, welche sich nach dem Eseringebrauch einzustellen pflegen, das Mittel von den Kranken nicht lange ertragen wird. Dasselbe gilt von dem innerlichen Gebrauche des Pilocarpins.

Wenn wir den Blepharospasmus als einen tonischen Krampf des Orbicularis palpebrarum betrachteten, so ist die Nictitatio, das Blinzeln als klonischer Krampf desselben Muskels aufzufassen.

Man pflegt mehrere Grade desselben zu unterscheiden: das einfache Blinzeln, ein häufiges Oeffnen und Schliessen der Lider, bei dem aber sowohl das eine als das andere mit grosser Leichtigkeit von Statten geht, und den »Blinzelkrampf« (Spasmus nictitans), bei dem zwar das Schliessen der Lidspalte leicht, das Oeffnen aber nur schwer und häufig unvollkommen vor sich geht.

Der letztere, als höherer Grad des klonischen Lidkrampfes anzusehende Zustand ist oft mit klonischen Krämpfen anderer vom Facialis versorgter Muskelgruppen vergesellschaftet, ist also ein Theil des mimischen Gesichtskrampfes und kommt manchmal nur einseitig vor.

Es giebt Fälle, wo dieser einseitige Spasmus nictitans gewissermassen als Mitbewegung bei der physiologischen Action einer bestimmten Muskelgruppe auftritt. So kenne ich einen jungen Mann, bei dem dieser Blinzelkrampf jedes-

---

*) Michel empfiehlt den negativen Pol auf den Nacken, den positiven auf die Druckpunkte aufzusetzen, alle 1—2 Tage eine Sitzung von 3 Minuten Dauer. Es sollen nur schwache Ströme benützt werden.

mal auf der linken Seite mit der grössten Regelmässigkeit aufzutreten pflegt, so oft derselbe Kaubewegungen macht. Es ist dies ein Fall, der bereits vor Jahren von Dr. Hirschler der Budapester kgl. Gesellschaft der Aerzte vorgestellt wurde; in der letzten Zeit ist spontan bedeutende Besserung des Zustandes eingetreten.

Im Ganzen und Grossen ist die Nictitatio ebenfalls als ein Reflexkrampf anzusehen. Wenn wir von jenem oft genug vorkommenden Blinzeln absehen, das bei Kindern eher in die Kategorie der Unarten und üblen, vielleicht aus Nachahmungstrieb sich herleitenden Gewohnheiten gehört, so lassen sich gewöhnliche Conjunctivalkatarrhe, Hyperämien der Conjunctiva in Folge accommodativer Asthenopie oder unreiner Luft u. s. w. als ätiologische Momente beschuldigen. Dazu kommen noch freilich Fälle genug, deren Aetiologie ebenso dunkel ist, wie die vieler anderer Neurosen.

Die Therapie erfordert die gründliche Berücksichtigung eines etwa vorliegenden Grundleidens, namentlich die Behandlung der Conjunctiva und Correction der Ametropie. Bezüglich der Druckpunkte gilt dasselbe, was vom tonischen Blepharospasmus gesagt wurde, dessen Electrotherapie auch in diesen Fällen anwendbar ist.

d) Symblepharon.

Unter Symblepharon versteht man eine Verwachsung der inneren Lidfläche mit dem Bulbus, wie sie in Folge von traumatischen Processen, hauptsächlich von Verbrennungen und Anätzungen, zu Stande kommen (S. 86). — In sehr seltenen Fällen entsteht auch nach einer croupösen Entzündung der Bindehaut, wobei auch die Conjunctiva bulbi in Mitleidenschaft gezogen wurde, Verwachsung des Lides mit dem Bulbus. Eine Heilung dieses Zustandes kann nur auf operativem Wege erzielt werden.

Man nennt die Verwachsung des Bulbus mit dem Lide auch Symblepharon anterius, um es von dem uneigentlich S. posterius genannten Folgezustande des Trachoms zu unterscheiden. Der letztere stellt den höchsten Grad der narbigen Schrumpfung, der Cirrhose der Bindehaut vor, wobei der Conjunctivalsack entweder enorm verkürzt oder schon ganz aufgehoben und die Hornhaut gewöhnlich schon in den Zustand der Xerosis übergegangen oder mindestens davon bedroht ist.

Dieser Zustand ist als ein unheilbarer zu betrachten. Die Versuche, thierische Conjunctiva an Stelle der geschrumpften zu implantiren und auf diese Weise einen neuen Conjunctivalsack zu schaffen, sind bisher ohne Erfolg geblieben, da die Thierconjunctiva zwar einheilt, aber später ebenfalls in Schrumpfung übergeht.

e) Ankyloblepharon.

Die Verwachsung der Lidränder mit einander heisst Ankyloblepharon. Es ist dies entweder ein erworbener oder angeborener Zustand.

Was das erworbene Ankyloblepharon betrifft, so ist dies entweder ein partiales — Blepharophimosis, Verengerung der Lidspalte genannt — oder ein totales.

Die Blepharophimosis ist ein Folgezustand chronischer Conjunctivalentzündungen, wie des einfachen Katarrhs oder infectiöser Ophthalmien, der auf die Weise entsteht, dass durch das fortwährend abgesonderte katarrhalische oder blennorrhoische Secret die Gegend der Lidränder wund wird, ihren Epidermisüberzug verliert und endlich verwächst. Die Verwachsung tritt nur an der äusseren Commissur ein, welche sich abgerundet und wie durch eine dünne Hautduplicatur gedeckt zeigt. Dieser Zustand ist hauptsächlich bei alten Leuten anzutreffen, seine Beseitigung nur auf operativem Wege möglich. Die Operation der Blepharophimosis wird Kanthoplastik genannt: sie besteht in einer Spaltung der Commissur durch einen Scheerenschlag und Ueberpflanzung der Wundränder mit Conjunctiva. Häufig genügt die blutige Erweiterung der Lidspalte allein ohne Plastik, eine Operation, ohne welche in zahlreichen Fällen veraltete Katarrhe absolut nicht geheilt werden können. Es sind dies jene Fälle, in welchen wegen der Lidspaltenverengerung die Umstülpung der Lider nur schwer und unvollkommen erreicht werden kann, also auch die gründliche Touchirung der Schleimhaut nicht vorgenommen werden kann. Ausserdem scheint die Enge der Lidspalte den Reizzustand derartiger Augen noch zu steigern.

Das totale (eigentliche) Ankyloblepharon ist ein Resultat jener Processe, welche die Gegend der Lidränder in grosser Ausdehnung wund machen oder zur Ulceration bringen, wie Verbrennungen, Verbrühungen, chemische Processe u. s. w. Es geschieht die Verwachsung der Lidränder meist durch narbige Stränge und Bänder, welche sich brückenartig über die Lidspalte spannen. Dieser Zustand ist häufig auch mit einem Symblepharon anterius complicirt.

Das Ankyloblepharon kann nur auf operativem Wege beseitigt werden.

Was das angeborene Ankyloblepharon anbelangt, so ist dasselbe nach Manz als ein Stehenbleiben auf einer frühen embryonalen Stufe, auf welcher die Lidränder noch verwachsen sind — welche Verwachsung erst später durch Muskelzug, sowie den Druck des sich vorwölbenden Bulbus gelöst wird, anzusehen. Man trifft diesen Zustand bei Neugeborenen in verschiedener Form. Manz schildert ihn folgendermassen *):

»Eine totale oder fast totale Verschmelzung finden wir in vielen Fällen von Anophthalmus erwähnt. . . . . Eine theilweise Verbindung vom äusseren Winkel aus, welche als Blepharophimosis sich darstellt, begleitet gewöhnlich einen verkleinerten Augapfel. Im Ganzen ist übrigens das Ankyloblepharon, namentlich das totale, seltener aufgefunden worden, als

---

*) Graefe-Saemisch, Handb. der gesamten Augenheilk., II. Band, Cap. VI, S. 110.

man nach den Ergebnissen der Entwickelungsgeschichte erwarten sollte.
Im äusseren Augenwinkel hatte die Verbindung zwischen den beiden Lidern
in einigen seltenen Fällen eine so bedeutende Breite, dass dieselbe den
Eindruck eines Augenlides machte.«

f) Epicanthus.

Unter Epicanthus wird ein selten vorkommender Bildungsfehler verstanden, der darin besteht, dass der innere Lidwinkel wie durch eine
Hautfalte gedeckt erscheint, der vom Nasenrücken schief, die Carunkel
verbergend, sich nach abwärts zieht. Man heilt diesen Zustand durch
Ausschneiden der Hautfalte, wenn überhaupt cosmetische Rücksichten den
damit Behafteten veranlassen sollten, ärztlichen Rath einzuholen.

g) Trichiasis und Distichiasis.

Diese Anomalie besteht darin, dass die Wimpern nicht, wie gewöhnlich, in einer Reihe vom Bulbus abgewendet — d. h. so, dass ihre Spitzen
nach vorn, vom Auge weg — stehen, sondern so gekrümmt und falsch
angeordnet sind, dass ihre Spitzen die Bulbusoberfläche berühren und bei
der Bewegung der Lider auf derselben schleifen. Ist der Lidrand vollständig normal, dabei die Cilienreihe normal angeordnet und gerichtet,
und befinden sich nur hinter den normalen Wimpern einige Härchen,
welche nach hinten zu sich krümmen, so nennen wir diesen Zustand
Distichiasis (Zweireihigkeit der Bewimperung). Ist aber die eigentliche
Cilienreihe in falscher Stellung, und sind die Wimpern dabei nach hinten
gebogen und verkrümmt, so haben wir es mit Trichiasis zu thun.
Es ist praktisch von höchster Wichtigkeit, die Trichiasis von allen
jenen Zuständen zu sondern, wo die Einwärtswendung der Bewimperung
nicht die Folge einer Krankheit des Cilienbodens ist, sondern vielmehr
durch eine Verkrümmung des gesammten Lides nach einwärts, also des
später zu besprechenden Entropiums ist. Wenn wir hier von jenen Fällen
von Distichiasis absehen, wo sich ohne jeden auffindbaren Grund, bei ganz
gesunder Conjunctiva und normalem Tarsus Wollhärchen vorfinden, welche
hinter der normalen Cilienreihe stehen und nach hinten gekrümmt sind,
so ist in den meisten Fällen die Trichiasis bedingt durch Blepharitis, also
durch langdauernde und zu Verdickungen und Schwielen führende Lidrandentzündung, wodurch theils das normale Wachsthum der Wimpern in Folge
der Erkrankung der Haarbälge gestört ist, theils durch Narbenbildung die
Wimpern eine falsche Stellung erhalten haben. Auch vermögen chronische
Conjunctivalkatarrhe oder langdauernde Hyperämien des Lidrandes ohne
Auftreten von blepharitischen Geschwürchen ebenfalls zu falscher Stellung
und Verbildung der Wimpern Veranlassung zu geben.

Die Beschwerden, welche die Einwärtswendung der Wimpern erzeugt, beruhen darauf, dass die Cornea und Conjunctiva bulbi bei jedem Lidschlag einer Reibung ausgesetzt werden, demnach ein fortwährender Reizungszustand gegeben ist, der consecutiv Katarrhe und Cornealentzündung hervorbringt. Namentlich die letztere ist es, welche die Aufmerksamkeit des Arztes am meisten erfordert, da dadurch die Bildung eines Pannus (Keratitis pannosa) zu Stande zu kommen pflegt.

Die Therapie kann sich in vielen Fällen nur darauf beschränken, die falsch stehenden Wimperhaare mit der Cilienpincette zu entfernen. Dies reicht in allen jenen Fällen aus, in welchen nur wenig falsch stehende Wimpern vorhanden sind, deren Entfernung jedoch alle drei bis vier Wochen nothwendig wird, in welcher Zeit die epilirten Cilien sich durch Nachwuchs wieder ersetzen.

Die Epilation kann auch als palliatives Mittel bei hochgradiger Trichiasis benützt werden, indessen kann man damit nicht auf die Dauer auskommen und wird ein operatives Verfahren einschlagen müssen, um die Nachtheile des falschen Wachsthums und der Form der Cilien für das Auge zu paralysiren, da wir kein Mittel besitzen, die Bewimperung in ihre normale Positur zurückzubringen. Was die Operationsmethoden betrifft, so haben diejenigen einen grösseren Werth, welche den Haarzwiebelboden intact lassen, während jene Methoden, welche den ganzen oder eine Partie des Haarzwiebelbodens entfernen und auf diese Weise nicht allein dem Lide ein wichtiges Organ rauben, sondern auch durch Etablirung einer Narbe am Lidrande, welche beim Lidschlage den Bulbus jedenfalls reizen muss, unter allen Umständen den ersteren an Werth nachstehen.

Die Operation, welche sich noch am besten bewährt, und auch die am meisten angewendete ist, ist die Jaesche-Arlt'sche Transplantation des Haarzwiebelbodens, welche, wenn gut ausgeführt, mit Sicherheit Heilung der einfachen Trichiasis erzielt.

Um eine partielle, nur auf einen kleinen Theil des Lidrandes beschränkte Trichiasis zu beheben, empfiehlt sich die Application der Gaillard'schen Naht, eine kleine Operation, die übrigens noch in gewissen Fällen von Entropium mit grossem Nutzen angewendet wird. Sie beruht auf dem Princip, durch Zusammenfassen einer dem Lidrand benachbarten horizontalen Hautfalte den Lidrand zu evertiren. Sie wird folgendermassen ausgeführt:

In der Gegend, wo man den Lidrand zu evertiren wünscht, also in unserem Falle dort, wo die falschen Cilien sitzen, fasst man eine Falte der Lidhaut horizontal zusammen und führt eine mit einem Seidenfaden versehene krumme Nadel von unten nach oben durch, so dass der Faden vor dem Tarsus durch subcutanes Gewebe und Fibrillen geführt wird. Der Faden wird hierauf auf der Haut geknüpft und ungefähr 36—48 Stunden liegen gelassen. Je nach der Ausdehnung der Lidrandpartie, die man evertiren will, macht man auch zwei Suturen. Der Zweck dieser Operation ist die Auswärtswendung des Lidrandes durch Verkürzung der Lidhaut, welche man durch Anlegung einer senkrechten (durch die Sutur bewirkten) Narbe, die ausserdem noch einen Zug in derselben Richtung ausübt, stabilisiren will.

Der Nachtheil dieser an sich sehr einfachen Operation besteht darin, dass sie eben nur für sehr begrenzte Formen der Trichiasis anwendbar ist, und dann, dass mit der Zeit doch eine Nachgiebigkeit der Hautfalte eintritt, und darum die Wirkung keine dauernde ist.

h) Ektropium und Entropium.

1) Das Ektropium.

Unter Ektropium verstehen wir jenen Zustand, wobei das Lid nicht mehr dem Bulbus anliegt, sondern von demselben entfernt ist, so dass seine Conjunctivaloberfläche in grösserem oder geringerem Maasse auswärts gewendet ist. Diese Affection wird viel öfter am unteren Lide vorkommen, weil dasselbe schon vermöge seiner Schwere die Tendenz hat, sich vom Bulbus zu entfernen, eine Tendenz, welche unter normalen Verhältnissen durch den Tonus des Schliessmuskels überwunden wird. Doch geräth auch das obere Lid durch verschiedene Processe in den Zustand des Ektropiums.

Die Auswärtswendung der Lider hat verschiedene Grade und wird durch verschiedene Ursachen herbeigeführt. · In geringeren Graden wird nur die innere Lidlefze vom Bulbus abgehoben, oder es ist der ganze Lidrand abgehoben und so nach auswärts gewendet, dass die peripherste Zone der Conjunctiva palpebrarum blosliegt. In den höchsten Graden des Ektropiums liegt die ganze Conjunctivalfläche blos, es ist also das ganze Lid umgestülpt.

Als die Folgen des Ektropiums sind ausser der Entstellung zu bezeichnen: die Störung der Thränenableitung, indem der betreffende Thränenpunkt nicht mehr in den Lacus lacrymalis taucht; die Entzündung der blosliegenden, nicht mehr geschützten Conjunctiva; ferner, was das wichtigste ist, das Freiliegen des Bulbus, welcher der Luft und anderen Schädlichkeiten ausgesetzt ist, dadurch, dass er des natürlichen Schutzes des Lides beraubt ist.

Was die Ursachen des Ektropiums betrifft, so sind zuerst solche Processe zu nennen,· welche durch Narbenbildung das Lid vom Bulbus abziehen. Dazu gehört die ganze Reihe von Ulcerationen, welcher Art immer (Epithelialcarcinome, Pustula maligna, Verbrennungen, Caries des Orbitalrandes u. s. w.), die, wenn sie heilen, Narben zurücklassen, durch deren Zug das Lid auch vollständig umgestülpt wird. Sodann ist es die Lähmung des Orbicularis palpebrarum in Folge einer Facialisparalyse, welche Lagophthalmus zur Folge hat, wobei das obere Lid durch den Zug des Antagonisten, des Levator palpebrae superioris in die Höhe gezogen wird, das untere Lid aber schlaff herabhängt, in Folge des mangelnden Muskeltonus der Lidrand sich zuerst evertirt, später sich auch wohl das schlaffe Lid gänzlich umstülpen kann und so ein totales Ektropium vorliegt (Ektropium paralyticum).

Der mangelnde oder verringerte Muskeltonus ist auch als die Ursache des Ektropiums des unteren Lides anzusehen, wie es bei älteren Personen oft genug in Verbindung mit einem echt chronischen Conjunctivalkatarrhe beobachtet wird. Man hat sich die Genesis des Zustandes folgendermassen zu denken: Das primäre ist der Conjunctivalkatarrh, welcher Verdickung der Conjunctiva, also auch Massenzunahme des ganzen Lides erzeugt, denen gegenüber der geschwächte Muskeltonus nicht mehr ausreicht, so dass das Lid vermöge seiner Schwere nach abwärts und vom Bulbus ab sich senkt. Wird nun dieser Zustand, wie dies so oft vorkommt, von den Patienten vernachlässigt, so wird der Conjunctivalkatarrh dadurch, dass die Bindehaut nun blosliegt, beträchtlich gesteigert, und das Ektropium nimmt zu, um so mehr, als die Infiltration der Conjunctiva immer mehr zunimmt, das Lid also immer schwerer und schwerer und höchstwahrscheinlich auch der Lidmuskel durch Dehnung und entzündliche Infiltration auch schwächer und atrophischer wird*). Dazu kommt noch die gestörte Thränenableitung,

---

*) Ohne genaue Kenntniss der anatomischen Verhältnisse der Lidmuskulatur wird man weder das Zustandekommen des Ektropiums noch das des später zu erwähnenden Entropium spasticum verstehen. Wir fügen deshalb das wichtigste hier bei, indem wir durchaus der Beschreibung Henle's folgen (Henle, Anatomie, Muskellehre S. 141).
Den vom Facialis versorgten Musculus orbicularis oculi, der, in der Dicke der Augenlider (zwischen Haut und Conjunctiva) liegend, kreisförmig um die Lidspalte läuft, kann man in zwei Portionen eintheilen: 1) den Musculus orbitalis, auch Orbicularis orbitae genannt, welcher der peripherste, dem Orbitalrande nächste Antheil des Muskels ist, und zum Theile vom Ligamentum canthi internum (vel palpebrale) entspringend, grösstentheils in einer Kreistour um die Lidspalte herumgeht; 2) den Musculus palpebralis (superior und inferior), auch Orbicularis palpebr. genannt, der ebenfalls vom Ligamentum canthi internum entspringt und den der Lidspalte nächsten Muskelantheil bildet. Von dieser zweiten Muskelportion begiebt sich eine Anzahl der dem Augenlidrande nächsten Bündel hinter dem Tarsus zwischen den Haarbälgen und Drüsen zur Schleimhautfläche des Augenlidrandes. Diese Portion ist es welche durch ihren Tonus dem Lidrande den Halt verleiht, nur wenn erschlafft die Entfernung des Lides vom Bulbus gestattet und krampfhaft contrahirt das Einwärtsrollen des Lidrandes bewirkt. Bei der grossen Nähe dieser Muskelportion zur Conjunctiva ist es leicht begreiflich, dass bei Infiltrationszuständen der letzteren, wie dies bei chronischem Katarrh vorkommt, die Muskelfasern ebenfalls afficirt werden müssen.
Nebenbei sei noch erwähnt, dass aus dem Musculus palpebralis ein Muskelbündel stammt, welches längs des Nasenrückens nach abwärts steigt, sich

das Thränenträufeln, wodurch Bähungsekzeme der Lidhaut erzeugt werden
und durch oberflächliche Narbenbildung noch eine Verkürzung der Haut
zu Stande kommt, die ihrerseits zur Stabilisirung des Ektropiums beiträgt.
In solchen Fällen pflegt die Massenzunahme der Conjunctiva so beträchtlich
zu sein, dass diese Form des senilen Ektropiums den Namen des Ektropium
sarcomatosum erhalten hat.

Oft ist auch, namentlich bei niederen Graden des Ektropiums, eine
Blepharitis ulcerosa als ursächliches Moment zu beschuldigen. Es erzeugt
diese eine Verkürzung der Haut der äusseren Lidkante durch Narbenbildung
und Eversion des ganzen Lidrandes. Ist das letztere einmal eingetreten, so
ist dadurch der Anstoss zu weiteren Veränderungen gegeben, die im Circulus vitiosus einander bedingen.

Die Therapie dieses Leidens richtet sich in erster Linie nach der Aetiologie desselben. Sind Narbenbildungen der äusseren Haut die Ursache, so ist
die Ausschneidung der Narbe und in den meisten Fällen Ersetzung des Substanzverlustes durch Plastik unumgänglich nothwendig. Bei Ektropium paralyticum muss die Facialisparalyse behandelt werden. Ist die Facialislähmung
eine unheilbare, so kann eine Verengerung der Lidspalte auf blutigem
Wege nothwendig werden, um den Bulbus vor den deletären Folgen der
Entblösung zu bewahren. Diese Operation besteht im wesentlichen in
einer Auffrischung des äusseren Lidwinkels und Vereinigung der aufge-
frischten Lidränder durch Naht (Tarsoraphie). Man wird jedenfalls, ehe
man zur Operation seine Zuflucht nimmt, noch versuchen, den Bulbus
durch passende Verbände zu schützen.

Was die Therapie des Ektropium senile vel luxurians betrifft, so
erzielt man ausgezeichnete Erfolge, wenn man sich auf die Behandlung
der entzündeten und gewucherten Conjunctiva beschränkt. In dieser Hinsicht sind Touchirungen mit 1—2 % Nitras argenti-Lösung jedem anderen
Mittel vorzuziehen. In Folge dieser Bepinselungen, die man täglich einmal
vorzunehmen hat, nimmt die katarrhalische Secretion sichtlich ab, die
Schwellung der Bindehaut verringert sich, es werden bessere Ernährungsverhältnisse im ganzen Lide geschaffen, und das Ektropium bildet sich in
der That zurück. Man kann auf diese Weise, wenn der Kranke nicht die
Geduld verliert, selbst grössere Grade des Ektropium luxurians zum Verschwinden bringen, ohne dass man zu einem operativen Verfahren oder
zu Verbänden (um die reponirte Schleimhaut fest zu halten) seine Zuflucht
zu nehmen hätte. Sollte man festgestellt haben, dass das Thränenträufeln
nicht zu bald zu beseitigen wäre und die Ekzeme der Lidhaut die Heilung
verzögern, so kann man an eine Schlitzung des unteren Thränenröhrchens

---

in der Haut der Wange und auch in der Muskulatur der Lippe verliert (Orbi-
cularis malaris). Aus diesem anatomischen Verhalten ist die Betheiligung der
Lider bei klonischen Krampfzuständen des Gesichts und der Lippen zu erklären.
S. Seite 273.

gehen, im Falle dasselbe nicht so weit vom Bulbus entfernt wäre, dass auch die eröffnete Rinne nicht in den Thränensee tauchen könnte.

Auch in den Fällen von blepharitischem Ektropium findet man, dass die Touchirung der Conjunctiva ein vortreffliches Mittel ist, nicht allen die consecutive Auswärtswendung, sondern auch die veranlassende Blepharitis zu heilen. Man findet nämlich gewöhnlich die peripherste Zone der Conjunctiva, die auch zum Theile evertirt ist, stark geschwollen und gewuchert, und nichts befördert nach meiner Ueberzeugung mehr die Rückbildung des ganzen Processes, selbst der blepharitischen Ulcerationen, als die Touchirung dieser Randpartie. Es scheint, als ob durch dieses Vorgehen die ganze Conjunctiva und der Lidrand eine günstige Umstimmung in Bezug auf ihre Ernährungsverhältnisse erfahren würden.

In allen anderen Formen des Ektropiums, in welchen sich auf dem Wege der Behandlung der Schleimhaut nichts erwarten oder erzielen lässt, ist ein operatives Einschreiten nothwendig und bilden die verschiedenen Methoden desselben einen Gegenstand der Operationslehre.

2) Das Entropium.

Das Entropium ist das Gegentheil des Ektropiums und besteht darin, dass entweder der Lidrand nach einwärts gekehrt ist, so dass die Spitzen der Cilien die Bulbusoberfläche berühren, oder das ganze Lid so weit nach einwärts gerollt ist, dass auch die Haut den Bulbus berührt.

Das Entropium der Augenlider beruht auf verschiedenen Ursachen, die sich im wesentlichen in zwei Gruppen sondern lassen. In die erste Gruppe gehören alle jene Einwärtswendungen, welche in Folge eines Krampfzustandes in der Palpebralportion des Schliessmuskels zu Stande kommen, wobei die Textur des ganzen Lides normal, das letztere also nur eingebogen (umgerollt) ist; in die zweite Gruppe gehört das Entropium, welches durch eine Krümmung des gesammten Lides in Folge einer Texturveränderung der Conjunctiva und des Tarsus zu Stande gekommen ist.

Die erste Form des Entropiums, das Entropium spasticum, beruht auf einem Krampfe der Lidportion des Schliessmuskels, in den allermeisten Fällen auf reflectorischem Wege ausgelöst durch einen Reizungszustand der Conjunctiva. Damit dieser Reflexkrampf zu Stande kommen könne, ist eine gewisse Laxheit der äusseren Haut und des Lidgewebes (besonders des Tarsus) erforderlich, demnach beobachten wir einen solchen Zustand zunächst bei alten Leuten, dann bei solchen Individuen, welche einen sehr verkleinerten (phthisischen) Augapfel besitzen, die Lider demnach in Folge des durch lange Zeit fehlenden Rückhaltes (der Stütze von hinten her) schlaff geworden sind. Ausgelöst wird der Krampf durch alle Reize, welche die Conjunctiva treffen, wie fremde Körper, Katarrhe, überhaupt entzündliche Processe der Conjunctiva und Cornea. Auch durch Verbände

am Auge, besonders nach Operationen, wird ein derartiges spastisches
Entropium herbeigeführt, und zwar bei Individuen, die an chronischen Conjunctivalkatarrhen leiden, das Secret durch den Verband im Conjunctivalsacke zurückgehalten wird und reizend wirkt. Auch bei jüngeren Personen
kann, bei sehr lange bestehendem Lidkrampfe, wie z. B. bei Kerato-
conjunctivitis phlyctaenularis ein Entropium spasticum zu Stande kommen.

Es ist selbstverständlich, dass in Folge der Reibung, die von den
Cilien auf den Bulbus ausgeübt wird, ein neues Reizmoment geschaffen
wird, welches sich zum früheren summirt und dergestalt der Krampf des
Palpebralmuskels noch vermehrt wird.

Was die Therapie des Entropium spasticum betrifft, so ist es das
wesentlichste, dass die abnorme Stellung des Lidrandes behoben werde.
In zweiter Reihe steht erst die Behandlung einer etwa bestehenden Con-
junctivalerkrankung.

Haben wir es mit einem spastischen Entropium des unteren Lides zu
thun, welches z. B. unter einem Verbande aufgetreten ist, und nach Weg-
nahme des Verbandes nicht von selbst zurückgehen will, so versuchen wir
durch passende Application von Heftpflasterstreifen oder Collodiumüberzüge
einen derartigen Zug auf den Lidrand auszuüben, dass dadurch das Lid in
der normalen Stellung zurückgehalten wird. In vielen Fällen wird man
damit zum Ziele kommen. Genügt dieses Verfahren nicht, so ist es am
zweckmässigsten, durch Verkürzung der Lidhaut einen Zug auf den Lidrand
auszuüben. Die einfachste Methode ist die schon erwähnte Gaillard'sche
Naht, welche zur Erzielung eines grösseren Effectes von A r l t zweckmässig
modificirt wurde. Da diese kleine Operation von jedem Praktiker, auch
von technisch Ungeschulten leicht ausgeführt werden kann, so möge die
Arlt'sche Modification hier ihre Beschreibung finden:

»Durch zwei Punkte mit Tinte etwa 3—4 mm unter dem Lidrande
theilt man die Länge des Lides in drei Theile; diese Punkte sind also
ca. 1 cm von einander entfernt. Dann fasst man die Lidhaut in der Mitte
zu einer mehr weniger grossen horizontalen Hautfalte mit Daumen und
Zeigefinger und führt einen etwas stärkeren Faden mittelst einer mässig
krummen Nadel von unten nach oben durch die Basis der Falte, so dass
man in dem inneren der markirten Punkte aussticht. Nach hinlänglicher
Einziehung des Fadens wird die Nadel gewendet und daneben (ca. 2 mm)
in der Richtung nach unten durchgeführt, so dass die Spitze 3—4 mm
neben dem ersten Einstichpunkte zum Vorschein kommt. Ganz in derselben
Weise wird in der Gegend der zweiten Marke vorgegangen. Nun werden
die zu einander gehörenden Fäden über einer kleinen Walze von Charpie
fest zusammengeschnürt und geknüpft. Würde man die Fäden blos über
der Haut knüpfen, so könnte man sie dann wegen der Anschwellung der
Haut nicht durchschneiden. Nach 36—48 Stunden werden die Fäden über
der Walze zerschnitten und ausgezogen. Die Stichpunkte von oben sind
denen von unten genähert, die Haut bildet einen horizontalen wulstigen

Vorsprung, welcher sich im Verlaufe einiger Tage abflacht. Nach einigen Wochen ist nichts von der Operation, in der Regel auch nichts vom Entropium zu sehen.« (Arlt, Operationslehre, Graefe-Saemisch, Hdb., 3. Bd., S. 457.)

Wo jedoch die Ligatur nicht ausreicht, muss zur Verkürzung der Lidhaut durch Ausschneiden einer Falte, mit dem man gewöhnlich das Ausschneiden eines Muskelstreifens verbindet, geschritten werden. Das Nähere darüber wird in der Operationslehre gesagt.

In den Fällen, wo das Entropium eine Theilerscheinung des Lidkrampfes ist, pflegt es mit dem letzteren auch zu weichen. Beim lymphatischen Lidkrampfe sind es vornehmlich kalte Tauchungen des Gesichtes (S. 61), ferner die Instillation des Atropins und die Anwendung der Belladonna-haltigen Stirnsalben, welche bald zu einem Nachlasse des Krampfes führen. Oftmals aber gelingt es durch gar kein Mittel, den Krampf zu beheben, ja die Fortdauer der Reizung durch die invertirten Cilien wirkt auch höchst nachtheilig auf die Affection des Auges, in specie die phlyctänulären Hornhautinfiltrationen ein. In solchen Fällen erweist sich eine Lidspaltenerweiterung als höchst günstig. Diese wird so vorgenommen, dass man die äussere Lidcommissur durch einen ausgiebigen Scheerenschlag spaltet, worauf dann beinahe sofort der Lidkrampf nachlässt und die Heilung der Cornealaffection nicht mehr lange auf sich warten lässt. Diese kleine Operation, deren Nachbehandlung gleich Null ist, da man die Schnittwunde dann vollkommen sich selbst überlassen kann, wenn man nicht die Absicht hat, die Wundränder mit Conjunctiva zu überziehen, wirkt auch heilend in jenen Formen des mit Entropium spasticum vergesellschafteten Lidkrampfes, die bei chronischem Conjunctivalkatarrh mit Blepharophimosis auftreten, wo also auch das katarrhalische Secret im Bindehautsacke staut und demnach als Reizursache einwirkt.

Was die zweite Form des Entropiums anbelangt, welche eine Folge von Texturveränderung des Lides ist, so tritt dieselbe als eine häufige Folgekrankheit der chronisch-infectiösen Bindehautentzündung, des Trachoms, auf (S. 18 u. ff.). Wie dort auseinandergesetzt wurde, besteht das Wesentliche sämmtlicher Bindehautkrankheiten dieser Art darin, dass die entzündlichen Infiltrationen der Lider nicht einfach resorbirt werden, sondern nach Umwandlung in fibröses Gewebe narbig schrumpfen, ein Vorgang, der passend mit Cirrhose der Conjunctiva bezeichnet werden kann. In Folge dieser Schrumpfung veröden nicht nur zahlreiche Texturelemente der Bindehaut und ihres submucösen Gewebes, des Tarsus, wie Meibom'sche Drüsen, Gefässe, Haarbalgdrüsen u. s. w., sondern es bildet sich eine hochgradige Verkrümmung der Lider, namentlich des oberen Lides, aus, welche zu einer Einwärtswendung der Cilien führt. Es ist diese Verkrümmung häufig eine sehr hochgradige, kahnförmige, womit gleichzeitig auch ein Abschliff der inneren Kante des Lidrandes verbunden ist, so dass ein Durchschnitt des Lides nicht mehr eine Art sanft gebogenen Rechteckes, sondern einen stark nach rückwärts gekrümmten Schnabel oder Kiel vorstellen würde.

Wie der Conjunctivaltract im allgemeinen hiebei beschaffen und was die Folge dieser Veränderungen auf der Cornea ist (Pannus trachomatosus), wurde bereits im ersten Capitel besprochen.

In geringerem Grade bildet sich ein Entropium aus in Folge von Texturveränderungen, wie sie sich in Folge einer lange bestehenden und vernachlässigten Blepharitis ciliaris ulcerosa entwickeln. In solchen Fällen kann durch Schwielenbildung im Lidrande (Tylosis) ebenfalls eine Verkrümmung desselben mit gleichzeitiger Verbildung der Cilien (Trichiasis) eintreten, welche Verkrümmung jedoch niemals einen sehr hohen Grad erreicht und keinesfalls zu einer kahnförmigen Verbiegung des ganzen Lides ausartet. Die Untersuchung der Conjunctiva palpebrarum liefert genügende Anhaltspunkte zur Differentialdiagnose.

Die Behandlung des Verkrümmungs-Entropiums ist eine ausschliesslich chirurgische. Die Operationsmethoden, die hier in Anwendung kommen, beruhen im wesentlichen auf folgenden Tendenzen: 1) der Verkrümmung im Tarsus dadurch entgegenzuarbeiten, dass man Narben anlegt, welche durch das ganze Lid und zwar senkrecht auf den Lidrand gehen. Man hat dabei die Absicht, durch die Narbe einen longitudinalen Zug auszuüben, also die Verkrümmung aufzuheben. Man legt derartige Narben an, indem man mittelst gekrümmter Nadeln Fäden durch die ganze Länge des Lides legt. Diese Methoden sind nicht sehr verlässlich. 2) Durch Verkürzung der Haut oder horizontale Excision aus dem Tarsus eine Ausgleichung der Krümmung zu bewirken. Diese Methoden haben den Nachtheil, dass sie in einem Organ, welches schrumpft, noch Substanzverluste anlegen. 3) Durch die Transplantation des Haarzwiebelbodens nach Jaesche-Arlt die schädlichen Folgen des Entropiums zu beseitigen. Diese Methode giebt noch die besten Resultate und ist als die verlässlichste von allen Seiten anerkannt.

Im allgemeinen ist die Prognose einer jeden Operation in besonderem Maasse abhängig von dem Grade der Verwüstung, welchen der cirrhotische Process bereits im Conjunctivalsacke hervorgebracht hat.

Nachtrag.

Ueber die Hutchinson'schen Zähne*).

Von der hereditären Syphilis ist, und zwar zuerst von Jonathan Hutchinson, behauptet worden, dass sie an den im betreffenden Kindesalter in Ossification übergehenden Zähnen eigenartige, permanente Spuren zurückliesse**).

Das Wesen dieser, angeblich von ererbter Syphilis herrührenden Spuren besteht darin, dass die Gewebe, besonders der Schmelz solcher Zähne mangelhaft entwickelt sind, was also einer nutritiven Bildungshemmung so ziemlich gleichkommt.

Mit Rücksicht auf diesen Grundvorgang erscheint mir die hie und da angewendete Bezeichnung dieser Regelwidrigkeit als »Odontatrophie« nicht recht passend, indem dieselbe nicht so sehr in dem Rückgang einer schon vor sich gegangenen Evolution, als in einer nutritiven Hemmung des Evolutionsprocesses besteht.

Wie immer begründet die Benennung auch sei, die ererbte Syphilis soll im Stande sein, und zwar nach Einigen (Hutchinson etc.) durch Vermittelung einer angeregten Stomatitis, nach Anderen (Tomes etc.) auch unmittelbar, ohne Stomatitis, die Ausbildung und gehörige Ossification der Zähne zur betreffenden Evolutionszeit hintanzuhalten.

---

*) Da in der Diagnostik der Augenkrankheiten die Hutchinson'schen Zähne eine wichtige Rolle spielen und von dieser Zahnkrankheit in der Pädiatrik überhaupt viel gesprochen wird, so bringen wir aus der Feder eines Fachmannes, Dr. Iszlay in Budapest, eine kurze und übersichtliche Darstellung dieser Krankheit. Das Ganze ist als Nachtrag zu Seite 70 anzusehen.

**) Transactions of the pathological Society, IX. Band, S. 449 und X. Band, S. 287.

Demzufolge erscheinen solche Zähne selbst nach Erreichung des Höhepunktes ihrer möglichen Evolution in allen Dimensionen kleiner, als es für die betreffende Individualität, und besonders im Vergleich zu etwa vorhandenen gut entwickelten Nachbarzähnen zu erwarten wäre. Dabei sind die Zähne von pflockförmiger Gestalt, da sich die Affection meist nur auf die oberen und unteren Vorderzähne, manchmal auch nur auf einige derselben von der Mitte her nach der Reihenfolge ihrer Entwickelung zu beschränken pflegt.

Besonders bei den Schneidezähnen fällt die bedeutendere Schmalheit und Kürze, hauptsächlich in Folge der mangelhaften Schmelzentwickelung auf, wobei natürlich bedeutendere Abstände zwischen den Einzelzähnen übrig bleiben.

Zugleich ist — jedoch dies gewöhnlich nur im Oberkiefer — die Schneidekante solcher Zähne nicht horizontal gerade, sondern mit einer grösseren, von einer Ecke der Schneide zur anderen sich erstreckenden Concavität versehen, in welcher oft auch wieder kleinere secundäre Grübchen vorkommen können. An den unteren Schneidezähnen wieder tritt mehr die blosse Pflockform zum Vorschein.

Dem entsprechend ist auch die Farbe solcher Zähne nicht so hell und rein, wie diese gewöhnlich bei den Zähnen namentlich jüngerer Individuen sichtbar ist, was von der Farbenwirkung des Zahnschmelzes herrührt, sondern es ist eine mehr dem Dentin entsprechende Färbung vorhanden: dunkler gelblich, oder gar mehr weniger gebräunt.

Auch die Consistenz solcher Zähne ist von der normalen abweichend, sie sind nämlich viel weniger hart und zeigen darum viel früher Abnutzungs-erscheinungen durch den Gebrauch, wodurch freilich dann die vorher an-geführten Concavitäten wie ausgeglichen erscheinen.

Die geschilderten physikalischen Erscheinungen an den Vorderzähnen könnten wohl bei manchen die Erinnerung an verschiedene ähnliche, theils biogenetische, theils von aussen angeregte Defecte, besonders des Zahn-schmelzes, erwecken. Indessen kann eine Verwechselung nicht leicht statt-finden, und ich will der Kürze wegen nur der sogenannten »gerifften« Zähne (Riffzähne) gedenken, welche übrigens mit den vorhin beschriebenen nur bei totaler Unkenntniss dieses Gegenstandes verwechselt werden könnten.

Geriffte Zähne heissen solche, auf welchen man entweder einzelne grübchenförmige, oft auch gleichsam mehr weniger confluirende, aber doch nie ganz continuirliche Schmelzdefecte, oder auch — besonders an den sechs oberen und sechs unteren Vorderzähnen — die Streifenform an-nehmende Abwechselung von quer übereinander gereihten furchenartigen Defecten mit intacten Quererhabenheiten wahrnehmen kann.

Als Ursache der ersterwähnten Zahnform nimmt Hutchinson, wie bereits angeführt, entschieden die hereditäre Syphilis an; doch können wir nicht verschweigen, dass seine Behauptungen bis heute noch von manchen sehr gewiegten Autoritäten bestritten werden.

Was die Therapie dieser fehlerhaften Entwickelung anbelangt, so lässt sich natürlich nur daran denken, eventuelle syphilitische Erscheinungen zu decken, jedenfalls die allgemeine Debilität zu berücksichtigen, und im Falle die Ausbildung der Zahnabnormität sehr früh bemerkt wird, durch Zufuhr von osteopoëtischen Substanzen eine Abhilfe zu erzielen. Die Therapie der consecutiven Zahncaries bietet fast dieselben Chancen des Erfolges, wie der Caries aus gewöhnlichen Ursachen überhaupt.

Errata.

S. 10 Z. 3 von oben lies: Conjunctiva palpebrarum statt: Conjunctiva bulbi.
» 10 » 4 » » » Conjunctiva bulbi, statt: Conjunctiva palpebrarum.

Alphabetisches Register.